U1070456

CHANYE ZHUANLI
FENXI BAOGAO

产业专利分析报告

（第85册）——动力电池检测技术

国家知识产权局学术委员会◎组织编写

知识产权出版社
全国百佳图书出版单位
—北京—

图书在版编目（CIP）数据

产业专利分析报告．第85册，动力电池检测技术/国家知识产权局学术委员会组织编写．—北京：知识产权出版社，2022.7

ISBN 978-7-5130-8219-8

Ⅰ．①产…　Ⅱ．①国…　Ⅲ．①专利—研究报告—世界②蓄电池—专利—研究报告—世界　Ⅳ．①G306.71②TM91

中国版本图书馆CIP数据核字（2022）第108324号

内容提要

本书是动力电池检测技术行业的专利分析报告。报告从该行业的专利（国内、国外）申请、授权、申请人的已有专利状态、其他先进国家的专利状况、同领域领先企业的专利壁垒等方面入手，充分结合相关数据，展开分析，并得出分析结果。本书是了解该行业技术发展现状并预测未来走向，帮助企业做好专利预警的必备工具书。

责任编辑：卢海鹰　王玉茂　　**责任校对**：谷　洋
执行编辑：章鹿野　　**责任印制**：刘译文
封面设计：杨杨工作室·张　冀

产业专利分析报告（第85册）
——动力电池检测技术
国家知识产权局学术委员会　组织编写

出版发行：知识产权出版社有限责任公司　　**网　址**：http：//www.ipph.cn
社　址：北京市海淀区气象路50号院　　**邮　编**：100081
责编电话：010-82000860转8541　　**责编邮箱**：wangyumao@cnipr.com
发行电话：010-82000860转8101/8102　　**发行传真**：010-82000893/82005070/82000270
印　刷：天津嘉恒印务有限公司　　**经　销**：新华书店、各大网上书店及相关专业书店
开　本：787mm×1092mm　1/16　　**印　张**：20.5
版　次：2022年7月第1版　　**印　次**：2022年7月第1次印刷
字　数：458千字　　**定　价**：120.00元

ISBN 978-7-5130-8219-8

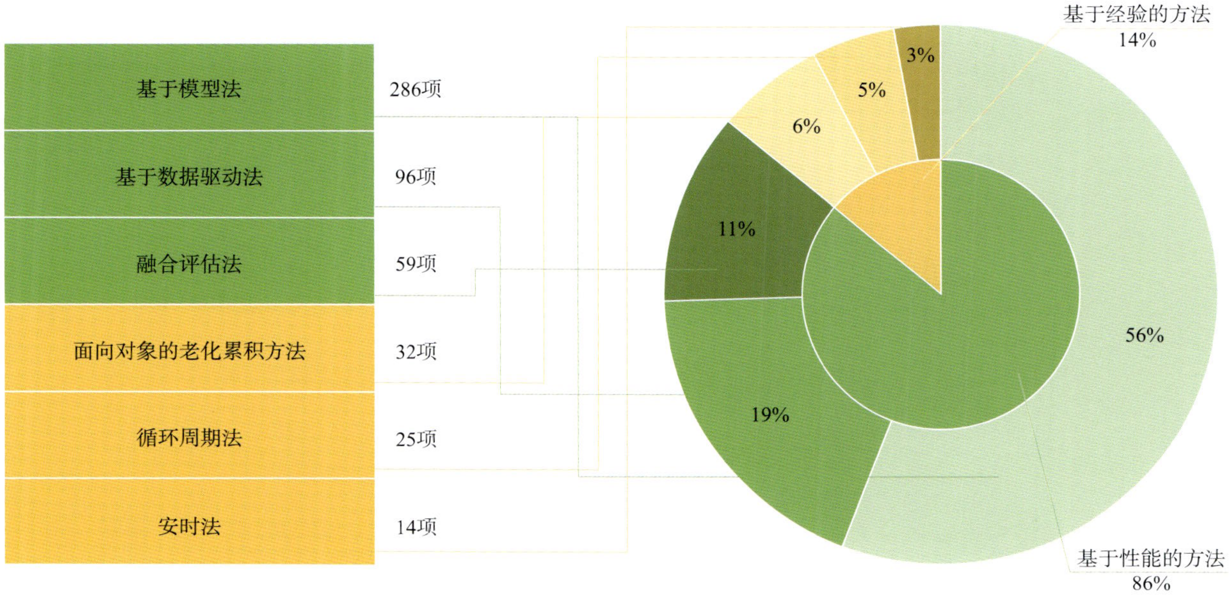

图2-2-8　动力电池寿命估算技术各技术分支专利全球申请量占比

（正文说明见第36～37页）

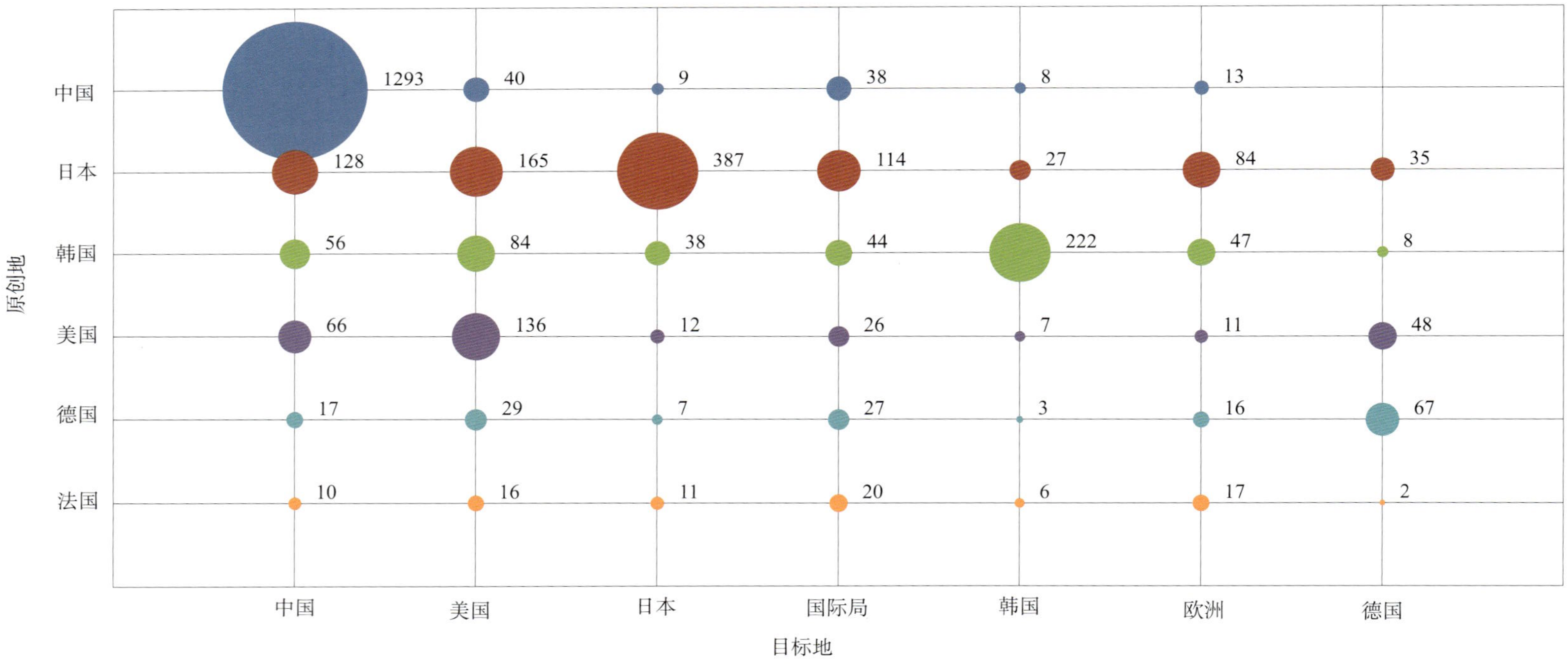

图3-1-6　动力电池SOC估算技术原创地和目标地专利流向

（正文说明见第65~66页）

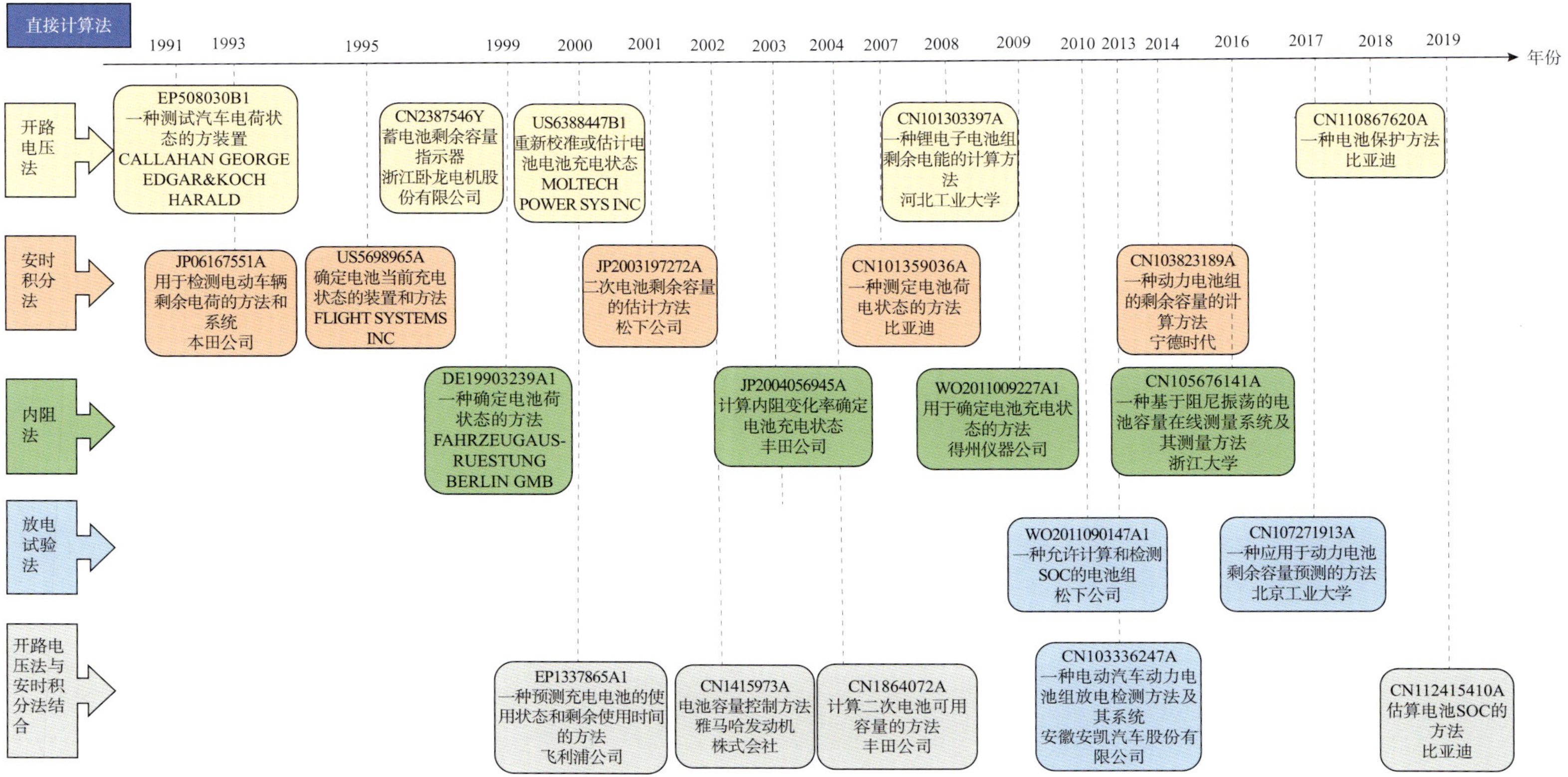

图 3-2-12 动力电池 SOC 估算技术专利直接计算法的技术发展路线

（正文说明见第 73～77 页）

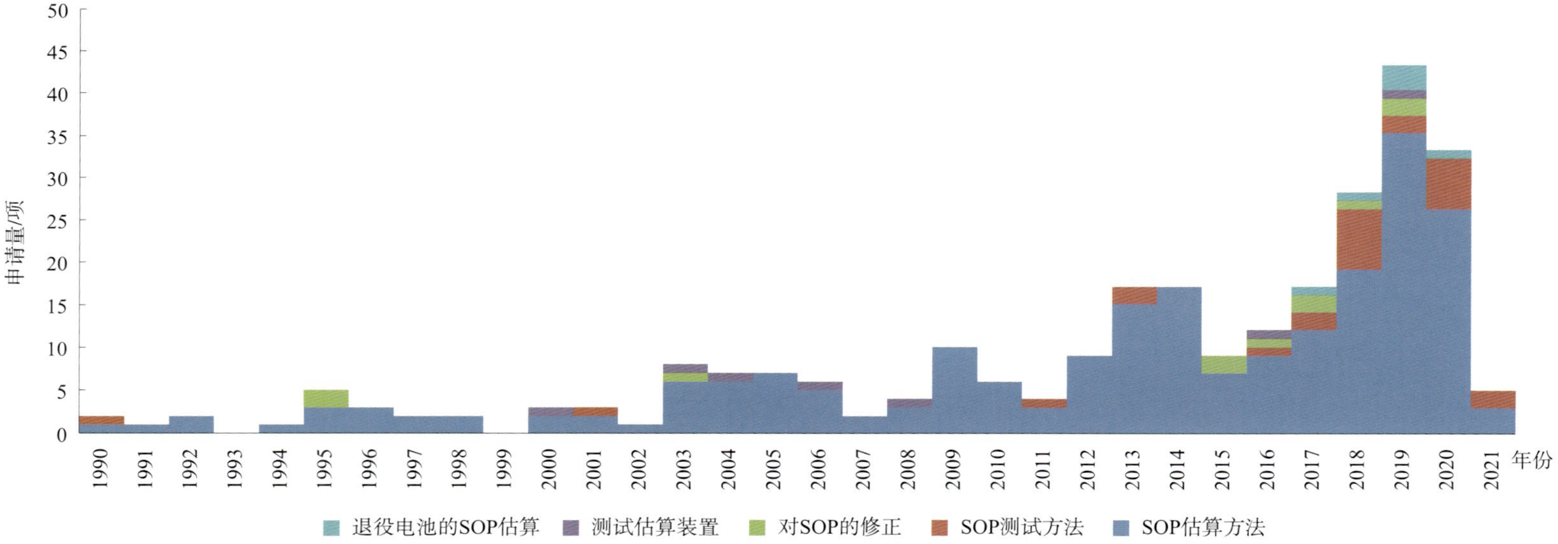

图5-2-2　动力电池SOP评估技术专利各技术分支全球申请量分布情况

（正文说明见第125~126页）

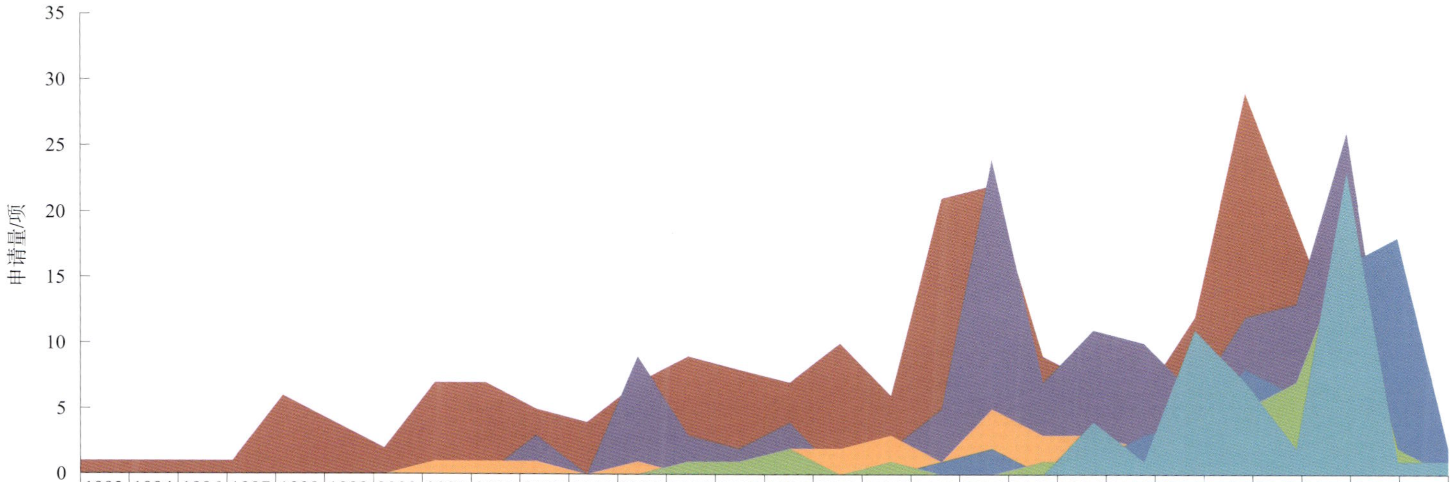

年份	1992	1994	1996	1997	1998	1999	2000	2001	2002	2003	2004	2005	2006	2007	2008	2009	2010	2011	2012	2013	2014	2015	2016	2017	2018	2019	2020	2021
丰田公司	1	1	1	1	6	4	2	7	7	5	4	7	9	8	7	10	6	21	22	9	7	6	12	29	19	9	0	0
比亚迪	0	0	0	0	0	0	0	0	0	0	0	0	1	1	2	0	1	0	0	1	1	0	1	5	7	17	2	0
LG化学	0	0	0	0	0	0	0	0	0	3	0	9	3	2	4	0	2	5	24	7	11	10	6	12	13	26	1	0
宁德时代	0	0	0	0	0	0	0	0	0	0	0	0	0	0	0	0	0	0	0	0	4	1	11	7	2	23	1	1
博世	0	0	0	0	0	0	0	1	1	1	0	1	0	0	2	2	3	1	5	3	3	2	3	3	1	1	0	0
北京理工大学	0	0	0	0	0	0	0	0	0	0	0	0	0	0	0	0	0	1	2	0	1	3	4	8	6	16	18	2

图 8-8-1　动力电池检测技术重要申请人年度申请

（正文说明见第 251 页）

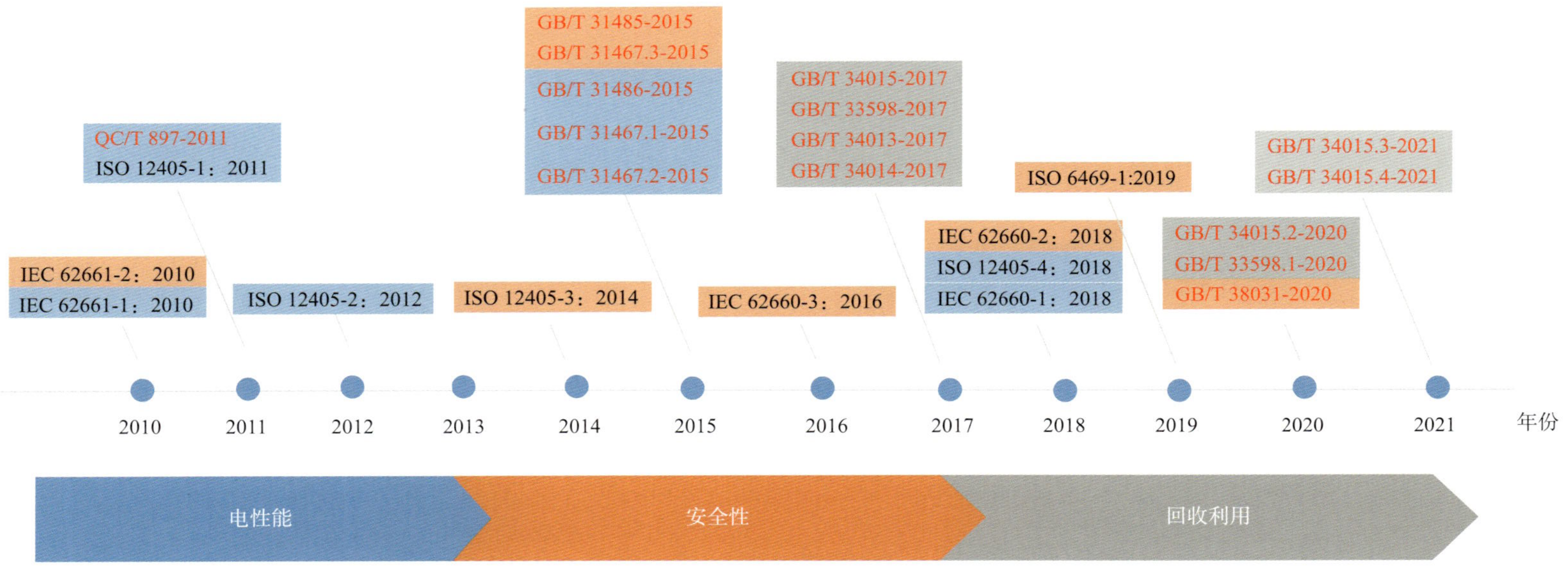

图 9-1-1　动力电池测试技术国内外相关标准整体发展情况对比

（正文说明见第 256 页）

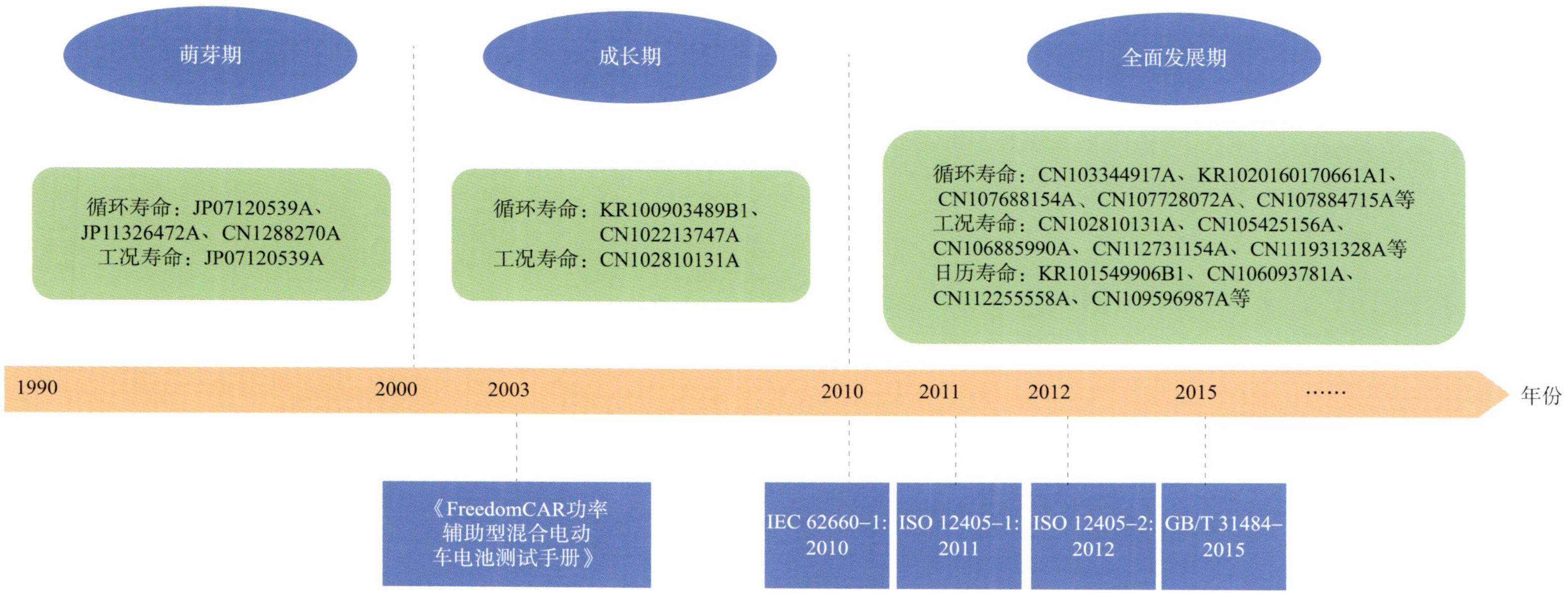

图 9－2－1　动力电池寿命测试技术发展趋势与标准制定时间比较

（正文说明见第 258～259 页）

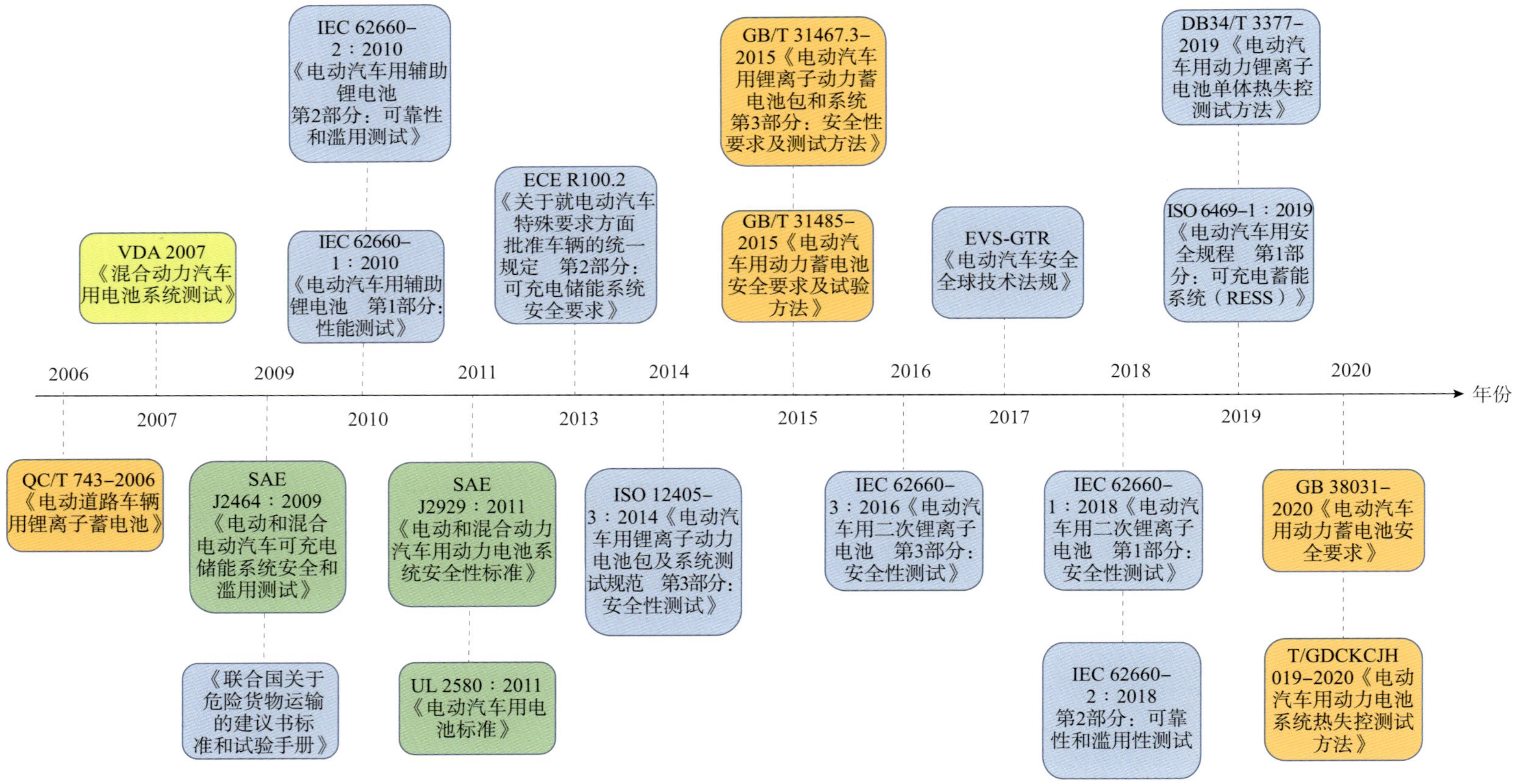

图 9－7－1　国内外动力电池安全相关标准发展情况

（正文说明见第 272～273 页）

编 委 会

前　言

2021年是党和国家历史上具有里程碑意义的一年，对知识产权领域来说同样有着特殊的意义。中共中央、国务院相继印发实施《知识产权强国建设纲要（2021—2035年）》和《“十四五”国家知识产权保护和运用规划》，对知识产权事业未来发展作出重大顶层设计。国家“十四五”规划纲要将每万人口高价值发明专利拥有量写入主要预期性指标，将知识产权工作摆在了更加突出的位置。立足新发展阶段，国家知识产权局学术委员会坚持国家需求导向，紧紧围绕重点产业发展和关键技术突破面临的形势要求，每年组织开展一批专利分析课题研究，出版一批优秀课题成果，不断强化专利分析的研究深度和成果运用的实际效益，以期为提高我国关键核心领域自主知识产权的创造和储备，以及新领域新业态的创新发展提供支撑和指引。

这一年，重点围绕新一代信息技术、新型基础设施建设、新材料、生物医药及医疗器械、高端装备等5个产业领域选取了12个关键技术，组织了25家企事业单位近200名研究人员开展专利分析研究，圆满完成了各项课题研究任务，形成了一批有广度、有深度、有创新、有特色的研究成果。基于成果的推广价值和示范效应，最终选取其中5项成果集结成册，继续以《产业专利分析报告》（第84~88册）系列丛书的形式出版，所涉及的技术领域包括高端光刻机、动力电池检测技术、热交换介质、商业航天装备制造和电动汽车续航技术等。

《产业专利分析报告》（第84~88册）的顺利出版凝聚了各方的智慧和力量，各部门对重点研究方向的确定给予了鼎力支持，各省级、市级知识产权局、行业协会、科研院所等为课题顺利开展给予了必要帮助，近百名行业和技术专家参与其中指导研究。希望读者能充分吸收报告精华，在专利分析方法运用、专利创造和布局策略、技术发展趋势研判、关键技术突破等方面有所启发和借鉴。由于报告中专利文献的数据采集范围和专利分析工具的限制，加之研究人员水平有限，报告的数据、结论和建议仅供社会各界参考。

《产业专利分析报告》丛书编委会

2022 年 6 月

动力电池检测技术专利分析课题研究团队

一、项目管理

国家知识产权局专利局：张小凤　孙　琨

二、课题组

承 担 单 位：国家知识产权局专利局光电技术发明审查部

课题负责人：杨　哲

课题组组长：苏爱华

统　稿　人：苏爱华　何晓兰

主要执笔人：苏爱华　杨艳兰　何晓兰　孙　毅　王晓萍　周亚沛
张　岩　刘俊杰　王灵安

课题组成员：杨　哲　苏爱华　杨艳兰　李　璐　何晓兰
孙　毅　王晓萍　周亚沛　张　岩　刘俊杰
孙　冉　王灵安

三、研究分工

数据检索：苏爱华　杨艳兰　李　璐　何晓兰　王晓萍　周亚沛
张　岩　刘俊杰　孙　冉　王灵安

数据清理：孙　毅　苏爱华　杨艳兰　李　璐　何晓兰　王晓萍
周亚沛　张　岩　刘俊杰　孙　冉　王灵安

数据标引：苏爱华　杨艳兰　李　璐　何晓兰　王晓萍　周亚沛
张　岩　刘俊杰　孙　冉　王灵安

图表制作：孙　毅　杨艳兰　孙　冉　王灵安

报告执笔：苏爱华　杨艳兰　何晓兰　孙　毅　王晓萍　周亚沛
张　岩　刘俊杰　王灵安

报告统稿：苏爱华　何晓兰

报告编辑： 苏爱华　杨艳兰　何晓兰　孙　毅　王晓萍　周亚沛
张　岩　刘俊杰　王灵安

报告审校： 杨　哲　苏爱华　杨艳兰

四、报告撰写

苏爱华： 主要执笔第1章第1.2.1～1.2.2节，第3章第3.1节、第3.3节，第5章，第9章第9.3节、第9.5节、第9.8节，第10章

杨艳兰： 主要执笔第8章

何晓兰： 主要执笔第1章第1.1.1节、第1.1.3节，第2章第2.1节、第2.3～2.4节，第3章第3.2.2节，第9章第9.1～9.2节

孙　毅： 主要执笔第1章第1.1.2节、第1.1.4节、第1.2.3～1.2.4节

王晓萍： 主要执笔第2章第2.2节

周亚沛： 主要执笔第4章，第9章第9.4节

张　岩： 主要执笔第7章，第9章第9.7节

刘俊杰： 主要执笔第3章第3.2.1节、第3.2.3～3.2.4节，参与执笔第3章第3.1节

王灵安： 主要执笔第6章，第9章第9.6节

五、指导专家

行业专家

刘　鹏　新能源汽车大数据联盟副秘书长

技术专家

林春景　中国汽车技术研究中心有限公司

刘仕强　中国汽车技术研究中心有限公司

马天翼　中国汽车技术研究中心有限公司

王　斌　中国汽车技术研究中心有限公司

王　芳　中国汽车技术研究中心有限公司

张　雷　北京理工大学电动车辆国家工程实验室

赵淑红　国家新能源汽车技术创新中心

目　录

第 1 章　研究概况

1.1　研究背景

1.1.1　技术现状

目前，能源危机和环境污染日趋凸显，可持续、绿色发展已成为世界各国关注的焦点，加速开发和推广以电动汽车为代表的新能源汽车势在必行，而我国在 2009 年已将新能源汽车行业确定为七大战略性新兴产业之一。新能源汽车是我国从汽车大国迈向汽车强国的必由之路。2020 年 11 月 2 日，国务院办公厅发布的《新能源汽车产业发展规划（2021—2035 年）》中提出：到 2025 年，我国新能源汽车市场竞争力明显增强，新能源汽车新车销售量达到汽车新车销售总量 20% 左右的目标，到 2035 年，纯电动汽车（EV）成为新销售车辆的主流。

新能源汽车主要有三大关键技术：电池、电机、电控，其中，电池技术是阻碍新能源汽车发展的关键技术。《新能源汽车产业发展规划（2021—2035 年）》在“专栏 1 新能源汽车核心技术攻关工程”中专门列出了“实施电池技术突破行动”，其中提出了要加强高强度、轻量化、高安全、低成本、长寿命的动力电池短板技术攻关。

目前，动力电池从传统的铅酸电池已经发展到镍氢动力、钴酸锂、锰酸锂、聚合物、三元材料、磷酸铁锂等先进的绿色动力电池。但在种类众多的电池中，锂离子电池凭借其能量密度高、使用寿命长、电压平台高、自放电率低、重量轻等优点，在电动汽车动力电池中占有核心地位。因此，本报告研究分析的对象主要是锂离子电池，而锂离子电池又包括磷酸铁锂电池、三元锂电池。

动力电池从研发到应用需要大量复杂而重复的测试验证工作，电池性能的提高离不开动力电池检测技术的相应发展，对电池性能参数高精度的测试与估算是电池在整个使用寿命周期能够安全可靠运行的保证。

对动力电池性能的检测主要包括电池出厂前的测试验证、电池应用过程中的监控管理和退役后的性能检测。

对于出厂前的测试验证，主要由电池生产企业、整车企业和检测认证机构来完成，其目的是保证动力电池在应用之前能够满足安全、动力性能等方面的质量要求。测试的要求主要是由动力电池检测的相应国家标准来控制。

对于应用过程中的监控管理，主要由电池管理系统（Battery Management System，BMS）来实现。BMS 是管理和监控动力电池的中枢，其管理、维护、监控电池的各个模块，主要功能包括电池物理参数实时监测、电池状态估计、在线诊断与预警、充放电与预充控制、均衡管理和热管理等。

在 BMS 中，电池的状态估计、均衡管理和安全预警是其重要组成部分。对电池状态估计的精准与否直接影响驾驶员对车辆信息的判断，进而影响车辆的正常运行；基于电池不一致性实现对电池均衡管理，有效提高电池性能；而对安全状态的提前预警，则是保证驾乘人员安全的重要保障。其中，最为关键的电池状态包括寿命、荷电状态（State of Charge，SOC）、健康状态（State of Health，SOH）、功率状态（State of Power，SOP）；成组前动力电池的不一致性关系着电池组的质量，成组后动力电池的不一致性是实现电池组均衡管理的重要基础，而退役后动力电池的不一致性则对电池重新分选以提高利用率至关重要。另外，在当前电动汽车安全事故中，由热失控/热扩散导致的事故占比较大，因此，热失控/热扩散问题是电动汽车目前亟需关注和解决的重要安全问题。

（1）寿命

根据锂离子动力电池不同的充放电过程，电池寿命一般分为循环寿命、工况寿命和日历寿命（又称“存储寿命”）。电池的日历寿命是指电池在搁置状态下的寿命，日历寿命的影响因素主要包括时间、存储温度、存储 SOC 等。电池的工况寿命主要考核的是电池按照工况图谱来测试动力电池的使用寿命。电池的循环寿命是指电池在一定工况下循环充放电下的寿命，循环寿命的主要影响因素有时间、放电深度、循环过程平均 SOC、温度、放电倍率等。

电池寿命预测方法通常可以分为两大类。第一类是基于经验的方法，即基于电池历史数据的统计，分析其中的规律并进行寿命估计，主要包括循环周期法、安时法与加权安时法、面向对象的老化累积方法；第二类是基于性能的方法，主要包括基于模型的方法、基于数据驱动的方法，以及基于模型与基于数据驱动相融合的方法。

（2）SOC

电池 SOC 体现电池的剩余电量，是电池使用过程中最重要的参数之一，此参数与电池的充放电历史和充放电电流大小有关，其表示为电池当前剩余可用电量占电池总电量的百分比，公式如下：

$$\mathrm{SOC}=\frac{Q_{\mathrm{remain}}}{Q_{\mathrm{rated}}}\times 100\%$$

其中 Q_{rated} 为电池的额定电荷容量，即电池总电量；Q_{remain} 为电池中剩余的电荷余量，即电池当前剩余可用电量。

常用的 SOC 的估算方法有开路电压（Open Circle Voltage，OCV）法、安时积分法、电化学测试法、电池模型法、神经网络法，以及卡尔曼滤波法等。

（3）SOH

电池 SOH 体现电池的健康度和性能状态，是电池的一个重要参数。SOH 标准定义是一定条件下，动力电池从充满状态以一定倍率放电至截止电压所放出的容量与其所对应的标称容量（实际初始容量）的比值，此参数与电池的充放电历史和充放电电流大小有关。

SOH 的估算方法主要有：直接测量法（基于内阻、容量或电压）、基于数据驱动法［基于支持向量机（Support Vector Machine，SVM）算法、模糊逻辑算法、神经网络算法等］和基于电池模型法。

（4）SOP

电池 SOP 是指在电池设计电压、电流、SOC，以及功率限制下，电池在时间 T 秒内，能持续提供的最大功率，其直接影响电动汽车的加速爬坡性能，以及回馈制动的能量回收能力，是充放电控制的重要决策依据。

SOP 的检测主要包括功率状态测试和功率状态估算。功率状态测试主要在电池应用前进行，只适合在实验室中离线进行。主要的测试方法包括美国先进电池联盟（USABS）测试方法、混合脉冲功率性能测试方法（Hybrid Pulse Power Characterization，HPPC）、日本 JEVS 测试方法和恒功率测试方法。功率状态的估算是在电池的使用过程中实时进行，估算方法主要分为 MAP 图法、基于参数模型法和数据驱动法。

（5）不一致性

动力电池作为电动汽车的能量来源，电压和容量要分别满足电动汽车工作电压和续航里程的要求。虽然近些年动力电池的技术在不断改进，但是单体电池的电压和容量与电动汽车的工作要求仍有较大差距，常采用的手段是使单体电池以串联、并联的连接方式成组，串联可以提高电压，并联可以扩充容量，但同时带来了电池不一致性问题。电池不一致性是指同一规格的单体电池之间电压、容量、内阻等参数存在一定的差别，其会导致电池组不能最大限度地发挥其性能，甚至发生故障，缩减电池寿命，因此，对动力电池不一致性的检测与评估就显得尤为重要。

从制造过程、成组使用、退役乃至寿命终止，电池不一致性问题贯穿始终，本领域把不一致性检测划分为成组前、成组后、退役后三个阶段。而在电池不同的阶段，其不一致性的表现形式不同，采用的检测参数、评价方法也有所不同。目前主要的发展方向在于探索更能反映电池特性的检测参数和准确评价的方法上。针对动力电池组不一致性的测试与评估主要是成组前的电池分选以减小初始的不一致性，成组后对不一致性的状态评估以减小使用过程中的不一致性，以及退役后电池重新分选以提高利用率。

（6）热失控预警和测试

近年来，伴随着电动汽车销量的增长，与之相关的许多问题也凸显出来，电动汽车发生起火等严重安全事故的频率也表现出明显的上升趋势。据不完全统计，2020 年国内电动汽车起火事故中有 63.35% 是与电池热失控/热扩散相关，[1] 其次是充电引起。

锂离子动力电池热失控，是电池在使用过程中因为产热量远大于散热量而导致电池温度急剧升高引起电池失效的一种形式，是在一定外界条件（例如穿刺、过热、短路、过充电等）的触发下电池发生的以快速大量放热为主，会伴随其他物理或化学变

[1] 2020 年国内电动汽车起火与热失控测试结果统计［EB/OL］.［2021-09-20］. http://www.360doc.com/content/21/0730/10/76408382-988803690.shtml.

化的剧烈反应（例如短路放电、燃烧、爆炸等）。热失控会给人们的生命财产带来巨大危险。因此，热失控问题是电动汽车目前亟须关注和解决的重要安全问题。

热失控预警方法根据采集的参数不同，通常可以分为基于温度、内阻、电压、电流、气体或烟雾、内部压力、其他（例如形变、热熔丝等），以及多参数耦合。热失控/热扩散测试方法根据触发热失控的方式不同，通常可以分为加热、针刺、仿真模拟、过充、过放、内短路、外短路、过压、其他（例如，浸水、挤压、冲击等）等方式，以及多方式结合。

1.1.2 产业现状

根据高工产业研究院（GGII）数据显示，2020年全球动力电池装机量约136.30GWh，同比增长18%。在前十企业中，中国电池企业占据6席。这10家企业依次为宁德时代、LG❶、松下、比亚迪、三星集团、SKI、中创新航（原中航锂电）、远景动力、国轩高科和亿纬锂能。

动力电池是新能源汽车的动力来源，电池的性能和质量对新能源汽车的用户体验有着重要的影响。而要了解电池的性能和质量，需要在电池的整个寿命周期进行检测和监测。

（1）应用前的电池性能测试

对于新能源汽车企业新车上市前的法规类强制检测，目前全国具有动力电池公告检测和委托检测的机构约有20家，这些检测机构除了要按照国家标准的强制要求完成相关检测，还会按照厂家要求完成相关检测。此外，区别于强制检测的其他检测，主要是围绕电池企业、电池包企业，以及新能源汽车企业内部产品设计开发阶段、产品过程开发阶段的检测验证，这种情况下，第三方检测服务企业应运而生。

这几年国内动力电池检测机构如雨后春笋般出现，企业的性质包括外资、民营和国企，这一现象也恰恰说明动力电池检测市场的开放性。国有企业（以下简称“国企”）中以上市公司广州广电计量检测股份有限公司为代表，外资企业中以UL、TÜV南德为代表，而民营企业中以苏州苏试试验集团股份有限公司为代表，这些企业在动力电池检测领域的发展势头也最为迅猛，无论是实验室布局还是业务的拓展均呈现多点开花的局面。这些企业的市场行为也为新能源汽车动力电池检测行业起到良好的表率作用。

作为动力电池检测的设备，锂离子动力电池检测系统在整个锂离子电池产业链中处于中游，为科研院所、检测机构、锂离子电池制造商，以及整车企业提供相应的检测和测试设备，主要用于锂离子电池功能性、安全性及可靠性检测，是整个产业链不可或缺的一部分。

国外的锂离子电池系统开发起步较早，技术较为成熟。全球锂离子电池检测系统

---

❶ 2020全球动力电池装机量TOP10解析［EB/OL］.（2021-03-03）［2021-07-16］. https://xueqiu.com/7862386466/173366756? page=1.

制造商中，规模较大、知名度及市场份额较高的企业有美国必测（Bitrod）、德国迪卡龙（Digatron）及纳斯达克上市公司AV等公司，此外，美国MACCOR、日本日置（HIOKI）在部分锂离子电池产品检测领域也具有一定的产品优势。国外企业具有市场先发优势，品牌效应高，占据高端锂离子电池检测系统一定市场份额。到21世纪，我国的星云电子成立，电池模组应用比例不断提高，针对电池模组的检测技术取得一系列突破，锂离子电池检测系统得到了大量应用。

（2）电池应用中的监测

目前国内新能源汽车所使用的BMS还是以国内自主研发为主，既有电池厂自研BMS，以国轩高科和宁德时代为代表，也有第三方独立的BMS企业，比如安徽锐能科技有限公司、惠州亿能、安徽力高新能源技术有限公司、深圳市科列技术股份有限公司等企业，同时汽车企业也有自主研发，比如比亚迪、北汽集团和吉利集团。国内BMS的研发与应用几乎与国外同时起步，且由于国内市场基数大，在应用经验和某些关键技术指标上还优于国外产品。

但国内BMS也有自己的短板，就是缺乏汽车电子开发流程的严谨性。由于受政策影响，国内BMS配套大多数是短平快的项目，从项目进度要求上无法保证完全按照开发流程执行，而国外产品大多数都是由传统汽车电子供应商开发配套，配套基本以高端新能源乘用车为主，项目时间充裕，且有着严格的开发验证流程作指导，产品品质相对有保障。

国外BMS的一流企业有特斯拉、德国大陆、德尔福和FEV等，现在基本上是按照汽车开放系统架构（AUTOSAR），以及汽车安全完整性水平（ISO 26262）功能安全标准的要求来做，软件功能更多，可靠性和精度也较高。国内很多汽车主机厂也都自主开发BMS产品并应用，前期在功能和性能上与国外一流公司相差甚远，但随着国内电池和BMS技术的快速发展，差距正在逐步缩小，希望不久的将来能够实现成功追赶甚至超越。近年来，BMS市场正呈现以下发展特点：逐步向头部企业集中，中小企业市场份额持续萎缩；在整车企业和动力电池企业的双向挤压下，第三方企业的生存空间不断缩小。

1.1.3 测试标准发展

技术标准是指重复性的技术事项在一定范围内的统一规定。标准能成为自主创新的技术基础，源于标准制定者拥有标准中的技术要素、指标及其衍生的知识产权。技术标准包括基础技术标准、产品标准、工艺标准、检测试验方法标准，以及安全、卫生、环保标准等。技术标准有三个方面的特点：

第一，各个企业通过向标准组织提供各自的技术和专利，形成各个产品的技术标准；

第二，企业产品的生产按照这样的标准来进行，所有的产品通过统一的标准，设备之间可以互联互通，这样可以帮助企业更好地销售产品；

第三，标准组织内的企业可以以一定的方式共享彼此的专利技术。

在动力电池相关技术发展如此迅速的今天，对其的测试技术也在随着动力电池性能的提高在不断发生变化，相应的标准规范也在不断更新以适应和促进技术的发展，通过对标准规范的追踪可以了解相关技术的发展。

1.1.3.1 国外动力电池标准

国外标准的颁发机构主要有国际标准化组织（ISO）、国际电工委员会（IEC）、美国汽车工程师学会（SAE）、美国保险商实验室（UL），以及欧盟相关机构。

（1）ISO

作为国际上标准化工作的核心组织之一，ISO 主要负责锂离子动力电池系统测试标准 ISO 12405－1/－2/－3 的制定，ISO 12405－1 和 ISO 12405－2 于 2011～2012 年先后颁布并实施，两个标准分别着眼于高功率和高能量型电池的应用。这两个标准于 2018 年被 ISO 12405－4：2018 所替代。ISO 12405－3：2014 于 2014 年颁布实施，主要针对电池系统安全性能的测试。ISO 6469－1 系列规定了电动道路车辆安全规范，主要针对车载可充电蓄能系统，2001 年颁布第一版 ISO 6469－1：2001，2009 年颁布第二版 ISO 6469－1：2009，替代 ISO 6469－1：2001，2019 年颁布 ISO 6469－1：2019，替代 ISO 12405－3：2014 和 ISO 6469－1：2009。相关标准如表 1－1－1 所示。

表 1－1－1 ISO 在动力锂离子电池方面相关标准

标准代号	标准名称	公布日期	状态	替代标准
ISO 12405－1：2011	《电动汽车用锂离子动力电池包及系统测试规程 第1部分：高功率应用》	2011 年 8 月 11 日	已失效	ISO 12405－4：2018
ISO 12405－2：2012	《电动汽车用锂离子动力电池包及系统测试规程 第1部分：高能量应用》	2012 年 7 月 11 日	已失效	ISO 12405－3：2018
ISO 12405－3：2014	《电动汽车用锂离子动力电池包及系统测试规程 第3部分：安全性能测试》	2014 年 5 月 14 日	已失效	ISO 6469－1：2019
ISO 12405－4：2018	《电动汽车用锂离子动力电池包及系统测试规程 第4部分：性能测试》	2018 年 7 月 18 日	现行	
ISO 6469－1：2001	《电动汽车 安全要求第1部分：车载可充电储能系统（REESS）》	2001 年 11 月 10 日	已失效	ISO 6469－1：2009
ISO 6469－1：2009	《电动汽车 安全要求第1部分：车载可充电储能系统（REESS）》	2009 年 9 月 9 日	已失效	ISO 6469－1：2019
ISO 6469－1：2019	《电动汽车 安全要求第1部分：车载可充电储能系统（REESS）》	2019 年 4 月 19 日	现行	

（2）IEC

作为国际标准的另一核心组织，IEC 是世界上成立最早的国际标准化机构，在动力电池检测标准方面，主要负责 IEC 62660 系列标准的制定，其中，IEC 62660－1 主要是针对锂离子电池性能测试方面，IEC 62660－2 主要是针对锂离子电池可靠性和滥用方面的测试。两个标准分别于 2010 年颁布第一版，并分别于 2018 年被 IEC 62660－1：2018 和 IEC 62660－2 替代。IEC 62660－3：2016 主要是针对动力电池安全方面的要求。相关标准如表 1－1－2 所示。

表 1－1－2　IEC 在动力锂离子电池方面相关标准

标准代号	标准名称	公布日期	状态	替代标准
IEC 62660－1：2010	《电动汽车用辅助锂电池　第 1 部分：性能测试》	2010 年 12 月 16 日	已失效	IEC 62660－1：2018
IEC 62660－2：2010	《电动汽车用辅助锂电池　第 2 部分：可靠性和滥用性测试》	2010 年 12 月 16 日	已失效	IEC 62660－2：2018
ISO/IEC PAS 16898：2012	《电动汽车用二次锂离子电池的尺寸和名称》	2012 年 11 月 27 日	已失效	
IEC 62660－3：2016	《电动汽车用二次锂离子电池　第 3 部分：安全性测试》	2016 年 8 月 29 日	现行	
IEC TR 62660－4：2017	《电动汽车用二次锂离子电池　第 4 部分：IEC 62660－3 中的内部短路试验的候选测试方法》	2017 年 2 月 13 日	现行	
IEC 62660－1：2018	《电动汽车用二次锂离子电池　第 1 部分：性能测试》	2018 年 12 月 12 日	现行	
IEC 62660－2：2018	《电动汽车用二次锂离子电池　第 2 部分：可靠性和滥用性测试》	2018 年 12 月 12 日	现行	
IEC 62485－6：2021	《二次电池和电池安装的安全要求　第 6 部分：在牵引应用中锂离子电池的安全操作》	2021 年 1 月 5 日	现行	

（3）其他标准组织

SAE 是国际上最大的汽车工程学术组织之一，在汽车领域拥有庞大、完善的标准体系。2009年颁布的《电动和混合动力电动汽车可充电能量储存系统的安全和滥用测试》（SAE J2464：2009）是很早一批应用于北美和全球地区的车用电池滥用测试手册，明确指出了每个测试项的适用范围及需要采集的数据，也针对测试项目所需样品数量给出建议。2011年颁布的《电动和混合动力汽车用电池系统安全标准可充电锂离子电池》（SAE J2929：2011）是SAE在总结之前颁布的各种动力电池相关标准基础上提出的安全性标准，包括电动车在行驶过程中可能出现的常规情况和异常情况测试两个部分。《电动汽车电池的振动测试》（SAE J2380：2013）是电动汽车电池振动测试中较经典的标准，以实际车辆道路行驶的振动载荷谱采集统计结果为基础依据，测试方法更加符合实际车辆的振动情况，具有重要的参考价值。

UL是美国权威的安全检测机构，也是世界上从事安全试验和鉴定的较大的民间机构。2011年UL颁布了关于动力电池安全性的新标准《电动汽车用电池安全标准》（UL 2580）。该标准于2020年进行了修订。UL 2580的测试内容主要有电气安全测试、机械安全测试、环境安全测试。作为动力电池系统相关的安全测试标准，UL 2580标准除了涵盖几乎所有SAE J2929所涉及的安全方面的测试内容，还有一些安全类实验，例如不均衡充电、绝缘耐压、旋转、温升、盐雾及内部起火等测试内容。

德国汽车工业协会（VDA）是德国为统一其国内汽车工业的各种标准而组成的协会，颁布的标准有《混合动力汽车锂离子电池系统的测试规范》（VDA 2007），主要是针对混合动力汽车（HEV）的锂离子电池系统的性能及可靠性测试。

《关于就电动汽车特殊要求方面批准车辆的统一规定》（CECE R100.2）是联合国欧洲经济委员会（ECE）针对电动汽车制定的具体要求，分为两个部分：第一部分对整车在电机防护、可充电储能系统、功能安全和氢气排放等4个方面进行了规范，第二部分为新增的对可再充电储能系统的安全可靠性作出的具体要求。

此外，美国能源部（DOE）主要负责能源政策制定、能源行业管理及能源相关技术研发等。2002年美国政府成立了“自由车”（FreedomCAR）项目，先后颁布了《FreedomCAR功率辅助型混合电动车电池测试手册》与《FreedomCAR电动和混合动力汽车用储能系统滥用性测试手册》❶。

上述常用的国外动力锂离子电池标准如表1-1-3所示。

表1-1-3　国外其他常用的动力锂离子电池标准

标准代号	公布年份	标准名称
DOE/ID-11069	2003年	《FreedomCAR功率辅助型混合电动车电池测试手册》
SAND 2005-3123	2006年	《FreedomCAR电动和混合动力汽车用储能系统滥用性测试手册》

❶ 王宏伟，刘军，肖海清，等．国内外锂离子动力电池相关标准对比分析［J］．电子元件与材料，2013，31（10）：83-86.

续表

标准代号	公布年份	标准名称
VDA 2007	2007 年	《混合动力汽车用电池系统测试》
SAE J2464：2009	2009 年	《电动和混合动力电动汽车可充电能量储存系统的安全和滥用测试》
SAE J2929：2011	2011 年	《电动和混合动力电池系统安全标准》
SAE J2380：2013	2013 年	《电动汽车电池的振动测试》
UL2580：2011	2011 年	《电动汽车用电池安全标准》
ECE R100.2（2013 修订）	2013 年	《关于就电动汽车特殊要求方面批准车辆的统一规定　第 2 部分：可充电储能系统安全要求》

1.1.3.2　国内动力电池标准

2001 年，我国汽车标准化委员会颁布了第一个电动汽车锂离子电池测试指导性技术文件《电动道路车辆用锂离子蓄电池》（GB/Z 18333.1－2001）。该标准制定时参考了《便携式锂电池和蓄电池组　第 2 部分：锂电池组》（IEC 61960－2：2000），用于便携式设备的锂离子电池及电池组，测试内容包括性能和安全，但只适用于 21.6 V 和 14.4 V 的电池。

2015 年，国家标准化管理委员会颁布了一系列标准，《电动汽车用动力蓄电池循环寿命要求及试验方法》（GB/T 31484－2015）、《电动汽车用动力蓄电池安全要求及试验方法》（GB/T 31485－2015）、《电动汽车用动力蓄电池电性能要求及试验方法》（GB/T 31486－2015）及《电动汽车用锂离子动力蓄电池包和系统　第 1 部分：高功率应用测试规程》（GB/T 31467.1－2015）、《电动汽车用锂离子动力蓄电池包和系统　第 2 部分：高能量应用测试规程》（GB/T 31467.2－2015）、《电动汽车用锂离子动力蓄电池包和系统　第 3 部分：安全性要求与测试方法》（GB/T 31467.3－2015）。GB/T 31485－2015 及 GB/T 31486－2015 分别是针对单体/模块的安全及电性能测试，GB/T 31467－2015 系列参照了 ISO 12405 系列，适用于电池包或电池系统的测试，而 GB/T 31484－2015 是专门针对电池循环寿命的测试标准，对于单体和模块采用标准循环寿命，对于电池包和系统采用工况循环寿命[1]。

近几年，随着动力电池性能的进一步提高，对电池的安全性能尤为关注，为此，国家市场监督管理总局和国家标准化管理委员会于 2020 年 5 月 12 日发布了车用动力电池最新强制性国家标准《电动汽车用动力蓄电池安全要求》（GB 38031－2020），该标准于 2021 年 1 月 1 日实施并替代 GB/T 31485－2015 和 GB/T 31487.3－2015。但是，对动力蓄电池电性能和循环寿命的要求及试验方法仍然沿用国家标准 GB/T 31484－

[1] 黄志诚，栾景昌．电动汽车用动力电池重点标准分析［C］//标准化助力供给侧结构性改革与创新：第 13 届中国标准化论坛文集，2016：1046－1051.

2015、GB/T 31486－2015、《直流融冰装置　第1部分：系统设计和应用导则》（GB/T 31487.1－2015）、《直流融冰装置　第2部分：晶闸管阀》（GB/T 31487.2－2015）。

此外，我国电动汽车产量和销量不断提高，进入市场的电动汽车动力电池面临报废回收的问题，对此，在2017年，我国出台了《车用动力电池回收利用 拆解规范》（GB/T 33598－2017），于2017年12月1日实施，该标准为全球第一个动力电池回收的国家标准，其规定了车用废旧锂离子动力蓄电池、金属氢化物镍动力蓄电池的蓄电池包（组）、模块的拆解，但不适用车用废旧动力蓄电池单体的拆解。随后出台国家标准《车用动力电池回收利用　余能检测》（GB/T 34015－2017），于2018年2月1日实施，该标准是针对退役车用动力电池测试的首部国家标准，主要目的是从退役动力电池梯级利用的角度，规范锂离子电池和镍氢电池在电池模块和电池单体级别上的余能检测，包括检测要求、检测流程及检测方法，该标准属于试验方法标准。

对于电动汽车BMS的规范化，目前尚无现成的国际标准可参考。2011年，中华人民共和国工业和信息化部发布行业标准《电动汽车用电池管理系统技术条件》（QC/T 897－2011），其监测项目基本涵盖了BMS产品的功能。监测项目主要包括绝缘性能、状态参数精度、SOC估算精度、故障诊断、电气适应性能、环境适应性能、电磁兼容性能等项目测试。但是随着行业发展和行业需求的提高，该行业标准已经滞后。于是，2020年发布并实施了国家标准《电动汽车用电池管理系统技术条件》（GB/T 38661－2020），该标准参考了行业标准QC/T 897－2011，其规定了蓄电池电子部件、蓄电池控制单元和蓄电池管理系统3类检测对象，对应7类检测项目，从状态参数测量精度、SOC估算精度、电池故障诊断绝缘性能、电气适应性能、环境适应性能和电磁兼容性能，规定了电动汽车BMS的测试要求。此外，2020年9月发布国家标准《电动汽车用电池管理系统功能安全要求及试验方法》（GB/T 39086－2020），规定了电动汽车用动力蓄电池管理系统的功能安全要求及试验，该标准于2021年4月1日实施。国内动力电池标准体系情况如表1－1－4所示。

表1－1－4　国内动力电池标准体系

功能	标准编号	标准名称
电性能	GB/T 31486－2015	《电动汽车用动力蓄电池电性能要求及试验方法》
	GB/T 31467.1－2015	《电动汽车用锂离子动力蓄电池包和系统　第1部分：高功率应用测试规程》
	GB/T 31467.2－2015	《电动汽车用锂离子动力蓄电池包和系统　第2部分：高能量应用测试规程》
寿命	GB/T 31484－2015	《电动汽车用动力蓄电池循环寿命要求及试验方法》
安全性	GB 38031－2020	《电动汽车用动力蓄电池安全要求》

续表

功能	标准编号	标准名称
互换性	GB/T 34013－2017	《电动汽车用动力蓄电池产品规格尺寸》
	GB/T 34014－2017	《汽车动力蓄电池编码规则》
回收利用	GB/T 33598－2017	《车用动力电池回收利用　拆解规范》
	GB/T 34015－2017	《车用动力电池回收利用　余能检测》
	GB/T 34015.2－2020	《车用动力电池回收利用　梯次利用　第2部分：拆卸要求》
	GB/T 33598.2－2020	《车用动力电池回收利用　再生利用　第2部分：材料回收要求》
	GB/T 38698.1－2020	《车用动力电池回收利用　管理规范　第1部分：包装运输》
	GB/T 34015.3－2021	《车用动力电池回收利用　梯次利用　第3部分：梯次利用要求》
	GB/T 34015.4－2021	《车用动力电池回收利用　梯次利用　第4部分：梯次利用产品标识》
	GB/T 33598.3－2021	《车用动力电池回收利用　再生利用　第3部分：放电规范》
电池管理系统	GB/T 38661－2020	《电动汽车用电池管理系统技术条件》
	GB/T 39086－2020	《电动汽车用电池管理系统功能安全要求及试验方法》

1.1.4 行业需求

2015年国务院出台的《中国制造2025》确定了锂离子电池发展的技术路线，图1－1－1显示了动力电池技术发展规划，该规划与日本、韩国、美国类似，技术发展趋势均是高安全、高比能、高比功率、长寿命、低成本。2020年，国务院办公厅出台《新能源汽车产业发展规划（2021—2035年）》，提出到2025年，新能源汽车新车销售量达到汽车新车销售总量20%左右的目标，到2035年，纯电动汽车成为新销售车辆的主流。实施电池技术突破行动：要加强高强度、轻量化、高安全、低成本、长寿命的动力电池短板技术攻关。完善动力电池回收、梯次利用和再资源化的循环利用体系，鼓励共建共用回收渠道。

虽然我国动力电池的装机量、新能源汽车的保有量都占据国际前列，但是动力电池检测技术的发展，特别是检测精度方面，相较于国外，还存在一定的距离。目前看，国内动力电池检测技术行业的需求主要包括以下三个方面。

第一，动力电池检测设备的精度急需提高。

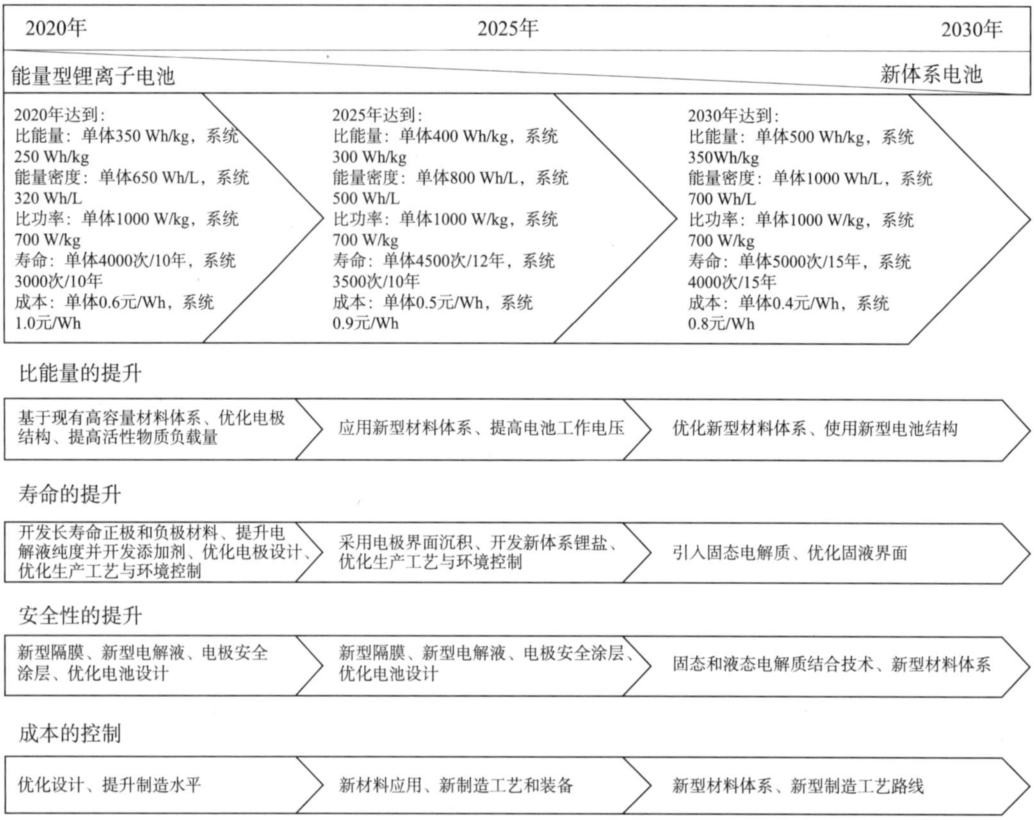

图1-1-1　2020~2030年中国动力电池发展规划

第二，动力电池检测设备的检测精度和响应时间，相较于国外检测设备，还存在一定的差距，无法为测试结果提供足够的保证。需要突破国外的“卡脖子”技术，实现自主知识产权的创新。

第三，动力电池测试评价体系还需不断完善。

虽然相关国家标准的制定和发布填补了我国在动力锂离子电池组合系统方面的空白并被广泛采用，但还存在很多有待完善的地方，主要表现在两个方面：

一方面是测试对象，目前的标准都只针对新电池的性能测试，对使用中和退役后的电池没有相关规定和要求。近年来，动力电池安全事故频发，大多是使用过程中的电池。缺乏相应的国家强制标准，对于监控管理设备的精度要求也都是各个生产者自己掌握，标准的不一致也导致产品的良莠不齐。如果能对使用过程中动力电池性能参数检测标准予以统一，设立基本的安全标准，将会为动力电池设置一道基本的安全屏障。

另外，面临即将到来的动力电池报废高峰期，建立回收电池性能检测的标准，为建设动力电池回收利用体系提供基础，也是势在必行。

另一方面是在目前的测试标准中，某些测试方法还存在测试精度低、效率低、时间长等问题。

第四，BMS实现跨越仍需突破三大障碍。

BMS是动力电池安全的“保护伞”。在安全问题上，BMS在不少情况下也是不可忽视的因素，例如只考虑电池的平均状况而不考虑每个电池的特殊情况，或是只考虑电池恒温时的状态，对温度的变化影响有所忽视。

目前，我国BMS产业的发展面临着如下障碍：

首先，在BMS核心算法上，我国与国外还存在不小差距。例如，在电池SOC估算上，我国大部分企业还在使用最简单的安时积分法。但是，安时积分法没有纠错能力，当电池老化或电池温度变化较大时，电流精度会变差，从而导致SOC估算不准确。而且，对于电池组来说，不能考虑单个电池的特殊情况。为了提高精度，很多企业尝试结合使用开路电压法进行修正，但也只能在充电开始或充电快要结束时进行。而部分国外公司早已尝试使用智能算法来实时在线估算电池所有等效参数，从而精确估算电池组的各种状态，对于电池的全生命周期，都能保持高精度的估算能力。近年来，国内部分企业和高校等开始研究和使用智能算法估算电池状态，但还不能做到全面估计或全程使用。由于缺少对电池SOH和老化程度的精确测试和评价，不能很好地实现对电池的全生命周期进行实时估算。总体来说，我国BMS在核心算法上还亟待进一步的探索和提升，需要寻求高精度、高鲁棒的算法来实现电池状态和性能的实时估算和监测，从而增加电池使用寿命，保障汽车安全，降低汽车成本，实现我国BMS技术的跨越。❶

其次，BMS充放电控制算法、过热管理技术，以及故障诊断和安全预警功能仍需优化。现在BMS充放电功能大多以电压为控制目标，容易导致电池产生过充、过放，对电池造成不可逆转的损伤，更好的充放电控制算法能将SOC控制和电池端电压控制相结合，提高充放电效率，避免在充放电时对电池造成损伤；目前动力电池模组多采用风冷技术，而BMS负责监测单体电池的发热情况，在发现苗头的情况下可以采取一定措施进行预防。但一旦单体电池过热，就会缺乏对过热电池的精确处置手段。

最后，我国BMS关键芯片仍依赖进口，还未掌握核心技术。目前我国汽车企业使用的BMS关键芯片的主要供应商是瑞萨科技、英飞凌科技、博通公司等国外企业，国内有些公司也在研发，但还不能形成规模，并且在速度和稳定性上还有待提高❷。

1.2　研究对象和方法

本报告将从专利的角度统计和分析动力电池检测技术，并结合相关标准制定情况，

❶❷ 特斯拉为何如此在意电池管理芯片？[EB/OL].（2020-07-29）[2021-07-16]. http://www.cena.com.cn/semi/20200729/108116.html.

重点对动力电池寿命评估技术（包括估算和测试）、SOC 和 SOH 估算技术、SOP 评估技术、不一致性评估技术，以及热失控预警和测试技术进行全面深入的分析，并对动力电池检测技术的重要申请人进行分析，旨在为我国电池检测机构、电池企业，以及第三方检测机构和科研机构如何进行自主创新和保护自身权益提出建设性意见，为政府相关部门作出决策或制定标准时提供参考。

1.2.1 研究边界和技术分解

为确定合适的研究范围，进行准确的技术分解，本课题组成员做了大量的准备工作，主要包括：①收集非专利文献资料，了解行业背景、行业发展状况和技术发展现状，这些资料包括相关书籍、硕士和博士毕业论文、期刊文献、行业报告、国家标准和互联网等；②邀请中国汽车技术研究中心有限公司（以下简称“中汽中心”）动力电池领域的首席专家开展“动力电池检测技术”的专业讲座；③咨询北京理工大学、中汽中心、国家新能源汽车技术创新中心的多位行业专家；④通过初步检索专利文献，作出初步的研究评估；⑤对北京理工大学电动车辆国家工程研究中心、中汽研新能源汽车检验中心（天津）有限公司进行调研，通过参观、座谈、讨论、咨询的方式了解行业技术。

在上述工作的基础上，经过多次讨论，本课题组确定报告的研究范围为：①只针对应用电动汽车或道路交通工具上使用的动力电池进行相关技术的研究，排除电力方面、便携式设备、储电站和航天器使用的动力电池；②专利文献检索的数据截止日期为 2021 年 7 月 28 日；③根据决定动力电池电性能和安全性的重要性，以及当前针对动力电池检测技术的研究热点，本报告拟将项目分解为出厂前电特性和安全性检测技术、使用中电池管理技术和退役后电池检测技术，并从中选取电池出厂前寿命、功率、不一致性和热失控测试技术、电池使用中的状态评估和安全预警技术、退役后的不一致性测试技术作为研究的重点。

本报告的研究思路为：通过对动力电池出厂前寿命、SOP、不一致性、热失控测试技术，电池使用中的寿命、SOC、SOH、SOP、不一致性估算和热失控预警技术，退役后不一致性测试技术进行深入分析，梳理这些技术分支的专利申请态势、专利布局情况、技术力量分布、技术发展趋势等，厘清动力电池检测技术领域国内外标准制定情况，以此总结我国在动力电池检测技术发展中取得的积极进展，发现我国相比其他国家在技术发展中存在的问题和亟待改进的方面。通过对比国内外动力电池测试标准体系，将专利技术与标准体系进行互动关系分析，发现技术发展和标准体系中存在的问题，并对政府、创新主体，以及我国动力电池测试标准的修订和完善提供可参考性建议。

基于这些前期准备工作，并与业内专家进行了多次交流讨论，确定出本课题研究技术分解表，如表 1－2－1 所示。

表1-2-1　动力电池测试与估算领域技术分解

一级分支	二级分支	三级分支	四级分支	五级分支
寿命评估	寿命测试	循环寿命测试	—	—
		工况寿命测试	—	—
		日历寿命测试	—	—
	寿命估算	基于经验的方法	循环周期法	—
			安时法	—
			面向对象的老化累积法	—
		基于性能的方法	基于电池模型法	退化机理模型
				等效电路模型
				经验退化模型
			基于数据驱动法	人工神经网络算法
				支持向量机算法
				时间序列模型算法
				相关向量机算法
				极限学习机算法
				卡尔曼滤波算法
			融合评估法	—
SOC估算	直接计算法	开路电压法	—	—
		安时积分法	—	—
		开路电压法与安时积分法结合	—	—
		内阻法	—	—
		放电试验法	—	—
		两种及以上直接计算法结合（排除开路电压法与安时积分法）	—	—
		其他	—	—
	基于数据驱动法	模糊控制算法	—	—
		人工神经网络算法	—	—
		支持向量机算法	—	—
		其他	—	—

续表

一级分支	二级分支	三级分支	四级分支	五级分支
SOC估算	基于电池模型法	卡尔曼滤波算法	—	—
		粒子滤波算法	—	—
		观测器算法	—	—
		其他	—	—
	融合评估法	基于数据驱动与电池模型的融合	—	—
		其他	—	—
	对SOC的修正	—	—	—
	根据单体SOC估算电池包SOC	—	—	—
SOH估算	直接计算法	基于内阻法	—	—
		基于容量法	—	—
		基于电压法	—	—
		直接计算法之间的融合	—	—
		其他	—	—
	基于数据驱动法	支持向量机算法	—	—
		高斯过程回归算法	—	—
		人工神经网络算法	—	—
		其他	—	—
	基于电池模型法	卡尔曼滤波器算法	—	—
		观测器算法	—	—
		其他	—	—
	融合评估法	基于数据驱动之间的融合	—	—
		基于电池模型之间的融合	—	—
		直接计算法与基于数据驱动的融合	—	—
	基于数据驱动与电池模型的融合	直接计算法与基于电池模型法的融合	—	—
	对SOH的修正	—	—	—
	根据单体SOH估算电池包SOH	—	—	—

续表

一级分支	二级分支	三级分支	四级分支	五级分支
SOP 评估	SOP 测试方法	—	—	—
	SOP 估算方法	MAP 图法	—	—
		基于电池参数模型法	等效电路模型	线性模型
				带有 RC 回路的
			复合模型	—
		基于数据驱动法	人工神经网络算法	—
			自适应模糊神经网络推理系统算法 ANFIS	—
			向量机算法	—
			其他	—
		两种或两种以上方法的结合	—	—
		基于其他类型模型	—	—
		其他	—	—
	对 SOP 的修正	—	—	—
	测试估算装置	—	—	—
	退役电池的 SOP 估算	—	—	—
不一致性测试	检测阶段	成组前	—	—
		成组后	—	—
		退役后	—	—
	表现形式	容量不一致性	—	—
		电压不一致性	—	—
		电阻不一致性	—	—
		其他	—	—
	检测参数	静态参数	—	—
		动态参数	—	—
		动静参数结合	—	—
	评价方法	基本统计指标法	—	—
		改进统计指标法	—	—
		聚类分析法	—	—
		基于概率模型法	—	—
		其他	—	—

续表

一级分支	二级分支	三级分支	四级分支	五级分支
热失控	热失控预警	基于温度	—	—
		基于内阻	—	—
		基于电压	—	—
		基于电流	—	—
		基于气体或烟雾	—	—
		基于内部压力	—	—
		其他	—	—
		多参数耦合	—	—
	热失控/热扩散测试	通过加热	—	—
		通过针刺	—	—
		仿真模拟	—	—
		基于过充	—	—
		基于过放	—	—
		基于内短路	—	—
		基于外短路	—	—
		基于过压	—	—
		其他	—	—
		多方式结合	—	—

1.2.2 数据检索与处理

1.2.2.1 数据检索

本报告研究对象涉及动力电池检测技术，并重点对寿命、SOC、SOH、SOP、不一致性和热失控6个分支的测试、估算和预警技术进行分析。

本报告采用的专利文献数据来中国国家知识产权局专利检索与服务系统（以下简称“S系统”）。其中，中国专利数据主要来自中国专利文摘数据库（CNABS）和中国专利全文文本代码化数据库（CNTXT）。全球专利数据主要来自德温特世界专利数据库（DWPI）和国家知识产权局文摘数据库（SIPOABS）。中国专利申请的法律状态数据和引文数据均来自incoPAT专利数据库。由于2020～2021年的一些申请截止到检索日前还未公开，这两年的检索数据量比实际申请数量要少。

通过对6个一级技术分支专利文献的初步检索和分析，发现各分支在概念上边界相对清晰，但在分类号上有所交叉。SOC、SOH有比较明确的分类号，而SOP、寿命、不一致性和热失控均没有专门的IPC分类号，检索存在难度。各分支所涉及的IPC/

CPC 分类号主要有：G01R 31、G01R 21、H02J 7、H01M 10、B60L 58、B06F、B60K，此外还有 CPC 分类号：Y02E 60/12、Y02T10/7005。鉴于关键词的表达多样性和涉及的分类号范围过广，用总分的方式进行检索将带来巨大的噪声。因此，本课题组经过分析判断，制定出以下检索策略：①采用分总的模式进行检索。即先对 4 个一级技术分支独立检索然后再合并；②在对一级分支进行检索时，通过对初步检索的文献进行一定数量的阅读，关注关键词和分类号的选取，不断修正和完善所需检索的关键词和分类号，采用关键词与分类号相结合的方式进行检索，并不断调整。值得一提的是，在检索时发现，通过在 CNABS、DWPI、SIPOABS 等数据库中使用/TI 字段检索，能够快速准确地锁定相关文献，另外再结合全文数据库 CNTXT 进行补充检索。

1.2.2.2 数据处理

（1）数据去噪

这 6 个技术分支的噪声主要是关键词和分类号的扩展导致的，特别是 SOP 和寿命分支，没有专门的分类号，要查全，需要尽可能地扩展关键词和分类号。以 SOP 为例，根据其定义本身的常规表述就有 20 多种，像峰值功率、最大输出功率、最大允许功率、可用功率、功率容量、极限功率等，相关中文文献由于个人表达习惯不同，表述更是多式多样，在此基础上的英文表达则愈加形态各异。SOC、SOH、不一致性和热失控/热扩散虽然有比较明确的表达，但是分类号扩展会带来较大噪声，特别是 H02J7、H01M、B60L、B06F，它们本身涉及二次电池和电动汽车的应用领域，涉及电池的控制和管理，热失控/热扩散还涉及安全、预警和防护。此外，对于 BMS 来说，电池的管理和充放电控制中，往往会涉及 SOC、SOH 或 SOP 的测试或估算。如果排除这部分，会漏掉很多文献；如果包含在内，又会引入诸多噪声。而且，不一致性测试中也会涉及 SOC、SOH 或 SOP，特别是 SOC 的估算，也就是说，这些技术分支之间在技术方案上会存在彼此关联、相互交融的情况，在分别检索时会给其他分支带来不小的噪声，给后面的标引也带来了不小的困扰。

基于对噪声来源的分析，本课题组确定以下去噪策略：①利用分类号去噪，去除明显不相关的下级组分类号，或检索时将分类号限定得比较明确；②在标题中通过关键词去噪，通过去除标题中出现的明显不相关的应用领域关键词，例如，太阳能电池、光伏电池、燃料电池、电网、电力等，会滤掉很多不相关的文献；③人工去噪，在标引过程中同时去噪。当然，去噪的过程本身需要基于本课题组成员对一定数量文献的阅读和理解，才能确定精确的噪声关键词和分类号，否则就会造成误伤。

（2）查全率和查准率评估

为了寻找遗漏文献，积累关键词和分类号；为了修正检索策略，进行补充检索和除噪处理；为了判断是否需要终止检索过程，数据是否查全以保证检索结果的可靠性，查全率评估过程贯穿于整个检索阶段。而为了保证评估抽样的科学性与客观性，还需要进行查准率评估。

查全率的评估过程：

首先根据关键词或分类号进行初步检索，利用统计功能确定该技术领域申请量排名在前20位的申请人，同时根据审查经验和前期的技术和产业调查报告了解到该技术领域创新活动比较活跃的申请人，以申请人为入口检索其全部申请，通过人工确定其在本技术领域中的申请文献量形成母样本。在确定母样本的过程中发现，在本课题所研究的技术领域中，虽然初步检索的文献量很大，但某一个申请人就某一分支的申请量并不是很大，因此，为形成足够的母样本，需要选择多个申请人来构建查全样本专利文献集合。另外，为进一步验证扩大母样本的数量，本课题组成员也尝试使用S系统中的自动检索功能，通过从非专利文献中选取一段对各技术分支的表述，粘贴到“智能辅助检索”中“文本检索”的文本框中，利用语义检索功能获取一些文献，但要注意回避查全过程中的检索要素。

通过查全率验证，4个一级技术分支的中文数据样本的查全率都在90%以上，外文数据样本的查全率在84%以上。查全率评估具体如表1-2-2所示。

表1-2-2　动态电池检测技术各技术分支查全率汇总

技术领域分支	数据库类型	申请人	查全样本/项	查全子样本/项	查全率
寿命	中文库	合肥国轩、奇瑞等	50	48	96%
	外文库	丰田公司、LG、博世等	48	43	89.50%
SOC	中文库	北京理工大学	39	37	94.90%
		比亚迪	31	28	90.30%
		宁德时代	31	30	96.80%
	外文库	LG	106	95	95.90%
		博世	57	50	94.30%
SOH	中文库	北京理工大学	16	15	93.75%
		哈尔滨工业大学	16	15	93.75%
	外文库	LG	36	33	91.67%
SOP	中文库	国家电网、比亚迪等	80	76	95%
	外文库	LG、博世、福特汽车等	50	42	84%
不一致性	中文库	合肥国轩	54	51	94.40%
	外文库	LG	13	12	92.30%
热失控	中文库	清华大学等	52	50	96.15%
	外文库	特斯拉	23	20	95%

经过检索式去噪、人工标引筛选之后，中、外文数据样本的查准率均接近100%。

（3）数据标引

经过查全验证和初步去噪之后，4个技术分支的文献量仍在数千篇以上，这使标引工作变得繁重。对此，本课题组采取逐个分支集中标引的方式，要求大家一起来完成，其间互相沟通讨论，群策群力。为了避免标引过程中衡量标准不一致导致的标引数据归类不统一的问题，课题组采取了以下措施：

第一，在标引之前，要求负责检索相应技术分支的课题组成员除了提供相应的检索式、检索数据、查全和查准验证之外，还需要通过阅读相关非专利文献和检索出的相关文献，给出每个细分分支的技术定义和解释，划清各细分分支之间的边界，列出能够提醒标引位置的关键词、敏感词，以及噪声词，甚至尽可能为后期分析给出参考，对于一些迷惑性比较强的噪声文献都给出了细分位置。

第二，在进行大量标引之前，要求课题组全体成员，在同一时间内，每人先试标引50篇文献，就这50篇文献标引过程中出现的问题进行讨论，形成统一观点和标引标准，再在必要时调整细分分支。

1.2.3 研究方法

本报告采用的研究方法包括文献研究法、定性分析法、定量分析法、个案分析法、对比分析法等，对动力电池检测技术领域进行多角度分析与研究。

文献研究法是根据一定的研究目的或课题，通过调查文献来获得资料，从而全面地、正确地了解掌握所要研究问题的一种方法。其作用有：了解有关问题的历史和现状，帮助确定研究课题；形成关于研究对象的一般印象，为下一步的研究提供理论基础和指导。在本课题研究初期，课题组就是通过查阅大量相关文献和资料了解现有技术，为技术分支的分解、检索要素的完善、数据标引的划分奠定了坚实的基础。

定性分析法是指通过对专利文献的内在特征，即对专利技术内容进行归纳、演绎、分析、综合，以及抽象与概括等，以达到把握某一技术发展状况的目的。具体而言，就是根据专利文献提供的著录信息和技术内容，通过对这些信息进行分类、比较和分析等，形成有机的信息集合，甚至找出专利信息之间的内在的，甚至是潜在的相互关系。

定量分析法是对专利文献的外部特征（例如专利文献的各种著录项目）按照一定的指标（例如专利数量）进行统计，通过数学模型和图表等方式，从不同角度研究专利文献中所记载的技术、法律和经济等信息。定量分析法是在对大量专利信息加工整理的基础上，对专利分类、申请人、发明人和申请人所在国家，以及引证和被引证文献等特征进行科学计量，将信息转化成系统的、完整的有价情报。这种分析方法能提高专利信息质量，可以很好地分析和预测技术发展趋势，科学地反映发明创造所具有的技术水平和商业价值；科学地评估某一国家或地区的技术研究与发展重点，从而获得有价值的市场信息和竞争情报。本课题中，通过对检索出的专利文献的各个著录项目，以及细分的技术分支进行定量分析，了解各个技术分支的申请分布趋势、主要申请人、申请区域分布情况，了解技术发展趋势和布局等，为创新主体、政策制定部门尽可能提供有用的参考信息。

定性分析和定量分析两者相辅相成，即定性是定量的依据，定量是定性的具体化，两者结合起来灵活运用才能取得最佳效果。

个案分析法，是对有代表性的事物（现象）进行深入而仔细的研究，从而对其获得总体认识的一种科学分析方法。在专利分析中，需要针对一些基础性、关键性、代表性的案例进行深入分析，了解其技术方案，为厘清各技术分支领域的技术发展路线奠定基础。

对比分析法也称比较分析法，通常是把两个相互联系的指标数据进行比较，从数量上展示和说明研究对象规模的大小、水平的高低、速度的快慢，以及各种关系是否协调。在专利分析中，往往需要针对不同国家、不同重要申请人之间，在申请数量、申请时间、申请范围、引证和被引证文献数量等多个维度进行对比，从而对技术竞争力、市场竞争力等作出判断。

1.2.4 术语说明

本报告中术语的解释和说明如下：

项：同一项发明可能在多个国家或地区提出专利申请，DWPI 数据库将多个相关申请作为一条记录收录。在进行专利申请数量统计时，对于数据库中以一族（该“族”是指同族专利中的“族”）数据的形式出现的一系列专利文献，计算为“1 项”。一般情况下，专利申请的项数对应技术的数目。

件：在进行专利申请数量统计时，例如，为了分析申请人在不同国家、地区或组织所提出的专利申请的分布情况，将同族专利申请分开进行统计，所得到的结果对应申请的件数。1 项专利申请可能对应 1 件或多件专利申请。

被引频次：专利的被引频次是指某项专利申请（包括同族申请）被其他专利申请所引用的次数。通常一项专利被引用的次数越高，说明该项专利技术的被认可度越高，这样的专利通常具有更高的价值。

申请人名称约定参见附录。

第2章　动力电池寿命评估技术专利分析

动力电池技术是电动汽车发展的关键，动力电池技术的成熟、成本的降低，以及安全和寿命性能的提高是电动汽车能够大规模推广应用的决定性环节，无论是动力电池制造商还是整车厂商，对寿命的准确评估是生产、制造和使用过程中的必要一环，因此，动力电池的寿命测试规范及寿命估算是动力电池技术中的重要组成部分。

动力电池的寿命包括循环寿命、工况寿命和日历寿命，其中循环寿命是指电池在标准循环过程中达到寿命终止所需要的循环次数；工况寿命是指电池在工况循环过程中达到寿命终止所需要的循环次数；日历寿命是指电池在某参考温度下、开路状态达到寿命终止所需的时间。

本章将对动力电池寿命评估技术（即寿命测试与估算技术）专利进行总体状况分析，包括全球及中国申请量分析、主要申请人分析和技术功效分析，接着分别对动力电池寿命测试技术和估算技术的专利状况进行分析，从而形成对动力电池寿命评估技术的初步认识。

不同种类电池的反应机理不同，其动力电池的寿命评估技术也存在差异，目前市场上主流的动力电池为锂离子电池，故本章仅针对动力锂离子电池的寿命评估技术进行分析。

2.1　总体状况分析

2.1.1　全球及中国申请量态势分析

截至2021年7月28日，动力电池寿命评估技术相关专利申请量为673项。1991年，可充电的锂离子蓄电池问世。1992年，索尼公司开始大规模生产民用锂离子电池。1995年，索尼公司首先研制出100 A·h锂离子动力电池并在电动汽车上应用，展示了锂离子电池作为电动汽车用动力电池的优越性能。随着锂离子电池的问世，与之相关的寿命评估技术也在不断发展，以与锂离子电池不断提高的性能相适应。通过对专利申请量的梳理，动力电池寿命评估技术的发展过程大致可以分为以下3个阶段，如图2－1－1所示。

（1）萌芽期（1990～2000年）

早在1830年，苏格兰发明家罗伯特·安德森（Robert Anderson）便成功将电动机装在一辆马车上。1842年，其与托马斯·戴文波特（Thomas Davenport）合作，打造出世界上第一辆以电池为动力的电动汽车，该电动汽车采用不可充电的玻璃封装蓄电池，开创了电动车辆发展和应用的历史。1847年，美国人摩西·法莫（Mose Farmer）制造了第一辆以铅酸蓄电池为动力、可乘坐两人的电动汽车。19世纪末~20世纪20年代是电动汽车发展的一个高峰。但随着全球石油产量的增长和内燃机汽车设计和制造技术的发展，汽油车价格越来越低廉。同时，电动汽车续航里程短、充电时间长成为无法与内燃机汽车相抗衡的致命因素，电动汽车逐渐走向衰退。第二次世界大战后，欧洲和日本的石油供给紧张，电动汽车在局部地区出现了复苏迹象。进入20世纪60年代，内燃机汽车大批量使用导致了严重的空气污染，不仅如此，由于内燃机汽车对石油的过分依赖，导致一系列的政治问题和国家安全问题。而电动汽车由于其良好的环保性能和能摆脱对石油的依赖性，重新得到了社会各界的重视。

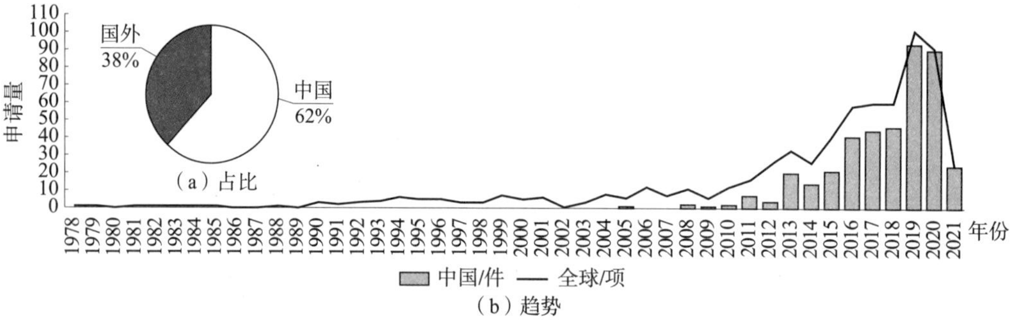

图2-1-1 动力电池寿命评估技术专利全球及中国申请占比和趋势

1991年，通用汽车、福特汽车和克莱斯勒汽车公司共同协议，成立“先进电池联合会”（USABC），共同研究开发新一代电动汽车所需要的高能电池。1991年10月，USABC与美国能源部签订协议，在1991~1995年，投资2.26亿美元来资助电动汽车用高能电池的研究。与此同时，美国电力研究院（ERPI）也参与USABC关于高能电池与电动汽车的开发，主要有镍氢、钠硫、锂聚合物和锂离子等高能电池。

20世纪90年代初，索尼公司首先推出了锂离子电池，它通过锂在碳材料中的嵌入、脱嵌反应代替了金属锂的溶解、沉积反应，避免了电极表层上形成枝晶的问题，从而使锂离子电池的安全性和循环寿命远远高于锂蓄电池，实现了锂离子电池的商业化生产。接着，日产公司与索尼公司合作，开发以锂电池为重点的新型电动汽车用电池。1995年9月，日本中央电力研究所、赤诚试验中心、东京电力公司等10家电力公司联合正式进行电动车用电池的评估试验，以研究电动汽车电力负荷平衡的充电方法和提高电池寿命的方法。

反观动力电池寿命评估技术的专利申请，出现的第一个相关专利是日本电池株式会社于1990年申请的用于车用动力电池的寿命测试方法（JP04026078A），其针对当时寿命测试方法中存在的充放电时间长、放电深度浅的问题，提出通过改变前段充放电部分的比例，使充放电部分的放电深度发生变化。这一阶段，电池的测试标准尚未统一，电动汽车的市场规范尚未形成。同时，动力电池寿命评估技术很多是在企业内部保密进行，由于专利的属性，很少有企业将自己内部测试流程申请专利，因此，动力电池寿命评估技术在全球的专利申请量一直较少，中国对动力电池的研究起步较晚，在这一阶段没有与动力电池寿命评估技术相关专利申请。

（2）成长期（2001～2009年）

日本得益于技术的领先，截至1998年，其七大锂电厂家差不多占据了世界主流锂电市场的99%以上，对世界锂电市场形成了绝对的垄断。但是自1999年起，中国、韩国等国家新兴的锂电厂家开始崛起，以优质、低价、大批量的生产能力等优势对日本传统的锂电厂家形成了巨大的冲击。2001年，日本的七大锂电生产商中只有三洋一家盈利，因此，这些厂家只能纷纷减产或将工厂移至中国以降低成本，中国的锂电厂家在与世界级用户的接触过程中，其管理、技术及市场能力均得到了提高。并且，2008年北京奥运会50辆电动大巴成规模试运行取得成功之后，科学技术部于2009年初推出“十城千辆”计划，我国开始重视新能源汽车相关技术的发展。

从这一阶段动力电池寿命评估技术的专利申请量的变化可以看出，从2005年开始，中国开始出现相关申请，每年申请量依然较少，但在缓慢增长。分析背后的原因，首先，有这些技术的国家的保密很严格，与其产品测评技术相关的申请还是很少；其次，为了保证和提高产品性能而进行的一系列测评技术，一般都是在产品生产过程中或出厂前在企业内部独立完成，若涉及专利侵权等问题，专利权人很难去取证或证实，因此，动力电池寿命评估技术的全球专利申请量一直不大。中国在这一阶段由于缺少核心技术，与动力电池寿命评估相关技术的申请量仍然很少。2005年，通用汽车在我国提交了名为“超电容有效寿命预测”的发明专利申请并获得授权（专利CN100514074C），其用于预测车辆推进的电能存储设备的寿命，开启了我国动力电池寿命评估相关专利申请的先河，同时也体现国外新能源汽车厂商对中国市场开始重视。

（3）全面发展期（2010年至今）

21世纪，全球多个国家和地区承诺在2050年或2060年实现“碳中和”，而燃油车排放是全球温室气体的重要来源（约占10%），新能源车成为减排重要一环，中国、美国、欧洲作为碳排放最大经济体，碳排放合计占比达52%（中国、美国、欧洲占比分别为25%、13%、9%），同时三地为新能源车最大生产消费地区。[1] 为满足电动汽车的发展，促进动力电池技术的进步，各国也相继出台产业政策来推动新能源汽车以及动力电池相关产业的发展。

美国先进电池联合会提供巨额资金着重开发与电动汽车配套的动力电池，并制定了近期、中期、长期的电池技术发展规划和技术要求。德国自2009年以来，累计提供研发资金超过22亿欧元支持氢能及燃料电池汽车（FCEV）、电池及储能、整车技术、智能电网等核心技术的开发及应用。此外，为缩小欧洲与亚洲在电池研发及生产方面的差距，达成2030年欧洲电池供给占全球30%份额的目标，德国将在2022年前提供10亿欧元支持欧洲电池研发及生产。日本于2010年发布了《新一代汽车战略2010》的文件，其中规划电动汽车（BEV＋PHEV）到2020年占新车销量15%～20%，2030

[1] 看德国如何支持电动汽车发展［EB/OL］.（2019－08－05）［2021－07－16］. https：//www. catarc. ac. cn/upload/www/201908/06151613rdr6. pdf.

年占新车销量20%～30%。为了达到预定目标，日本形成官产学研的研发应用机制。由汽车生产企业、电机电池生产企业和著名学府共同建立新能源产业联盟，实施新型电池项目研究，日本计划7年内对此项目投入210亿日元。韩国电池产业协会也于2018年制定了动力电池路线图以及四大关键材料路线图，分别在2018年、2020年、2023年和2025年4个阶段设定电池单体、正极和负极材料、电解液及隔膜等相关技术目标，引导动力电池产业发展。从2010年至今的专利申请量来看，全球申请人在动力电池寿命评估技术领域的申请量也有所增长，从2010年年申请量低于10件，至2019年年申请量增至100件。

在我国，2015年国务院出台的《中国制造2025》确定了锂离子电池发展的技术路线，技术发展趋势均是高安全、高比能、高比功率、长寿命、低成本。2020年国务院办公厅出台《新能源汽车产业发展规划（2021—2035年）》，提出到2025年，新能源汽车新车销售量达到汽车新车销售总量20%左右的目标，到2035年，纯电动汽车成为新销售车辆的主流；实施电池技术突破行动：要加强高强度、轻量化、高安全、低成本、长寿命的动力电池短板技术攻关。动力电池的发展规划中要求，动力电池循环寿命2020年达到单体4000次/10年、系统3000次/10年，2025年达到单体4500次/12年、系统3500次/12年，2030年达到单体5000次/15年、系统4000次/15年。同时，从市场管理的角度，2015年，北京市经济和信息化局（原北京经济和信息化委员会）发布的《北京市示范应用新能源小客车生产企业及产品备案管理细则（2015年修订）》中规定，对车辆提供不低于3年或12万公里的质保服务，对动力电池、电机、整车控制器等关键零部件提供不低于8年或12万公里的质保服务，该质保规定一直执行至今。除了政府方面强制要求的质保期限，为了增加产品竞争力、彻底打消车主的疑虑，不少新能源汽车企业都有自家的“特色”服务政策。其中，比亚迪电芯终身质保，其他新能源汽车企业也都承诺了8年或12万（或15万）公里的质保服务。

为了确保达到上述目标，动力电池寿命评估技术在动力电池的研发过程和新能源汽车的使用中占据着重要的地位。从专利申请量可以看出，随着全球电动化的普及，中国动力电池的研发也处于全面发展的阶段，对动力电池寿命评估技术的相关专利申请量也在飞速提升，2010年，中国与动力电池寿命评估技术相关的专利申请量为2件，到2019年达到高峰，年申请量为94件。

2.1.2 全球及中国主要专利申请人分析

从图2-1-2动力电池寿命评估技术专利全球主要申请人排名可以看出，哈尔滨工业大学占据第一，国家电网和三星集团并列位居第二，北京航空航天大学和日立公司并列位居第三，前十位申请人分别来自中国、韩国、日本和美国，其中，中国申请人占据4位、韩国申请人占据2位，日本申请人占据3位，美国申请人通用汽车占据1位。由此可见，日本和韩国在动力电池寿命评估技术中的申请量仍占据主导地位，而中国申请人，例如哈尔滨工业大学、北京航空航天大学等作为国内科研院校的代表，其申请量正快速赶上，相关的能源企业，例如国家电网、合肥国轩等均也开始对动力电池寿命测试和估算技术进行专利布局，并且增势迅猛，从各个申请人的申请量来看，目前差距并不大。

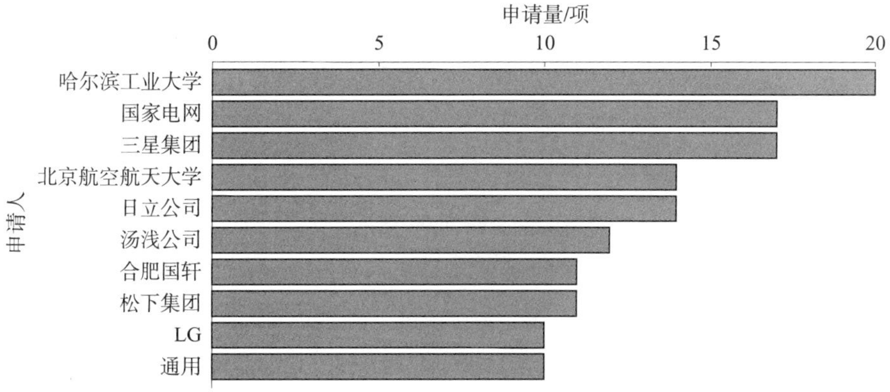

图2－1－2　动力电池寿命评估技术专利全球主要申请人排名

从图2－1－3动力电池寿命评估技术专利中国主要申请人排名可以看出，中国在该技术领域的专利申请主要集中在高校。哈尔滨工业大学位居第一，哈尔滨工业大学在国内能源技术研发上具有极强的优势，2020年，哈尔滨工业大学化工与化学学院杜春雨教授牵头的“高可靠长寿命锂离子电池关键技术及产业化应用”项目获国家科技进步奖二等奖，与电池寿命评估相关的申请也在不断增加。如何将高校的科研成果运用到中国的电池、整车企业和相关的检测机构是亟待解决的问题。国家电网及其下属的科研机构近几年一直在加速对动力电池的测试和评价技术的研究，一方面随着新能源汽车保有量的提升，动力电池作为能量存储单元，其容量、寿命、充放电性能会对电网的负荷有更高的要求；另一方面中国新能源汽车制造业经过10年的蓬勃发展，即将迎来退役高潮，准确地判断退役电池电芯或模组的工作状态，例如寿命等参数，才能进行相匹配的梯次利用。中国电池企业中，合肥国轩在动力电池寿命评估技术领域申请人排名全球第七、中国第四，该公司是国轩高科的全资子公司。合肥国轩成立于2006年5月，是国内最早从事新能源汽车动力锂离子电池自主研发、生产和销售的企业之一，是目前动力电池行业领军企业，其主持及参与标准制定共计41项，在电池的检测评价技术领域中表现突出。

2.1.3　技术功效分析

从加速循环寿命测试、模拟工况、提高寿命估算精度和提高寿命估算速度4个功效出发，对目前动力电池寿命评估技术排名前五的专利技术进行分析，发现名列前五的申请人哈尔滨工业大学、国家电网、三星集团、北京航空航天大学以及日立公司，它们的申请主要集中于解决提高寿命估算精度，如图2－1－4所示，这与市场需求相关。目前，我国电池装车要给用户一个质保承诺，最低门槛是8年或12万公里，无论是在实验室里按照标准规定的流程来确定寿命，还是在电动汽车行驶中来估算寿命，提高寿命评估精度都是研究热点。

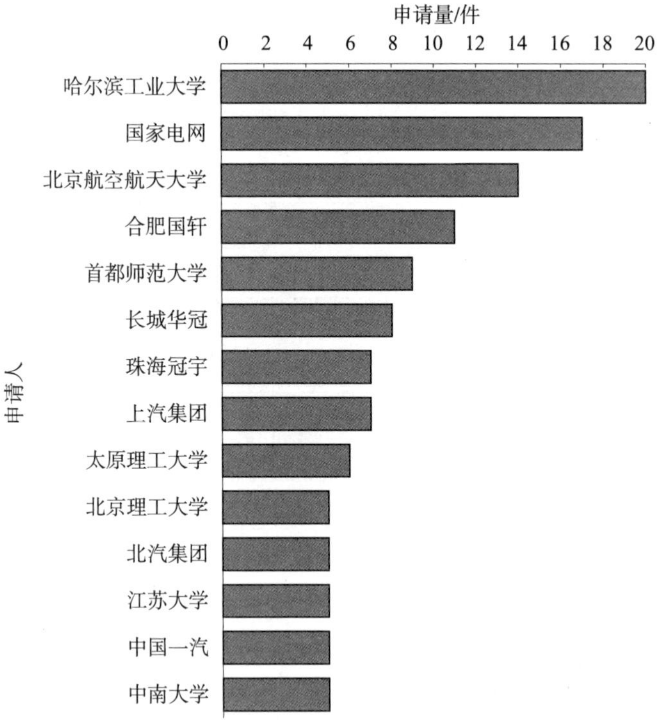

图2-1-3　动力电池寿命评估技术专利中国主要申请人排名

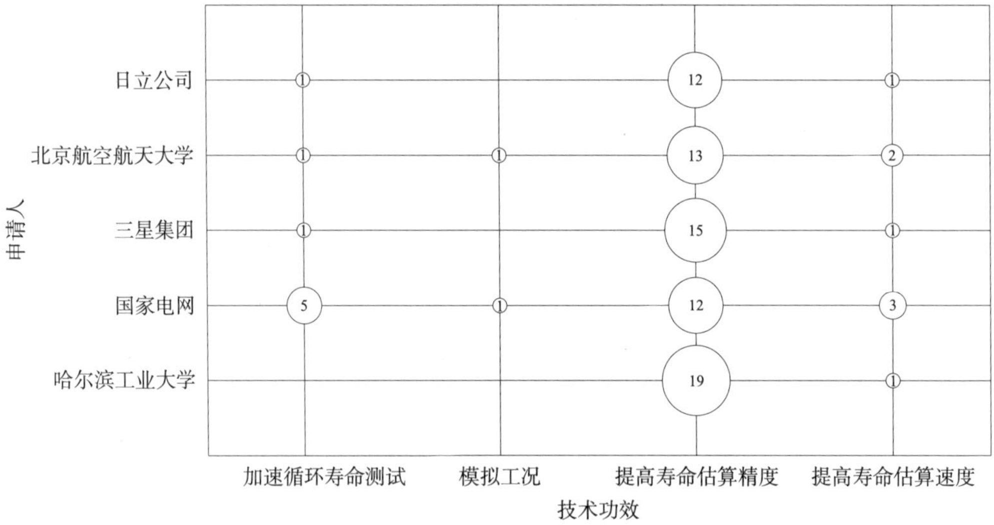

图2-1-4　动力电池寿命评估技术专利前五位的申请人技术功效分布

注：图中数字表示专利申请量，单位为项。

对这五位申请人提高寿命估计精度的专利文献进行分析发现，这些专利文献用于估算电池寿命的方法主要集中在基于模型法、基于数据驱动法和融合评估法这三种方法，对五位申请人的技术手段占比进行分析，如图2-1-5所示。

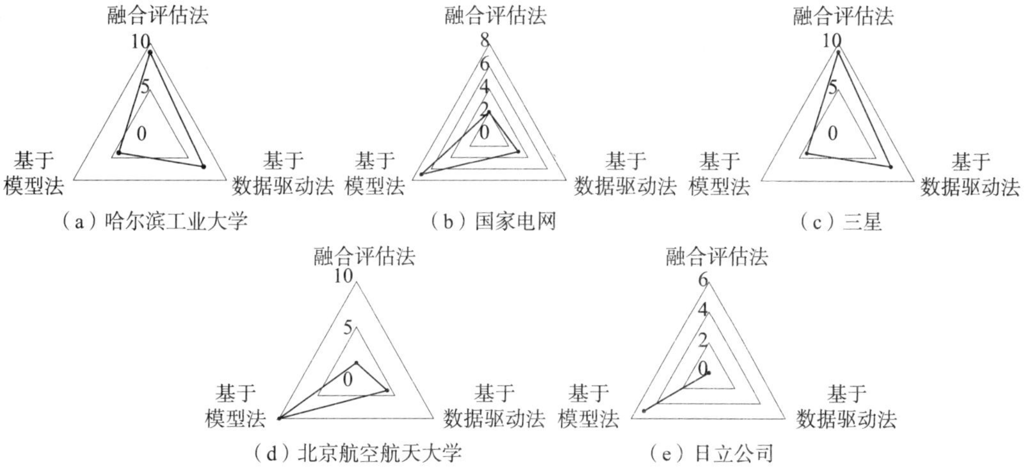

图2-1-5　动力电池寿命评估技术前五位申请人技术手段占比分析

注：图中数字表示申请量，单位为项。

从图2-1-5可以看出哈尔滨工业大学在融合评估法上占有很大的优势。哈尔滨工业大学在该技术领域共有19篇专利申请文献，从技术分布上来看，其中有9篇涉及融合评估法、7篇涉及基于数据驱动法、4篇涉及基于模型法来估算寿命，如表2-1-1所示。

表2-1-1　哈尔滨工业大学涉及融合评估法的专利申请

序号	公开号	申请日	发明名称
1	CN103033761A	2012年12月17日	动态灰色相关向量机的锂离子电池剩余寿命预测方法
2	CN102778653A	2012年6月20日	基于AR模型和RPF算法的数据驱动的锂离子电池循环寿命预测方法
3	CN103399281A	2013年8月1日	基于循环寿命退化阶段参数的ND-AR模型和EKF方法的锂离子电池循环寿命预测方法
4	CN103389471A	2013年7月25日	一种基于GPR带有不确定区间的锂离子电池循环寿命间接预测方法
5	CN103399279A	2013年8月1日	基于EKF方法和AR模型融合型锂离子电池循环寿命预测方法
6	CN103344923A	2013年8月1日	基于EKF方法和NSDP-AR模型融合型锂离子电池循环寿命预测方法
7	CN106055775A	2016年5月27日	一种粒子滤波与机理模型相结合的二次电池寿命预测方法
8	CN106908736A	2017年3月17日	基于深度置信网和相关向量机融合的锂电池剩余寿命预测方法
9	CN110222431A	2019年6月11日	基于门控循环单元神经网络和卡尔曼滤波模型融合的锂离子电池剩余寿命预测方法

表2-1-1中有9篇专利申请文献，其中有4篇是涉及人工神经网络与卡尔曼滤波相结合来估算电池循环寿命，这说明目前解决如何提高寿命估算精度这一技术问题的方案中，哈尔滨工业大学在人工神经网络与卡尔曼滤波融合算法的研究中具有较强的优势。

2.2 动力电池寿命估算技术专利状况分析

车用动力电池是电动汽车的主要动力来源，作为关键的部件，在整车成本中占有很大的比重，它的性能优劣在很大程度上决定了电动汽车的整车性能。但在长时间的使用过程中，电池的性能肯定会发生衰退，最终转变为失效，如果使用者没有注意到的话，可能会导致一些经济上的损失，甚至会酿成重大的安全事故。为了使汽车能够安全平稳的运行，有必要对动力电池剩余循环寿命进行估算以避免不必要的损失。

电池剩余使用寿命（RUL）即电池剩余循环寿命，是指通过充分利用已有的电池历史状态信息，估计电池从当前时刻到不能满足设备继续工作时刻（失效时刻）所经历的充放电循环次数。快速准确地对电池剩余使用寿命进行估算，可以有效提高电池运行的安全性，延长电池的使用年限，并为电池的管理和控制提供决策参考和估算性维护信息。

动力电池寿命估算也称为“动力电池剩余循环寿命估算”，是电池检测技术中的重要一项，本节对国内外动力电池寿命估算领域的专利技术进行剖析，梳理动力电池寿命估算的技术发展，对比国内外技术差距，分析我国动力电池寿命估算的技术优势，给新能源汽车企业在国内外的专利布局提供参考。

2.2.1 专利申请量分析

从图2-2-1中可以看出，对于动力电池寿命估算方法的专利，全球1990~1999年年申请量在5项以内，2000~2009年在10项左右，2010年至今不断增长，进入全面发展时期，截至2020年，年申请量达到70余项。在动力电池寿命估算技术领域的专利申请，中国与全球相比起步较晚，在2005年才有了第一件申请（CN1721866A），为通用汽车在中国的申请。2013年，该技术领域的专利申请出现爆发式增长，发展进入第二阶段。经过仔细分析发现，主要是因为哈尔滨工业大学研究团队在2013年提出了10件申请，全球申请量在2013年出现的爆发式增长也是这个原因。在第二阶段，由于锂离子电池的自身优势，成为电动汽车的优选电源。中国已成为当之无愧的锂离子电池生产和消费大国，由于电池的寿命甚至直接决定着设备的寿命，电池的寿命问题越来越受到重视。另外，由于大数据处理技术的兴起，有人将该技术用于电池寿命估算，涌现出一批相关专利申请，申请量快速增长。对比专利的全球申请量和中国申请量，全球申请量的全面发展期与中国申请量的第二阶段正好吻合，趋势相同，说明在这期间中国申请成为主力军，这是我国鼓励发明创新，大力推动知识产权事业发展的良好体现。

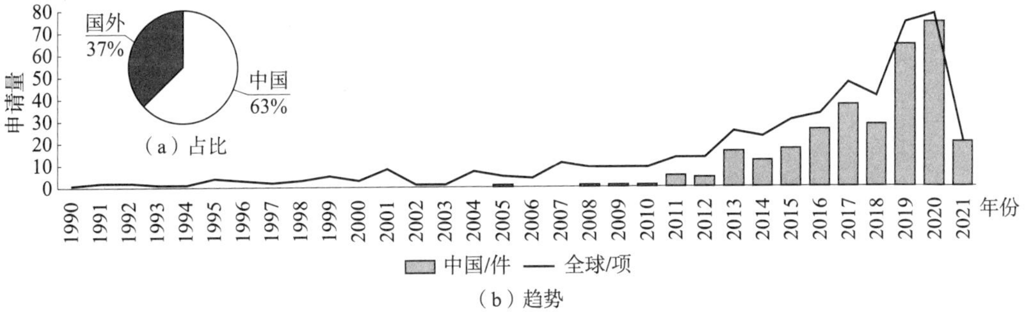

图2-2-1　动力电池寿命估算技术专利全球及中国申请情况

2.2.2　专利布局区域分析

（1）全球专利布局区域分析

对动力电池寿命估算技术领域下的专利申请原创地进行排名统计，得出动力电池寿命估算技术专利申请原创地排名。如图2-2-2所示，在全球范围内，以中国作为原创国的专利申请数量已经占据首位，达到了288项。排名在第二至第四位的分别为日本、韩国、美国，均为世界汽车技术发达、对电池技术发展要求高的国家，而排名前四位的国家的总专利申请量达到了447项，约占全球总量的90%。可见，动力电池寿命估算技术领域的专利申请在全球范围内具有高度集中的特点。

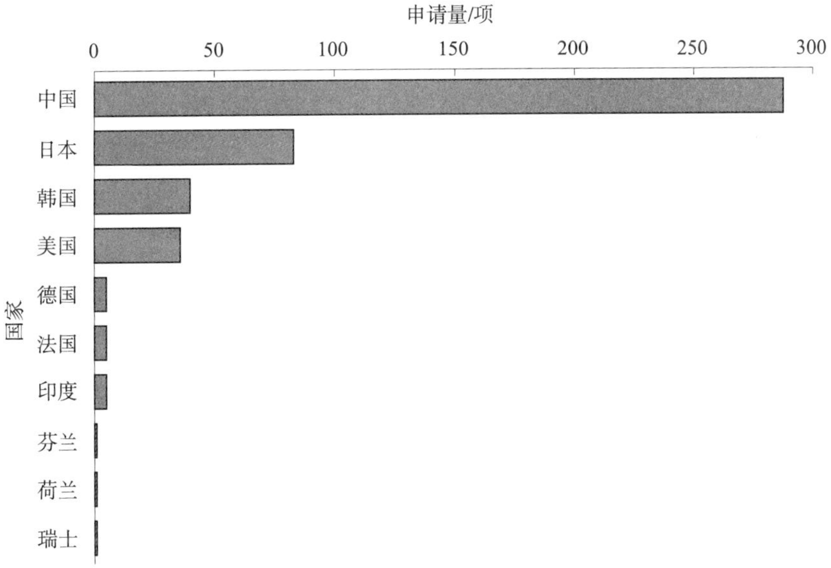

图2-2-2　动力电池寿命估算技术专利申请原创地排名

在对动力电池寿命估算技术专利全球申请原创地，即主要技术输出国或地区分析的基础上，进一步对动力电池寿命估算技术专利在全球范围内的目标地区，即主要技术输入地进行分析，如图2-2-3所示。可以看出，中国是动力电池寿命估算技术的主要目标国，其次为日本和美国。除了世界上主要的汽车制造国家之外，还有新兴市场印度。

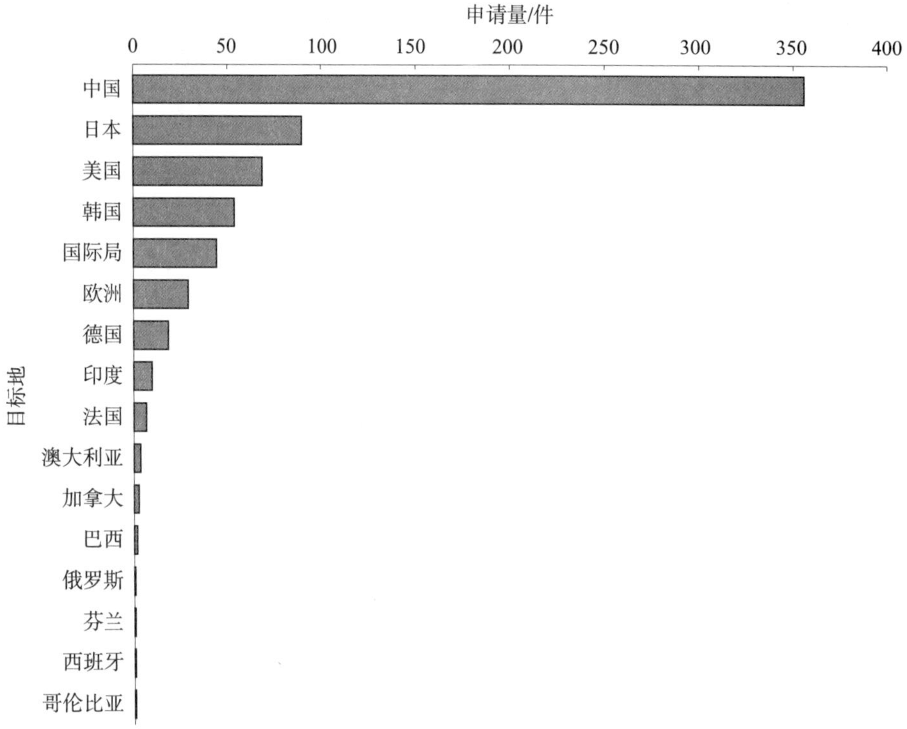

图2－2－3　动力电池寿命估算技术专利全球申请目标地排名

（2）国外申请人在中国布局情况分析

中国作为重要的目标市场，世界主要国家对在中国的专利布局非常重视。如图2－2－4所示，世界主要国家在我国均有专利布局，其中以美国最多，其次为日本、德国和韩国，可见世界主要汽车生产制造国都非常重视在中国的专利布局，说明我国作为电动汽车生产大国和消费的重要市场受到了多个国家的关注。

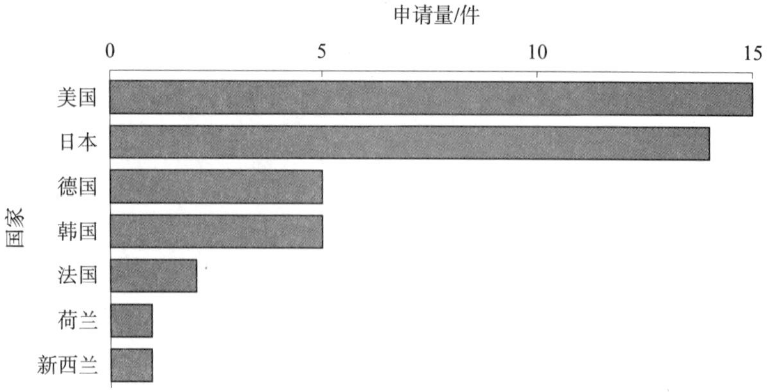

图2－2－4　动力电池寿命估算技术专利国外申请人中国布局

（3）中国申请的布局情况分析

如图2－2－5所示，随着中国能源技术的发展，中国申请人在动力电池寿命估算技术领域的专利申请量也得到飞速发展，达到315件。如图2－2－5所示，来源于中国的专利申请大部分目标国是中国，达307件，占97%，这说明中国的企业、研究机构、高校或个人在动力电池寿命估算技术领域在国外的布局仍显薄弱。

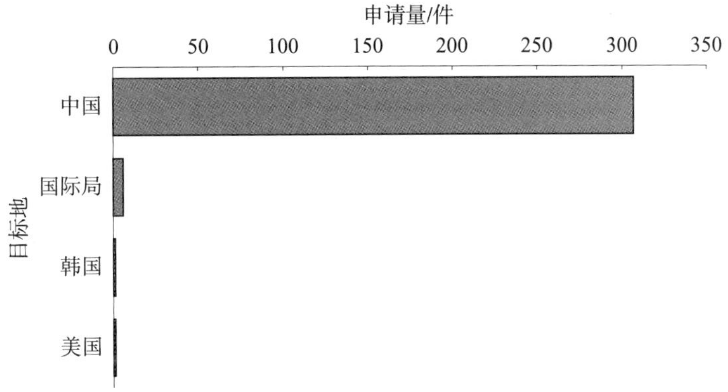

图2－2－5 动力电池寿命估算技术专利中国申请全球布局

（4）原创地和目标地专利流向分析

表2－2－1示出了动力电池寿命估算技术的原创地和目标地专利流向。现重点分析中国、德国、韩国、美国、日本这5个国家，在中国、国际局、德国、韩国、美国、欧洲和日本的布局情况。如表2－2－1所示，首先，这5个国家都是重点在本土布局；其次，韩国、美国、日本属于全球布局型国家，三者在上述目标地均各有侧重地进行了自己的专利布局。其中，日本是全球最具实力的原创国，其重要目标市场是日本、美国、中国和国际局。美国在日本布局很少，将主要力量放在了美国、中国和德国这三大市场。值得一提的是，韩国虽然申请量不如日本和美国，但非常重视海外市场的开拓，在上述目标国家均进行了专利布局，除了在美国进行了较多布局，在其他目标市场布局均衡。同时也可以看出，韩国和日本还很注重通过向国际局和欧洲申请进入多个国家的申请方式，实现更方便快捷的全球布局。德国虽然申请量不大，但也很重视海外布局，且布局均衡。

表2－2－1 动力电池寿命估算技术原创地和目标地专利流向 单位：件

原创地	目标地						
	中国	国际局	德国	韩国	美国	欧洲	日本
中国	305	6	0	1	1	0	0
德国	5	5	5	2	5	4	1
韩国	5	5	0	45	12	5	5
美国	15	6	10	1	24	4	2
日本	14	16	4	4	22	7	83

而作为原创申请量最多的中国，专利布局却大多局限在国内，海外市场的拓展力严重不足，除了关注美国和韩国市场，在其他国家均未布局。一方面，可能是因为中国申请人在技术水平和专利运作能力上不足以与国外同类专利抗衡，向国外输出的底气不足；另一方面，可能囿于海外布局的高额成本，抑制了中国申请人进入海外市场的动机。不过值得欣慰的是，中国也正在尝试通过《专利合作条约》（PCT）申请的渠道进入多个国家，逐步开始全球化布局。

2.2.3 专利申请人分析

（1）全球申请人分析

为了解动力电池寿命估算技术领域的主要竞争者，对申请人分布进行分析。如图2－2－6所示，对全球的专利申请量，按主要申请人进行统计分析，获得的前十位申请人的申请数量情况。其中，专利申请量前十位的是哈尔滨工业大学、三星集团、北京航空航天大学、日立公司、汤浅公司、松下集团、国家电网、通用汽车、首都师范大学、丰田公司，其中，三星集团来自韩国，哈尔滨工业大学、国家电网、北京航空航天大学、首都师范大学来自中国，日立公司、汤浅公司、松下集团、丰田公司来自日本，通用汽车来自美国。这些都是较为知名且实力雄厚的企业和科研机构，其在锂离子电池寿命估算领域具有明显的技术优势，国外申请人主要集中在大型企业，而我国申请人主要集中在高校。

虽然有哈尔滨工业大学、三星集团这样的申请量大户，但是前十位申请人的申请量约占全球申请量的23%，说明锂离子电池寿命估算领域技术还是较为分散，这是由于锂离子电池寿命影响因素众多，有较多的技术切入点，可以从不同的影响因素入手。

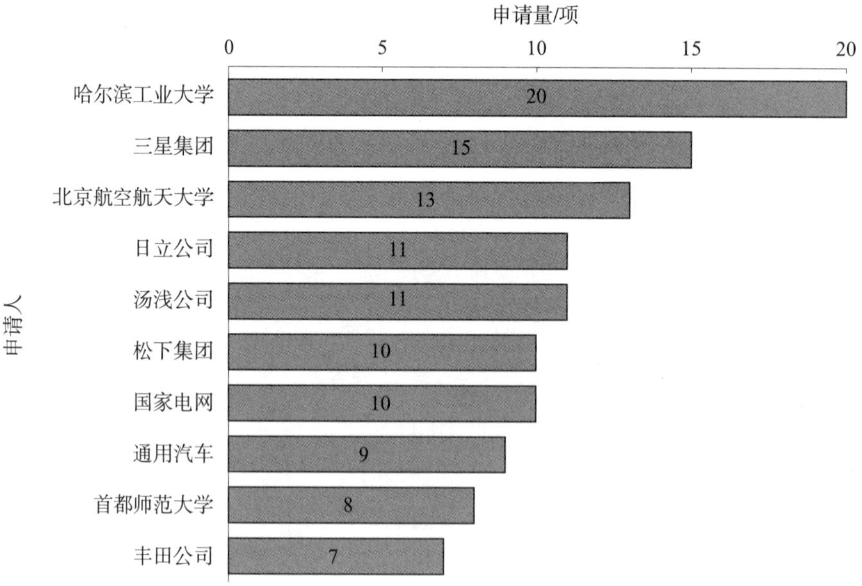

图2－2－6　动力电池寿命估算技术专利全球主要申请人排名

（2）中国申请人分析

如图2－2－7所示，动力电池寿命估算技术专利中国主要申请人主要集中在高校和企业，哈尔滨工业大学、北京航空航天大学、首都师范大学、江苏大学、太原理工大学、中南大学、北京理工大学是致力于电池研究的高校，国家电网、上汽集团、中国一汽是国有企业的代表，重视电池专利的研究和发展，也有来自民营企业的申请，长城华冠属于中国高新科技企业的代表，重视该技术领域的研发，仅在动力电池寿命估算方面就申请了6件专利。这也反映了我国与国外申请人在电池寿命估算上的差异，国内的申请多见于实验室的科研阶段，大部分为前沿技术，只有少量能够实现工厂批量生产，其中哈尔滨工业大学在电池寿命估算方面具有明显的技术优势，其在2013年申请了10件专利，位于国内申请人之首。而国外的申请多见于企业发展的新产业需要，借助公司长期的技术积累和雄厚的资金背景进行商业化推广。

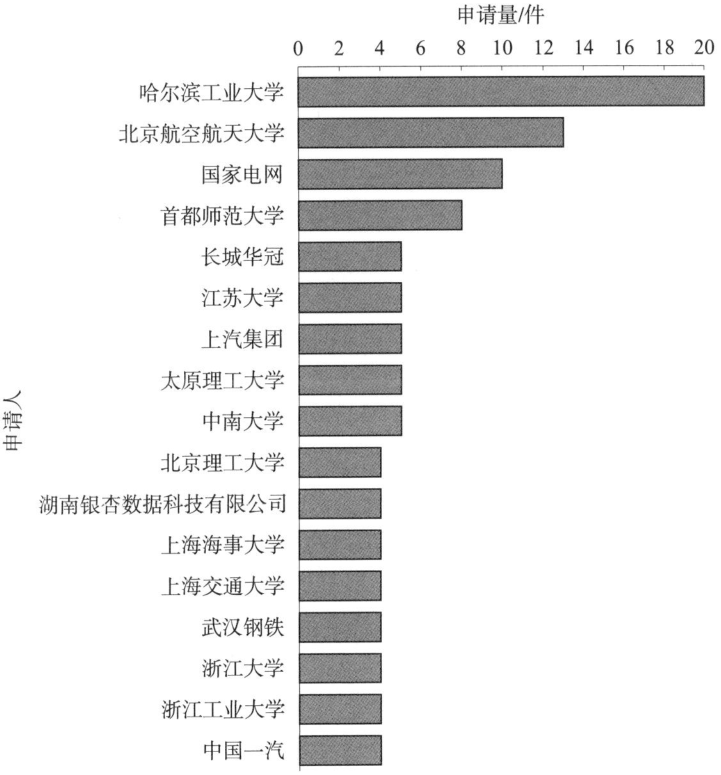

图2－2－7　动力电池寿命估算技术专利中国主要申请人排名

2.2.4　技术构成

动力电池寿命估算方法可以分为两大类：基于经验的方法和基于性能的方法。基于经验的方法是一种离线检测的方法，分为循环周期法、安时法、面向对象的老化累积方法；基于性能的方法是一种在线检测方法，分为基于模型法、基于数据驱动法和融合评估法，如表2－2－2所示。

表 2-2-2　动力电池寿命估算技术分解

一级分支	二级分支	三级分支	四级分支
寿命估算	基于经验的方法	循环周期法	—
		安时法	
		面向对象的老化累积方法	
	基于性能的方法	基于模型法	退化机理模型
			等效电路模型
			经验退化模型
		基于数据驱动法	人工神经网络算法
			支持向量机算法
			时间序列模型算法
			相关向量机算法
			极限学习机算法
			卡尔曼滤波算法
		融合评估法	—

本节结合表2-2-2，对两个二级分支的全球申请量和中国申请量年度分布、各分支申请总量占比进行分析。

2.2.4.1　技术分布和趋势分析

图2-2-8（见文前彩色插图第1页）示出了动力电池寿命估算技术领域下级技术分支的占比情况。可以发现，基于经验的方法的申请量有71项（循环周期法、安时法、面向对象的老化累积方法的申请量之和），占动力电池寿命估算技术申请总量的14%；基于性能的方法的申请量有441项（基于模型法、基于数据驱动法及融合评估法的申请量之和），占动力电池寿命估算技术申请总量的86%。由此可见，基于性能的方法的估算技术的申请量明显高出基于经验的方法的估算技术的申请量，说明动力电池寿命估算技术领域更关注发展研究基于性能的估算技术。

基于经验的方法的估算技术下级分支可分为循环周期法、安时法、面向对象的老化累积方法。如图2-2-8所示，显示了全球申请在这3个分支的申请占比，面向对象的老化累积方法的申请量最多，有32项，占总申请量的6%，其次是循环周期法的申请量，有25项，占总申请量的5%，安时法的申请量有14项，占总申请量的3%，3个分支的申请差别不是太大，各个分支均有所申请。

基于性能的方法的估算技术分为基于模型驱动法、基于数据驱动法及融合评估法，各分支的申请占比如图2-2-8所示。基于模型法的估算技术申请量最多，有286项，占总申请量的56%，其次是基于数据驱动法的估算技术申请量，有96项，占19%，融合评估法的估算技术申请量最少，有59项仅占11%。但经过查阅，基于数据驱动法的估算技术的申请年份都是在2011年之后，基于融合法的估算技术的申请年份都在2012

年之后，说明基于数据驱动法和基于融合法的估算技术属于比较先进的技术，也是近几年热门的技术，代表了前沿技术的发展方向。

图2-2-9示出了基于经验的方法的寿命估算技术专利全球和中国申请情况。可以看出，在2005年之前全球申请量很少，只有零星几项，中国的申请量为零；2005~2015年，全球的申请量进入维持期，申请量维持在6项以内，涨幅缓慢，中国的申请量则进入起步期；2016年开始，全球和中国的申请量都进入发展期，申请量达到6项以上。由此看出，全球对基于经验的方法的估算技术的研究和关注有所提高。

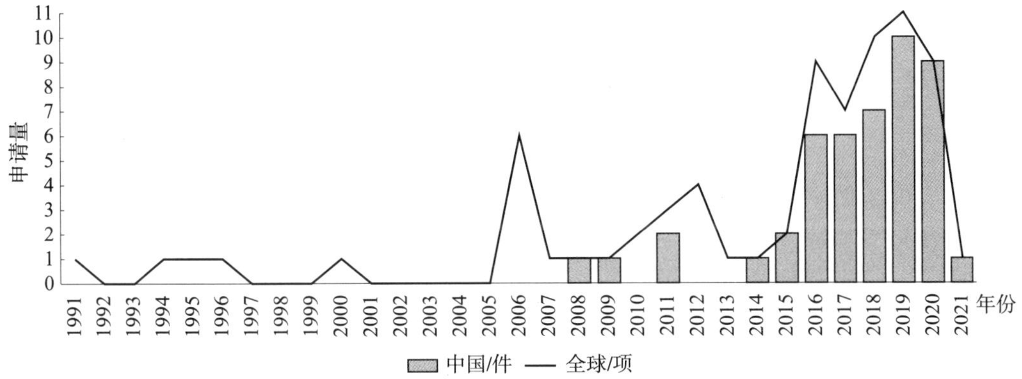

图2-2-9　基于经验的方法的寿命估算技术专利全球和中国申请趋势

图2-2-10示出了基于性能的方法的估算技术专利全球申请趋势。可以看出，作为动力电池寿命估算技术重要分支的基于性能的方法的估算技术，2012年之前，每年全球申请量维持在10项以内，发展缓慢，但比较同时期基于经验的方法的估算技术的每年申请量，申请人更关注基于性能的方法的估算技术的发展研究；2012年之后，基于性能的方法的估算技术的每年全球申请量进入快车道，开始快速增加，2020年已达到68项之多，说明全球越来越重视基于性能的方法的估算技术的研究发明。

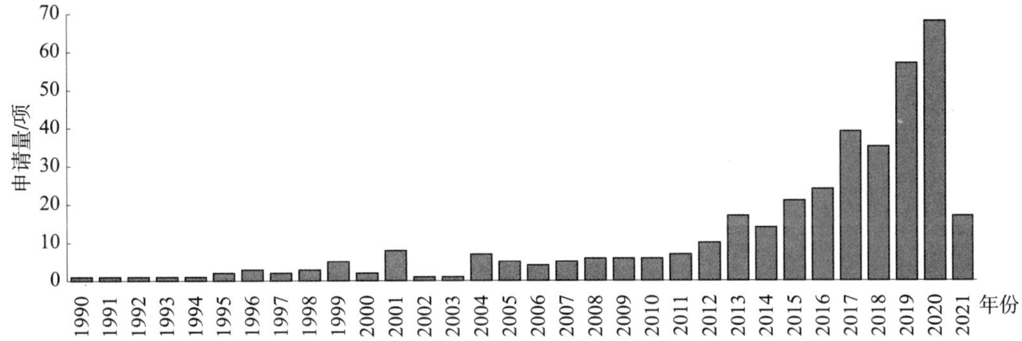

图2-2-10　基于性能的方法的寿命估算技术专利全球申请趋势

图2－2－11示出了基于性能的方法的估算技术专利中国申请趋势。可以看出，2012年之前，基于性能的方法的估算技术的年申请量很少，只有零星几件，对全球申请量贡献比较少，说明我国的研究还处于起步阶段；2012年之后，基于性能的方法的估算技术的申请量开始迅速发展，逐年增加，2020年达到64件，占2020年全球申请量的94%。中国申请量的占比增加，说明我国在基于性能的方法的估算技术领域已逐渐追赶上来，并已处于该领域的主导位置。

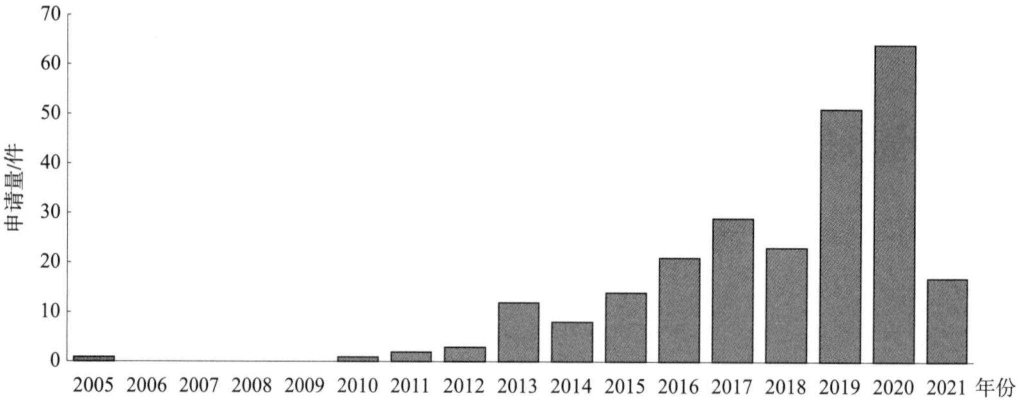

图2－2－11　基于性能的方法的寿命估算技术专利中国申请情况

下面看一下基于经验的方法和基于性能的方法的估算技术两个分支的主要申请人。

表2－2－3示出了国外主要申请人基于经验的方法和基于性能的方法估算技术专利分布，可以看出，日本的申请人占了一半以上。申请量最多的是日本的汤浅公司、松下集团和日立公司，以及韩国的三星集团，可见在国外的申请人中，日本申请人具有绝对的优势。

表2－2－3　国外主要申请人基于经验的方法和基于性能的方法估算技术专利分布　单位：件

技术分支	三星集团	日立公司	汤浅公司	松下集团	LG	通用汽车	丰田公司	标致公司	日本电气
基于性能的方法	10	9	10	10	5	3	6	2	3
基于经验的方法	0	1	1	0	0	6	0	0	0

如表2－2－4所示，中国在动力电池寿命估算技术领域的研究工作主要集中在高校，如申请量最多的哈尔滨工业大学，其次是北京航空航天大学和首都师范大学，还有太原理工大学、江苏大学和中南大学，这说明高校在该领域占据了主要的地位；国家电网、中国一汽是国企的代表，长城华冠属于中国高新科技企业的代表，企业在该领域的研究还待提高。

表2-2-4　中国主要申请人基于经验的方法和基于性能的方法估算技术专利分布　　单位：件

技术分支	哈尔滨工业大学	国家电网	北京航空航天大学	首都师范大学	太原理工大学	江苏大学	中国一汽	中南大学	长城华冠
基于性能的方法	20	10	13	9	5	4	4	4	4
基于经验的方法	0	2	2	0	0	1	0	0	0

2.2.4.2　技术发展脉络

通过对检索的专利数据的引证频次进行统计排序，并结合产业发展状况，本报告基于性能的方法和基于经验的方法两个技术分支，遴选出动力电池寿命估算技术发展历程中具有代表性的28项专利，并梳理出其技术发展脉络，如图2-2-12所示。纵览动力电池寿命估算技术发展的历史，能够帮助相关领域技术人员更好地理解动力电池寿命估算技术，从而为未来发展方向提供启发。

1. 基于经验的方法

动力电池寿命基于经验的估算技术包括循环周期数法、安时法、面向对象的老化累积方法。

（1）循环周期法

循环周期法是对电池的循环周期进行计数，一次充放为一个循环周期，当电池使用次数达到一定的范围则认为电池达到使用寿命。

相关的专利申请最早可追溯到1991年，本田公司基于循环周期法，提出了一种电动汽车用电池的寿命测定装置（JPH0574501A），根据电池温度和剩余容量求出与充放电的次数相关的循环系数，根据该循环系数运算电池的寿命，由此能够迅速地测定电池的寿命。

国内的专利申请起步较晚，奇瑞在2009年提出了一种纯电动车电池寿命计算及报警装置及其控制方法（CN101625398A），通过估算电池性能的方法来估算电池的寿命，估算电池性能的原理是通过累加电池深度充放电循环次数，当电池深度充放电循环次数达到一定阈值的时候，汽车应当提醒驾驶员更换车载大功率电池。

实际使用时，锂离子电池被应用于不同的工作场景，其运行工况存在很大的差异，不同的运行工况，导致容量衰减的内部机理不完全相同，采用通常的简单外推，或采用简单固定的电池容量衰减机理，无法进行长期的精确预测。为了使电池寿命的检测更加准确，有些申请提出模拟电池实际使用工况。

长城华冠在2018年提出了一种时变工况下动力电池的寿命预测方法（CN108919129A），该方法基于车用动力电池的实际工况，以影响动力电池寿命的3个主要因素温度（T）、放电倍率（C）、放电深度（DOD）为变量，结合车用工况下影响因素的时变性，首先在单次循环的时间尺度内，建立时变电流工况动力电池的寿命预测模型，其次在多次循环的时间尺度内，考虑运行温度和放电深度对电池寿命的影响，最后得到更接近实际使用工况的时变工况动力电池的寿命模型，提高车用动力电池寿命预测的准确度，

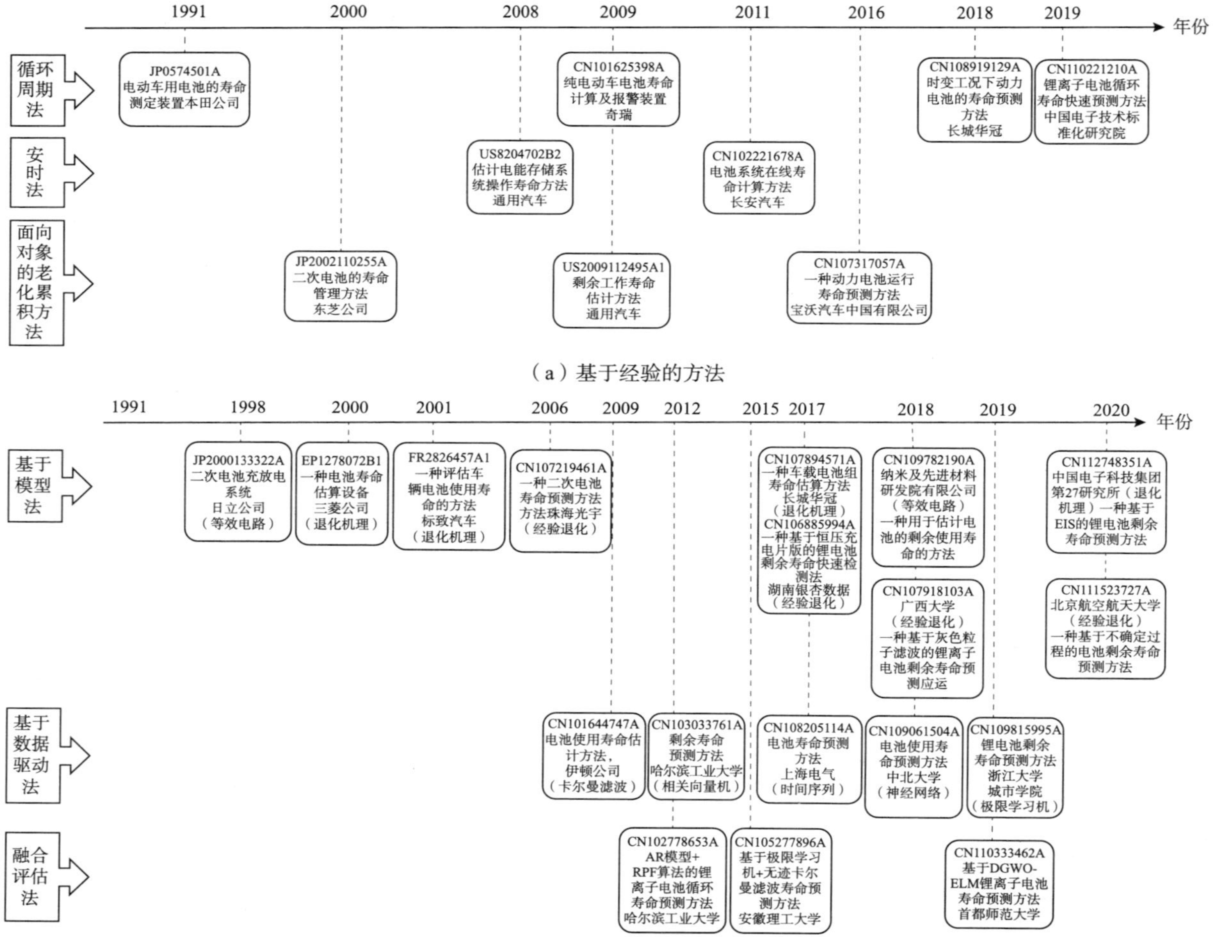

（a）基于经验的方法

（b）基于性能的方法

图2-2-12　动力电池寿命估算技术发展路线

可以通过该模型计算出的电池寿命指导车用动力电池的使用、维护及更换，确保电动车的安全使用。此外，该模型简单易于计算，有利于提高预测效率。

为了缩短电池寿命的测试时间，有些申请提出了加速测试的技术方案。中国电子技术标准化研究院申请了一种锂离子电池循环寿命快速预测方法（CN110221210A），将待评价的电池置于要评价的循环中进行常规倍率（0.2C）和加速倍率（≥0.5C）条件下500次循环测试；拟合方程，计算补偿因子；对电池进行加速倍率条件下前100次循环测试，拟合方程后乘以补偿因子k得到快速预测方程；将短期循环次数100代入快速预测方程求解。该方法简单准确，与实际测试结果偏差小，无需精密的测试设备和复杂的理论计算，经过短期的循环测试即可快速预测电池循环寿命，极大降低了测试成本和测试时间。

（2）安时法

安时法是一个电池从新到老的充、放电整个过程中能够处理电量的总安时数，累积安时电量达到一定的程度则认为电池寿命到期。该方法依据某些统计规律给出电池寿命的一个粗略估计，计算方法简单，计算速度快，但很难准确描述电池容量衰减的过程，对电池在复杂多变的温度、压力、电流等环境条件的适应性较差，有些申请将电池的温度、充放电状态考虑进去，提高电池寿命估算精度。

该方法最早由通用汽车在2008年提出，为一种用于估计电能存储系统的操作寿命的方法（US8204702B2），监测电能存储系统的充电温度状态和电流，基于温度、充电状态和电流放电在时间间隔内计算电池寿命量度，由此确定总电池寿命量度，并确定电能存储系统的剩余操作寿命。

而国内最早的申请是由长安汽车在2011年提出的一种电池系统在线寿命计算方法（CN102221678A），通过对电池系统每次充电和放电能量进行计算并累加，将电池系统当前已经完成的充电和放电能量的总量与电池系统在整个寿命过程中充电和放电能量的总量进行比较，从而得出电池系统在线寿命。

考虑到不同工况下放电安时数对电池内部损伤存在差异，对不同的工况设置不同的放电权重，对安时法进行改进。力信（江苏）能源科技有限责任公司在2017年提出一种动力电池寿命预测方法（CN107167739A），首先确认电池的使用温度范围，在温度范围内至少取3个温度，包含最低温度及最高温度；然后将电池在选取的温度、指定的荷电状态下，存放至少3个时间段，进行充放电试验；试验结束后，进行容量测试；最后根据公式求出活化能 Ea、截距 lnA；根据求得的 Ea 及 A，即可计算任何指定温度、指定容量衰减情况下电池的寿命。该方法重点考虑内部因素对电池寿命的影响，将外部使用温度作为影响因子，快速得到任何温度、时间周期下的寿命衰减情况，测试周期短，测试成本低，无需大量的充放电设备，测试难度低。

（3）面向对象的老化累积方法

面向对象的老化累积方法是根据经验制定引起电池损伤的事件，并设定每个事件的损伤权值，计算电池使用过程中发生的事件数乘以对应的损伤权值，当损伤值超过失效阈值时则判定电池失效。

最早由东芝公司申请的一种二次电池的寿命管理方法（JP2002110255A），允许在各种条件下更准确地区分二次电池的寿命。获取存储器中的备用电流、备用时间，以及二次电池的标称容量和温度，根据所获取的信息计算取决于放电深度的二次电池的损坏值，并且将损坏值累积地彼此相加。如果累积增加的损坏值超过指定值，则判定二次电池达到其寿命，并通知二次电池达到其寿命。周期性地获取二次电池的服务时间，并且根据服务时间计算二次电池的损坏值，并将其进一步加到累积相加的损坏值中。因此，可以准确地辨别二次电池达到其使用寿命。

考虑到不同工况下放电对电池内部损伤存在差异，对不同的工况设置不同的放电权重，通用汽车提出一种剩余工作寿命估计方法（US2009112495A1），基于在预设时间间隔期间监测的温度和监测的充电状态来确定温度和充电状态因子。在预设时间间隔期间基于这些因素和电流放电来计算电池寿命度量，例如电流放电的加权测量。基于总电池寿命度量来确定电池的剩余操作寿命。

宝沃汽车（中国）有限公司提出一种动力电池运行寿命估算装置（CN107317057A），根据动力电池在任一典型使用条件下的寿命数据，确定动力电池在该典型使用条件下的单位容量损失，包括搁置容量损失和循环容量损失；采用插值方法确定动力电池在任一恒定使用条件下的单位容量损失；根据动力电池在任一恒定使用条件下的单位容量损失以及动力电池在一个气候周期中各单位时间内的实时使用条件进行容量损失的累加计算，确定动力电池在一个气候周期内的累计容量损失；根据动力电池在一个气候周期内的累计容量损失以及动力电池寿命终止时的总容量损失确定动力电池的运行寿命。从而提高变化温度环境下动力电池运行寿命估算的准确度。

2. 基于性能的估算方法

动力电池寿命基于性能的估算技术分为基于模型法、基于数据驱动法及融合评估法。

（1）基于模型法

基于模型法是利用专业的知识和经验建立数学模型，例如锂离子电池物理模型及电化学方程。从锂离子电池电化学反应的本质机理角度分析电池的运行机理并建立老化模型。基于模型法的估算需要研究SOC、电解液浓度和扩散系数等内外部状态变量等老化因素对状态变量的影响，同时考虑电池内部运行机理和老化机理。针对电池模型的研究已经较为成熟，例如电化学第一原理模型、电化学阻抗谱模型、等效电路模型和经验退化模型等。无论机理模型还是等效电路模型，都需要考虑电池内部的物理化学特性，包含模型参数较多，建模过程较为复杂和困难，在工程上应用较少，专利申请人往往是大型企业、高等院校和科研单位。

退化机理模型从电池本质电化学机理的角度分析电池运行过程中的性能变化规律，包括电化学第一原理模型、基于固体电解质界面（SEI）膜的机理模型及相应改进模型，充分考虑各个老化因素对电池内、外部状态变量（例如温度、电压、电流、SOC、电解液浓度、扩散系数等）的影响，建立电池老化模型。最早的申请是由三菱公司提出的一种电池寿命估算设备（EP1278072B1），建立了一不同放电深度的放电曲线，由通过测量机构测量的结果计算在辅助电池中剩余的功率量，并且显示计算出的在电池中剩余的功率。

由于锂离子电池负极 SEI 膜内部活性物质融解、发热与 SEI 生长，与锂离子电池性能之间存在相关性，因此建立模型时将温度等因素考虑进来，该模型较为简单，具有较强的应用价值。标致公司申请了一种评估车辆电池使用寿命的系统（FR2826457A1），该系统包括用于存储在该电池的不同充电状态和温度下，该电池的至少一个特征的初始值，以及该电池根据放电容量和/或放电电能、该电池的充电状态和温度的演变的装置，这些信息处理装置与用于在电池的使用过程中确定该特性的相应值的装置相关联，使其能够根据电池的使用条件跟踪该值的变化，并因此跟踪电池的使用寿命的变化。

锂电池内部的化学反应复杂且影响寿命的因素较多，电池衰减过程中，需要考虑多个因素。国内的长城华冠在 2017 年申请了一种车载电池组寿命估算方法（CN107894571A），根据各电池单体的温度、放电深度以及放电倍率，建立多参数模型，使用寿命模型预估各电池单体的寿命；通过对每个电池单体自身的性能参数以及工作时的性能参数的测量，并通过寿命模型快速地估算出每个电池单体的寿命，以及电池单体在不同工况条件下的寿命。中国电子科技集团公司第二十七研究所在 2020 年提出了一种基于电化学阻抗谱（EIS）的锂电池剩余寿命预测方法（CN112748351A），利用状态采集模块采集锂电池不同温度下的 SOC 以及 EIS 数据，性能分析模块以此为依据对锂电池的剩余寿命进行预测，并能够分别在状态监测模块和信息存储模块上计算和储存锂电池的剩余寿命信息；预测方法中采用高斯模型，利用历史数据建立训练集和测试集，利用不同温度下的 SOC 以及 EIS 数据对锂电池的剩余寿命进行预测，能够取得较好的预测效果。

等效电路模型通过对大量状态数据的分析，基于系统工作原理搭建电气元件构成的电路模型，例如内阻（Rint）模型、阻容（RC）网络模型两种经典的模型，对系统动态特性进行等效或近似。较早的申请由日立公司在 1998 年提出一种提高寿命估算精度的方法（JP2000133322A），其中循环变化的充电电流流过电极的等效电路和二次电池的等效电路，通过计算装置从 3 个联立方程导出电解质电阻、电极电阻和电动势。预先测量电极电阻与充放电循环次数之间的关系，将其存储在存储装置中，并且基于此实现寿命估计。

为了提高等效电路的有效性，有的申请采用改进的算法对模型进行拟合。纳米及先进材料研发院有限公司在 2018 年提出一种用于估计电池的剩余使用寿命的方法（CN109782190A），在充放电循环中的至少一部分充电－放电过程中，对单个电池进行 EIS 的测量，通过等效电路模型的拟合，得到单个电池的电荷转移电阻和表面层电阻；利用多次循环所得到的电荷转移电阻和表面层电阻以及容量，建立单个电池的容量与循环次数之间的关系；以及利用已建立的容量和循环次数之间的关系，预测电池剩余容量或电池的剩余循环次数。

电池经验退化模型通过描述电池内部能够代表电池性能退化的状态变量，随时间的变化规律或者描述前后两个时刻之间状态变量的关联关系，实现电池退化特征的模型表达。电池容量是表征电池老化的重要参量，随着电池的使用，电池的容量下降，许多申请都利用锂离子电池容量与循环次数的关系来检测电池的寿命，或者利用电池容量的变形参量，例如容量变化量、容量衰减率、容量保持率等。珠海光宇电池有限公司于2016年提出一种二次电池的寿命预测方法（CN107219461A），记录电池使用时每一次充放电循环后的容量，获得与循环次数对应的电池容量数据；设定拟合曲线取数周期；获取拟合曲线取数周期内对应的容量趋势曲线及容量预测公式。该方法依据实际使用情况进行预测，并可不断修正寿命预测曲线和更新容量预测公式，使其尽量接近实际使用状况，更准确地预计电池寿命。

还有些技术方案采用其他参量来表征电池老化，例如恒压（CV）充电时间、放电深度等。湖南银杏数据科技有限公司于2017年申请了一种基于恒压充电片段的锂电池剩余寿命快速检测法（CN106885994A），其中恒压充电阶段单位电流下降区间时间长度分布函数来自实验室中采集的多组电池充放电数据。将恒压充电阶段电流下降时间间隔作为电池健康状态指标直接体现电池的充电速率，侧面反映电池的退化趋势，从而对剩余循环寿命进行预测。以充电电流下降的时间间隔为对照变量，有效减少了无关变量，电流曲线特征明显，需要的在线数据量少，进而实现锂电池剩余循环寿命在线快速测试。江苏大学在2018年提出一种基于威布尔分布的串联电池组剩余寿命预测方法（CN108445398A），通过串联电池组耐久性试验获取串联动力组失效数据；根据串联动力电池特点，串联电池模块失效数据符合威布尔分布；利用获取的串联动力电池组失效数据估计威布尔模型参数；利用一定循环次数和应力水平放电深度下串联动力电池组剩余寿命分布函数预测串联动力电池组剩余寿命。该方法可避免传统寿命预测方法需要考虑串联电池组中单体不一致对串联电池模块寿命的影响，显著提高串联动力电池组剩余寿命预测精度。

在确定参量后，确定经验退化模型中各参数是至关重要的一步，参数的准确性将直接影响到电池寿命预测的准确性。一部分申请采用最小二乘法或者其改进算法来对关系曲线进行拟合，另一部分采用随机滤波算法对电池退化信息进行跟踪，获取电池经验退化模型最优参数，常用的算法有粒子滤波及其改进算法。广西大学在2018年提出一种基于灰色粒子滤波的锂离子电池剩余寿命预测方法（CN107918103A），能够利用较少数据量进行老化建模，准确估计电池容量状态，提高电池寿命预测的准确度。首先提取预测所需的电池容量数据为样本数据，输入到灰色预测模型，计算锂离子电池容量衰减的灰色发展系数，并以此建立锂离子电池容量在老化过程中的状态转移方程和观测方程；然后利用粒子滤波算法跟踪并更新电池容量状态变化；最后在预测开始时，根据灰色发展系数，外推每个粒子容量随循环次数的变化值，根据每个粒子的权重预测电池剩余寿命并给出概率密度分布。北京航空航天大学在2020年申请了一种基于不确定过程的考虑恢复效应的电池剩余寿命预测方法（CN111523727A），其包括获取退化数据；建立不确定过程模型步骤，使用不确定过程中的刘过程对退化增量数据建模，使用不确定最小二乘法进行估计得到参数估计值，使用加权最小二乘估计的方法进行参数更新，基于不确定刘过程模型和更新后的参数，对退化数据进行去噪处理，使用去噪后的退化数据对参数重新进行估计和更新，使用不确定仿真得到剩余寿命的预测结果。该方法改进了剩余寿命预测模型认知不确定性，并考虑了退化中的恢复现象，提高了退化预测准确性。

（2）基于数据驱动法

对于锂离子电池这类复杂的电化学动态系统，基于模型法往往复杂且难以实现，使得基于数据驱动法成为技术热点。基于数据驱动法不考虑锂离子电池内部的电化学反应及失效机制，直接从电池性能测试数据和状态监测数据（例如电压、电流、温度、阻抗等）挖掘其中隐含的电池健康状态信息及其演变规律，实现电池寿命估算。最近几年随着人工智能、机器学习、大数据等技术的蓬勃发展，基于数据驱动法的锂电池寿命估算方面的专利申请量急剧攀升。主流的方法有人工神经网络算法、支持向量机算法、时间序列模型算法、时间序列模型算法、相关向量机算法、极限学习机算法、卡尔曼滤波算法等。

伊顿公司于2009年提出一种利用回归模型初始化的状态估计技术的电池使用寿命估计方法（CN101644747A），使用卡尔曼滤波器从容量的测量中生成使用寿命的估算之前。在使用卡尔曼滤波器从容量测量值生成使用寿命的估算之前，可以在生成与电池的一系列放电相对应的电池容量测量值的集合，并且基于电池容量测量值的集合生成将电池容量与时间相关联的回归模型（例如直线模型）。

哈尔滨工业大学提出一种动态灰色相关向量机的锂离子电池剩余寿命估算方法（CN103033761A），首先采用灰色模型对小样本数据进行趋势估算；然后采用相关向量机算法进行回归估算；最后针对多步估算问题，采用相关性分析动态地更新估算模型，即在组合模型的基础上，将短期估算结果不断地更新到训练数据序列中，进行相关性分析，根据相关性进行重新训练，进而提高多步迭代估算的精度。

上海电气于2017年提出一种电池寿命的估算方法及系统（CN108205114A），基于时间序列模型算法，根据历史电池数据计算待测电池的电池容量退化模型的状态变量的初值；基于粒子滤波算法，根据状态变量的初值对电池容量退化模型进行状态跟踪，更新电池容量退化模型的状态变量，并根据状态变量确定所述待测电池的寿命。该方法中电池容量退化模型的状态变量的初值，基于时间序列算法并根据待测电池的自身的历史电池数据计算获得，在此基础上，通过粒子滤波算法能准确估算待测电池的寿命规律，提高电池寿命估算的准确性，从而提高电池使用的安全性。

中北大学于2018年提出一种同类型不同锂离子电池剩余使用寿命估算方法和系统（CN109061504A）。该方法提取能够反映锂离子电池性能退化的健康因子，构建健康因子估算模型，利用神经网络建立的健康因子和电池容量真实值的关系模型，将待估算的同类型不同电池的寿命前期的健康因子作为输入，利用所述健康因子估算模型和电池容量估算模型得到该电池的寿命后期的电池容量估算值，进而计算出当前时刻该电池的剩余使用寿命值。该方法在同类型不同电池寿命估算中精度较高且适应性较强。

浙江大学城市学院于2019年提出一种缺失观测值条件下锂电池剩余寿命估算方法（CN109815995A），提出将多重插值算法（ELMMI）与不同多步超前估算方法相结合，构建基于多重插值算法的多步超前估算器，能够实现准确和稳定的估计过程。

（3）融合评估法

基于模型法准确性高，但难于实现，基于数据驱动法容易实施，但是准确性有待提高，有人便提出了采用基于模型和数据驱动相融合的方法，将退化模型的特征和实时的状态信息结合，能够获得更为满意的结果，弥补上述两种方法的不足。

哈尔滨工业大学于2012年提出一种基于时间序列模型（以下简称“AR模型”）和正则粒子滤波算法（以下简称“RPF算法”）的数据驱动的锂离子电池循环寿命估算方法（CN102778653A），采用AR模型与RDF算法相结合的锂离子电池循环寿命估算方法，该方法首先利用AR模型实现电池性能退化过程时间序列数据的多步估算；然后重点针对循环寿命估算结果的不确定性表达问题，引入RPF算法。所提出的方法能够有效地对锂离子电池循环寿命进行估算，并实现估算结果的概率密度分布输出，具有良好的计算效率和不确定性表达能力。

安徽理工大学于2015年提出一种基于ELM－MUKF的锂电池剩余寿命估算方法（CN105277896A），利用锂电池等压降放电时间数据构建基于极端学习机（ELM）的锂电池状态更新方程，基于所建立的锂电池性能退化模型，利用多阶无迹卡尔曼滤波（MUKF）算法进行等压降放电时间估算，构建基于ELM的等压降放电时间与锂电池实际容量的关系模型，将估算的等压降放电时间作为所确定模型的输入，求取锂电池未来的实际容量值，依据规定的锂电池失效阈值，最终估计出锂电池的剩余循环使用周期。该方法能够在线监测锂电池健康状况，估算未来锂电池寿命特征参数，进而有效评估锂电池剩余寿命状况。

首都师范大学于2019年提出一种在随机放电环境下基于DGWO－ELM的锂离子电池寿命估算方法（CN110333462A），改进灰狼优化（GWO）算法，首次基于DGWO－ELM，并引入差分进化（DE）算法令算法有更强鲁棒性；整体估算效果更准确。

2.2.4.3 技术功效分析

如图2－2－13所示，在技术功效上，需求最大的是提高寿命估算精度方面，主要通过基于模型法、基于数据驱动法和融合评估法来加以实现。在提高寿命估算速度方面也是通过这3个方法来实现。此外，在加速循环寿命测试和模拟工况的技术功效上，主要通过基于模型法得以实现。这体现了国内外申请人普遍认为基于模型法、基于数据驱动法和融合评估法是解决动力电池寿命估算技术问题的主要研究方向，而模型是动力电池寿命估算方法的基础，得到了广泛关注和研究。随着大数据的发展和云平台的运用，云平台可以实现大数据的存储和处理等，具有精度高特点的基于模型法、基于数据驱动法以及融合评估法将进一步成为发展的主要方向。

图2－2－14示出了国外主要申请人在动力电池寿命估算技术领域的技术布局。可以看出，国外主要申请人重点关注的还是在基于模型法上，无人涉及融合评估法，而基于数据驱动法也仅有三星集团涉及2项，丰田公司涉及1项，通用汽车公司有6项申请涉及面向对象的老化累积方法。可见，国外的主要申请人均为企业，其更加注重电池的性能基础，致力于提高建立电池精确模型的研究。

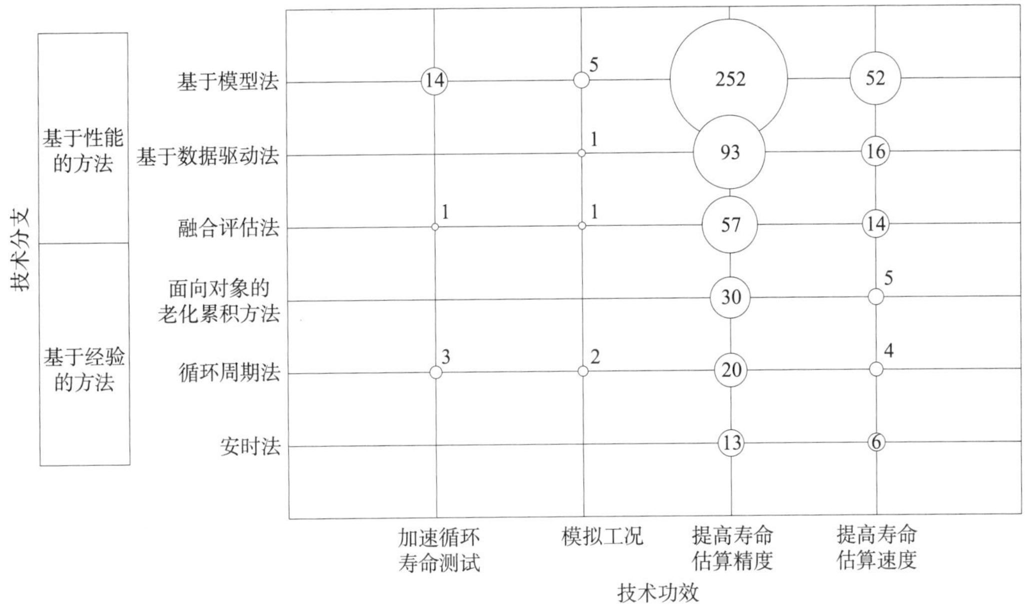

图 2-2-13 动力电池寿命估算方法技术功效分布

注：图中数字表示专利申请量，单位为项。

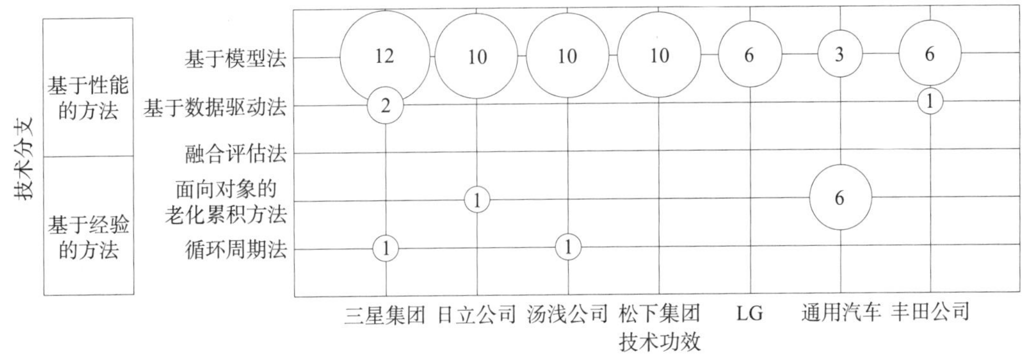

图 2-2-14 动力电池寿命估算技术专利国外主要申请人技术布局

注：图中数字表示专利申请量，单位为项；该技术分支安时法无专利申请，图中不显示。

图 2-2-15 示出了国内主要申请人在动力电池寿命估算技术领域的技术布局。可以看出在国内主要申请人中，企业和高校重点关注的技术略有不同。哈尔滨工业大学主要关注基于模型法、基于数据驱动法和融合评估法的研究，尤其关注基于数据驱动法和融合评估法，北京航空航天大学、太原理工大学、中南大学和江苏大学也都对这 3 个方法进行了重点研究，而首都师范大学则把精力主要集中在基于模型法和基于数据驱动法上。企业方面，国家电网对基于模型法基于数据驱动法和融合评估法方面均有涉及，而上汽集团和中国一汽的关注重点还是在基于模型法上，其他方法则较少涉及，长城华冠主要集中在基于模型法上，在基于数据驱动法上也有少量涉足。由此可见，基于模型法、基于数据驱动法和融合评估法是国内主要申请人的主要研究方向，国内

高校比较重视基于数据驱动法和融合评估法研究，多为前沿技术，而国内企业与国外企业一样，比较侧重于基于模型法的研究。

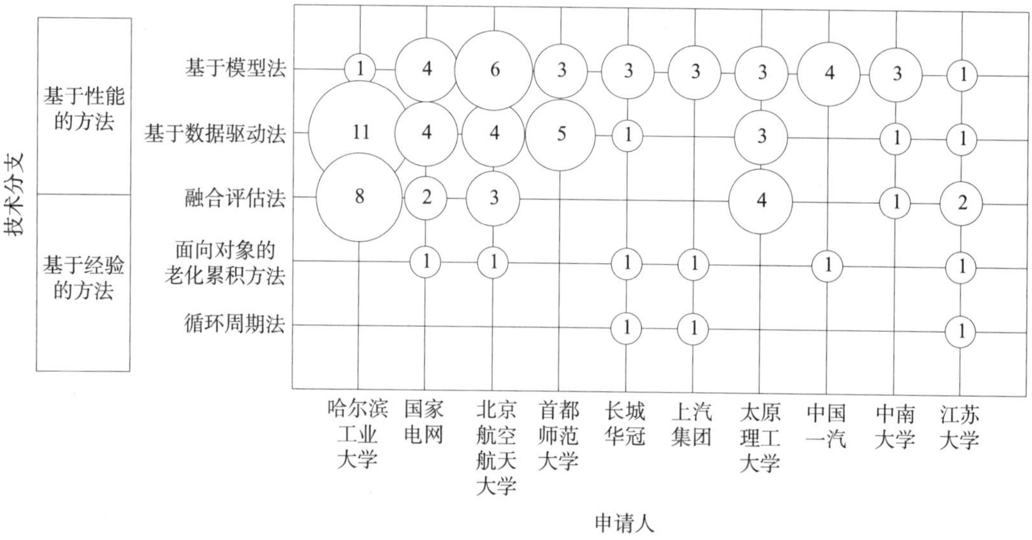

图2-2-15　动力电池寿命估算技术专利中国主要申请人技术布局

注：图中数字表示专利申请量，单位为件；该技术分支安时法无专利申请，图中不显示。

2.3　动力电池寿命测试技术专利状况分析

根据目前行业标准和规范，动力电池的寿命包括标准循环寿命、工况循环寿命和日历寿命。

（1）动力电池循环寿命

动力电池循环寿命，即动力电池标准循环寿命，是指电池以规定的充放电制度进行循环至寿命终止时的循环次数。GB/T 31484－2015 规定了标准循环寿命测试步骤，并且测试要求是循环次数达到500次时放电容量应不低于初始容量的90%，或者循环次数达到1000次时放电容量应不低于初始容量的80%。

（2）动力电池工况寿命

动力电池工况寿命，即动力电池工况循环寿命，是指在指定SOC下，如50%充电状态采用控制电流或控制功率的脉冲充放电方式循环测得的循环寿命，例如《FreedomCAR功率辅助型混合电动车电池测试手册》中提供了一种每周持续90 s的控制功率脉冲充放电方式，其包括2个脉冲放电和2个脉冲充电步骤，来模拟电池在电动汽车熄火、启动、巡航和再生制动时的工作状况。GB/T 31484－2015 规定了4种用途（混合动力乘用车、混合动力商用车、纯电动乘用车、纯电动商用车汽车）的动力电池工况循环测试方法。

（3）动力电池日历寿命

动力电池日历寿命是指电池在开路状态下存储至寿命终止时所需的时间。《Freedom-

CAR 功率辅助型混合电动车电池测试手册》规定：动力电池日历寿命测试被设计用来评价经过最低使用期间后的电池性能衰减，测试中的电池要周期性地进行参考放电以确定电池性能的变化。一般日历寿命的测试方法是在开路状态下将单体电池或电池组在高温状态下贮存，以加速其性能衰减的速度。关键是贮存温度的选择，避免在太高温度下引入不相关的失效模式，而提高衰减速度可以降低测试时间和成本。应选择 5 ~ 7 种升高的温度，最低的温度应当能使电池 15 年的目标寿命缩减一半，最高的温度在所期望的测试时间内结束（如 2 年）。其他的温度应在这两种温度之间平均设定。在每种温度下应至少测试 3 只电池。

无论是动力电池制造商还是整车厂商，对寿命的准确评估是生产、制造和使用过程中的必要一环。下面针对这 3 种寿命的测试方法的专利文献进行分析。

2.3.1 专利申请量分析

从图 2－3－1 动力电池寿命测试技术专利全球及中国申请趋势可以看出，全球自 1990 年开始有动力电池寿命测试方法的相关申请，2012 年其申请量开始增长，2019 年到达峰值。这与全球在“碳中和”的目标下，各国相继出台政策来推动新能源汽车以及动力电池相关产业的发展有关，并且随着新能源汽车销量的增加，动力电池制造商、厂商以及用户对新能源汽车的寿命的要求也在不断提高，与寿命测试相关的研究和专利申请也随之增加。我国于 2008 年开始出现动力电池寿命测试相关申请，中间有过间断，但整体的申请量呈现曲折向上的态势，并且近几年带动了全球趋势的发展。

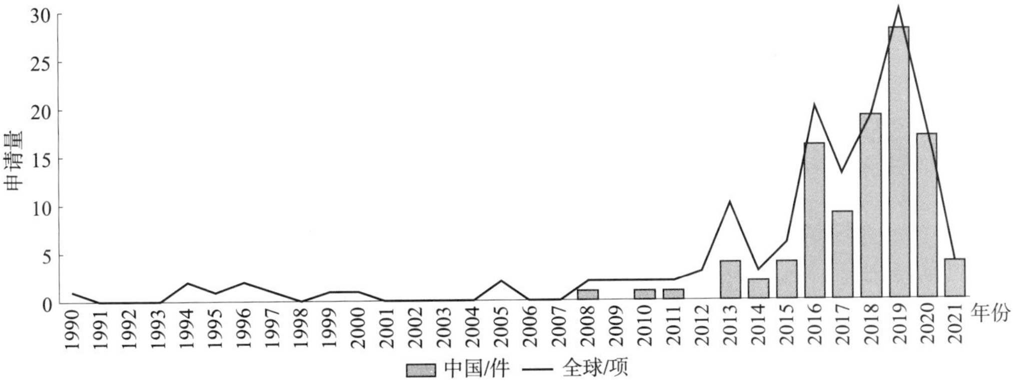

图 2－3－1 动力电池寿命测试技术专利全球及中国申请趋势

图 2－3－2 是动力电池测试技术专利在主要国家和地区申请量占比情况，可以看出，中国的申请量占比 74%，位列第一，其次是日本和韩国，接着是美国。日本和韩国的电池企业在很长一段时间都处于垄断地位，相应地针对动力电池测试的申请量也会增多，而美国自 20 世纪 70 年代一直在鼓励新能源技术的研发。1991 年，USABC 开始从事商用先进电池的研究，建立了电池的中期和远期发展目标，并在美国能源部的协调领导下，积极参与电动汽车及其主要部件的各项试验工作，分析整理有关数据，

并发展相关的工业标准和试验规程。为加速电池技术的研究与开发，美国于1993年9月29日成立了“新一代汽车协调会”（PNGV），并制定了10年开发计划。但10年尚未结束，新政府成立了FreedomCAR项目，其给出的锂离子动力电池试验规程和测试要求至今被各个国家或行业内企业接受或参考。

2.3.2 专利布局区域分析

2.3.2.1 全球布局区域分析

图2-3-3显示了动力电池寿命测试技术专利全球原创地申请量占比。可以看出，中国的申请量占比83%，结合各个测试方法的国内外申请趋势发现，中国申请量从2010年开始处于快速增长时期。这一方面归因于在国内政策的扶持下，中国涌现出一批优秀的动力电池生产制造商，例如宁德时代和比亚迪，以及蔚来、小鹏等新能源汽车厂商的出现；另一方面也说明我国对自主创新知识产权越来越重视，专利保护意识逐渐增强。日本、韩国作为动力电池的制造大国，在寿命测试方法方面也有专利布局，但申请量较少。美国、法国等国家也有少量申请。

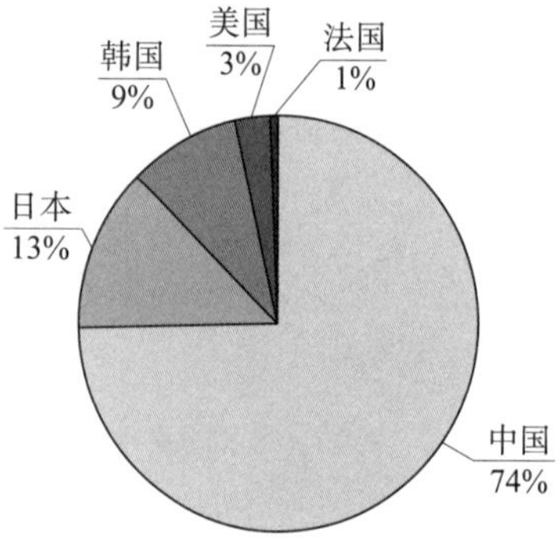

图2-3-2 动力电池寿命测试技术专利主要国家和地区申请量占比

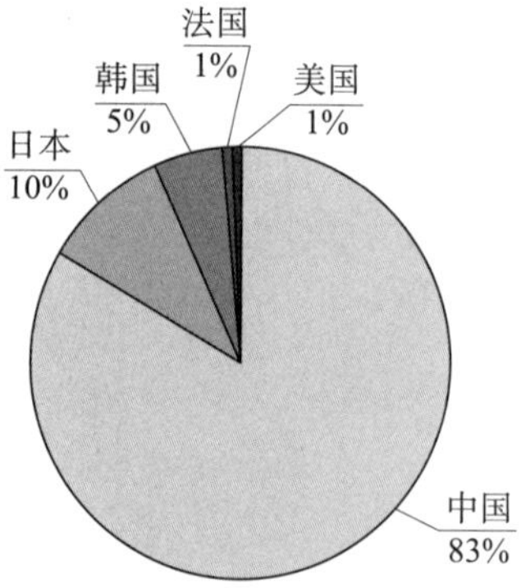

图2-3-3 动力电池寿命测试技术专利全球原创地申请量占比

图2-3-4显示了动力电池寿命测试技术专利全球目标地申请量占比。可以看出，中国目前是主要国家/地区企业争夺的最大目标市场。2015～2019年受国家政策鼓励，国内动力电池厂商，例如宁德时代、国轩高科等企业快速发展，2019年6月21日，工业和信息化部废止《汽车动力蓄电池行业规范条件》，国外动力电池厂商重新进入中国市场，国内新能源动力电池市场进入完全市场化的竞争状态。

2.3.2.2 中国布局区域分析

图2-3-5是动力电池寿命测试技术专利在中国申请的国家申请量占比情况，可以看出，动力电池寿命测试方法的专利技术主要还是来自中国申请人。分析背后的原因，国内申请人对动力电池寿命相关性能的研究之所以如此活跃，首先是因为国家要求对车辆提供不低于3年或12万公里的质保服务，对动力电池、电机、整车控制器等关键零部件提供不低于8年或12万公里的质保服务；其次是因为随着新能源车辆市场渗透率的提升，消费者在关注车辆安全性的同时，寿命也是大众普遍关注的话题，除

了政府方面强制要求的质保期限，为了增加产品竞争力、彻底打消车主的疑虑，不少新能源汽车企业都有自家的特色服务政策，例如比亚迪的电芯终身质保等。因此寿命的准确评估既是对产品的风险和成本进行保证，也是对品牌的正向宣传。

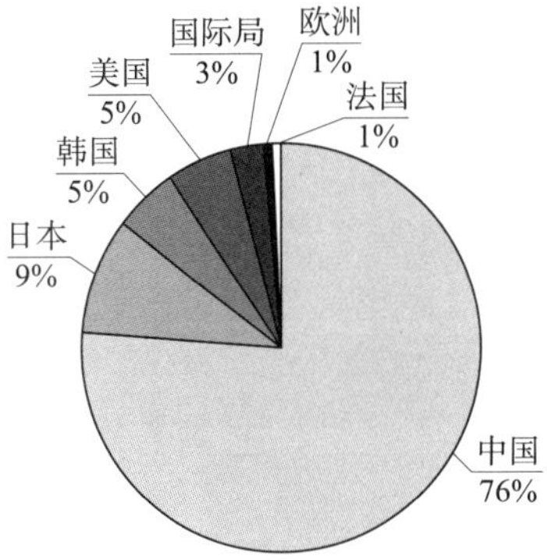

图2-3-4　动力电池寿命测试技术专利全球目标地申请量占比

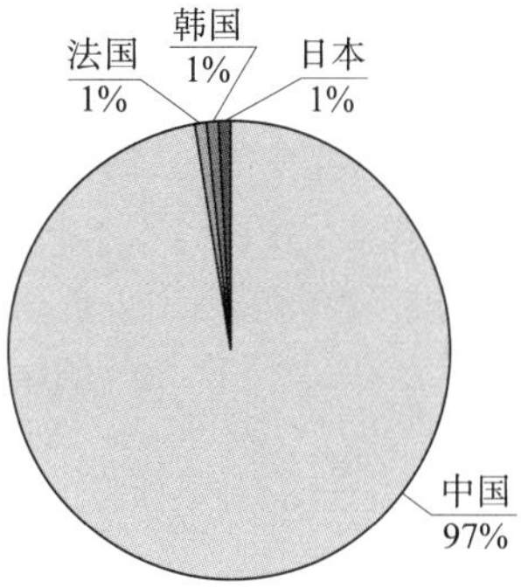

图2-3-5　动力电池寿命测试技术专利在华申请主要国家申请量占比

2.3.3　专利申请人分析

图2-3-6显示了动力电池寿命测试技术专利全球主要申请人排序，可以看出前11位全球申请人均为国内申请人，其中第一名合肥国轩是国内最早从事新能源汽车动力锂离子电池自主研发、生产和销售的企业之一，是目前动力电池行业领军企业。此外，排名前十的合肥国轩与珠海冠宇为动力电池制造商，长城华冠、比亚迪、奇瑞、北京北交新能科技有限公司、智行鸿远、北汽集团均为整车企业，这说明整车企业更注重动力电池组的寿命评估，也与目前市场要求的新能源汽车中动力电池等关键零部件提供不低于8年或12万公里的质保服务有关。

2.3.4　技术构成

2.3.4.1　技术分布

动力电池寿命测试方法分别包括循环寿命、工况寿命和日历寿命测试方法。从图2-3-7可以看出，在动力电池寿命测试技术中，无论是国内还是国外，对循环寿命测试技术相关的研究都比较多，这也是由于最开始申请人只考虑到电池本身的循环次数。随着对电池机理理解的深入和检测手段的提升，对工况寿命和日历寿命的测试也开始受到重视。

图2-3-8分别显示了循环寿命、工况寿命、日历寿命测试技术专利国外及中国年申请量的变化趋势，可以看出，循环寿命试验方法的国外申请量一直处于每年5件以内的稳定波动中，而中国申请从2012年开始有较大涨幅。同循环寿命测试方法相比较，工况寿命测试方法和日历寿命测试方法国外申请量一直很少，工况寿命测试方法的中国申请量从2013年开始有所增长，日历寿命测试方法的中国申请量从2016年开始有所增长。

分析背后的原因，从2010年开始在国家政策的扶持下，国内新能源汽车销量稳步提升，我国动力电池研发也处于全面发展期，国内电池企业异军突起，2020年全球动力电池装机量前十位的企业中，宁德时代超越LG和松下集团位居第一。此外，中国企业中比亚迪位居第四，中创新航、远景动力、国轩高科和亿纬锂能均在前十。相应之下，为动力电池的品质保驾护航的测试技术专利量稳步增高也是意料之中。

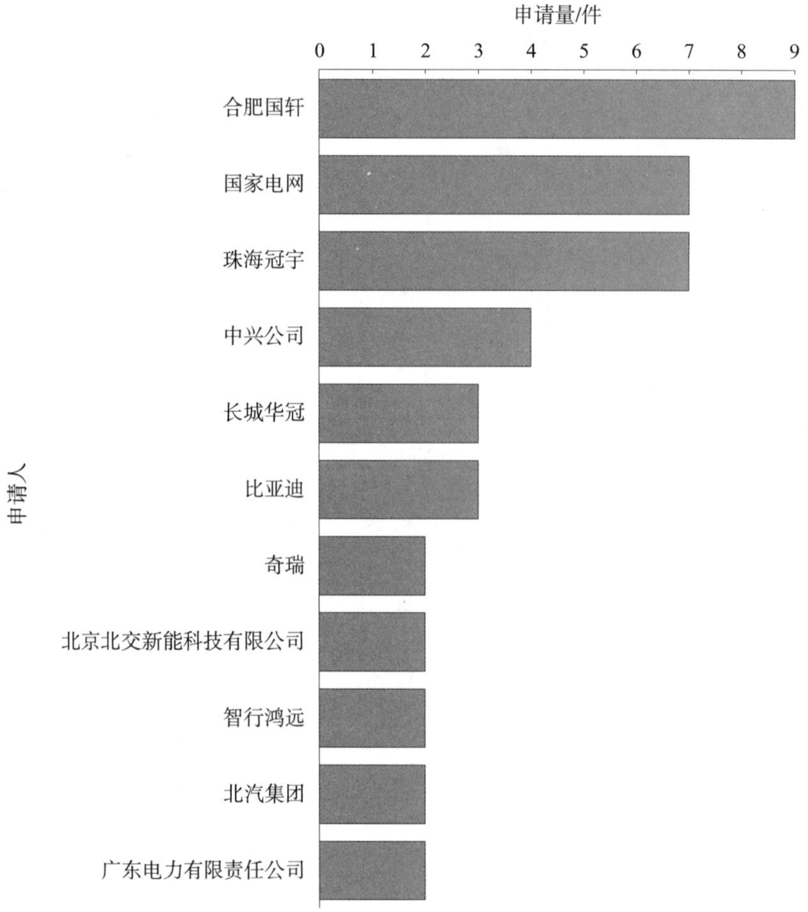

图2-3-6　动力电池寿命测试技术专利全球主要申请人排名

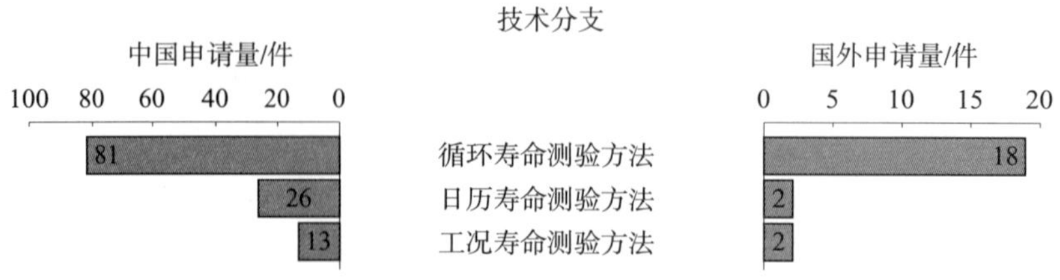

图2-3-7　动力电池寿命测试技术专利国外及中国申请分布比较

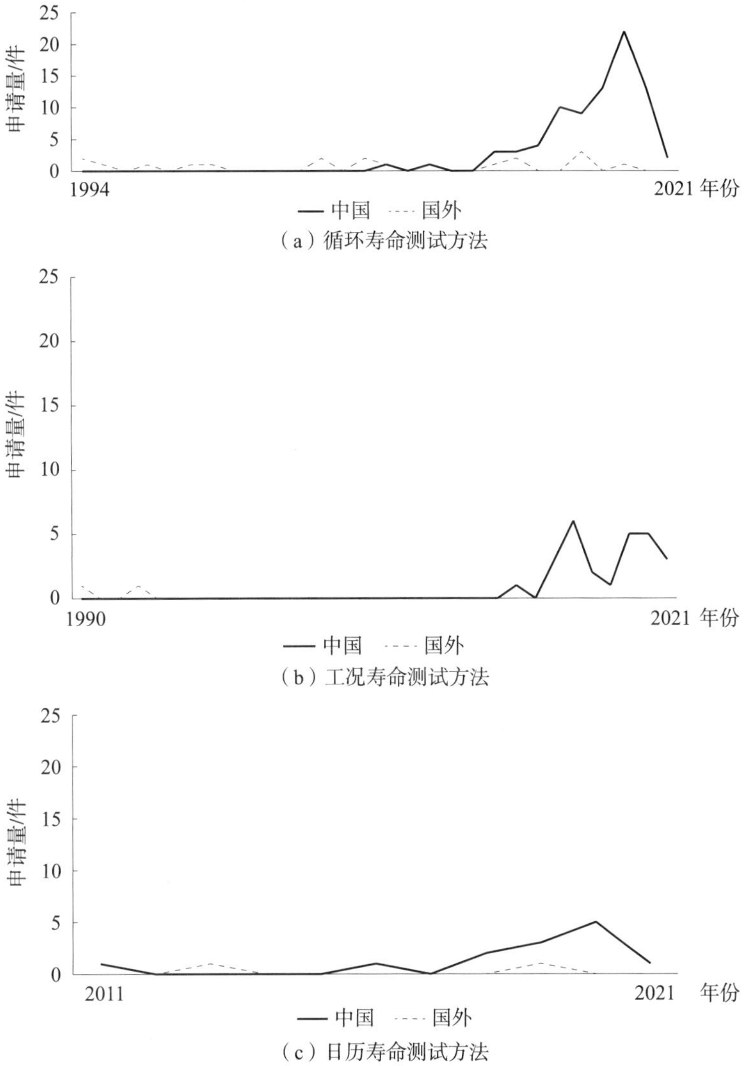

图2-3-8 动力电池寿命测试技术专利国外及中国年申请量变化趋势

2.3.4.2 技术功效

图2-3-9显示了动力电池寿命测试技术专利申请的技术分支和技术功效的占比，可以看出，技术功效中加速循环寿命测试和提高寿命估算精度占比较大，这也与目前市场的迫切需求相关，因为按照目前的标准循环寿命测试方法，2000次的循环寿命通常需要1年左右的测试周期。对于循环寿命更长的电池，例如10000次循环寿命，测试周期长达5年左右，造成的结果是大量的测试资源被占用，产品研发进度慢。同时，对于工况寿命，更真实地模拟整车行驶工况，从而更准确知晓动力电池使用中的循环寿命是目前的研究热点。很多整车企业会从气候、国家或地区的温度分布来考虑进行工况寿命测试。对于日历寿命，其涉及电池的静置和使用两个不同的阶段，要考虑测试周期时长、真实行驶工况，以及估算精度，因此，对其的准确估算一直是研究难点，

其申请量不大，但技术功效主要涉及加速循环寿命测试、模拟工况和提高寿命估算精度3个方面。

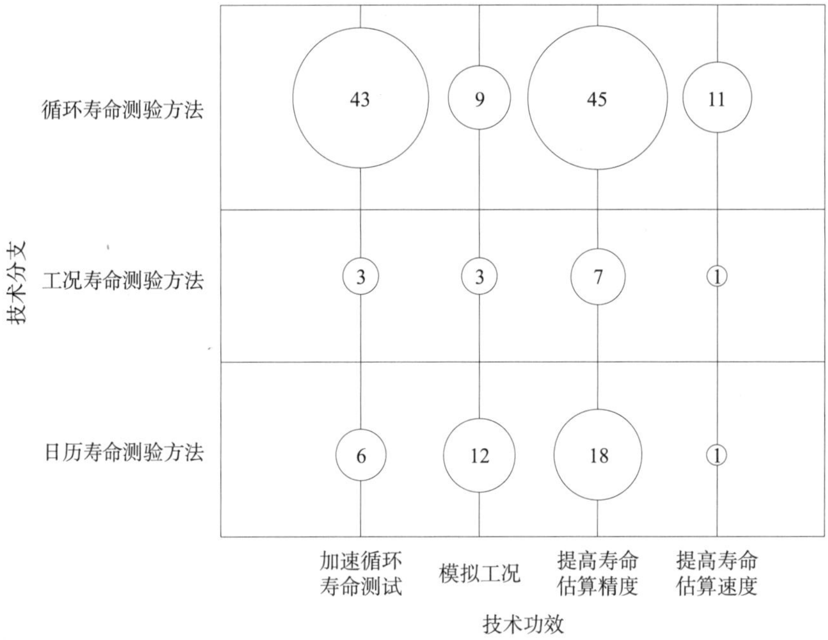

图2-3-9　动力电池寿命测试技术专利申请的技术分支与技术功效占比

注：图中数字表示专利申请量，单位为项。

2.3.4.3　技术发展脉络

研究动力电池寿命测试技术的目的在于了解各个企业的研发能力和我国的测试标准评价体系，从针对不同目的的试验方法的发展脉络也可以看出目前对电池性能关注较高的热点，同时让技术引领标准的完善，促进产品质量的提升。下面将对动力电池循环寿命、工况寿命和日历寿命测试方法的技术发展脉络进行梳理，挖掘各分支的技术发展路线、关键技术以及技术发展趋势。

图2-3-10是动力电池寿命测试技术发展路线。对于循环寿命测试方法，锂离子电池的循环寿命是评估电池使用寿命的一个重要指标，动力电池一般要求电池在1 C的电流下进行充放循环，直到其容量衰减至初始容量的80%时的循环次数达到2000周以上，而此种测试法往往需要持续测试250天以上，耗时长、能耗大、成本高、新产品开发周期长等是该方法最大的弊端。因此，早在1990年，日本电池株式会社就申请了用于车用动力电池的寿命测试方法的专利（JP04026078A），其针对现有的一些电池寿命测试方法中存在的充放电时间长、放电深度浅的问题，提出通过改变前段充放电部分的比例，使充放电部分的放电深度发生变化，从而改善充放电时间长的问题。接着，随着对电池研究的深入，出现了从影响电池容量的因素，例如电解液、正负极材料的老化来确定电池寿命的测试方法。三洋于1999年申请的二次电池循环寿命特性的评估方法的专利（JP4067258B2），该方法发现充放电引起的活性物质膨胀对充放电循环寿

命特性影响很大，循环寿命特性受正负极施加的压力影响很大，从而提出一种基于对正极和负极施加的压力与循环寿命特性的关系对蓄电池的循环寿命进行评价的方法，简单、方便、可靠地评价二次电池的循环寿命。接着，三星集团于2007年4月30日在韩国提出专利申请（KR100903489B1），其要求保护一种测试锂可充电电池的循环寿命的方法，能减少测试循环寿命所需时间，该方法提供了两种用于对锂可再充电电池进行循环寿命测试的测试方法。第一种方法中，设置充电率为1.5 C和4.2 V且截止电流为0.1 C的恒定电流－恒定电压来对电池进行充电，设置放电率为1.0 C且截止电压设置为3.0 V来对电池进行放电，而且在充放电之间没有恢复时段。在第一种方法中，设置充电率为1.0 C和4.2 V且截止电流设置为0.1 C来对电池进行充电，设置放电率为1.3 C且截止电压设置为3.3 V来对电池进行放电，而且在充放电之间没有恢复时段。该申请在美国、日本、中国均有同族，并在中国和韩国获得授权，该专利及其同族专利在全球被引用47次。LG于2016年12月14日提出一种评估二次电池寿命的方法和装置的专利申请（KR1020160170661A1），具体为将准备好的二次电池初步老化预定的时间；将初步老化的二次电池充电到预定SOC，二次老化初始充电的二次电池比一次老化持续更长的时间，通过除去二次老化的二次电池中的气体进行脱气，以1/15 C或更低的C速率用初级低电流对二次电池充电，在所述脱气步骤之后，在所述初级低电流充电步骤之后，以1/15 C或更低的速率，用初级低电流放电所述二次电池，并且通过使用在不同时间点测量的电压差来确定所述二次电池的寿命，从而以更准确和更有效的方式在短时间内评估二次电池的寿命。

中国第一次出现相关申请是在2005年，通用汽车在我国提交关于超电容有效寿命预测的专利申请（CN1721866A），并获得授权，其用于预测车辆推进的电能存储设备在空闲周期之后经历至少一个运行周期的有效寿命。接着，深圳比克电池有限公司于2010年4月9日提交了专利申请（CN102213747A），要求保护一种预测锂离子电池循环寿命的方法，其通过选取4~6个（优选5个）批次电池，每个批次选取16~20个（优选18 pcs）电池，进行300次循环测试，做标准基线值；然后任取2~4个（优选3个）预测批次电芯，每个批次同样选16~20个（优选18 pcs）电池，进行至少40次循环，作为预测拟合线的区间，用拟合方法计算每个批次基线值，进行对比，拟合方法所得的基线值大于标准基线值；接着从每个预测批次中选一个电芯，运用拟合方法计算电芯的循环曲线，与实际电芯的曲线进行对比。该方法对电芯进行至少40次循环，采用拟合模拟方法的得到电芯300次循环曲线，所得曲线与电芯实际循环曲线接近，能够用很短的时间得到电芯的循环性能。该申请在中国获得授权，在全球被引用27次。

从2010年开始国内与动力电力寿命测试的相关申请增多，其中有代表性的是北京交通大学、国家电网、华北电力科学研究院有限责任公司于2013年6月13日提交的专利申请（CN103344917A），其要求保护一种锂电池循环寿命快速测试方法，其只需要在特定的部分SOC区间，采用常规电流充放电循环，并根据循环寿命测试的区间折算模型，以部分SOC工作区间的循环寿命表征0~100%SOC工作区间循环寿命的等效方

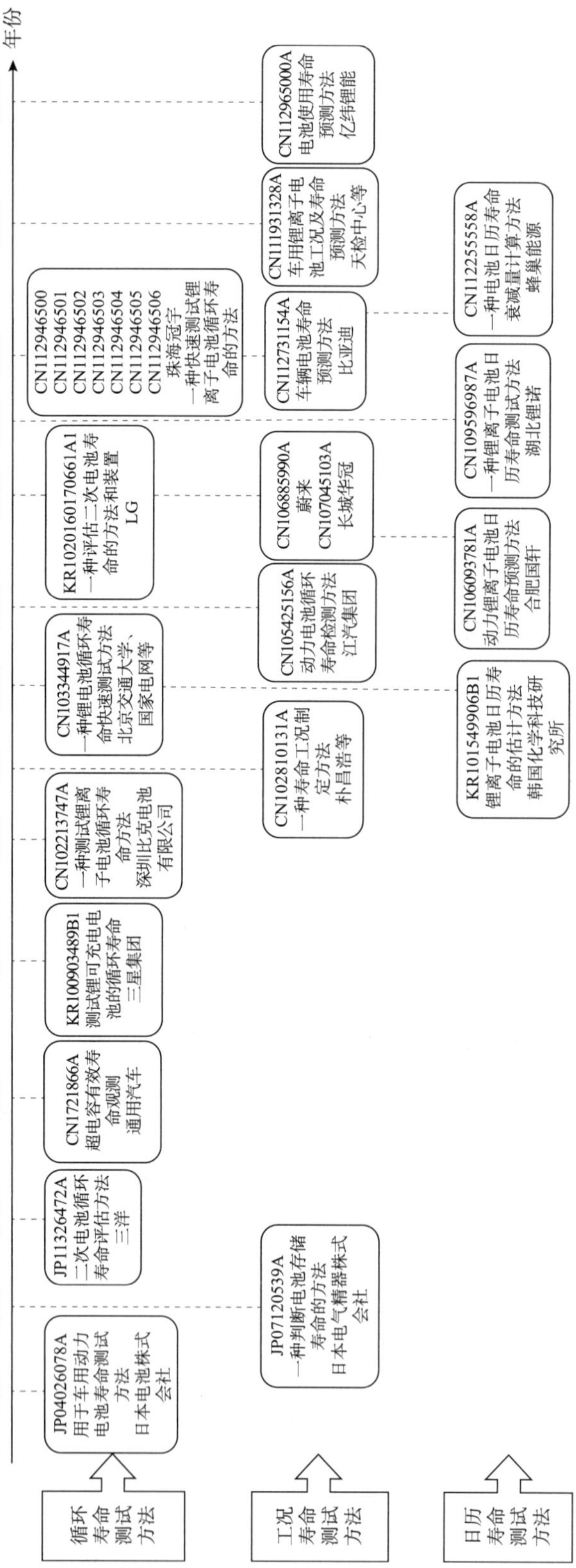

图2-3-10 动力电池寿命测试技术发展路线

法，避免了常规循环寿命测试方法的测试时间长、加速循环寿命测试方法与实际偏差大的不足，大大缩短电池的设计、开发与测试周期。在这个阶段中有很多专利基于这种思想来缩短电池的开发周期，例如CN107688154A、CN107728072A、CN107884715A等。珠海冠宇于2019年12月11日提交了7项系列申请（CN112946500A、CN112946501A、CN112946502A、CN112946503A、CN112946504A、CN112946505A、CN112946506A），均用于保护一种快速测试锂离子电池循环寿命的方法，其通过减小当电池处于低SOC时的充电电流，使每次充电过程新形成的SEI更加致密，加速电池内部可用锂离子的反应消耗；同时通过提高电池的充电截止电压，加速锂离子反应消耗、电极材料衰退与电解液分解，在保证电池容量衰减机理一致的前提下实现高温间歇性循环的快速测试，大幅缩短测试所需时间，有利于电池产品的快速开发。

对于工况寿命的试验方法，如何尽可能接近模拟实际工况来预测寿命是研究的主要目的。日本电气精器株式会社于1993年10月25日提交专利申请（JP07120539A），要求保护一种判断存储电池寿命的方法，其针对以往技术中根据使用环境预先决定的使用年数判别粗略的缺点，提出预先求出将测定的蓄电池以一定电流值放电到一定电压所需的放电时间和通过充电器使该蓄电池上升到规定电压时的上升时间之间的相关关系的特性函数，测定蓄电池固有的充电上升时间，使用特定函数求出固有放电时间，判断使用前的最大放电时间的固有放电时间值是否下降到规定值以下，从而判定蓄电池是否达到寿命。

在我国，2011年6月1日申请人朴昌浩、段崇禧和王进提交专利申请（CN102810131A），要求保护一种寿命工况制定方法，包括根据统计数据，利用Matlab求出关于电池充放电功率的分布函数和概率分布；利用分布函数和概率分布，随机产生一个关于电池充放电功率的工况图；根据电池的实际使用工况和试验过程进一步调整工况图后得出电池的寿命测试工况。其利用电池充放电功率简单准确地制定出了电池的寿命测试工况。该申请被授权，并在全球被引用7次。从该专利申请可以看出，这时候大家已经关注到动力电池使用中的循环寿命与电动车辆的动态功率需求密切相关，为兼顾动力电池的寿命和电动车辆的性能需求，需要对动力电池测试使用的动态行驶工况进行研究。

国网冀北电力有限公司电力科学研究院等申请人于2015年7月10日提交专利申请CN104965180A，其通过获取电动汽车行驶时在各行驶片段的行驶工况数据，并转化为简化工况数据，进而通过简化工况数据中的电流变化数据确定动力电池放电策略；之后，重复多次对电动汽车上的动力电池进行恒流充电，在动力电池充满电后根据该动力电池放电策略进行放电；在循环充放电过程中，若动力电池的当前容量衰减到占动力电池的初始额定容量的百分比小于一预设百分比时，确定对该动力电池进行充放电的循环次数，并以该循环次数作为动力电池的循环寿命。该方法模拟了实际的行驶工况的放电过程，而并非恒流放电，避免了恒流充放电实验方式来检测动力电池寿命的检测结果不准确，实验的有效性较差的问题。

江汽集团于2015年11月6日提交了专利申请（CN105425156A），其要求保护一种动力电池循环寿命测试方法，通过测试不同温度、充电电流、放电电流和放电深度对动力电池容量衰减速率的影响，建立动力电池容量衰减速率的模型，根据该模型，能够计算不同工况下的动力电池循环寿命，可以计算电动汽车运行时的动力电池循环寿命，该检测方式得到的模型准确，结果有效性高。随后，蔚来于2016年9月21日提交专利申请（CN106885990A），其首先通过统计特定地区全年的历史日均温度并据此划分温度区间；然后根据各温度区间内的天数获得各温度区间占全年的时间比例；同时根据各温度区间获得电池循环寿命测试的温度循环工况，进而根据温度循环工况确定电池在当前温度循环工况下的充放电倍率；最后根据占全年的时间比例、温度循环工况和在当前温度循环工况的充放电倍率对电池进行测试，获得电池的循环寿命。长城华冠于2016年11月29日提交了专利申请（CN107045103A），其同时考虑了环境温度和湿度、充放电电流工况、充放电深度、行驶过程中的振动等多种因素，基本囊括了动力电池实际运行的复杂工况，同时，依据材料在极限范围内失效机理不变这一常理，截取合适的试验时间，拟合出动力电池包的放电容量与时间的关系式，从而用此关系式反复迭代，求解出高精度的预测寿命。比亚迪于2019年10月28日提交专利申请（CN112731154A），其通过采集车辆的实际运行数据，并按照多个工况分别对车辆的实际运行数据进行分析，以得到每种工况下的实际电池衰减情况；根据每种工况下的实际电池衰减情况与电池衰减测试结果分别预测每种工况下电池的使用寿命。天检中心以及中汽中心于2020年6月18日提交专利申请（CN111931328A），该方法将环境温度、湿度特点和热管理的积极干预作用考虑其中，提供一种基于国内夏季气候条件下动力电池循环测试工况及基于该工况的电池所处寿命阶段预测方法，可有效模拟电池系统在电动汽车用户侧使用条件下寿命所处阶段，减小车辆真实测试经济成本，缩短整车电池寿命测试时间，为开发人员提供等效整车状态电池，便于后续获得所需整车状态电池的电性能、安全性、可靠性等数据。

随着研究的深入，在工况条件下电池模组内的气体力、相邻电芯之间的膨胀力对寿命的影响因素也纳入到电池使用寿命和安全性的考虑中，例如亿纬锂能于2021年2月6日提交专利申请（CN112965000A），其通过获取预设工况下电池模组内的气体力，并根据所述气体力确定预设工况下电池寿命周期内所述气体力的规律方程；获取预设工况下相邻电芯之间的膨胀力，并根据所述膨胀力确定预设工况下电池寿命周期内所述膨胀力的规律方程；根据所述气体力的规律方程和所述膨胀力的规律方程，计算预设工况下电池寿命周期内所述电芯的卷心力变化方程；根据所述卷心力变化方程确定预设工况下所述电池的使用寿命。

日历寿命在电池最低化使用的条件下评估了时间的流逝对电池性能的影响，目前已得到越来越广泛的关注，逐渐成为寿命估计的重要方面。韩国化学科技研究所于2013年4月30日提交专利申请（KR101549906B1），其要求保护一种锂离子电池日历寿命的估计方法，提出在一段时间内通过高温快速减少电池寿命获得观察数据来确定室温下电池的日历寿命。在我国，合肥国轩于2016年5月27日提交专利申请（CN106093781A），其结合动力锂离子电池搁置的SOC、温度及搁置过程中的测试数据三个方面的因素，测试电池的日历寿命。对测试结果进行线性拟合，得到不同搁置状态的日历寿命，结合实际的使用情况，对不同状态的电池搁置情况进行拟合分析，得到电池综合使用条件下的日历寿命。该估算方法综合考虑了 SOC、温度及具体的使用过程的特点，使测试结果更接近动力锂离子电池的实际使用性能。湖北锂诺于 2018 年 11 月 21 日提交专利申请（CN109596987A），其要求保护一种锂离子电池日历寿命测试方法，综合考虑锂电池搁置的常规温度及 SOC，故实验因素较全面、测试方法完善，包含了交流内阻（ACR）测试、定容测试、直流内阻（DCR）测试与 HPPC 测试，保证测试结果的准确度。蜂巢能源 2019 年 12 月 31 日提交专利申请（CN112255558A），其要求保护一种电池日历寿命衰减量计算方法与装置，提出根据电池所处环境的历史年温度变化情况，得到历史环境年温度变化曲线；对所述历史环境年温度变化曲线进行拟合，得到电池存储时段内的环境温度拟合曲线；利用所述电池存储时段内的环境温度拟合曲线，计算所述电池存储时段内电池的电芯温度，得到所述电池存储时段内的电芯温度变化曲线；利用所述电池存储时段内的电芯温度变化曲线结合电芯日历寿命衰减因子，计算所述电池存储时段内的电芯日历寿命衰减量，根据所述电池存储时段内的电芯日历寿命衰减量计算所述电池的累积日历寿命衰减量，使电池寿命的计算更准确。

2.4 本章小结

本章对动力电池寿命评估技术进行了专利分析。

第一，动力电池寿命评估技术的发展与更新与新能源汽车和动力电池的发展有着紧密关系，经过了萌芽期（1990～2000 年）、成长期（2001～2009 年）和全面发展期（2010 年至今），从 2010 年开始，全球动力电池寿命评估技术的专利申请量迅速增长，其中，中国申请量增速最大。日本和韩国企业拥有多年的技术积累，在全球申请人排名中仍占据主导地位，而中国申请人，例如哈尔滨工业大学、北京航空航天大学等作为国内科研机构和高校正迎头赶上，相关的能源企业，例如国家电网、合肥国轩也均开始在动力电池寿命评估技术上布局，以增强行业影响力。动力电池寿命评估技术包括动力电池寿命测试和估算技术，其中估算技术的研究热度高，在国内外申请量中均占有较大比例。

第二，本章对动力电池寿命估算技术的申请量趋势、申请人排名、专利布局、技术脉络进行分析。从全球和中国的专利申请趋势来看，中国动力电池寿命估算技术发展要晚于全球整体的发展步伐，该技术在 2013 年出现一个爆发性增长，之后由于大数据处理技术的兴起，中国申请量快速增长，迅速成为全球申请的主力军，这是我国鼓励发明创新，大力推动知识产权事业发展的良好体现。通过深入分析可知，日本、美国、韩国科技力量雄厚，且完全以企业为主导，但中国发展不容小觑，已有哈尔滨工业大学、国家电网、北京航空航天大学、首都师范大学这 4 家来自中国的申请人进入全球专利申请量前十位，迅速占领了全球申请的半壁江山。在布局区域上，以中国作为来源国的专利申请数量已经占据首位，动力电池寿命估算技术领域的国内专利已经做到了数量领先。并且中国也是动力电池寿命估算技术的主要目标国家，世界主要国家或地区都非常重视在中国进行专利布局。但来源于中国的专利申请大部分目标国是中国，针对国外的布局仍显薄弱。在技术构成上，基于性能的估算技术的申请量明显高于基于经验的估算技术的申请量，动力电池寿命估算技术领域更关注发展研究基于性能的估算技术。2012年之后，基于性能的估算技术的每年全球申请量进入快车道，开始逐年增加，并且中国申请量的占比逐渐增加，中国已处于该领域的主导位置。

第三，本章对动力电池寿命测试技术的申请量趋势、申请人排名、专利布局、技术脉络进行了分析。动力电池寿命测试技术主要用于动力电池和汽车企业内部评估，因而整体申请量小，中国仍是最大目标市场，申请人排名前十均为中国申请人，整车企业占比较大，合肥国轩排名第一。动力电池寿命测试技术中对动力电池循环寿命测试研究较多，通过对技术脉络的梳理可知，目前循环寿命测试技术趋向于在现有标准基础上进一步通过改变充放电策略、结合拟合算法、考虑更多因素建立容量衰减模型来达到缩短测试周期和提高精度的目的，工况寿命测试技术趋向于考虑低温、四季气候、热管理负荷等因素更准确地模拟车辆行驶工况，日历寿命测试技术趋向于向试验因素考虑全面、测试项目更完善、测试项更全面的角度实施。

第3章　动力电池荷电状态估算技术专利分析

动力电池的 SOC 是指电池当前剩余电量占总电量的百分比，揭示了电池当下状态可以放出的电量这一重要指标。电池的 SOC 是评估电池电气状态的重要指标，也是电池组状态估计的核心。准确估算电池的 SOC 可提高电池组使用效率，延长其使用寿命，保证电池组的可靠性和安全性。电池的 SOC 无法通过仪器测量得到，只能通过其他物理量和参数并联合一定算法间接得到。因此，准确地获取 SOC 是一个非常困难的问题。

本章主要分析动力电池的 SOC 估算技术情况，并将其分为直接计算法、基于电池模型法、基于数据驱动法、融合评估法、对 SOC 的修正和根据单体电池 SOC 估算电池包 SOC 共 6 个分支进行研究。

3.1　总体状况分析

3.1.1　全球及中国专利申请量态势分析

图 3－1－1 是动力电池 SOC 估算技术专利全球和中国申请的发展趋势，数据采集的范围是从 1990 年 1 月 1 日到 2021 年 7 月 28 日。其中，横轴的年份表示专利最早优先权年，纵轴的数值表示专利申请数量。截至检索日，涉及 SOC 估算的全球申请量为 2286 项，中国申请量为 1314 件。

如图 3－1－1 所示，动力电池 SOC 评估技术在全球的专利申请趋势可大致分为 3 个阶段。

（1）第一阶段：萌芽期

第一，全球技术萌芽期（1990～1999 年）。在这一阶段，SOC 的全球申请量基本为个位数，处于一个技术萌芽的阶段。这一阶段的申请基本来自美国和日本，表明美国和日本在这个领域的发展处于领先地位。这与美国国会对电动汽车研发的巨额资助以及政府的责令不无关系。美国各个州纷纷对汽车排放制定规划，颁布法律，要求一定比例的车辆符合零排放标准，因此，促进了电动汽车技术的发展。1991 年，USABS 开始研究开发新一代电动汽车所需要的高能电池。而对于日本，第二次世界大战结束后，日本的汽车工业始终是北美洲以及欧洲的劲敌，以丰田公司、本田公司、日产公司为代表的日本三巨头在占领了日本国内市场后开始疯狂“进攻”北美洲市场和亚洲市场。丰田公司甚至一度成为世界第一大汽车生产商。而且，日本汽车工业凭借雄厚的资金和先进的技术，以及良好的硬件基础再次成为引领新能源汽车发展的排头兵。另外，由于日本有着世界上最为严格的排放限值标准，客观上也促进了新能源汽车的

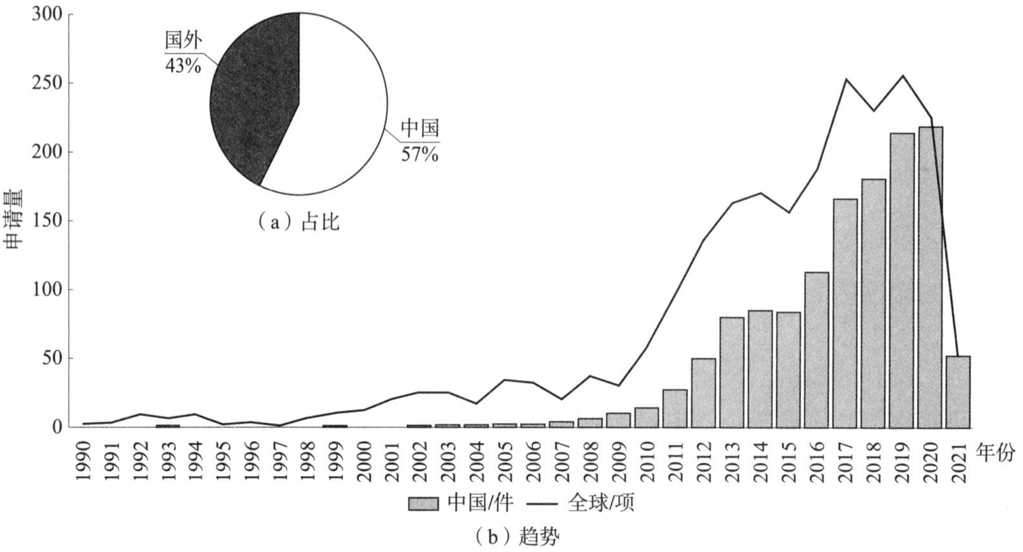

图3-1-1　动力电池SOC估算技术专利全球和中国申请占比和趋势

研发。但毕竟这个时期还是燃油车的世界，电动汽车的发展才开始起步。

第二，中国技术萌芽期（1999~2006年）。中国在SOC估算技术的发展，要落后于国外近10年的时间。1999年才开始出现涉及该领域的申请，直到2006年，年申请量最高只有2件。在2006年以前，全球新能源的动力发展方向都摇摆不定，中国对于动力电池技术还处于摸索、定义的阶段。而且这个阶段，中国的燃油车市场占有量才开始逐渐增长，大家的注意力还未转移到电动汽车领域。但随着全球电动汽车发展的影响，中国在该领域已经迈开步伐。

（2）第二阶段：缓慢发展期

第一，全球技术缓慢发展期（2000~2009年）。2000~2009年，全球申请量从12项缓慢上升到30项，处于一个缓慢发展期。其间不再只是日本和美国平分天下，韩国、德国和中国的申请开始崭露头角。这也说明，随着全球石油危机愈演愈烈，发展电动汽车技术、实现排气净化已是各个国家和地区责无旁贷的义务和日益关注的焦点。

第二，中国技术缓慢发展期（2007~2010年）。中国在SOC估算技术的发展虽然晚于国外，但过渡期很短，只有4年的时间。此时正处于“十一五”期间，政府组织实施了“863”计划现代交通技术领域“节能与新能源汽车”重大项目，全面展开电动汽车关键技术研究和大规模产业化技术攻关。与此同时，国内首个电池厂商巨头比亚迪开始涉足汽车界，并着手研究磷酸铁锂电池。所以，在国外竞争压力和国内政策支持的背景下，中国电动汽车关键技术的发展只经历了短暂的缓慢发展阶段。

（3）第三阶段：快速发展期

第一，全球技术快速发展期（2010年至今）。2010年之后，关于动力电池SOC估算技术的全球申请量一路飙升，从2010年的58项一度跃升为2018年的200多项。这样的成绩不仅来自美国、日本那些实力雄厚的汽车企业持之以恒的努力，主要还是归功于中国这个强劲的后发力量。

第二，中国技术快速发展期（2011 年至今）。如图 3－1－1 所示，中国在 SOC 估算技术方面的申请量，只经历了短暂的小步伐发展，便在 2011 年之后一路狂奔，年申请量占全球年申请量的比例迅速飙升，2019 年和 2020 年已是全球申请量的主要力量。截至检索日，中国的累计申请总量已经占据全球累计申请总量的一半以上，可谓速度惊人。这得益于国家强有力的政策支持和保障，既有政策性的补贴，又有科研基金的支持，也借助于中国巨大的市场，2021 年上半年我国新能源汽车的保有量已经达到 603 万辆，其中纯电动汽车保有量达 493 万辆。

3.1.2　全球及中国主要申请人分析

3.1.2.1　全球主要申请人分析

图 3－1－2 示出了动力电池 SOC 估算技术专利全球申请量排名前 20 位的主要申请人，可以看出，在全球申请量排名前 20 位的申请人中，日本的企业就占据了 6 席，接近 1/3，而且丰田公司高居榜首，松下集团位居第四。日立公司、东芝公司、三菱公司、日产公司则旗鼓相当。这表明日本作为世界汽车制造大国和最早研发电动汽车的国家之一，走在了全球电动汽车时代的前沿，展示了在这个领域的强劲实力。韩国在该领域也是表现不俗，LG、三星集团、现代公司分别排在了第二、第三和第六位。这三家企业在 20 世纪 90 年代即开启对锂离子电池的研究，在 SOC 评估技术领域也掌握了一些基础性专利，特别是 LG，显示着不小的实力。中国企业排在前 20 位的有国家电网、北汽集团、比亚迪和宁德时代，后面大部分是国内高校。美国的通用汽车排第八位，德国的博世排第 14 位。虽然美国通用汽车是最早发展电动汽车的全球企业之一，德国的博世是全球第一大汽车技术供应商，但从整体上来看，相较于日本、韩国和中国，美国和德国看上去还是有些势单力薄。

3.1.2.2　中国主要申请人分析

对于中国的主要申请人，申请量相同的并列申请人太多，因此只选取了排名前 15 位进行分析。如图 3－1－3 所示，国家电网作为大型国企，在科技力量上体现着作为我国电动汽车强大后盾的地位，北汽集团和比亚迪也展示着与它们的市场地位相符的研发能力。北汽集团是国内首家获得新能源汽车生产资质的新能源汽车企业，于 2018 年牵头组建了国家新能源汽车技术创新中心，而比亚迪则是国内汽车企业队列中的领头羊。宁德时代作为后起之秀的动力电池制造商，正在奋起直追。同时，在全国申请量排名前 15 位的申请人中，国内高校竟然占据了 10 席，显示出在这个领域很高的理论研究热情。而如何将理论应用于实践，做到产学研结合，促进科技成果转化，这是企业和高校应该考虑的问题。

3.1.3　专利布局区域分析

3.1.3.1　全球布局区域分析

图 3－1－4 示出了动力电池 SOC 估算技术专利全球目标地占比，可以看出，中国

以45%的占比位列全球市场的第一位。美国、日本分别居于第二和第三。接下来是韩国和德国。首先，这估计与作为申请大户的中国、美国、日本、韩国以该国国内为主要开拓市场有关；其次，动力汽车产业发展最快的这几个国家，也必然吸引着创新主体的关注和重视。在德国的申请，显示着在电动汽车领域技术实力强劲的国家向欧洲市场开拓的趋势。而德国本身也具有雄厚的实力基底。而且，以国际局和欧洲为目标地进行申请也显示着各国家向全球或多区域布局的强烈意识。

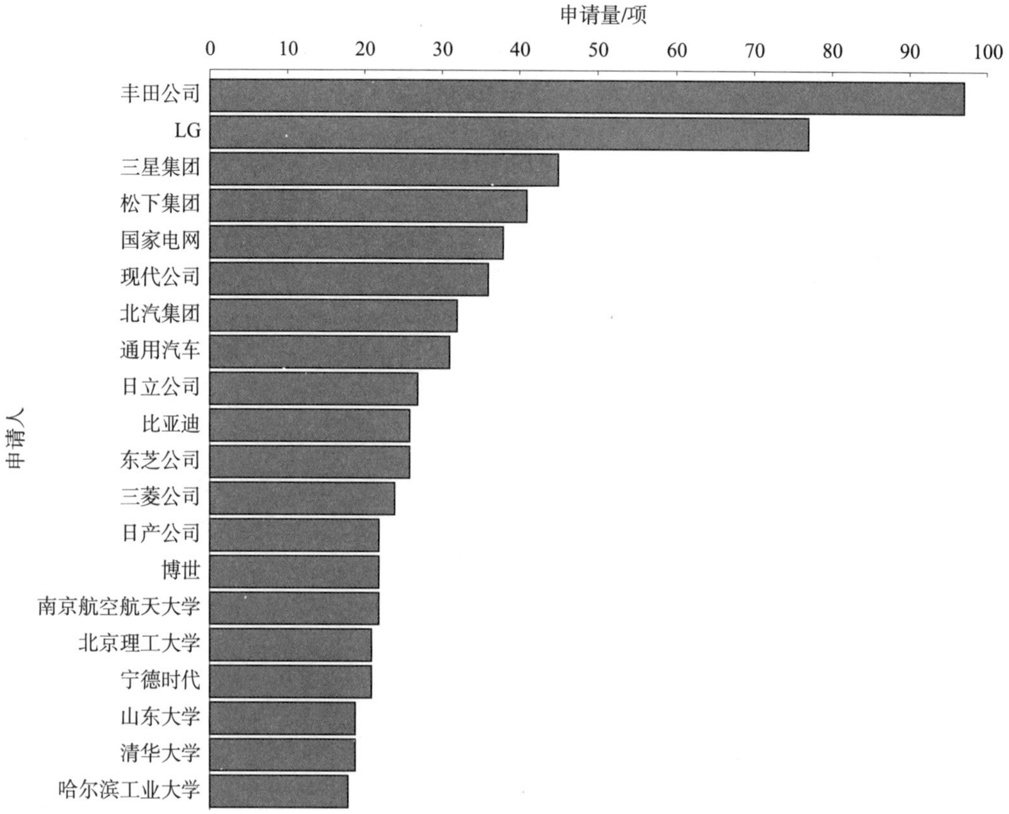

图3-1-2　动力电池SOC估算技术专利全球主要申请人排名

根据图3-1-5动力电池SOC估算技术专利全球原创地占比，并结合图3-1-1动力电池SOC估算技术专利全球和中国专利申请的发展趋势，可以看出，动力电池产业在中国发展虽然较晚，但是在这个领域的累积申请总量是以扶摇直上的趋势占据了全球申请总量的一半多，这一方面显示着中国在动力电池领域的创新实力，也表明这个领域在中国的高技术活跃度。SOC作为动力电池最重要的参数之一，对其进行研究是各个研究动力电池的创新主体绕不过去的关口。排在前五位的仍然是中国、日本、韩国、美国和德国，印证着它们在动力电池技术领域的技术实力。只是，与目标地排名不同的是，美国从第二位下降到了第四位。这说明作为各个国家重视的目标市场，美国在这个领域的整体创新实力已被日本和韩国赶超。而德国依然保持着不温不火的地位，居于第五位。中国、日本、韩国、美国、欧洲等主要国家和地区大力发展全球新能源汽车。

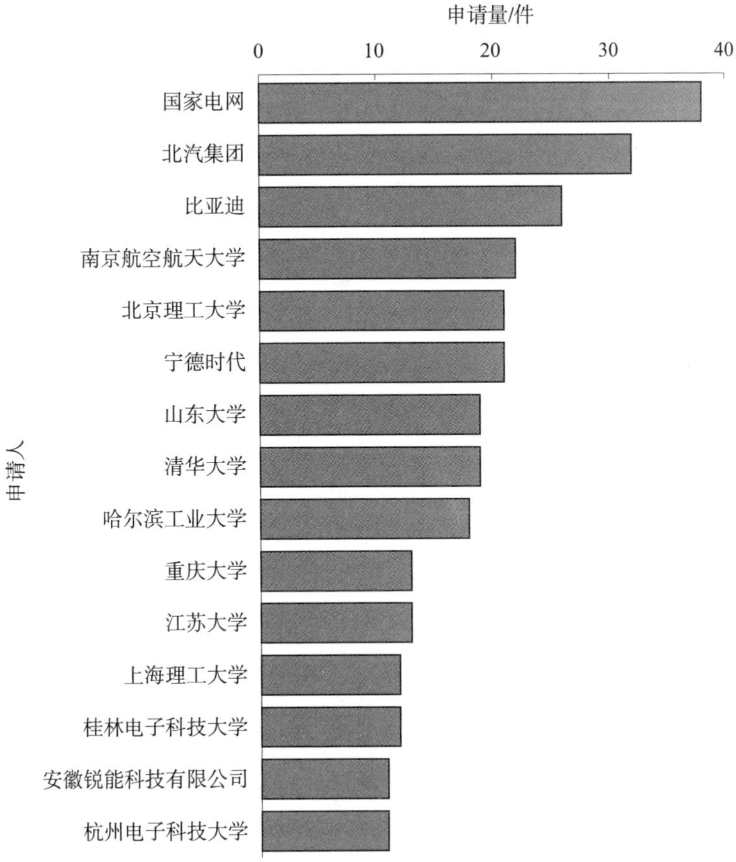

图3-1-3 动力电池SOC估算技术专利中国主要申请人排名

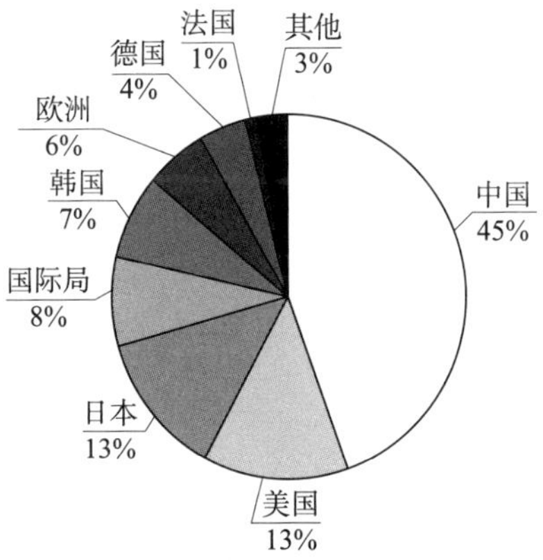

图3-1-4 动力电池SOC估算技术专利全球目标地占比

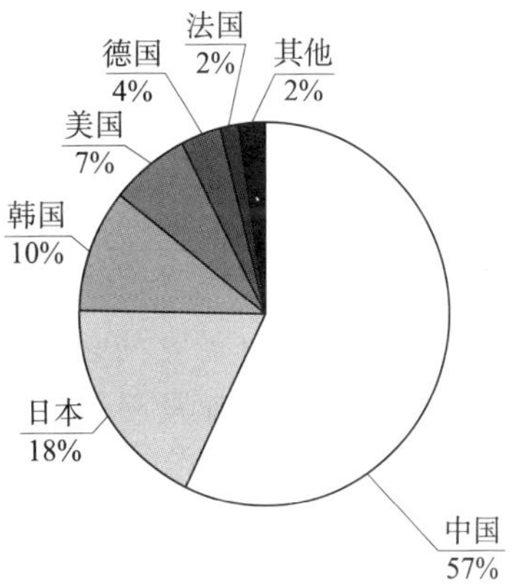

图3-1-5 动力电池SOC估算技术专利全球原创地占比

3.1.3.2 技术流向分布

(1) 原创地和目标地专利流向

从图3-1-6（见文前彩色插图第2页）所示的SOC估算技术原创地和目标地流

向可以看出，各个国家首先重视在本国国内的布局，然后通过各种渠道进行海外布局。在申请量全球排名前六的国家中，最重视海外布局的是日本、美国、韩国，日本除了把本国作为最大目标国，更多的是把目光投向了美国市场和中国市场，而且极其重视通过 PCT 和欧洲申请进入多个国家、地区和组织保护的方式进行全球布局，不能不说日本有着超强的全球眼光和布局策略。也正因为如此，日本汽车才能在世界市场上长久不衰。美国和韩国更多的是把海外布局的注意力放在中国和德国，并且韩国也特别重视通过 PCT 和欧洲申请的方式进行多个国家、地区和组织布局。而德国和法国作为欧洲的汽车强国，比较重视美国、中国和欧洲市场。

同时也发现，在海外布局上，相较于其他国家，中国、韩国、美国、德国、法国在日本和韩国的布局力度普遍较弱。这应该与日本和韩国强有力的政府保护政策有关。日本在发展该国国内汽车产业时，首先采取的是保护和扶植的双重政策，不仅限制外国车的进口、限制外国的直接投资，以使该国国内企业避免激烈竞争的压力，还通过各种扶植政策，不断增强日本汽车企业的国际竞争力。在这样的背景下，日本汽车自主品牌实力发展得足够强大。同时，日本通过对国外品牌汽车提高购买和使用税征收条件，使欧洲和美国汽车的购买和使用成本大大提高，对于追求实用的日本人来说，也就大多选择自主品牌汽车，这就导致了外来品牌在日本很难做大做强。韩国则更夸张，先是通过立法的形式保护本土企业，制定汽车工业保护法，以大幅度提高进口汽车关税的形式大大提高进口汽车成本。另外，韩国政府还采取了一系列其他措施，例如，限制建立进口汽车销售网络；禁止在电视、报刊上做广告；贷款限制、限制进口汽车数量等。在这样极高的保护政策下，韩国进口汽车的市场占有率只有百分之几。这也导致了国外品牌汽车产业和技术很难进入韩国市场。

与其他几个国家形成强烈对比的是，中国的申请大部分局限于本国，相较于这么大的申请量来说，海外布局的力度远远不够。当然，这与中国在动力电池检测技术领域的起步较晚有一定关系，但恐怕也有中国申请人的布局意识有关。中国的申请人类型分布较广，加上有很多崭露头角的创新主体，在技术深度和布局广度上估计还没有做到这一步。但这样会对中国市场的开拓造成限制。中国的动力电池检测技术发展水平已经大大提高，甚至不逊于世界水平，对于中国的申请人，特别是那些在业界有足够实力的汽车企业，一定要注意在布局中国市场的同时，尽力开拓海外市场，这样才能让中国的电动汽车产业发展得更快更好，更具有竞争力。

（2）原创地和目标地专利流向

表 3－1－1 表示动力电池 SOC 估算技术专利主要原创地和目标地流向趋势。可以看出，日本在 2000 年之前已非常重视海外市场的开拓，在中国、美国、欧洲和德国均有广泛布局，而且，对中国和美国的布局力度逐渐加大，且更重视美国市场。日本从 2000 年之后开始非常重视通过 PCT 国际申请的方式向多国布局。美国与日本类似，从开始就积极进行海外布局，且比较关注日本市场，但从 2006 年之后，美国的重心明显向中国偏移。从始至终，美国都比较重视德国市场。与日本和美国相比，韩国的全球布局要稍晚，2000 年之前只重视中国和美国这两个海外市场。但 2000 年之后，韩国迅

速开始全面布局，而且更重视美国市场。德国开始关注中国市场则是在2000年之后。

表3-1-1　动力电池SOC估算技术主要专利原创地和目标地专利流向　　单位：项

年份	目标地	原创地					
		中国	日本	韩国	美国	德国	法国
2000年之前	中国	1	10	4	1	0	0
	美国	0	17	2	12	2	0
	日本	0	31	0	3	2	0
	国际局	0	2	0	1	2	0
	韩国	0	5	0	1	0	0
	欧洲	0	11	0	2	3	0
	德国	0	11	0	2	5	0
2001~2005年	中国	5	29	13	3	2	0
	美国	0	35	16	11	4	1
	日本	0	51	11	3	1	0
	国际局	0	12	6	2	1	1
	韩国	0	6	29	1	0	0
	欧洲	0	21	11	2	1	1
	德国	0	7	4	1	7	1
2006~2010年	中国	34	17	8	12	3	2
	美国	5	28	14	26	5	5
	日本	3	54	6	4	2	3
	国际局	2	21	5	9	5	2
	韩国	1	8	33	1	2	0
	欧洲	0	15	9	4	4	5
	德国	0	0	3	8	10	1
2011~2015年	中国	312	34	17	35	5	6
	美国	14	46	27	63	14	7
	日本	3	135	12	2	2	7
	国际局	7	44	13	10	14	12
	韩国	3	6	99	4	1	5
	欧洲	2	22	11	2	5	8
	德国	0	7	0	28	29	0

续表

年份	目标地	原创地					
		中国	日本	韩国	美国	德国	法国
2016～2020年	中国	889	38	18	15	7	2
	美国	21	39	25	24	4	3
	日本	3	116	9	0	0	1
	国际局	29	35	20	4	5	5
	韩国	4	2	57	0	0	1
	欧洲	11	15	16	1	3	3
	德国	0	10	1	9	16	0

3.2 技术构成

动力电池 SOC 估算技术包括直接计算法、基于数据驱动法、基于电池模型法、融合评估法、对 SOC 的修正和根据单体电池 SOC 估算电池包 SOC 共 6 个技术分支。其中，直接计算法是利用电压、电流、内阻等参数计算 SOC，又包括开路电压法、安时积分法、开路电压法与安时积分法结合、内阻法、放电试验法和两种及两种以上直接计算法的结合等。基于数据驱动法，是从数据本身出发，借助人工神经网络、支持向量机等机器学习算法，通过对数据的学习和信息挖掘，总结数据变量间的深层关系，建立驱动输入与输出变量之间的隐式关系模型，并用于状态的估计和预测中。基于电池模型法，是通过研究电池端电压、开路电压、工作电流、SOC、温度以及内阻等参数之间的数学关系，建立准确的电池模型，寻找 SOC 与各种可直接测量的物理量的数值联系，从而通过检测外部的表现来评估内在的 SOC，其包括卡尔曼滤波算法、粒子滤波算法和观测器算法等多种估算方法。融合评估法则是指上面方法中的两种或两种以上的结合，包括数据驱动法之间的结合、参数模型法之间的结合以及数据驱动法与参数模型法之间的结合等。对 SOC 的修正是指对估算出的 SOC 值进行校正。根据单体电池 SOC 估算电池包 SOC，顾名思义，是先测量单体电池 SOC，通过一定的比较或算法求取电池包的 SOC。

3.2.1 技术分布和趋势分析

3.2.1.1 技术分布

图 3-2-1 是对动力电池 SOC 估算技术所涉及的 6 个技术分支申请量进行统计后得到的全球专利申请技术构成。从技术分布上来看，目前全球申请量占比最高的是直接计算法，占比 58%；其次是基于电池模型法，占比 22%；对 SOC 的修正占比 8%，基于数据驱动法占比 6%，融合评估法是 4%。直接计算法包括开路电压法、安时积分

法、开路电压法与安时积分法结合、内阻法、放电试验法等方法，关于直接计算法的估算技术全球申请量之所以占比这么高，估计是与其包含的这些方法都普遍具有简单、方便，且还能保证足够精度的特点有关。鉴于这些特点，直接计算法的各方法不仅在实际中普遍使用，也吸引着创新主体不断地对其进行探索。但是这些方法由于未考虑电池的极化过程，具有易受外界因素影响、实时性差、鲁棒性低等缺陷。为提高估算准确度和精度，人们开始探索基于电池模型法。其中，等效电路模型以电容、电阻、恒压源等作为基本元件，通过电路串联、并联等方式形成网络来实现对电池外特性的模拟。由于该建模方法实现简单，模型参数较易辨识，又易被验证，在实际工况中应用非常广泛。与此相应，涉及该方法的申请量也节节攀高。而随着人工智能的迅速发展，智能算法也已被用于动力电池的能耗预测。同时，为克服单个方法存在的缺点，获得更加精确的SOC估算结果，国内外动力电池也多采用两种或两种以上SOC估算方法的结合。因此，基于数据驱动法和融合评估法的申请量也在逐渐升高。虽然，目前还未超越直接计算法和基于电池模型法的申请量，但是随着计算机技术和人工智能技术的发展，对这些方法的研究将是一种趋势。

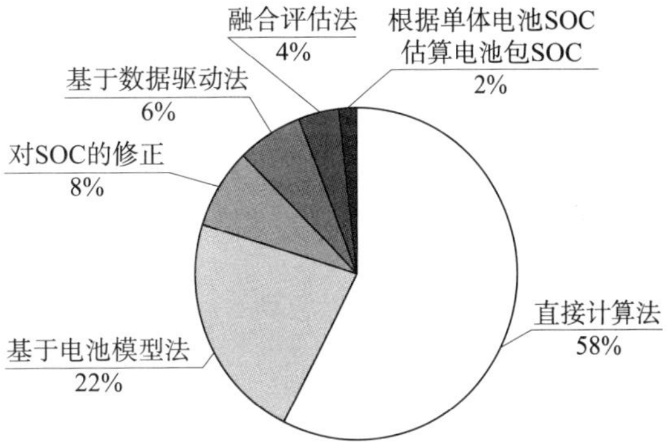

图3-2-1　动力电池SOC估算技术专利申请技术分布情况

3.2.1.2　各技术分支的申请情况

图3-2-2~图3-2-7分别表示动力电池SOC估算技术专利各技术分支在全球、中国的申请情况。可以发现，虽然这些技术分支在中国的申请普遍晚于国外申请，而且这种延迟基本上都是10年，但中国申请一经出现，其申请走势与全球申请走势有着惊人的相似。这在一定程度上体现着在动力电池SOC估算技术领域中国出现申请之后的发展与全球发展的步伐是一致的。

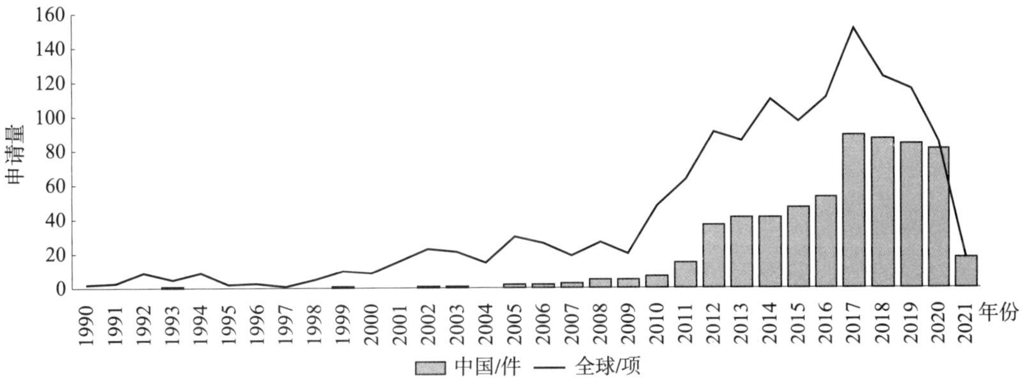

图3-2-2　动力电池SOC估算技术专利直接计算法全球和中国申请情况

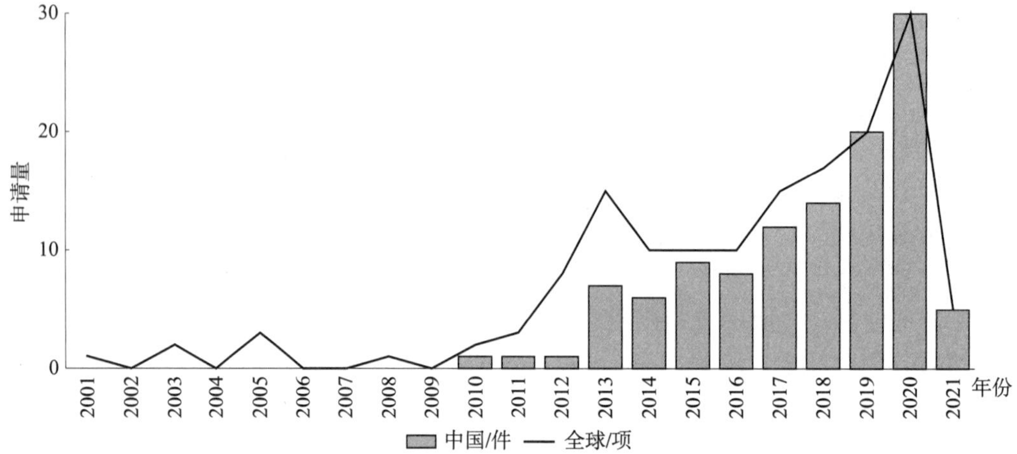

图3-2-3 动力电池SOC估算技术专利基于数据驱动法全球和中国申请情况

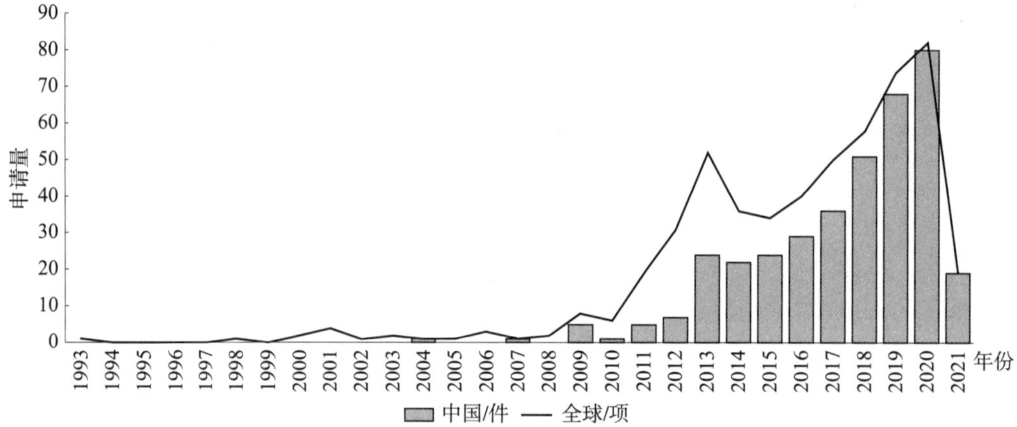

图3-2-4 动力电池SOC估算技术专利基于电池模型法全球和中国申请趋势

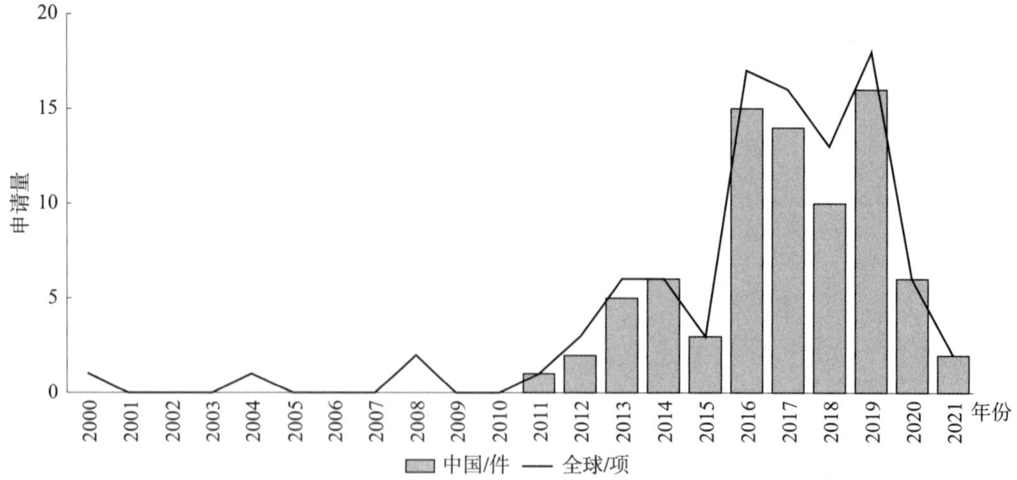

图3-2-5 动力电池SOC估算技术专利融合评估法全球和中国申请趋势

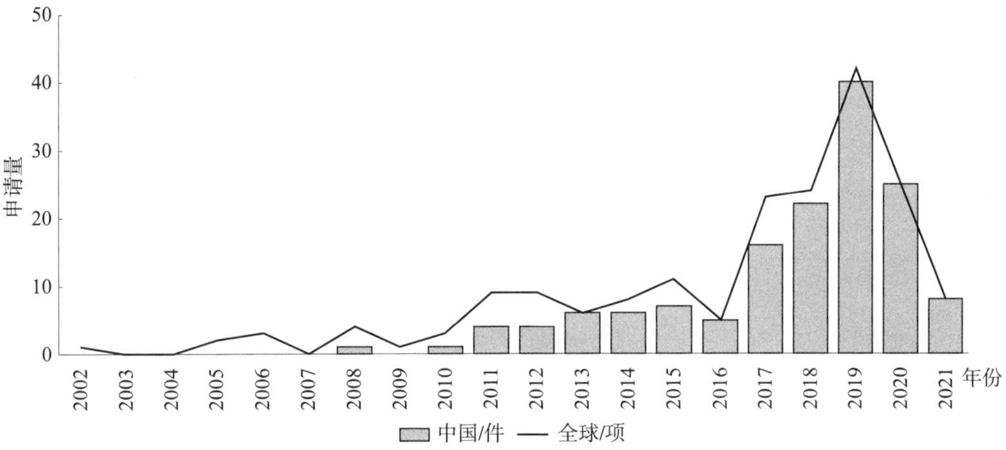

图3-2-6　动力电池SOC估算技术专利对SOC的修正全球和中国申请趋势

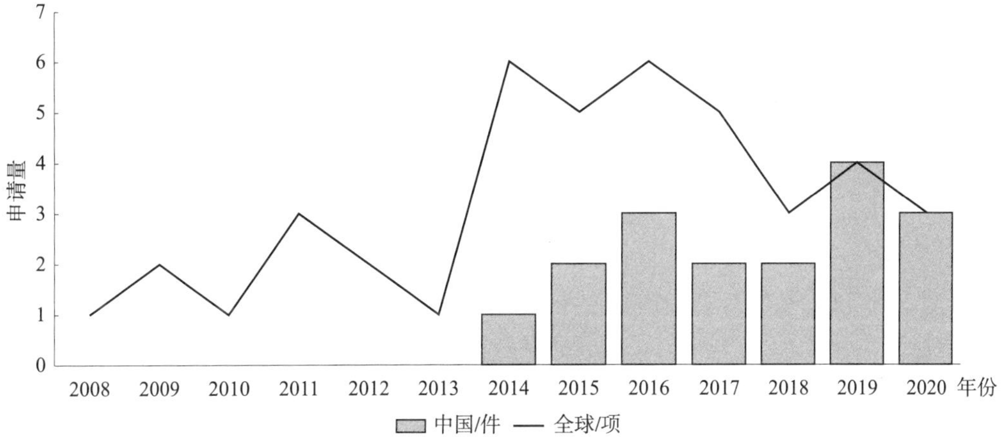

图3-2-7　动力电池SOC估算技术专利根据单体电池SOC估算电池包SOC全球和中国申请趋势

图3-2-8示出了动力电池SOC估算技术各技术分支的中国申请量在全球申请量的占比。通过中国申请量在全球申请量的占比，也不难判断出中国的申请趋势与全球的基本一致，因为中国的申请量在全球申请量中已经占据举足轻重的位置。因此，中国的申请量在一定程度上引导着全球申请量的走势。

3.2.1.3　直接计算法、基于电池模型法、基于数据驱动法的技术分布

如图3-2-9所示，在各种直接计算法中，开路电压法的申请量最多，这估计与其简单易行且能保持较高精度的特点有关。排名第二位是安时积分法，安时积分法是目前在国内使用最广的方法，也被标准所采用，因此受到关注也不足为奇。值得注意的是，开路电压法与安时积分法的结合已经占据相当的比例，再加上其他两种或多种方式结合的申请量，说明申请人也在追求以取长补短的方式提高SOC估算精度。内阻法和放电试验法也受到一定的关注。

如图3-2-10所示，在基于数据驱动法估算SOC的申请量中，最多的是人工神经网络算法，这得益于人工智能技术的飞速发展，另外还有支持向量机算法和模糊控制算法等。

如图3-2-11所示，对于基于电池模型法的SOC估算方法，申请量最多的是卡尔曼滤波算法。卡尔曼滤波及其衍生算法被认为是应用于估计动态线性系统内部状态的最佳算法之一，适用于复杂工况，能够保证强噪声下的估算精度，因此，非常适合于电流波动较剧烈的动力电池SOC估算。估计是鉴于上述优点，吸引了申请人在这方面的研究。

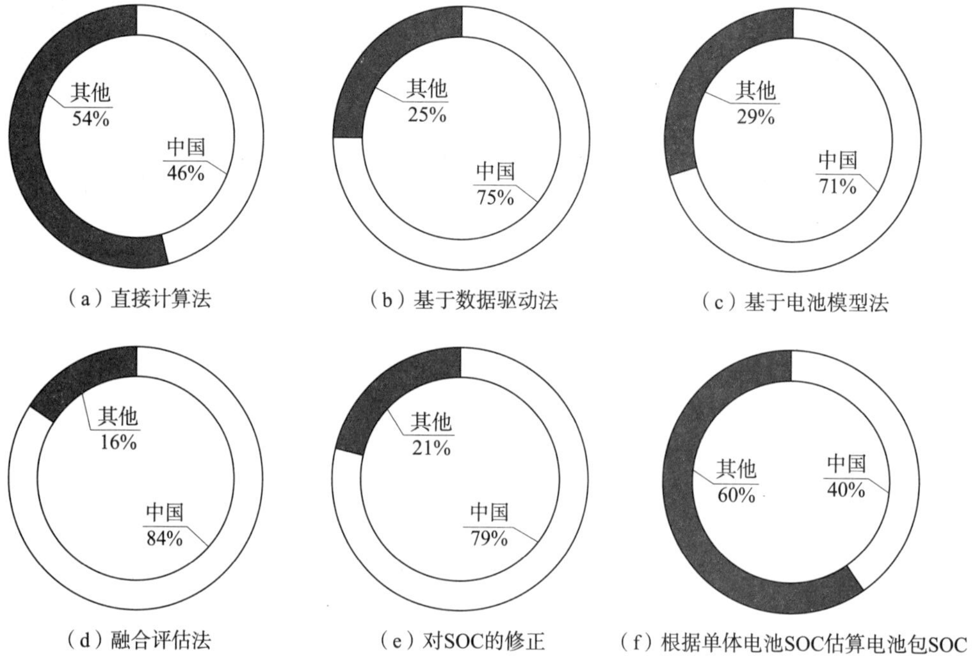

图3-2-8　动力电池SOC估算技术专利各技术分支中国申请量全球占比

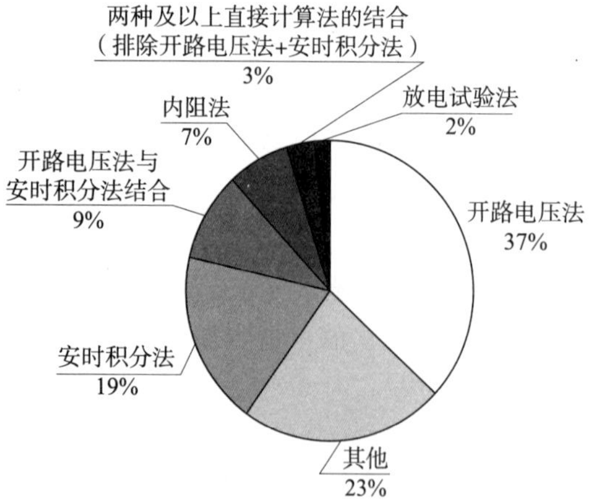

图3-2-9　动力电池SOC估算技术专利直接计算法申请技术分布

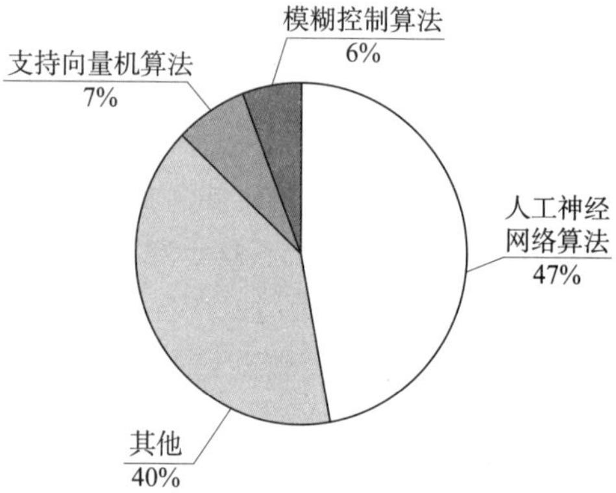

图3-2-10　动力电池SOC估算技术专利基于数据驱动法申请技术分布

3.2.2 技术发展脉络

对于电动汽车的动力电池组来说，SOC类似于传统汽车的剩余油量，SOC的正确估算是极为重要的。准确及时地反映出电池组SOC值，不仅可以增加汽车运行过程中的安全性和稳定性，优化驾驶性能，而且能有效防止电池的过充和过放，进而间接延长电池的寿命，提高电池的利用率，此外，SOC估算对BMS也十分重要，SOC的正确估算关系到电池后续的充放电均衡控制和优化管理。

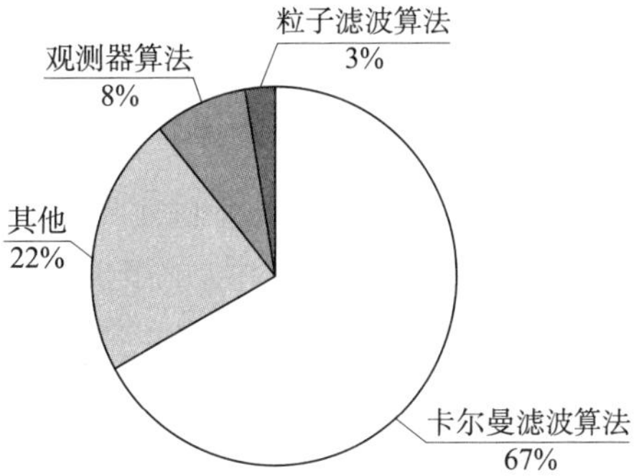

图3-2-11 动力电池SOC估算技术专利基于电池模型法申请技术分布

3.2.2.1 动力电池SOC定义

通常将电池在一确定环境温度下电池容量达到最大值时的SOC定义为100%，最小值时的定义为0。不同于传统汽车的剩余油量可以直接测量出来，实际使用时锂离子电池的SOC值无法实际测量出来，只能根据一些电池可测量的参数进行预测估算。根据USABC在其《电动汽车电池测试手册》中的定义，SOC为动力电池在固定的放电倍率下进行放电，电池当前剩余可用容量占它在该状态下充满时额定电荷容量的比值，公式如下：

$$SOC = \frac{Q_{\text{remain}}}{Q_{\text{rated}}} \times 100\%$$

其中，Q_{rated}为电池的额定电荷容量，即电池总容量；Q_{remain}为电池中剩余的电荷余量，即电池当前剩余可用容量。

3.2.2.2 动力电池SOC估算方法技术发展路线

通过对全球专利数据样本进行梳理，结合产业发展情况和重要申请人的情况，在重点考虑了被引用次数、同族专利数量、申请时间上的优先性、专利有效性，以及技术方案的先进性等多个因素的基础上，选取了直接计算法、基于数据驱动法、基于电池模型法和融合评估法这几个技术分支的重点专利，基于这些重点专利分别介绍其技术分支的发展脉络，来试图梳理出动力电池SOC估算技术的发展路线。

1. 直接计算法

图3-2-12（见文前彩色插图第3页）示出了动力电池SOC估算技术专利直接计算法的技术发展路线。直接计算法包括开路电压法、安时积分法、内阻法、放电试验法和开路电压法与安时积分法的结合等。

（1）开路电压法

开路电压是指当电池静置一段时间后处于稳定时，电池两极之间的电位差。在电池经过长时间静置后，电池端电压和SOC存在相对固定的函数关系，开路电压和SOC的关系的公式如下：

$$SOC = \frac{V_0 - V_{02}}{V_{01} - V_{02}} \times 100\%$$

这里 V_0 为测量的开路电压，V_{01} 为充电满后的电池开路电压，V_{02} 为放电完全后的电池开路电压。

开路电压法是最早用于确定电池 SOC 的方法。最早开路电压法的相关申请，国外申请人占大部分，2000 年以前申请量比较少，2010 年以后申请量开始增加。早在 1991 年 4 月 10 日，就有发明人 CALLAHAN GEORGE EDGAR 和 KOCH HARALD 提交公告号为 EP508030B1 的专利申请，请求保护一种测试汽车电池 SOC 的方法和装置，具体为：在电池充电之后，并且在开路电压开始达到电化学平衡之前测量电压，通过对测量的电压施加校正来建立电压值和充电状态之间的关系，该校正是从充电电池的最高极化电压和时间的近似对数函数计算的。

随着电池的使用，其会产生劣化，进而影响电池的开路电压和 SOC 之间的函数关系，造成基于开路电压法测量获得的 SOC 值不准确。针对该问题，日本的日产公司于 1998 年 5 月 14 日提交了公开号为 JP11326472A 的专利申请，其提出检测电池 SOC 分别为 100% 和 0 的开路电压，以及通过电池的开路端子电压计算电池单元的开路电压，基于上述 3 个开路电压求出电池的当前 SOC，可以针对不同劣化程度的电池进行 SOC 估计。该专利申请于 2005 年 11 月 16 日获得授权。接着，英国的 MOLTECH POWER SYS INC 于 2000 年 11 月 7 日在美国申请一项专利并获得授权，公告号为 US6388447B1。该专利请求保护一种用于重新校准和/或估计电池 SOC 的方法和设备，该方法通过监测电池的各种参数电压、电流、温度、内部压力、电压随时间的变化等，确定电池在开路电压 OCV－SOC 曲线、dOCV/dSOC 对 SOC 曲线和/或 $d^2OCV/dSOC^2$ 对 SOC 曲线上的位置，并且可以确定何时到达开路电压－电池剩余容量（OCV－SOC）曲线的拐点，从而提高电池 SOC 检测精度。

在我国，最早的国内申请是 1999 年 7 月 30 日由浙江卧龙电机股份有限公司提交公告号为 CN2387546Y 的专利申请，其提出利用电池端电压与剩余容量的线性关系得到剩余容量。接着，上海华谊（集团）公司于 2002 年 2 月 8 日提出申请 CN1437031A，其利用开路电压、电流的内部极化电阻及其对 SOC 的导数得到电池 SOC。

河北工业大学于 2008 年 6 月 25 日提交公开号为 CN101303397A 的专利申请。该申请提出一种锂离子电池组剩余电能的计算方法和装置，其根据开路电压和充放电电流的大小实时计算锂离子电池组的直流阻抗（DCR），由直流阻抗和充放电电流等参数确定锂离子电池组在当前情况下放电达到终止电压时可用剩余电能时相应的开路电压，并由此时的开路电压计算出锂离子电池组在放电达到终止电压时的实际剩余电能。由电池的最大剩余电能减去达到放电终止条件时剩余电能，就可以得到电池可用剩余电能。该文献被引证 136 次。

比亚迪于 2018 年 8 月 27 日提交公开号为 CN110867620A 的专利申请。该申请提出采集电池当前时刻及前一时间段多个时刻的温度、电流、电压，通过递推最小二乘法估算电池当前时刻的开路电压，根据电池的 SOC-OCV 曲线数据获取电池的 SOC 作为第一 SOC；根据第一 SOC，及时调整电池的充放电电流，能有效保护电池避免因过充或过放而损坏。

从上述专利技术的发展过程可以看出，开路电压法的发展趋势在于根据电池的各项参数来准确估算当前的开路电压，进一步根据电池的 OCV－SOC 曲线数据来获取电池 SOC。一般通过开路电压法估算 SOC 的方法是采用多次测量得到 OCV－SOC 曲线。在充放电初期和末期开路电压法有比较好的估算效果，缺点是需要电池经过长时间静置才可以测量，实时性差，在电动汽车行驶过程中无法使用。在电动汽车行驶过程中 SOC 的估算常采用开路电压法辅助其他估算方法完成。

（2）安时积分法

安时积分法，即 AH 积分法，又称电流积分法，它是目前应用最为广泛的电池 SOC 估算方法。安时积分法不关注电池内部复杂化学反应和各外部测量参数之间的关系，通过电池充放电时外部的充入和放出电量，主要依据电池本身电量变换来进行电池的 SOC 估算。该方法通过 BMS 测量记录充入和放出电池的电量，因此，可以估算任意时刻电池的 SOC，估算公式如下：

$$SOC_t = SOC_0 - \frac{\int_0^t I\mathrm{d}t}{C}$$

估算/公式中，SOC_t为 t 时刻的电池 SOC，SOC_0为起始时刻的电池 SOC，I 为电池运行实时电流（放电为正值，充电为负值）；$\mathrm{d}t$ 为电流随时间积分；C 为电池的额定电荷容量。从公式可以看出，安时积分法进行 SOC 估算需要初始 SOC 值，对估算精度准确性至关重要，同时实时的充放电电流的采集值也影响 SOC 估算的精确性。

采用安时积分法估算动力电池 SOC 的相关申请大部分集中在2000 年以后，2010 年后数量明显增多。最早的相关申请，是在 1993 年 11 月 27 日由本田公司申请的公开号为 JP06167551A 的专利。该申请提出，充放电时，由充放电电压、电流计算增加电能或者消耗电能，由电池剩余电量加上增加或者减去消耗电能得到电池当前剩余电量。该专利申请在中国、韩国、美国、欧洲等 7 个国家和地区有同族，该专利及其同族在全球被引用 120 次。

接着是美国的飞行系统公司（FLIGHT SYSTEMS INC）于 1995 年 12 月 1 日申请的专利 US5698965A，其要求保护一种通过监测电池电压增加到阈值以上和减少到阈值以下来确定电池的当前充电状态的装置和方法，其根据当前充电状态的积分值，并基于该积分值产生阈值信号，积分装置累计积分值的同时给予阈值判断当前充电状态的增加或减少，以防止电池的过充或者过放。该专利文献被引证 55 次。

松下集团于 2001 年 11 月 27 日提出专利申请 JP2003197272A，其通过测量多组流过电池的电流和对应于该电流的二次电池端子电压的数据组，根据所获得的多个数据组计算二次电池的电动势；根据计算出的电动势确定对于电流累积系数的修正量；根据修正量和充电效率计算电流累积系数；和用测量电流乘以算出的电流累积系数，并由电流累积估算二次电池的剩余容量。

采用安时积分法估算 SOC 的中国申请人的专利申请，最早是在 2007 年 7 月 31 日由比亚迪申请的专利 CN101359036A，其请求保护一种测定电池 SOC 的方法，具体采用安时积分法计算多个时刻的电池 SOC 理论值；测得在该多个时刻的电池 SOC 实际值；采用最小二乘法计算得到用于表达 SOC 理论值和 SOC 实际值的差值与所述多个时刻之间的关系的修正函数。该方法可以得到准确的修正函数，从而得出比较精确的电池 SOC 值。该申请获得授权，并被引证 61 次。

宁德时代的研发团队于 2014 年 2 月 25 日提出专利申请 CN103823189A，其请求保护一种动力电池组的剩余容量的计算方法，分别读取充放电机与 BMS 的充电累积容量积分值和放电累积容量积分值，确定充放电修正系数，从而确定动力电池组的剩余容量。该方法通过引入充放电修正系数，能降低动力电池组剩余容量计算中的误差。该申请获得授权并被引证 54 次。

（3）内阻法

内阻法是指通过电池的内阻与 SOC 之间的关系来估算 SOC。电池内阻又分为交流内阻和直流内阻，实验中常用直流内阻测试法和交流内阻测试法来得到电池内阻。根据公式 $R = U/I$，直流测试法让电池在短时间内（2 ~ 3 s）通过一个大恒定电流，测量此时电池端电压。HPPC 法是最常用的测试方法。该方法也存在一定缺点，如果通过的电流过大，可能会引起电池内部的极化现象，产生极化电阻（由于电化学反应的极化引起的内阻），误差变大，需要测量时间尽可能短。交流测试法则是采用 1 KHz 正弦波引起压降，计算内阻，交流法测试时抗干扰性较差，因此多使用直流测试法。

最早采用内阻法来确定动力电池 SOC 的专利申请是 1999 年 1 月 27 日由 FAHRZEUGAUSRUESTUNG BERLIN GMB 申请的 DE19903239A1。该方法包括针对两个不同充电器下的不同输出电压下的电池电压和负载电流，根据测量的两个电压和电流差的比率得到电池的内部阻抗，根据电池内部阻抗与一个存储特性的测量参数比较以确定电池 SOC。

丰田公司于 2003 年 7 月 8 日申请的专利 JP2004056945A，通过计算内阻变化率确定电池的充电状态。德州仪器于 2009 年 7 月 23 日提出国际专利申请 WO2011009227A1，并进入美国、欧洲、日本、中国，目前具有 11 个同族，是国内最早的内阻法的专利申请。该申请提出对于给定的时刻，确定蓄电池在放电时间周期的阻抗，基于所述蓄电池的阻抗和所述蓄电池的 SOC 之间的对应关系来确定所述蓄电池的 SOC。浙江大学于 2016 年 1 月 27 日申请专利 CN105676141A，其利用电感、电容、待测电池的等效内阻构成一个 RLC 振荡电路，在 RLC 电路中产生阻尼振荡波形，计算其衰减系数，因衰减系数与电感及等效内阻有关，从而计算得到内阻，进一步得到其剩余容量。该方式检测电路结构简单，对电池无损耗。

（4）放电试验法

放电试验法是对被估算电池进行恒定电流放电，放出的总电量是放电时间乘上放电电流，对应的 SOC 就是减去放电量的剩余电量同总容量的比值。放电试验法所估算的电池的 SOC 最为准确，适用于所有电池，但是放电试验法存在一定局限性，放电过程需要花费大量时间，同时放电时需要中断电池工作，无法保证实时性，因此在电动汽车行驶过程中无法使用。许多电池厂商都采用这种方法继续放电测试，该方法常用于实验室条件下对电池进行测试参数收集。

采用放电试验法确定动力电池 SOC 的相关专利申请在 2010 年以后出现，数量比较少，近五年内则以国内申请人为主。最早的相关申请为 2010 年 1 月 21 日由索尼公司和 TOHDA MASAYUKI 申请的 WO2011090147A1，其根据电池的剩余容量依赖于电池开路电压，而电池开路电压与电池放电曲线对应的原理，通过电池的放电曲线得到其剩余容量。

最早的国内申请是由安徽安凯汽车股份有限公司于 2013 年 7 月 12 日提交的专利申请 CN103336247A。该申请通过采集电池组放电电流、充电电流以及所有电池单体的工作电压、温度，根据以上信息检出动力电池组中电池单体的最低工作电压，形成最低工作电压对应的放电特性曲线，便于分析 SOC 状态，评估电池的衰竭状态、续驶里程等。

北京工业大学于 2017 年 6 月 28 日提出专利申请 CN107271913A。该申请提出等效全循环数的概念，将其应用于不同 SOC 区间电池循环计数，统一计数方法，并运用分步曲线拟合的思想和方法逐步确定电池容量预测模型中的参数值。除此之外，结合等效全循环数的概念，还提出了面向实车用户的操作方法及实验室情况下动力电池的试验方法。

（5）开路电压法与安时积分法结合

开路电压法需要电池经过长时间静置才可以测量，实时性差，在电动汽车行驶过程中无法使用，而安时积分法进行 SOC 估算需要初始 SOC 值，初始 SOC 值的准确度对最终 SOC 估算值的准确度影响很大。在此基础上，为实现互补，采用开路电压法和安时积分法相结合来估算 SOC 的方法被提出。

开路电压法与安时积分法结合来估算 SOC 的专利申请，最早是飞利浦公司于 2000 年 11 月 30 日申请的专利 EP1337865A1。该申请提出在不同的电池平衡状态情况下，分别选择安时积分法或者开路电压法确定电池的剩余容量。2002 年 10 月 29 日，雅马哈发动机株式会社在中国申请的专利 CN1415973A，利用开路电压法得到电池空载状态下的容量，空载之前利用安时积分法得到负载状态的消耗容量，能够容易地确定出经过反复充放电的电池的总实际容量。该文献被引证 39 次。

丰田公司于 2004 年 10 月 6 日在中国申请专利 CN1864072A。该申请提出基于电池的开路电压计算电池的第一估计剩余容量，基于电池的电流值从电池的充放电电流值的积分计算第二估计剩余容量，并利用两个剩余容量的差以及根据电压、电流确定的校正参数来校正第二估计剩余容量，从而得到电池的剩余电量。比亚迪于 2019 年 8 月 23 日申请的专利 CN112415410A，提出采用开路电压法获得电池充放电初始阶段的初始 SOC 值，采用安时积分法获得充放电器件的理论 SOC 变化量，根据电池容量影响参数获得容量修正系数，并根据容量修正系数对所述理论 SOC 变化量进行修正，以获得实际 SOC 变化量，根据初始 SOC 值和实际 SOC 变化量获得电池的 SOC 估算值，从而提高 SOC 估算值的准确度。

2. 基于数据驱动法

基于数据驱动法是试图从大量数据中提取隐藏的相关性，并在没有电池数学模型的情况下估算 SOC，使用统计理论或机器学习技术直接从测得的数据中得出预测模型。

但为了获得丰富和完整的数据，试验通常需要花费较长的时间且费用高昂。目前常用的基于数据驱动的SOC估算方法有：人工神经网络算法、模糊控制法、支持向量机算法和基于数据驱动的其他算法等。

图3－2－13示出了动力电池SOC估算技术专利基于数据驱动法的技术发展路线。基于数据驱动的方式估算动力电池的SOC的专利申请，在2000年以后才出现，且以国内申请人为主。

（1）模糊控制算法

模糊控制算法可用于建模非线性和时变系统，而无需具体的电池模型。使用模糊控制法估算SOC，需将环境温度、施加的电流和电池端电压等参数视为输入变量，输入变量的数量越高，结果越准确。基于该算法可以对锂离子电池的各个参数进行一次较为全面的监测。

最早利用模糊控制算法估算SOC的专利申请是2001年5月14日由美国伊顿公司在新西兰申请的专利WO02093712A2。此后申请人以该申请日作为优先权日分别在国际局、英国、美国、澳大利亚提出申请。该申请请求保护一种电池管理器，并提出将电池的参数以及其变化输入到模糊控制模型，以获得电池的充电状态。该专利申请具有21个同族，该申请及其同族专利在全球被引用89次。

最早采用模糊控制算法估算动力电池SOC的国内申请是在2010年12月29日由上汽集团申请的专利CN102540081A，其请求保护一种用于确定车载蓄电池SOC的方法，包括步骤：输入蓄电池的工作电压、工作电流和工作温度；计算所述工作电压在所述蓄电池的标准工作电流下的工作电压修正值；利用各自的隶属函数确定所述工作电压修正值和所述工作温度的模糊值；利用模糊推理规则，根据所述工作电压修正值和所述工作温度的模糊值确定所述蓄电池的SOC的模糊值；以及利用反模糊算法，根据所述蓄电池的SOC的模糊值计算所述蓄电池的SOC。即利用模糊控制算法根据校正的电池电压和温度确定电池的充电状态的模糊值，利用反模糊算法确定电池的充电状态。该申请获得授权，并被引证14次。

哈尔滨理工大学于2020年9月15日申请专利CN112051507A，其请求保护一种基于模糊控制的锂离子动力电池SOC估算方法。该方法选取输入变量确定系统的输出变量，根据输入变量、输出变量利用模糊逻辑算法对系统进行仿真，利用仿真结果确定电池的SOC，能够减少锂离子动力电池SOC的最大误差和平均误差，使得精度更高。

（2）人工神经网络算法

人工神经网络算法属于模拟神经元处理问题的方式，用来预测非线性系统的输出参数，其不依赖任何物理、电气、化学或热模型，并且花费的时间更短。估计SOC常见的两种网络架构是非线性输入输出（Nonlinear Input－Output，NIO）前馈网络和带有外源输入的非线性自回归（Nonlinear Auto－Regressive Exogenous，NARX）反馈网络。具体的步骤为：①初始化（确定输入层的尺寸和隐藏层中神经元的数量）；②使用输入变量（电流、电压、温度）和输出变量（SOC）训练神经网络；③估计输出和实际输入；④如果误差在预期水平之内，则搜索结束。

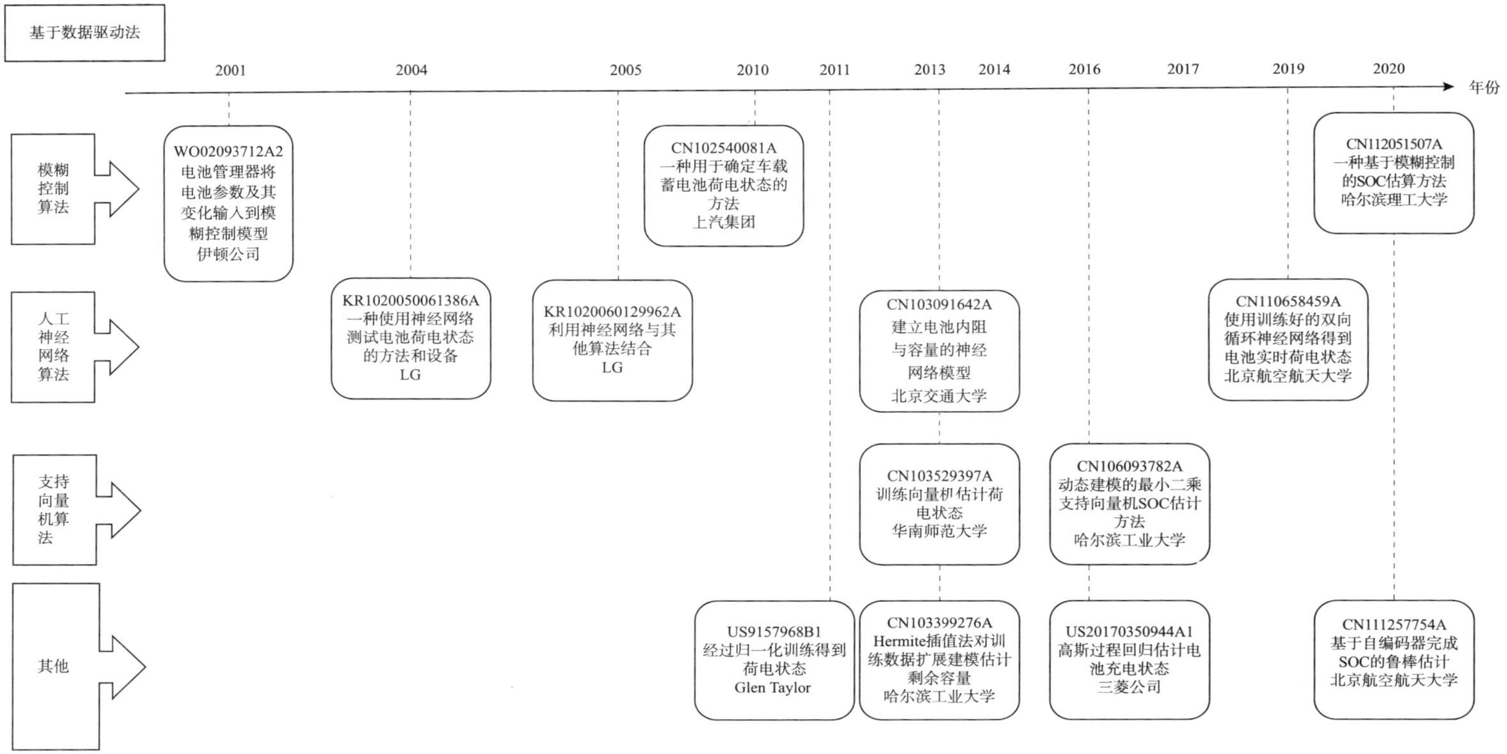

图3－2－13 动力电池SOC估算技术专利基于数据驱动法的技术发展路线

最早出现的利用人工神经网络算法估算电池SOC的专利申请，是LG于2004年12月17日提交的专利申请KR1020050061386A，请求保护一种使用神经网络测试电池SOC的方法和设备，其通过检测电池电压、电流、温度以及时间数据利用神经网络学习算法，评估电池的SOC。此后，申请人以该申请日作为优先权日分别在国际局、美国、欧洲、日本、巴西、加拿大、印度、奥地利等12个国家、地区和组织提出申请，具有23个同族，在全球被引用192次。

随后，LG又于2005年6月13日提出申请KR1020060129962A，利用神经网络与其他算法结合以提高SOC估算精度，利用神经网络径向函数对电池参数进行处理，得到电池SOC，将神经网络算法和模糊算法、遗传算法（GA）、细胞自动机算法（CA）、免疫系统算法和粗糙集算法中的一个结合，自适应更新神经网络算法的参数。并且，该专利分别在国际局、美国、欧洲、日本等7个国家、地区和组织提出申请，具有17个同族，该专利及其同族专利在全球被引用80次。

在我国，北京交通大学于2013年1月22日提交了专利申请CN103091642A，提出建立电池内阻与容量的神经网络模型，从而能够快速地估算电池的剩余容量。该专利申请获得授权后转让给北京北交新能科技有限公司。

北京航空航天大学于2019年9月12日提交了专利申请CN110658459A，利用锂离子电池实时数据，使用训练好的双向循环神经网络（RNN），得到电池实时的（SOC）。该方式不需要大量数据，既快捷又精准。该专利申请最终获得授权。

（3）支持向量机算法

支持向量机是用于回归和分类的一组相关的监督学习方法，通常可以适用于任何多变量函数，具有更高的准确度，尤其在高度非线性的系统中得到了有效的应用。使用支持向量机回归模型通过温度估算SOC，通常将电流测量值和电压作为输入变量。

通过支持向量机估算动力电池SOC的申请人目前集中在国内，并且大部分是高校和科研院所。最早出现的相关申请是在2013年9月18日由江苏大学提交的专利申请CN103487759A，利用采集电池的参数作为SOC预测的输入、输出样本数据，采用贝叶斯证据框架下最小二乘支持向量机方法设计电池SOC的预测模型，能够高精度实时地得到电池的SOC。与之同时，在2013年10月24日由华南师范大学提交了专利申请CN103529397A，利用采集的电池数据训练向量机，缩小范围搜索得到向量机估算函数，输入采集的电池的数据，即可得到电池SOC。2016年6月3日由哈尔滨工业大学提交的专利申请CN106093782A，通过放电阶段在放电稳定之前利用最小二乘支持向量机不断地建立新的模型，放电稳定以后不再更新，可以对电池整个生命周期进行SOC估计。

（4）其他

随着人工智能的广泛应用，越来越多的研究团队将人工智能的相关算法运用到电池SOC估计中，因此，在专利申请中也出现了基于数据驱动的其他算法，例如归一化、插值法、高斯分布等估算电池SOC的相关申请。

格伦·泰勒（Glen Taylor）等人于2011年2月22日提交专利申请US9157968B1，进行归一化训练，得到归一化的运行时间条件参数归一化训练集，从而计算得到电池

SOC。哈尔滨工业大学于2013年7月25日提交专利申请CN103399276A，利用分段三次埃尔米特（Hermite）插值法对数据记性扩展并选取不同插值点进行建模，对锂电池的充放电循环后的电池剩余容量进行估计。三菱公司于2016年6月6日在美国提交专利申请US20170350944A1，其请求保护一种使用高斯过程回归（GRP）估计电池充电状态的方法，根据电池状态的测量参数的历史值和对应的SOC，根据当前测量参数值得到其高斯分布，基于高斯分布确定SOC的均值和方差，均值即为电池当前SOC的估计，方差为该估计的置信度。该申请有7个同族，在美国和中国均获得授权。北京航空航天大学于2020年3月23日提交了专利申请CN111257754A，其基于长短期记忆（LSTM）单元在基于自编码器预训练的基础上构建并训练序列映射模型，完成SOC的鲁棒评估。

3. 基于电池模型法

在研究电池时，为了能够用数学的方法来描述分析电池的特性，通常需要建立一个等效的电池模型作为基础来进行研究。电池模型的建立可以反映电池内部的变化过程。目前较为常用的有电路等效模型和电化学模型，根据研究条件需要选取不同类型的模型，电化学模型从机理层面描述电池，能够应用于电池SOC等分析中。电化学模型描述电池内部微观变化过程的特性，其计算复杂度高，将其移植到BMS平台中在线估计具有较大难度。目前应用较多的为基于等效电路模型的方法，该方法以卡尔曼滤波算法、粒子滤波算法、观测器类算法为主。图3-2-14示出了动力电池SOC估算技术专利基于电池模型法的技术发展路线。

（1）卡尔曼滤波算法

20世纪60年代，著名科学家鲁道夫·埃米尔·卡尔曼（Rudolf Emil Kalman）首次提出了解决离散系统现行滤波问题的递归算法，后人将这种方法命名为卡尔曼滤波算法。21世纪，卡尔曼滤波算法被认为是应用于估计动态线性系统内部状态的最佳算法之一，被广泛应用于交通、航空航天等领域，同时由该算法衍生出扩展卡尔曼、无迹卡尔曼、双卡尔曼算法。2004年，格雷戈里·L. 普莱特（Gregory L. Plett）提出利用扩展卡尔曼滤波有效估计电池SOC，证明了卡尔曼类算法能较为准确地估计电池的剩余电量，并且估计结果有较高的精度，适用于电流波动较剧烈的电池SOC估算，很适合应用于电动汽车。

实际上，从专利申请的技术发展可以看出，基于卡尔曼滤波算法估算电池SOC，开始于2003年底，2010年以后申请量大幅增加。最早的专利申请是发明人Gregory L. Plett于2002年1月10日提出的申请，该申请最终被授权，公告号为US6534954B1，其提出使用具有电池SOC作为内部系统状态的电池模型的卡尔曼滤波器或扩展卡尔曼滤波器，以保证电池SOC估算的准确性。该申请原始申请人为COMPACT POWER INC，之后转让给了LG，无同族信息，但该项申请在全球被引用313次，说明其开创了将卡尔曼滤波算法用于电动汽车来估算动力电池SOC的先河。

接着，LG在该申请的基础上于2003年11月20日申请了专利US20050110498A1，提出一种使用先进电池模型预测技术计算电池组功率容量的方法，其可以在采用卡尔曼滤波算法估算电池SOC和基于电压限制估计最大充放电电流中使用相同的模型，获得的估计值更可靠和精确。LG 以该申请日作为优先权日分别在国际局、美国、欧洲、日本、巴西、加拿大、印度等11个国家、地区和组织提出申请，具有17个同族，在全球被引用78次。

在我国，高校和科研院所最先开始对卡尔曼滤波算法应用于动力电池 SOC 估算进行研究。清华大学于2004年10月25日提出专利申请 CN1601295A，其请求保护一种电动车用蓄电池 SOC 的估计方法。该方法用基于安时计量法的电池 SOC 方程，以及电池负载电压的量测方程所构成的电池状态空间方程，再用改进的扩展卡尔曼滤波方程计算来获得电池 SOC。

北汽集团福田于2009年11月11日提交专利申请 CN102062841A，其提出采用电量累计法 SOC 估计值 SOC2，采用双 RC 回路电池模型作为 Sigma 点卡尔曼滤波器的时间更新、测量更新引擎，估算出动力电池的卡尔曼滤波算法 SOC 估计值 SOC1，通过加权平均 SOC1 和 SOC2 获得最终 SOC 估计值。该申请获得授权，并且在全球被引证87次。

桂林电子科技大学于2015年3月31日提交专利申请 CN104714188A。该申请提出利用自适应无迹卡尔曼滤波估算电池 SOC，以提高 SOC 估算的鲁棒性；北京理工大学于2020年4月20日提交专利申请 CN111650517A，其提出利用强跟踪滤波（STF）算法与平方根无迹卡尔曼滤波（SR－UKF）算法相结合，估算电池 SOC，从而提高电池 SOC 在复杂工况与强烈噪声影响下的估计精度。

（2）粒子滤波算法

粒子滤波算法是一种结合贝叶斯滤波和蒙特卡洛采样的算法，用频率代替概率，不受线性化误差和高斯噪声假设限制，拥有多模态处理能力，在处理非线性、非高斯系统时有着极大的优势。该算法依赖于权值更新，减小粒子采样方差，提高粒子多样性。但是粒子滤波算法需要海量的样本数据才能近似系统的后验概率密度，这势必成倍地增加计算的复杂度，且采样过程中的粒子多样性缺失也会大大降低模型精度。因此，粒子滤波在动力电池 SOC 估算中很难保证实时性和准确性。

目前基于粒子滤波算法电池 SOC 估算的相关申请均是国内申请人，大多来自高校。最早的相关专利申请是电子科技大学于2015年8月3日提交的申请 CN104977545A，其提出利用似然度函数粒子滤波的动力电池 SOC 估算方法，通过加大有效粒子数，有效避免了方差的过修正，提高了估算精度。该申请被引证21次，

南京航空航天大学于2020年11月6日提交了专利申请 CN112444749A，其提出基于建立的温度修正模型和改进安时积分方法与自适应粒子滤波算法进行 SOC 估算，可以结合等效电路模型，基于温度修正模型对宽温范围内的动力锂电池工作进行 SOC 精准估计。

（3）观测器算法

基于观测器估算动力电池的 SOC 不需要预知噪声的先验信息，因此可以获得更高的估算精度。基于 PI 状态观测器的 SOC 估算结构简单，易于实现。最早出现的相关专利申请是 LG 于2006年8月2日提交的申请 KR1020080012079A，利用互动模式观测器估算二次电池的 SOC，以通过使用最小参数动态地估计二次电池在各种温度和条件下

的准确 SOC。福特公司于 2011 年 6 月 28 日提交专利申请 US20130006455A1，提出利用自适应观测器估计开路电压，从而得到电池的 SOC。合肥工业大学于 2016 年 9 月 26 日提交的专利申请 CN10632452A，提出一种基于离散变结构观测器的锂电池 SOC 估算方法，建立用于 SOC 估算的锂电池离散状态空间模型；对锂电池进行脉冲放电实验，辨识锂电池模型参数；实时采集工况下锂电池的端电压和充放电电流；构建离散变结构观测器实现对锂电池 SOC 的准确估计。北京理工大学于 2019 年 12 月 10 日提出专利申请 CN110907835A，利用状态空间方程构建状态观测器，将某时刻电流、端电压值输入至状态观测器，实时估算某时刻的电池 SOC。

4. 融合评估法

融合评估法预测方法，作为基于数据驱动与电池模型的预测方法，不仅具备机理描述的优越性，同时也能克服动态精度较差及普适性较差的问题，最大化地利用两种预测方法的优势提高预测精度，是未来锂离子电池估算 SOC 应用的重要发展趋势。

图 3-2-14 示出了融合评估法的技术发展路线。

最早出现融合评估法来估算电池 SOC 的申请是西奥公司于 2013 年 12 月 13 日申请的 CN104462632A，请求保护一种用于确定锂电池的 SOC 的混合模型，该混合模型同时包括物理模型和经验或数据驱动模型：所述物理模型是电化学模型，所述经验模型使用库仑计数和松弛滤波器，再加上用于系统参数自适应补偿的卡尔曼滤波器，使用两者其中一个或者两个模型加权组合估算电池 SOC。

北京理工大学于 2016 年 9 月 5 日申请了专利 CN106324521A，其针对动力电池全生命周期和全工作环境下 SOC 难以精确在线估算的难题，以及 SOC 的初值不确定性导致动力电池 SOC 估算结果可靠性的显著降低问题，提出基于无穷滤波器（H Infinity Filter，HF）算法参数在线辨识电池模型参数和无迹卡尔曼滤波（Unsented Kalman Filter，UKF）算法估计 SOC，最终实现动力电池参数和 SOC 在不确定应用环境中的精确联合估算。

上海交通大学于 2018 年 12 月 20 日申请专利 CN109782176A，提出一种基于 NARX 模型的电池剩余容量在线估计方法，利用 NARX 神经网络强大的学习能力实现对不同种类的二次电池的动态特性建模，并基于所建模型，采用了扩展卡尔曼滤波算法对电池进行 SOC 的在线估算。

3.2.2.3　动力电池 SOC 估算技术发展脉络小结

从图 3-2-12～图 3-2-14 所示动力电池 SOC 估算技术发展路线可以看出，SOC 估算方法的早期申请（1990～2000 年）集中在直接计算法中的开路电压法（例如 EP508030B1、JP1132472A、CN2387546Y 等）、安时积分法（例如 JP06167551A、US5698965A 等）、内阻法（例如 DE19903239A1 等），即在技术萌芽期，这三种方法的申请较多。然而这三种方法均存在一定缺陷，例如，开路电压法实时性差，在电动汽车行驶过程中无法使用；安时积分法无法估算电池初值，噪声会不断累积，对计算结果没有反馈修正；内阻法可能会引起电池内部的极化现象，产生极化电阻。在此基础上，为了提高精度和增强可靠性，这些方法也在不断地改进。2000 年开始出现开路电压法与安时积分法结合来估算电池 SOC 的专利申请，例如 EP1337865A1、CN1415973A、

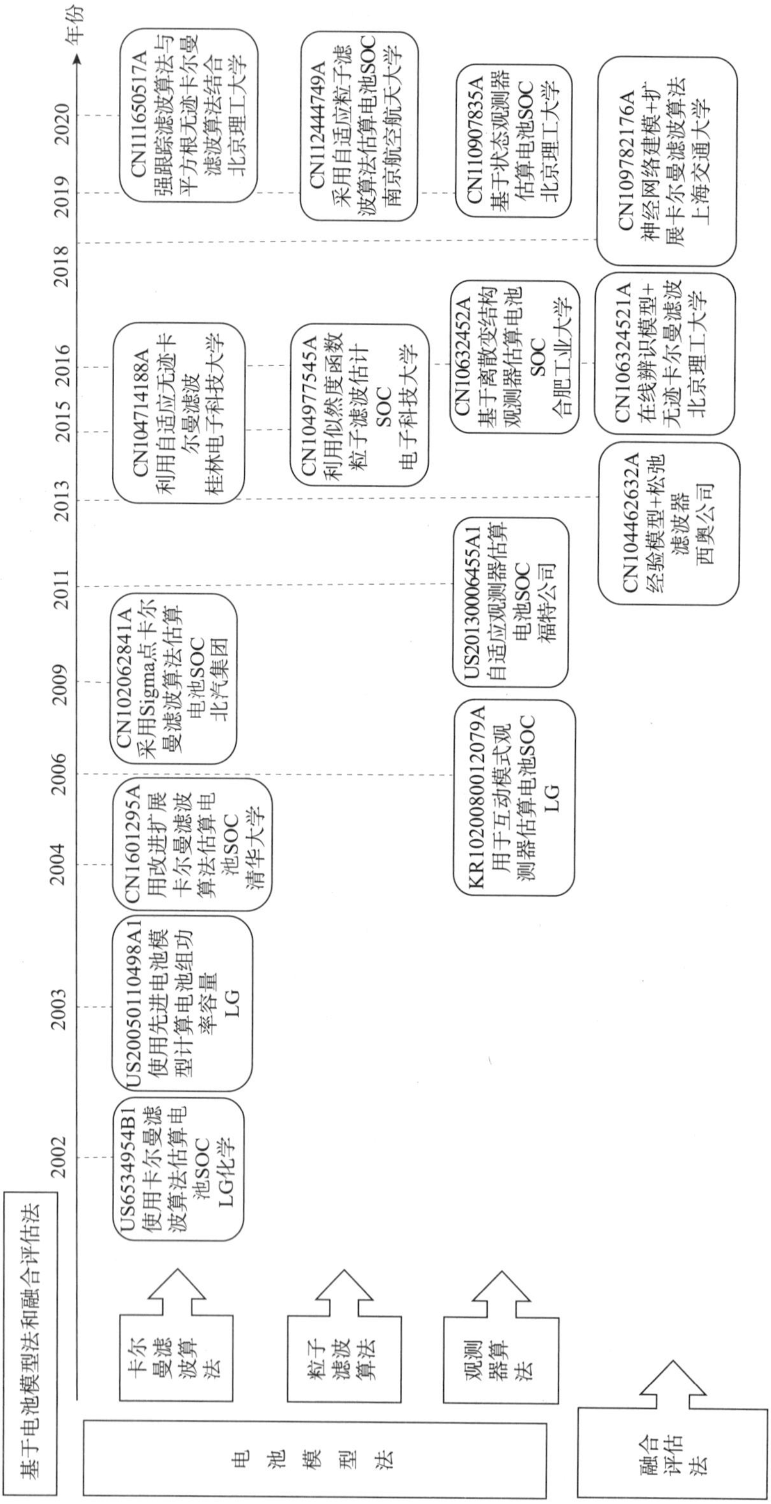

图3-2-14 动力电池SOC估算技术专利基于电池模型法和融合评估法的技术发展路线

CN1864072A 等，其中比亚迪申请的专利 CN112415410A 采用开路电压法获得电池充放电初始阶段的初始 SOC 值，采用安时积分法获得充放电器件的理论 SOC 变化量，根据电池容量影响参数获得容量修正系数，并根据容量修正系数对所述理论 SOC 变化量进行修正，以获得实际 SOC 变化量，根据初始 SOC 值和实际 SOC 变化量获得电池的 SOC 估算值，从而提高 SOC 估算值的准确度。由于开路电压法与安时积分法原理简单、计算方便、运算成本低，至今在很多电池管理系统中广泛适用。此外，直接计算法中的放电试验法相关申请于 2003 年开始出现（例如 CN103336247A、WO2011090147A1、CN107271913A）。放电试验法放电过程需要花费大量时间，同时放电时需要中断电池工作，无法保证实时性，常在实验室条件下对电池进行测试参数收集，因此，多用于整车企业在出厂前对动力电池组的放电性能进行分析，通过研究动力电池的放电曲线来分析动力电池组的 SOC 状态。

从 2000 年开始，随着人工智能技术的发展，开始出现了将人工智能算法中的模糊控制算法、人工神经网络算法、支持向量机算法等技术运用于电池 SOC 的估算中，即基于数据驱动法来估算电池 SOC 的申请（例如 NZ511701、KR1020050061386A、KR102006012962A、CN102540081A、CN103529397A 等）。在专利申请中也出现了基于数据驱动的其他算法，包括归一化（例如 US9157968B1）、插值法（例如 CN103399276A）、高斯分布（例如 US20170350944A1）等估算 SOC 的相关申请。

2004 年，Gregory L. Plett 提出利用扩展卡尔曼滤波有效估算电池 SOC，并且其于 2002 年 11 月 20 日提出的申请 US6534954B1，使用具有 SOC 作为内部系统状态的电池模型的卡尔曼滤波器或扩展卡尔曼滤波器，以保证 SOC 估算的准确性。自此开始将卡尔曼滤波器用于电池 SOC 研究。LG 在该申请的基础上于 2003 年 11 月 20 日申请了专利 US20050110498A1，提出一种使用先进电池模型预测技术计算电池组功率容量的方法，其可以在采用卡尔曼滤波估算电池 SOC 和基于电压限制估计最大充放电电流中使用相同的模型，获得的估计值更可靠和精确。因此，LG 掌握着适用卡尔曼滤波来估算电池 SOC 的基础专利。在我国，对于使用卡尔曼滤波来估算电池 SOC 的申请多集中在高校（例如 CN1601295A、CN104714188A、CN111650517A 等）。除了卡尔曼滤波算法之外，粒子滤波、观测器等算法也从 2006 年开始运用于动力电池 SOC 的估算中（例如 CN104977545A、KR102008012079A、US20130006455A1 等）。并且，为了进一步提高估算精度，2016 年开始出现融合评估法来估算电池 SOC 的技术（例如 CN104462632A、CN106324521A、CN109782176A 等）。融合评估法具有简单的修正、加权、滤波等具体表现形式，估算精度高，是目前的研究热点和发展方向。

3.2.3　技术功效

表 3－2－1 示出了动力电池 SOC 估算技术领域全球专利申请技术功效矩阵，可以看出，提高估算精度，是电池 SOC 估算技术中各申请人最为关注的问题。SOC 作为电动汽车状态估计领域最为重要的部分，其估算精度不仅决定着电池的安全和寿命，而且决定着电动汽车能量控制策略等。因此，对 SOC 进行精确估算具有重要的意义。如

表3-2-1所示，不管是哪一种技术手段，申请人首先想要解决的技术问题，大部分是提高估算精度。其次是提高SOC的估算速度。这说明，为了提高SOC估算的实时性，更及时地了解电池状态，从而进行相应控制，申请人试图探索各种技术手段来解决该技术问题。在满足精度和速度的基础上，从经济效益的角度，申请人开始追求成本的降低，甚至为了更加优化，免受外界因素的影响，申请人也在追求更高层次的效果，例如提高运行稳定性或鲁棒性。

表3-2-1　动力电池SOC估算技术专利全球申请技术功效矩阵　　单位：项

技术分支		技术功效				
		提高估算精度	提高估算速度	降低估算、运行成本	提供更准确的、改进的电池模型	提高估算稳定性或鲁棒性
直接计算法	开路电压法	476	56	28	4	11
	安时积分法	251	25	13	0	4
	开路电压法与安时积分法结合	133	10	4	1	2
	内阻法	83	13	9	1	1
	放电实验法	23	3	1	0	0
	两种及以上直接计算法的结合（排除开路电压法与安时积分法）	41	7	0	0	0
	其他	279	43	31	0	17
基于数据驱动法（黑箱模型）	模糊控制算法	9	0	0	0	0
	人工神经网络算法	68	11	4	0	4
	支持向量机算法	10	4	1	0	2
	其他	56	16	3	0	3
基于电池模型法	卡尔曼滤波算法	344	65	13	12	38
	粒子滤波算法	13	2	0	1	1
	观测器算法	42	4	1	0	3
	其他	109	17	2	10	7
融合评估法	基于数据驱动与电池模型的融合	40	7	2	2	5
	其他	49	5	3	1	2
对SOC的修正		180	10	4	0	2
根据单体电池SOC估算电池包SOC		38	6	4	0	1

3.2.4　国外和国内主要申请人技术分布

表3－2－2示出了动力电池SOC估算技术国外主要申请人的技术分布，可以看出，所列出的前十位主要申请人都把精力首先放在了直接计算法上，特别是开路电压法上，其次是安时积分法以及开路电压法与安时积分法结合。经分析，产生上述情况的一部分原因是开路电压法作为最早使用的确定电池SOC的方法，安时积分法作为计算简单的实时估算方法，大部分早期的基础专利是掌握在这些重要申请人手中的，它们的研究方向也大多是在开路电压法基础上为提高精度作出的各种改进，以及将安时积分法作为基础与其他方法配合使用。在这些申请人中，LG不仅拥有直接计算法的诸多专利，在基于数据驱动法、基于电池模型法、融合评估法、对SOC的修正上都有覆盖，属于全面型能手。其中，基于数据驱动法方向集中于人工神经网络算法，基于电池模型法方向集中于卡尔曼滤波算法。这表明，作为韩国最大的动力电池生产商，LG在全球电池SOC估算技术上是迈着扎实的步伐全面前进的。

表3－2－2　动力电池SOC估算技术专利国外主要申请人技术分布　　单位：项

技术分支		丰田公司	LG	三星集团	松下集团	现代公司	通用汽车	日立公司	三菱公司	东芝公司	电装公司
直接计算法	开路电压法	40	23	17	13	9	12	5	8	6	4
	安时积分法	16	8	9	9	5	3	2	5	2	4
	开路电压法与安时积分法结合	7	3	1	3	3	2	8	0	3	3
	内阻法	4	6	0	4	2	2	1	2	2	0
	放电实验法	1	0	1	1	0	0	0	0	0	1
	两种及以上直接计算法的结合（排除开路电压法与安时积分法）	4	2	1	0	2	1	2	0	0	0
	其他	16	8	7	11	9	3	2	4	7	4
基于数据驱动法（黑箱模型）	模糊控制算法	0	0	0	0	0	0	0	0	0	0
	人工神经网络算法	1	5	0	0	0	0	0	0	1	1
	支持向量机算法	0	0	0	0	0	0	0	0	0	0
	其他	0	1	1	0	1	0	1	3	1	0
基于电池模型法	卡尔曼滤波算法	2	17	2	2	4	3	3	0	3	2
	粒子滤波算法	0	0	0	0	0	1	0	0	0	0
	观测器算法	0	1	0	0	0	0	0	0	0	0
	其他	3	2	5	0	2	2	1	1	0	1

续表

技术分支		丰田公司	LG	三星集团	松下集团	现代公司	通用汽车	日立公司	三菱公司	东芝公司	电装公司
融合评估法	基于数据驱动与电池模型的融合	0	0	0	0	0	0	0	0	0	0
	其他	1	2	0	0	1	1	0	0	0	5
对 SOC 的修正		6	5	1	0	2	0	0	1	1	1
根据单体电池 SOC 估算电池包 SOC		2	0	4	0	0	2	1	2	1	0

表3-2-3示出了动力电池SOC估算技术国内主要申请人的技术分布。与国外主要申请人类似的是，国内主要申请人也都在直接计算法的开路电压法和安时积分法上布局较多。其中，在开路电压法上申请量最大的是比亚迪和宁德时代。其次是基于电池模型法的卡尔曼滤波算法，申请量最多的是南京航空航天大学和国家电网。从申请人的分布来看，这种算法不仅受到企业的关注，也是各高校的研发热点。而粒子滤波算法和观测器算法目前还只是高校的理论研究关注点。基于数据驱动法中，最受关注的是人工神经网络算法，申请量最大的是国家电网。此外，大部分申请人对融合评估法进行了探索和研究。

表3-2-3　动力电池SOC估算技术专利国内主要申请人技术分布　单位：件

技术分支		国内主要申请人								
		国家电网	北汽集团	比亚迪	北京理工大学	宁德时代	南京航空航天大学	山东大学	清华大学	哈尔滨工业大学
直接计算法	开路电压法	6	5	10	4	8	2	3	3	3
	安时积分法	4	4	3	1	3	1	2	2	0
	开路电压法与安时积分法结合	0	2	3	0	0	1	1	0	0
	内阻法	3	2	1	1	0	0	0	2	1
	放电实验法	1	0	0	0	0	0	0	1	0
	两种及以上直接计算法的结合（排除开路电压法与安时积分法）	0	0	0	0	0	0	0	0	0
	其他	5	2	1	0	2	1	0	2	4

续表

技术分支		国内主要申请人								
		国家电网	北汽集团	比亚迪	北京理工大学	宁德时代	南京航空航天大学	山东大学	清华大学	哈尔滨工业大学
基于数据驱动法（黑箱模型）	模糊控制算法	0	0	0	0	0	0	0	0	0
	人工神经网络算法	5	2	0	1	0	1	1	0	0
	支持向量机算法	0	0	0	0	0	0	0	0	1
	其他	0	0	0	1	0	0	2	0	1
基于电池模型法	卡尔曼滤波算法	8	2	4	2	0	12	3	4	2
	粒子滤波算法	0	0	0	0	0	1	2	1	0
	观测器算法	0	0	0	5	0	1	1	1	0
	其他	0	1	0	5	2	2	2	2	5
融合评估法	基于数据驱动与电池模型的融合	1	1	0	1	0	2	1	0	1
	其他	2	1	0	0	0	0	2	1	0
对 SOC 的修正		4	9	4	0	7	0	2	0	0
根据单体电池 SOC 估算电池包 SOC		0	1	0	0	1	0	0	0	0

3.3 本章小结

本章对动力电池 SOC 的评估技术进行了专利分析。

动力电池 SOC 的全球申请萌芽期为 1990～1999 年，基本上来自美国和日本；中国申请萌芽期处于 1999～2006 年。全球的缓慢发展期在 2000～2009 年，韩国、德国和中国开始崭露头角；中国申请的缓慢发展期为 2007～2010 年，过渡期很短。全球申请的快速发展期在 2010 年至今，归因于中国申请的崛起。中国此时已基本与全球同步。

在全球申请人中，日本企业展示了强劲实力，走在了全球电动汽车时代的前沿，韩国也表现不俗，包括 LG、三星集团和现代公司。中国申请人除了汽车企业，还有很多国内重点高校。相较于日本、韩国、中国，美国和德国有些势单力薄。

国内申请人中，国家电网位居第一，其次是北汽集团、比亚迪，全国申请量排名前 15 位中，高校占了 10 席，显示了这个领域的理论研究热度。

全球布局上，中国位居第一，其次是美国和日本，韩国、德国紧随其后。而在原创力量上，中国发展虽然较晚，但扶摇直上，截至检索日，累计申请总量已占全球累计申请总量一半以上。排名前五位的仍是中国、日本、韩国、美国和德国。

在技术流向上，各个国家首先重视在该国国内布局。最重视海外布局的是日本、美国、韩国。日本最重视美国和中国市场，且极其重视通过 PCT 和欧洲申请的布局方式。而由于日本和韩国强有力的保护政策，外国申请在这两个国家的布局力度偏弱。中国申请局限于本国，海外布局力度远远不够。

在技术分布上，全球申请量占比最高的是直接计算法，其次是基于电池模型法。随着人工智能的迅速发展，基于数据驱动法和融合评估法的申请量在逐渐升高，是未来发展趋势。

在动力电池 SOC 评估技术各技术分支的申请走势上，中国申请虽然稍晚，但一经出现，中国申请趋势就与全球趋势有着惊人的相似。

动力电池 SOC 估算方法的早期申请（1990～2000 年）集中在直接计算法中的开路电压法、安时积分法、内阻法。2000 年，开始出现开路电压法和安时积分法结合的申请，该方法至今广泛适用。放电试验法相关申请出现于 2003 年。2000 年后，开始出现将人工智能算法中的模糊控制、人工神经网络算法、支持向量机算法等技术运用于电池 SOC 的估算中。2004 年，开始了将卡尔曼滤波器应用于电池 SOC 估算，LG 掌握着这方面的基础专利。此外，2006 年出现了粒子滤波、电池观测器等算法的申请。到了 2016 年，开始出现基于数据驱动与电池模型相融合的融合评估法来估算电池 SOC 的技术，且成为当前的研究热点和发展方向。

提高估算精度是电池 SOC 估算技术中最为关注的问题。其次，是提高电池 SOC 的估算速度。同时，在满足精度和速度的基础上，申请人也开始追究低成本、运行稳定性和高鲁棒性。

国外申请人的主要精力放在了直接计算法的开路电压法上，其次是安时积分法以及开路电压法与安时积分法结合。LG 在各个方法上都有覆盖。国内重要申请人在开路电压法和安时积分法上布局较多，然后是基于电池模型法的卡尔曼滤波算法。粒子滤波算法和观测器算法目前主要受高校关注。基于数据驱动法中，主要是人工神经网络算法。大部分申请人对融合评估法进行了探索。

第 4 章　动力电池健康状态估算技术专利分析

4.1　总体状况分析

电池 SOH 是表征电池性能衰减状态的核心指标之一，是指在一定条件下，电池所能充入或放出电量与电池标称容量的百分比。具体来说，电池使用一段时间后，性能会下降，通过某些直接测得或间接算得性能参数实际值与标称值的比值，可以判断电池 SOH 下降后的状态。SOH 反映了电池的整体性能以及电池充放电的能力。

根据我国的全国汽车标准化技术委员会的相关标准和美国汽车协会的推荐，在保证续航里程和驾驶安全性的前提下，如果动力电池的容量已经衰减至标称容量的 70% ~80% 时，即可认为动力电池的使用寿命达到终止，应该对其进行退役处理并及时更换新的动力电池组。动力电池的 SOH 变化是一个缓慢的、不可逆的过程，随着循环使用次数的不断增加，动力电池的性能逐渐劣化。如果能够及时跟踪监测电池相关参数，准确估算电池 SOH，据此采取相应的处理措施，对 SOH 下降到临界值的电池予以更换，避免电池过负荷工作，使电池工作在最优状态，除了可以极大地延长整个电池的使用寿命从而降低成本，还可以确保电池使用中的安全性和可靠性。此外，准确检测电池 SOH，有助于提高电池 SOC 的估算、续航里程的预测和均衡控制系统的准确性，对于提高整车控制性能也具有重要意义。

4.1.1　全球及中国专利申请量态势分析

截至 2021 年 7 月 28 日，动力电池 SOH 估算技术全球专利申请量为 1313 项，全球和中国申请趋势分别如图 4 -1 -1 和图 4 -1 -2 所示。通过对动力电池 SOH 估算技术专利申请量的梳理，发现动力电池 SOH 估算技术的发展过程大致可以分为以下三个阶段。

（1）萌芽期（1991 ~1999 年）

对于电池 SOH 的研究始于 20 世纪 90 年代，初期的研究主要针对铅酸蓄电池。1991 ~1999 年，全球的动力电池 SOH 估算技术的专利年申请量在 8 项以下，大部分年份的年申请量不足 5 项，可见其仍然处于技术的萌芽期。这一阶段的专利申请人主要集中在日本企业，申请的技术也主要集中在基于内阻法等直接计算法。在这一阶段，虽然一些国外申请人在中国申请锂离子电池技术相关专利量出现增长，但是动力电池的测试和估算技术很多是在企业内部保密进行，很少有企业将自己内部的测试流程申请专利。因此，在这一阶段，全球范围内针对动力电池 SOH 估算技术的专利申请量一直较少，而在中国还未出现相关申请。

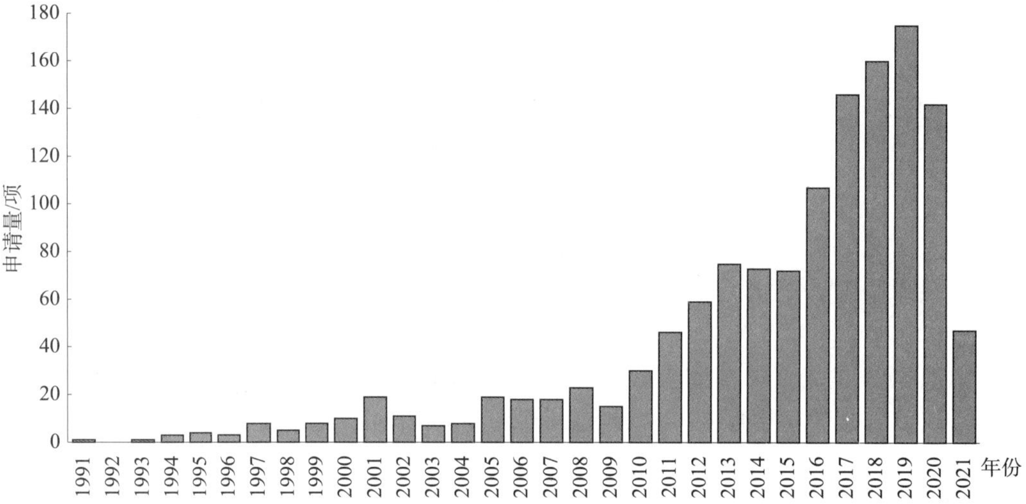

图4-1-1　动力电池SOH估算技术全球专利申请趋势

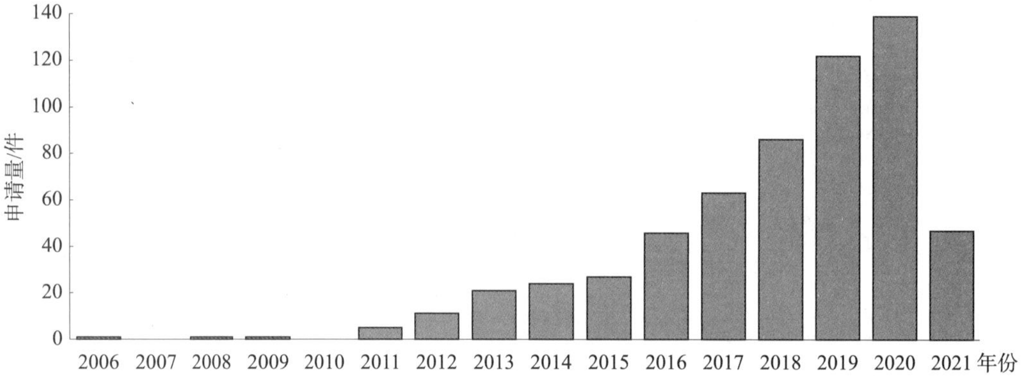

图4-1-2　动力电池SOH估算技术中国专利申请趋势

（2）成长期（2000~2009年）

2000年之后，世界各国电动汽车的研发在已有的基础上继续深入开展，取得了一系列重要成果，尤其是随着全球节能环保呼声的日益高涨，发展电动汽车已成为缓解环境污染和石油资源紧张的有效和可行的途径，各国政府、各大汽车公司对电动汽车发展达成统一认识，在中国、日本、美国及欧洲等国家和地区，电动汽车的开发得到了进一步的重视，并向产业化和实用化发展。作为电动汽车主要能源的动力电池得益于锂离子电池技术的发展，相关研究逐步深入，全球的电池SOH估算技术专利申请量较前一阶段明显增加。其间，中国出台了一系列扶持政策，中国市场受到全球关注，但中国的研发团队仍处于一个积蓄力量的阶段，由于缺少锂离子电池的核心技术，与SOH估算相关技术的申请直到2009年才出现。中国的第一件SOH估算技术的专利申请（CN101625398A），申请人为奇瑞，主题为用于纯电动车电池SOH监测的方法。总体来说，全球SOH估算技术这一阶段有明显发展，而中国的新能源汽车还处于“镍氢—

锂电”的产业化发展路径上，锂离子电池的技术还处于研发阶段，中国有关的专利申请进展缓慢。

（3）全面发展期（2010年至今）

2010年之后，新材料的诞生及电子信息、电机和计算机技术的广泛应用，极大地促进了电动汽车技术的更新与发展。以纯电动汽车为代表的电动汽车进入了规模更大、技术更先进的发展阶段。这一阶段各国积极推广新能源与节能环保技术，政府加大政策支持力度，众多能源类企业、汽车厂商和电池供应商等积极参与。随着推广力度的增大及新能源车辆数量的快速增长，电动汽车开发和生产体系逐渐由政府支持转变为市场主导的方式，相应的动力电池SOH估算技术也迅速发展起来，全球的申请量快速增长。随着全球新能源汽车的普及，外国企业对中国市场越发重视，中国动力电池的研发也全面发展，中国有关动力电池SOH估算技术的专利申请量在飞速提升。在2010~2012年，全球申请量由30项增长到59项，中国的申请量在2011年仅有5件，2012年还未突破10件，但2017年以来每年超过60件。从2018年开始，中国的申请量就占据了全球申请量的近一半，之后占比越来越多，到2020年达到高峰，中国申请的数量达137件。

4.1.2 全球主要申请人分析

图4-1-3表示动力电池SOH估算技术专利全球主要申请人排名。从全球申请人的排名可以看出，前20位中，日本企业的数量最多，占据12位；其次为中国申请人，占据4位；韩国企业的数量占据3位，法国占据1位。

日本企业中丰田公司的申请量最大，其次是三菱公司、日立公司、汤浅公司和松下集团。丰田公司是该领域起步最早的汽车企业，作为全球混合动力技术的领导者，早期走的是混合动力路线，该阶段的申请量处于一枝独秀的位置。早在1996年12月，丰田公司就与松下电器产业公司和松下电池工业公司合资成立松下电动汽车能源公司，生产镍氢电池等环保车用电池。在2008年设立电池研究部后，专注于锂电池在内的不同种类电池的开发，并与松下合作增加锂电池技术储备。三菱公司、日立公司、汤浅公司和松下集团4家公司在2010年后的专利申请量呈稳定增长趋势。上述情况说明，随着日本在锂电池技术的全面领先，日本企业在电池SOH估算技术的研究也逐渐发展起来。韩国三大巨头LG、三星集团和现代公司有关电池SOH估算技术的申请量相差不大，体现了齐头并进的趋势。

中国的国家电网、北汽集团、北京理工大学、哈尔滨工业大学也在全球主要申请人前20位中，其中，国家电网进入前十位。国家电网之所以能名列前茅，与国家电网作为国企，大力推进新能源汽车充电服务，积极探索动力电池梯次利用，发展动力电池检测技术密切相关。从中国申请人的排名可以看出，中国在动力电池SOH估算技术方面的专利申请人除了企业外，还包括高校，这与中国的研发环境有关，高校与研究所更注重算法类研究。国内动力电池的研发呈现出企业、高校和科研院所多面出击的良好局面，通过产学研的紧密结合，有望实现向产业化过渡的无缝对接。但是中国在电池SOH估算技术申请人专利数量的统计上呈现出申请人分散、单一申请人申请量不高的情况。

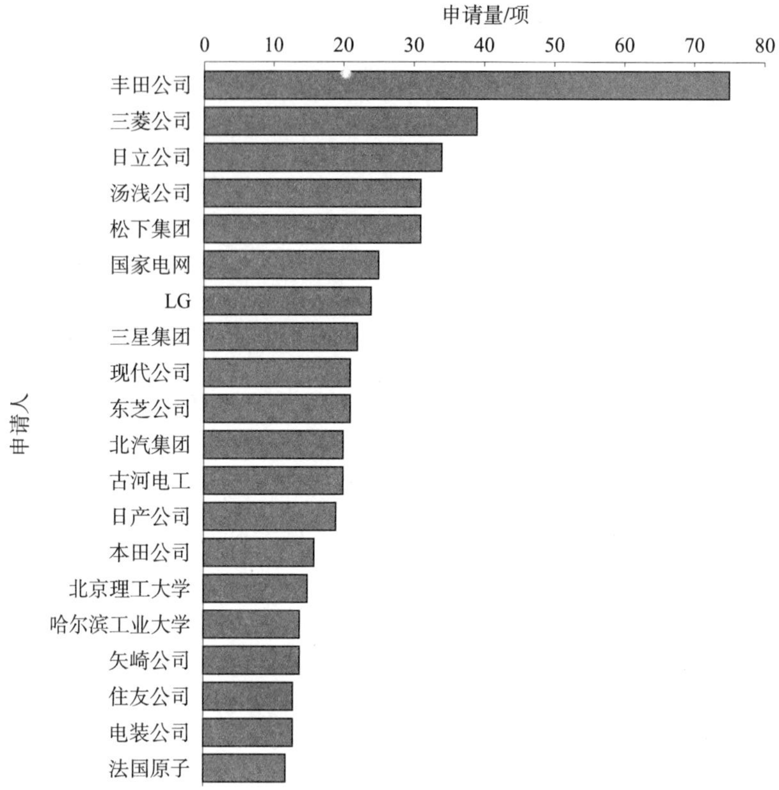

图4-1-3　动力电池SOH估算技术专利全球主要申请人排名

4.1.3　专利布局区域分析

4.1.3.1　全球布局区域分析

图4-1-4示出了动力电池SOH估算技术专利全球原创地占比情况。由图4-1-4可知，专利申请量较多的区域为中国、日本、韩国，这与动力电池行业从日本垄断发展成中国、日本、韩国三足鼎立的局面相对应。目前全球动力电池产业聚集在中国、日本、韩国，这3个国家在SOH估算技术研发方面最为活跃，全球大部分的原创专利申请都源自这3个国家，合计达90%。其中，中国虽然在该技术领域起步晚，但在近10年来，随着国家在动力电池方面一系列政策的出台、技术研发投入的增大，产生一大批创新技术，动力电池SOH估算技术的专利申请量迅猛增加，原创专利技术占比达45%。

从图4-1-5示出了SOH估算技术专利全球目标地占比情况可以看出，中国以37%的占比超越占比23%的日本，领跑全球SOH估算技术市场，日本位列第二，接下来是美国。对于起步相对较晚的中国市场来说，这样的占比无疑更体现了中国市场已经成为目前全球最重要的专利申请目标地。当然，日本和美国作为动力电池技术研发活跃的国家，其市场也受到了各国创新主体的关注。此外，其中以国际局和欧洲为目标的申请分别占比9%和6%，这显示了各国创新主体以多个国家、地区和组织为目标进行专利布局的意识。

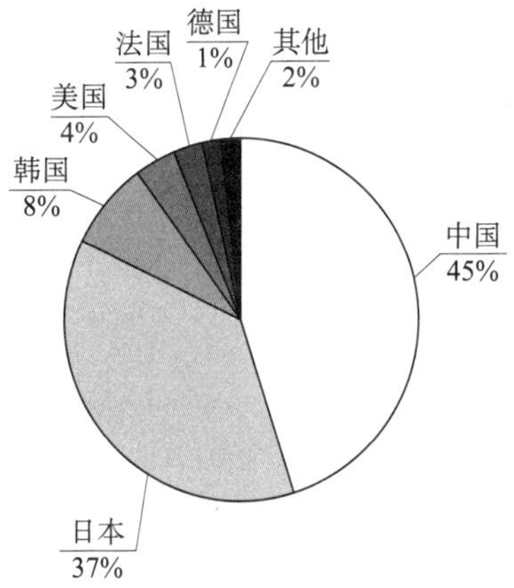

图4-1-4　动力电池SOH估算技术专利全球原创地分布

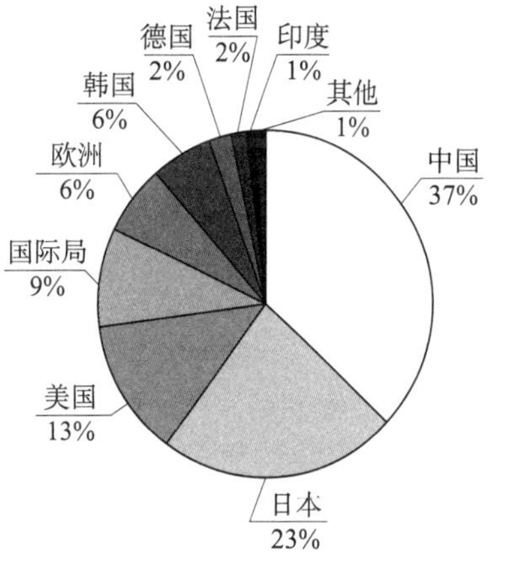

图4-1-5　动力电池SOH估算技术专利全球目标地分布

4.1.3.2　中国布局区域分析

在萌芽期阶段，在中国还没有关于动力电池SOH估算技术的专利申请，成长期和全面发展期在中国专利申请量较多的国家为中国、日本和韩国。图4-1-6示出了动力电池SOH估算技术专利在中国申请的国家和地区分布情况。从图4-1-6可以看出，在成长期有83%的专利申请来源于其他国家，其中56%来源于日本，中国仅占17%。1996~2008年，中国主要通过技术支持和研发与奥运示范运行相结合，奠定了电动汽车的研发和初步产业化基础，中国申请人还处于积蓄力量阶段。2013年，中国出台了《关于继续开展新能源汽车推广应用工作的通知》，北京、天津、太原等28个城市或区域被确认为首批新能源汽车推广应用城市，大力支持纯电动汽车的发展。2020年，国务院办公厅发布《新能源汽车产业发展规划（2021—2035年）》。在我国一系列政策的推动下，到全面发展期，动力电池SOH估算技术也进入高速发展阶段，中国专利的比例上升到76%，占据绝对数量。

4.1.3.3　原创地和目标地专利流向

表4-1-1示出了动力电池SOH估算技术专利的原创地和目标地专利流向。进一步分析中国、日本、韩国和美国的专利布局情况。从表4-1-1可以看出，这4国首先重视本国布局；同时，日本、韩国和美国也重视海外市场。其中，日本和韩国除该国国内布局外，美国市场和中国市场受到它们的重视。在目标地方面，美国市场受到了其他主要国家、地区和组织的重视，是全球主要的目标地，紧随其后的是中国，显示出中国在全球市场中的重要性日益增加。日本和韩国作为目标地，主要为该国国内进行的大量专利布局，其他国家、地区和组织在日本和韩国的专利布局普遍都很少。这一方面与两国政府的汽车政策有关，日本对进口汽车的销售量有限制，韩国政府最初以大幅度提高进口汽车关税的形式提高该国汽车的市场竞争力，这些导致外来品牌在两国很难做大做强，抑制了外国创新主体在日本和韩国的专利布局。另一方面也与日本和韩国民众偏爱选购自主品牌汽车有很大关系。作为原创申请量最多的中国几乎是

“自产自销”，说明中国在相关技术领域的国外专利布局力度尚有所欠缺，海外市场的拓展力较低，国际竞争力不足。

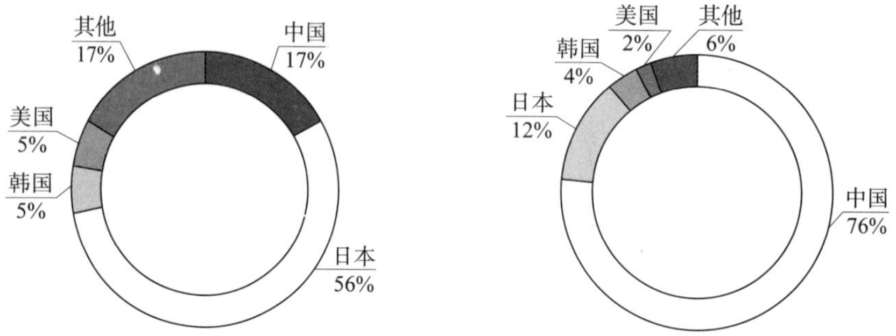

（a）成长期（2000~2009年）　　（b）全面发展期（2010年至今）

图4-1-6　动力电池SOH估算技术专利在中国申请的国家和地区分布

表4-1-1　动力电池SOH估算技术专利原创地和目标地流向　　单位：项

原创地	目标地															
	中国	日本	韩国	欧洲	美国	国际局	法国	加拿大	英国	德国	巴西	西班牙	印度	荷兰	奥地利	瑞典
中国	591	2	2	12	20	16	0	0	0	0	1	0	1	0	0	0
日本	107	460	19	55	130	107	0	2	1	22	1	0	7	0	0	0
韩国	30	14	95	22	45	21	0	0	0	4	0	0	2	0	0	0
美国	16	4	2	7	43	10	0	3	0	6	1	0	0	0	0	0
法国	11	5	2	20	8	18	31	1	0	0	0	2	0	0	0	0
德国	13	0	1	11	12	5	0	0	0	14	1	0	0	0	0	0
英国	2	0	0	0	1	3	0	0	3	0	0	0	0	0	0	0
瑞典	3	2	1	2	1	3	0	0	0	0	2	0	2	0	0	1
印度	1	1	0	0	1	2	0	0	1	1	1	0	3	0	0	0
芬兰	0	0	0	1	0	1	0	0	0	0	0	0	0	0	0	0
西班牙	0	0	0	2	1	2	0	0	0	0	0	1	0	0	0	0
奥地利	1	0	0	1	1	1	0	0	0	0	0	0	0	0	1	0
荷兰	1	0	0	1	1	1	0	0	0	0	0	0	0	1	0	0
加拿大	0	0	0	0	1	0	0	0	0	0	0	0	0	0	0	0
列支敦士登	0	0	0	1	0	1	0	0	0	0	0	0	0	0	0	0
挪威	0	0	0	0	0	1	0	0	0	0	0	0	0	0	0	0
瑞士	1	0	0	0	1	1	1	0	0	0	0	0	0	0	0	0
新加坡	0	0	0	1	1	1	0	0	0	0	0	0	0	0	0	0

4.2 技术构成

动力电池SOH衰减主要是由电池的老化和退化引起的，即电池的耐久性问题，意味着随着电池的使用或存储时间的增加，电池容量会下降，内阻增加，从而导致电池的SOH退化。目前动力电池SOH估算方法主要包括直接计算法、基于数据驱动法、基于电池模型法、融合评估法、对SOH的修正和根据单体SOH估算电池包SOH的方法。

4.2.1 技术分布和趋势分析

4.2.1.1 各技术分支占比分布

动力电池SOH估算技术包括直接计算法、基于数据驱动法和基于电池模型法3个主要分支，以及融合评估法、对SOH的修正和根据单体SOH估算电池包SOH 3个分支，各技术分支的全球专利申请量占比如图4-2-1所示。其中直接计算法位列第一，占比最高为67%；其次是基于数据驱动法，占比16%；基于电池模型法占比11%，融合评估法和对SOH的修正的占比相当，分别为3%、2%；根据单体SOH估算电池包SOH的占比最少，仅为1%。目前的动力电池SOH估算技术主要还是集中在直接计算法，这与目前直接计算法的算法设计简单、计算量小、稳定性强、适用广泛以及成本低的特点有关，因此动力电池SOH估算技术中直接计算法分支占比最大是不言而喻的。基于数据驱动法具有灵活性和无模型特性，不需要了解电池的工作原理和明确的电池模型，并且实时性和精度高的特点也很突出，只依赖于收集到的老化数据，因此，在企业、高校和科研机构中越来越受到关注。基于电池模型的方法需要大量的数据用于识别模型参数以建立电池模型，由于其复杂性和较高的计算成本，目前在实际的电动汽车BMS中实现电池模型法估算SOH是不太现实的，因此，基于电池模型方法的申请量比基于数据驱动的申请量略少一些。各个方法有各自的优缺点，目前将几种电池模型或算法融合的方法也受到了重视，融合的目的在于克服各自的缺点，发挥各自的优点。

4.2.1.2 各技术分支申请趋势

直接计算法又分为基于内阻法、基于容量法、基于电压法、直接计算法之间的融合和其他。基于内阻法是指利用电池工作时电流流过电池内部时所受到的阻力，即内阻计算电池SOH的方法。基于内阻法又可以分为交流阻抗谱分析法、交流阻抗分析法、电阻折算法和定义法。基于容量法是指根据体现电池性能退化的容量的变化计算电池SOH的方法，主要包括容量增量曲线法、定义法。基于电压法是指利用电池的电压变化与SOH的关系计算SOH，主要包括电压拟合曲线法。直接计算法之间的融合算法指通过将不同的直接计算法进行融合计算SOH以提高精度。直接计算法中还有很多其他算法，例如，基于放电时间或基于健康因子以及温度等其他参数计算SOH。图4-2-2示出了直接计算法专利申请的技术分布情况。基于内阻法占据全部申请量的36%，基于电压法和基于容量法的占比分别为22%和21%。由于电池的内阻是最能体现电池

SOH的参数，因此，基于内阻法吸引众多创新主体对其进行创新探索，基于容量法、基于电压法以及其他直接测量方法也同样受到关注。直接计算法之间的融合能够结合各个直接测量方法特点取长补短，其申请量也在逐渐增多。

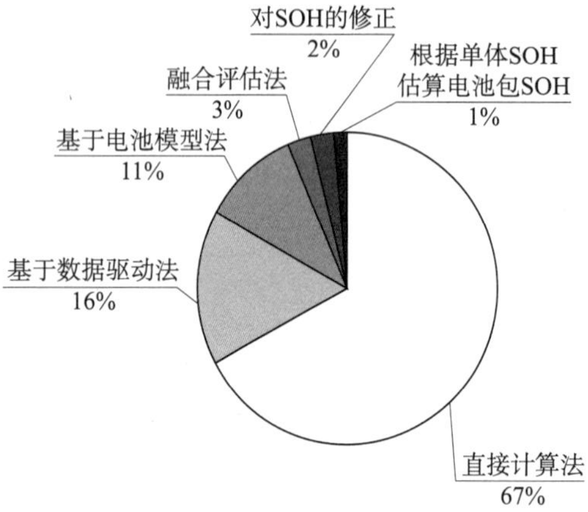

图4-2-1　动力电池SOH估算技术专利申请技术分布

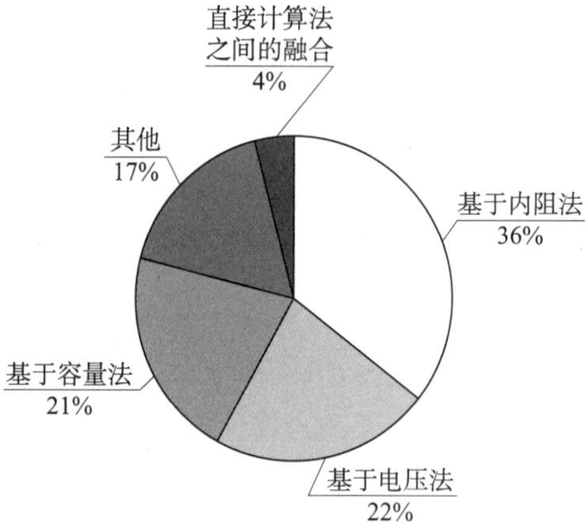

图4-2-2　直接计算法专利申请的技术分布

图4-2-3为动力电池SOH估算方法专利各技术分支全球申请量和中国申请量的年度分布情况。从图4-2-3中可以看到，自中国申请出现之后，中国申请的趋势与全球申请的趋势就几乎是一致的。直接计算法的全球申请量在1991~2009年一直处于稳步增长期，但这一阶段中国仅在2006年、2008年和2009年有少量的申请，在2010年之后全球申请量和中国申请量呈现相同的快速增长趋势，其中中国申请量在全球申请量中占比逐渐上升。随着计算机技术的发展，基于数据驱动法、基于电池模型法以及融合评估法分别于2011年、2012年、2016年开始呈现出爬坡式增长，成为新的研究热点。

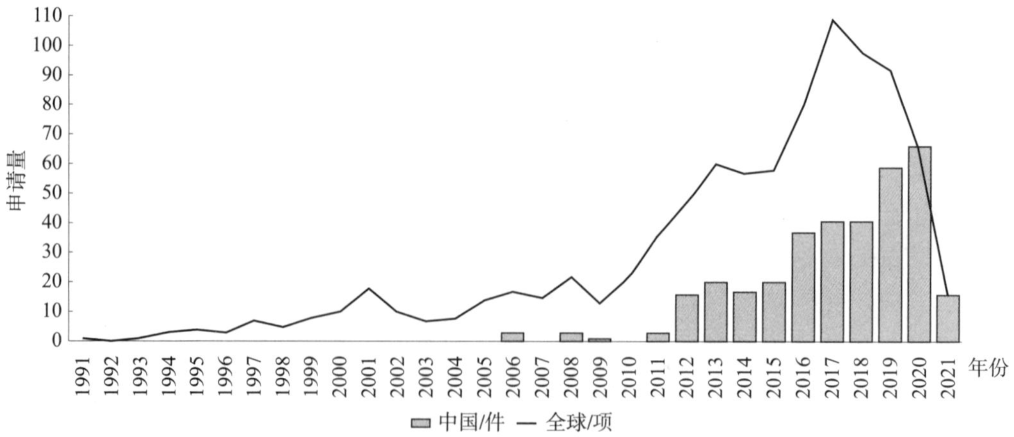

（a）直接计算法

图4-2-3　动力电池SOH估算技术各技术分支全球申请量和中国申请量年度分布

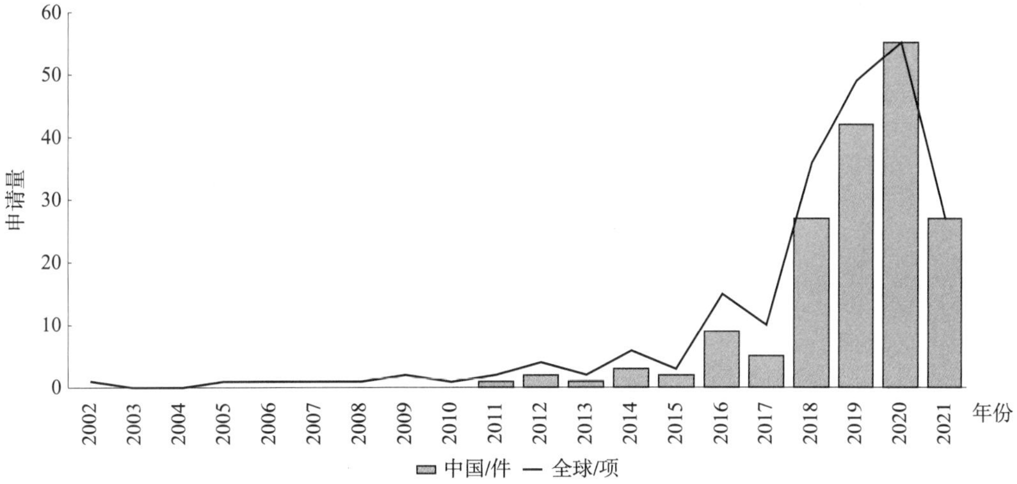

（b）基于数据驱动法

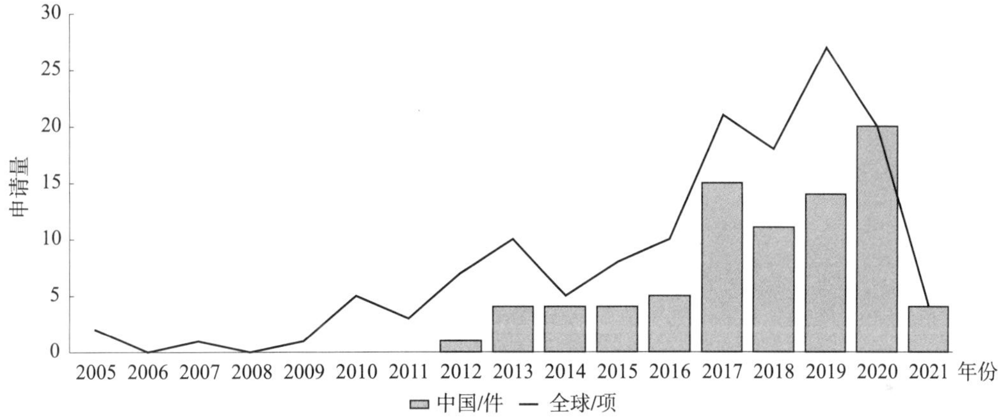

（c）基于电池模型法

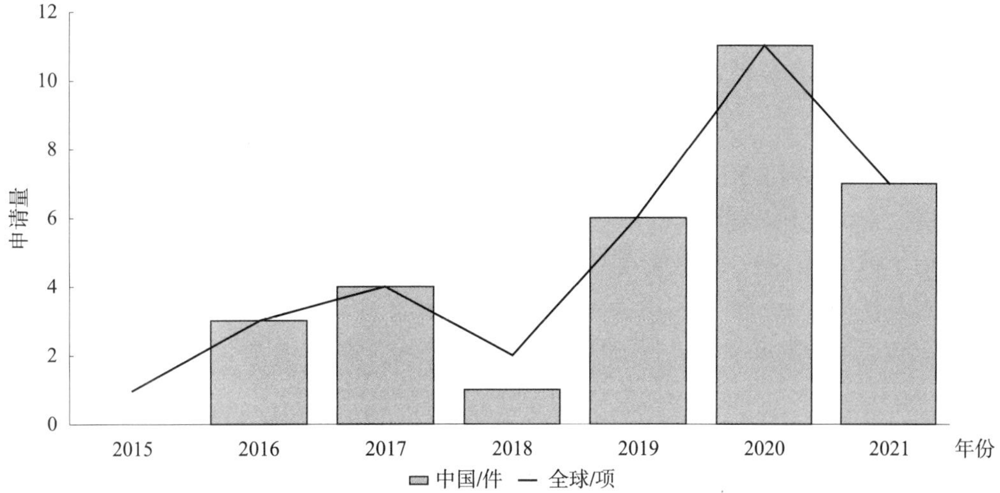

（d）融合评估法

图4-2-3　动力电池SOH估算技术各技术分支全球申请量和中国申请量年度分布（续）

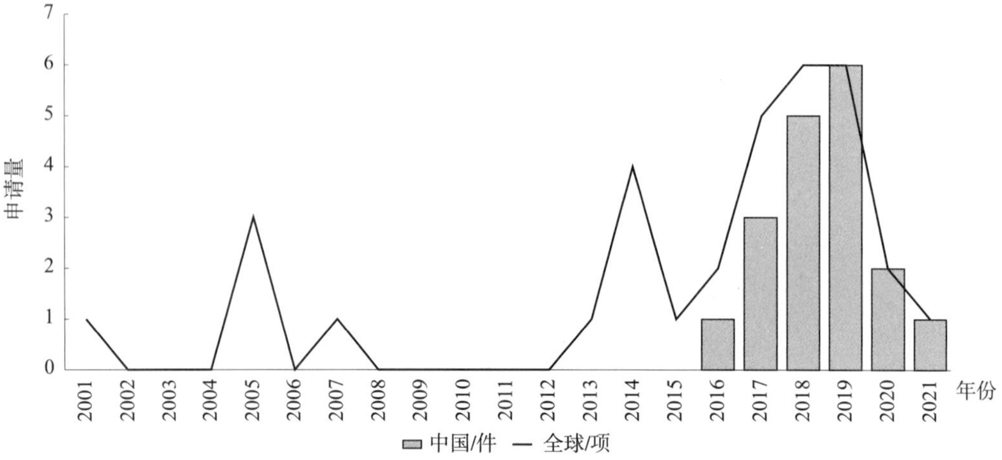

（e）对SOH的修正

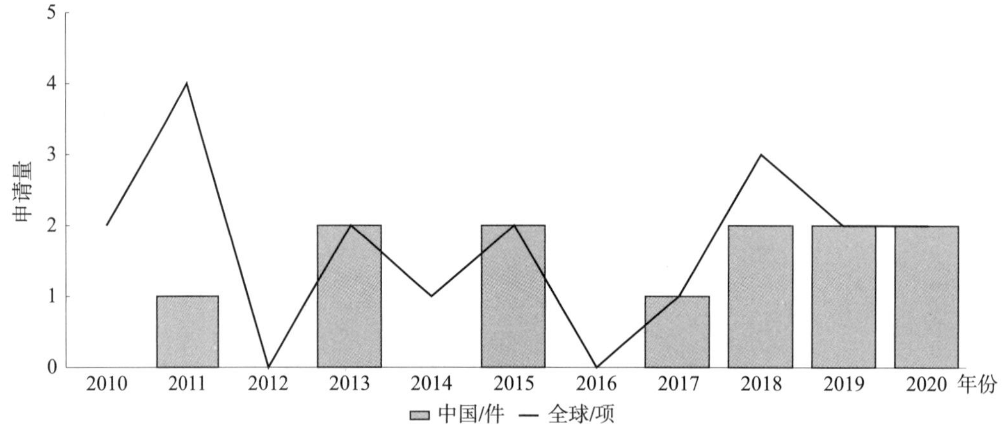

（f）根据单体SOH估算电池包SOH

图4-2-3 动力电池SOH估算技术各技术分支全球申请量和中国申请量年度分布（续）

4.2.2 技术发展脉络概况

在动力电池SOH估算技术中，具有直接计算法、基于数据驱动法、基于电池模型法、融合评估法、对SOH修正和根据单体SOH估算电池包SOH这6个主要技术分支，本节通过对全球专利数据样本进行梳理，结合产业发展情况和重要申请人的情况，在重点考虑了被引用次数、同族专利数量、申请时间上的优先性、专利有效性以及技术方案的先进性等多个因素的基础上，选取了各个技术分支的重点专利，试图对上述6个技术分支的技术发展脉络进行梳理，挖掘各技术分支的技术路径和关键技术，以及技术发展趋势，并对其中所涉及的重点技术进行详细分析。

图4-2-4示出了动力电池SOH估算技术的发展路线。从图4-2-4可以看出，在萌芽期以及成长期阶段，主要是国外申请人申请的专利；进入全面发展期后，中国申请人在电池状态估算技术领域开始提出一些重要专利。在各个技术分支具有不同的技术发展特点的同时，与大数据和云平台的结合是共同的发展趋势。

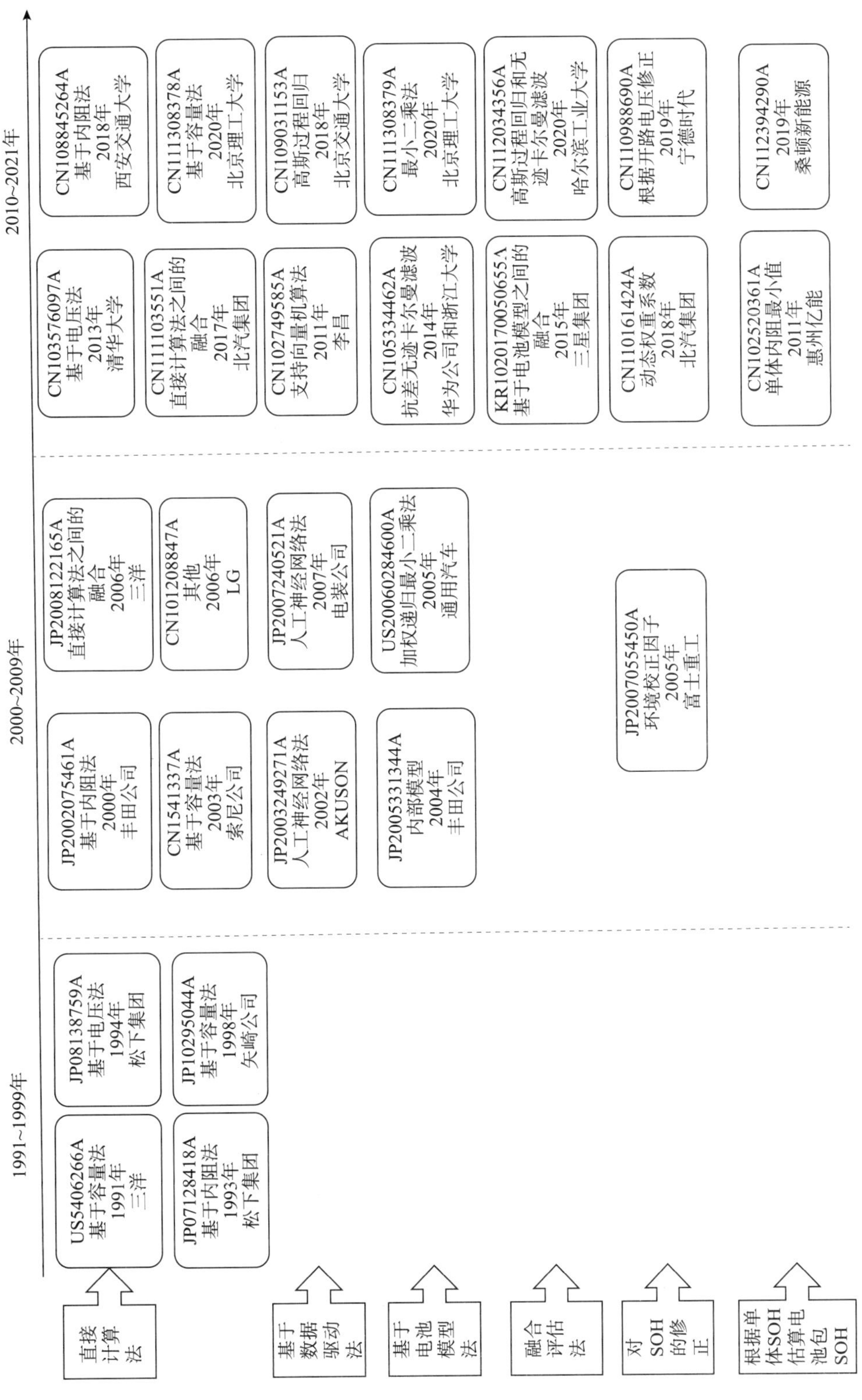

图4-2-4　动力电池SOH估算技术专利发展路线

4.2.2.1 直接计算法

（1）基于内阻法

基于内阻法是指，利用电池工作时电流流过电池内部时所受到的阻力，即内阻计算电池SOH的方法。电池内部活性物质活性降低、电极材料老化等变化都会导致电池内阻增大，内阻增大会导致电池工作电压降低，放电时间缩短。另外，电池工作过程中会有一部分能量消耗在电池内阻上，并且能量损失会随着电池内阻的增大而增大，损失的能量会造成电池内部温度升高，也同时加速了电池寿命衰减，因此电池内阻可以表征电池健康状况。基于内阻法又可以分为交流阻抗谱分析法、交流阻抗分析法、电阻折算法和定义法。

基于内阻法一直受全球申请人重视，在2009年以前的申请中，国外申请人占绝大部分。松下集团于1993年11月5日提交了专利申请JP07128418A，通过微型计算机算出电池内部阻抗，进行电池的剩余容量或劣化判定，具体通过向电池施加交流恒流，检测电流及电池端子电压，根据检测出的电流和电压的最大值与最小值的差值来计算电池内部阻抗。基于内阻大小来判断电池劣化时，由于基准值的设置会影响判断的准确性。针对该问题，日本的丰田公司于2000年9月5日提交了专利申请JP2002075461A，通过将电池的充放电功率和温度作为参数而设定的基准值，将基于计算的内部电阻与确定的基准值来确定电池的劣化，以提高判断的准确性。由于已有通过电流、电压计算内阻值的计算方法没有考虑开路电压变动的影响，因此，富士重工于2004年9月28日提交了专利申请JP2006098135A。其提出为了提高测量内阻的精度，考虑电池释放电压的波动，准确地掌握电池的劣化程度。在内阻计算部分中，基于充电或放电状态下电池的电流、端电压和温度的数据，通过线性递归计算内阻，并且计算内阻的增加率，以估计电池的劣化程度。为了避免温度的变化以及传感器精度对计算内阻的精度产生影响，日立公司于2007年12月27日提交了专利申请JP2008256673A，在每个温度区域运算内阻值后，在全部的温度区域进行运算而求出电池的内阻值，与基准内阻值进行比较，由此判定劣化状态，以抑制传感器误差和温度变化带来的影响。

中国最早的基于内阻法的申请是深圳市派司德科技有限公司于2011年3月16日提交的专利申请CN102156265A，通过将被测电池的标称冷启动电流换算成标称动态内阻，结合不同电池类型和不同环境温度的修正，计算电池SOC，经过严格的放电试验验证其估算的精度可以达到5%以内，可以重复测试，无须严格条件且自动化程度高，满足实际电池维护要求。长城汽车于2013年12月30日提出的专利申请CN103698713A，通过建立锂离子电池内阻模型，利用锂离子电池内阻模型对存储的电流及端电压数据进行拟合，进而求得锂离子电池的欧姆电阻和扩散电阻，以计算锂离子电池的SOH值。通过对不同充电状态的锂离子电池采用不同的内阻SOH评估方法，大大提高了评估结果的准确性。

由于温度对内阻的影响较大，为了解决这个问题，东芝公司于2014年8月6日申请的专利EP2762908A1，其中根据温度校正计算的反应电阻分量、欧姆电阻分量和扩散电阻分量，进而校正估计的内部电阻值，基于内部电阻值准确地判定劣化程度。马自达于2016年12月9日提交的专利申请JP2018096744A，提出了每隔规定时间间隔测定锂离子电池的输出电流值和输出电压值，能够基于发动机启动时复杂变动的锂离子电池输出电流、输出电压中的、变动缓慢的第二峰值之前的规定期间内的输出电流、输出电压来运算劣化判定用的内阻值，能够减小输出电流、输出电压的变动影响来运算准确的内阻值，因此能够基于准确地运算出的内阻值来判定锂离子电池的劣化程度。

西安交通大学于2018年6月1日提出的专利申请CN108845264A，通过小波分析电流瞬变时的电压信号中与阻抗谱中频段对应的频段信息来估计电池SOH，无需进行大量实验，可在线对电池进行SOH预测，预测准确度高，不影响电池的实验寿命，并且算法简单计算效率高。惠州市科达星辰技术有限公司于2019年7月30日提交了专利申请CN110398698A，通过采集多组数据，取其中间值在线估算内阻进行参考，无需测定前做大量标定实验，减少估算时的工作量，且通过电压和电流的同步采集，能够清楚观察到一段时间内电压和电流的波动情况，判断电池SOH。

由于传统的交流阻抗法需要额外的交流电信号，北京理工大学于2020年1月2日提交的专利申请CN111123133A，提出利用无线充电设备测量电池阻抗，无需外接单独的激励源，在车辆充电时完成电池阻抗实时测量，不增加新的设备，无新增成本，通过接收装置感应高频交变磁场产生激励电流，根据测量的电池阻抗值更新动力电池SOH。

（2）基于容量法

基于容量法是指，根据体现电池性能退化的容量的变化，计算电池SOH的方法，主要包括容量增量曲线法、定义法。早期的申请都是通过电流积分获取电池容量，通过容量的变化来判断电池SOH。最早由松下集团于1991年8月6日提出的专利申请US5406266A，指出根据电流检测单元的输出及其时间来计算电池组的容量，通过判断电池的预定容量和充电容量之差是否超过预定值来判断电池是否劣化。矢崎公司于1998年4月17日申请的专利JP10295044A，提出仅通过电流积分就能准确地确定剩余容量并判断劣化。

由于放电容量随着放电电流的增大而减小，电池的退化状态越严重，这种趋势越显著，采用电流积分方法计算剩余容量的方法，所估计的剩余容量与实际剩余容量的差会增大，影响估算精度。为了解决这个问题，索尼公司于2003年4月30日申请的CN1541337A，提出通过电阻元件校正所测量的电压，并且在用作参考的放电曲线中使用校正电压来计算剩余容量，从而将容量计算时候的误差抑制到最小。

根据行驶时的信息计算容量降低程度不仅需要复杂的运算，还存在运算时间过长的问题。因此，富士重工于2007年9月13日提出专利申请JP2009071986A，提出无需执行复杂的计算即可快速准确地确定电池的劣化，在通过外部电源对高压电池充电期间，计算基于充电电流的积分的充电容量、基于开路电压的容量和初始容量，以及计算电池处于非劣化状态时的容量变化量，取得容量变化量和充电容量之间的差，将差值相对于充电容量的比率作为劣化程度。为了解决简洁快速并且相对准确的估算SOH，广汽集团于2014年8月25日提交的专利申请CN105372594A，提出计算等效容量的方法，计算等效容量的主要目的是去除容量比较过程中温度的影响，不同温度下容量是有差异的，通过计算实际行车过程中等效容量，并与储存的等效容量进行比较，通过差值计算 SOH。华为公司和清华大学于 2016 年 2 月 22 日提出的专利申请 CN107102263A，提出首先确定电池的 SOC 交叉区间且电流处于交叉区间对应的电流区间，能够在电池充电或放电过程中，获取电池老化前容量和电池的老化后容量，从而准确估算电池 SOH。

随着大数据分析的技术发展，北汽集团于 2017 年 4 月 10 日提交的专利申请 CN106842065A，提出根据大数据统计分析初始充电容量与目标充电工况下的充电容量的变化来表征电池 SOH，达到实时评估电池 SOH 的目的。

容量增量曲线是将电池在恒流充电或放电工况下的端电压 - 容量曲线求一阶导数得到端电压 - 容量变化率曲线，该曲线描述了电池在单位电压下充入或放出的电量大小，具有反映电池衰退机理和老化模式的优点，用于判断电池的老化衰退模式，能获得较好效果。武汉理工大学于 2019 年 11 月 22 提出的专利申请 CN110927607A、北京理工大学于 2020 年 3 月 10 日提出的专利申请 CN111308378A、浙江大学于 2020 年 4 月 8 日提交的专利申请 CN111398833A 以及东风汽车集团有限公司于 2020 年 10 月 12 日提出的专利申请 CN112158105A 都提出利用容量增量曲线以提高估算的精度和效率。

（3）基于电压法

基于电压法是指，利用电池的电压变化与 SOH 的关系计算 SOH，主要包括电压拟合曲线法。电压曲线拟合法是指，对已经标定过的不同老化程度电池，进行充电和放电循环实验，将采集到的充电电压曲线进行归一化处理，最终选定基准曲线来估计 SOH。最早基于电压估算 SOH 的算法是由松下集团于 1994 年 11 月 8 日提出的 JPH08138759A，基于参考数据计算对应于检测到的放电电流值和温度值的劣化参考放电电压值，并且将劣化参考放电电压值与实际放电电压值进行比较以判断是否发生劣化。为了提高估算精度，日产公司于 2001 年 9 月 26 日提出了 JP2003100356A，提出在放电电流值小于规定值时，检测电压以得到放电特性的斜率，并根据检测的温度对电池为新品时的电压特性进行校正，根据计算的放电电压特性和校正的电压特性计算劣化。

为了提高估算的实时性，美国得克萨斯大学于 2010 年 9 月 7 日提出的专利申请 US2011060538A1 指出，使用电池脉冲响应确定端子电压以实现在线 SOH 估计方法。为了解决电路结构复杂的问题，IMV 株式会社于 2013 年 4 月 10 日提出的专利申请 CN103513184A 指出，切断充电中或放电中的二次电池的充电电流或放电电流，对切断了充电电流或放电电流的二次电池的端子电压进行测量，根据测量的端子电压随时间的变化来诊断该二次电池的劣化。

清华大学于 2013 年 11 月 19 日提出的专利申请 CN103576097A 指出，利用恒流充电电压曲线，通过正极均衡电势、负极均衡电势和电池的关键参数，无损地得到电池内部的情况，进而更全面地了解电池的 SOH。为了解决在线估算问题，江苏大学于 2015 年 8 月 28 日提交的专利申请 CN105158698A，提出基于充电电压曲线的电池组 SOH 在线估算方法，具有高精度、高效率的特点。华霆（合肥）动力技术有限公司于

2018 年 5 月 23 日提交的专利申请 CN108572327A，结合电池开路电压分析锂离子电池的 SOH，基于样本电池 SOH 与斜率的对应关系，根据待检测锂离子电池的斜率 k 的值，分析得到待检测锂离子电池的 SOH，从而能够便捷地实现对锂离子电池 SOH 估算的可靠分析。重庆金康新能源汽车有限公司也于 2020 年 2 月 6 日提出专利申请 CN111257778A，计算开路电压变化值，通过将累积容量值除以所述开路电压变化值确定斜率值，使用所述斜率值确定所述电池的 SOH。

（4）直接计算法之间的融合

利用各个直接计算方法的特点，通过将不同的直接计算法进行融合计算 SOH 以提高精度。三洋于 2006 年 11 月 9 日提交的专利申请 JP2008122165A，根据从电池的电流和温度计数的劣化程度 SOH1 和从电池的内阻获得的劣化程度 SOH2 两者来计算电池的劣化程度 SOH，根据内阻变化确定权重。

华南师范大学于 2013 年 7 月 8 日提交的专利申请 CN103344921A，利用电压回升速率获取主要因素判断值，利用内部阻抗值获取次要因素判断值，将主要因素判断值和次要因素判断值相加即为锂离子动力电池的 SOH 值，使得计算结果更加准确，采用主次要因素判断，使计算结果更加准确。长安汽车于 2013 年 10 月 31 日提交的专利申请 CN103558556A，利用冗余处理方法处理估算的实际容量和欧姆内阻；利用实际容量与欧姆内阻分别估算电池 SOH，并将它们之间的关系加权处理得到电池真实的 SOH；采用滤波加权处理方法处理电池的 SOH 值，能够达到较准确地反映电池真实的 SOH 的目的。

汤浅公司于 2015 年 9 月 9 日提交的专利申请 CN105467324A，提出根据温度的大小来采用不同的判定方法，温度小于给定温度的情况下，基于内部电阻检测部检测出的内部电阻来进行判定，温度为给定温度以上时，基于容量维持率计算部计算出的容量维持率来判定。国家电网于 2016 年 8 月 26 日提交的专利申请 CN106353687A，提出综合锂电池的端电压变化率、欧姆内阻和极化内阻作为评估因素，提高锂电池 SOH 评估的准确性，实现锂电池 SOH 的快速准确测量。

北汽集团于 2018 年 10 月 26 日提交的专利申请 CN111103551A，根据电池系统的基于充电容量 SOH 值、电池系统的基于放电内阻 SOH 值，以及电池系统的基于放电电压 SOH 值，计算电池系统的实际 SOH 值，从而提升 SOH 计算的准确性。松下电器机电（中国）有限公司于 2020 年 3 月 25 日提交的专利申请 CN111366865A，利用容量分量和循环分量结合计算电池健康度，权重系数为事先根据电池的使用工况，通过实验确定的权重值，可以避免满充容量更新的延迟导致的电池 SOH 的计算值滞后的问题，提高电池 SOH 的更新速度，计算的电池 SOH 更接近当前的实际电池 SOH。

（5）其他

直接计算法中还有很多其他算法，包括基于健康因子、温度、时间、循环次数及结合非电参数等计算 SOH 的方法。例如，日本的积水公司于 2000 年 4 月 4 日提交的专利申请 JP2001292534A，提出通过检测电流下降时间，与预先存储的电池的初始状态下的基准经过时间进行比较，来判定电池的劣化度。LG 于 2006 年 6 月 30 日提交的专利申请 CN101208847A，提出 SOH 估算表建立了与根据温度和充电状态的各种内电阻值相对应的 SOH 值，能够简单且相对精确地估算 SOH。哈尔滨工业大学于 2017 年 10 月 26 日提交的专利申请 CN107831444A，根据实时测量的充电电压、充电电流、充电时间定义锂离子电池的 SOH 指示因子表达式，从而根据 SOH 指示因子获得电池的 SOH。美蓓亚三美株式会社于 2019 年 8 月 2 日提交的专利申请 CN112534626A，提出在容量变化检测的基础上结合体积变化检测，以高精度地确定电池的劣化状态。

4.2.2.2 基于数据驱动法

基于数据驱动的 SOH 的估算方法，以采集的数据为基础，主要利用各种数据分析方法，例如支持向量机算法、相似向量机算法、人工神经网络算法、高斯过程回归算法等，挖掘其中的隐含信息，通过训练，建立输入参数与 SOH 的关系，不需要深入了解内部的机理，是一种较为实用的预测方法。

最早由日本的 AKUSON 于 2002 年 2 月 22 日提交的申请专利 JP2003249271A，提出了通过使用神经网络，能够实时且准确地自动判定工作中的电池的劣化状态的判定方法及其装置。为了抑制由被测对象的特性偏差引起的精度降低的问题，日本的电装公司于 2007 年 1 月 30 日提交的专利申请 JP2007240521A，提出将电池状态数据代入到由规定的函数定义的数学模型来计算规定的函数的系数项，将系数项与电池状态数据一起作为输入参数输入到神经网络来运算二次电池的蓄电量的劣化状态。

中国的申请人李昌于 2011 年 4 月 21 日提交的专利申请 CN102749585A，提出考虑蓄电池性能劣化过程与电压、电流变化情况及温度变化情况密切相关，为了更能体现内在的联系，通过建立支持向量机数据分类训练集，利用多层支持向量机蓄电池性能劣化诊断流程，具有更高的准确性。对于传统锂电池 SOH 预测适应性差，训练数据较少，预测效果不是很理想等问题，哈尔滨工业大学于 2012 年 6 月 15 日提交的专利申请 CN102798823A，提出一种基于高斯过程回归算法的锂电池 SOH 预测方法。

数据驱动对训练样本的要求较高，针对这一问题广东电网公司电力科学研究院于 2014 年 5 月 12 提交的专利申请 CN104035037A，提出了具有输出 - 输入反馈的改进 Elman 神经网络算法对电动汽车动力电池的 SOH 进行预测，既降低了对训练样本个数的需求，又能提高预测精度。

为了解决采用简单线性回归较难刻画电池容量与特征参数复杂的函数关系，以及估计精度难以保证的问题，北京交通大学于 2018 年 10 月 16 日提交的专利申请 CN109031153A，采用容量增量法从容量增量曲线中获取特征参数，利用多输出高斯过程回归模型方法完成特征参数与 SOH 函数模型的建立，提高 SOH 的估计精度，同时该方法对于训练数据依赖较小，对不同类型的锂离子电池具有很好的适应性。华中科技大学于 2019 年 9 月 12 日提交的申请 CN110568361A，通过选取支持向量机回归法来构建预测模型，根据预测的电池容量计算电池 SOH，能够实现 SOH 的准确估计。

随着大数据、人工智能的发展，北京理工大学于 2020 年 11 月 16 日提交的专利申请 CN112379273A，提出通过数据平台汇总 BMS 采集到的完整充电曲线作为新的训练数据，采集充电片段数据作为深度学习算法的输入，以实现深度学习随电池工作状态的自适应更新。北京昆兰新能源技术有限公司于2021年1月19日申请的专利CN112881930A，提出一种基于物联网的储能电池健康管理预测系统及方法，通过物联网平台与云数据库通过BP神经网络算法训练，建立多参数与SOH的关系，使得云端数据越多的情况下，SOH越接近真实值，用以直观、准确地获取锂电池的SOH。

4.2.2.3 基于电池模型法

基于电池模型法通过建立电池的电化学模型来进行估算，需要对电池的电化学机理进行研究。为了表征电池老化机理，提出多种电化学模型，最常用的模型为电化学模型和等效电路模型。由于电化学模型的复杂性和较高的计算成本，所以等效电路模型的使用较为广泛。目前基于电池模型法主要采用卡尔曼滤波、多阶卡尔曼滤波、观测器、粒子滤波等算法。

基于电池模型法，最早由丰田公司于2004年5月19日提出的专利申请JP2005331344A，指出基于由传感器得到的检测值，动态地推定电池内部状态的电池模型，逐次更新电池模型的参数，从而更准确地掌握内部状态，能够最大限度地利用电池性能。通用汽车于2005年11月10日提交专利申请US20060284600A1，提出采用加权递归最小二乘方法，以提高估算的准确性和可靠性。华为公司和浙江大学于2014年8月7日提交的专利申请CN105334462A，利用抗差无迹卡尔曼滤波算法对欧姆内阻的状态量进行迭代，对电池二阶电路模型中的模型参数进行辨识；确定关于欧姆内阻的状态量及状态方程，根据电池老化实验建立所述电池的循环次数与欧姆内阻的关系方程，并建立通过循环次数来估算电池SOH的计算方程。哈尔滨工业大学于2017年9月19日提交的专利申请CN107607880A，采用分段参数辨识与遗传算法对参数进行辨识，对电池SOH进行评价。

粒子滤波算法对于非线性非高斯系统的求解具有一定的优越性，通用汽车于2012年8月15日提交的专利申请US2014049226A1，提出采用粒子滤波估算电池SOH，但是在实现过程中经常会出现粒子退化、粒子多样性丧失等问题，且计算量较大，需要对其进行改进。上海电力学院于2018年9月11日提交的专利申请CN109061508A，采用最小二乘曲线拟合法辨识出模型中的参数，采用改进无迹粒子滤波算法来跟踪预测欧姆电阻，在粒子滤波算法的基础上，抛弃传统重采样方法，采用权值排序优胜劣汰的粒子选择算法进行重采样，改善粒子滤波算法的粒子退化问题，可以有效提高动力锂电池SOH的估计精度。

北京交通大学于2019年12月19日提交的专利申请CN110954832A，采用扩展卡尔曼滤波算法，从电池动态电流工况放电数据中辨识开路电压随放电容量的变化曲线，用于动态工况下电池SOH在线诊断，能够反映电池内部衰退机理与老化模式，对影响电池SOH的内在原因进行定量化分析，且对于不同工况的适应性强，便于在实车运行过程中进行在线应用。传统的卡尔曼滤波算法在估算内阻时存在误差较大的问题，西安理工大学于2019年4月29日申请的专利CN110058160A，提出基于平方根扩展卡尔曼滤波（SREKF）的锂电池健康状态的预测方法，根据实验测量值的数目迭代SREKF得到欧姆内阻预测值序列。

北京理工大学于2020年3月13日提交的专利申请CN111308379A，提出建立二阶

RC 等效电路模型，利用局部恒压充电数据，采用最小二乘法，辨识模型参数，仅依据局部恒压充电数据即可实现电池 SOH 的高精度估计。随着计算机、大数据技术的发展，北京航空航天大学于 2020 年 10 月 29 日提交的专利申请 CN111999657A，通过云端数据平台采集电动汽车的锂离子电池的行驶历史数据以及驾驶员历史行为数据，根据可用数据中的电池信息数据基于电池原理进行等效电路建模。安徽贵博新能科技有限公司于 2021 年 2 月 7 日申请的专利 CN113049960A，提出采用粒子群 - 遗传算法的电池模型参数在线辨识，采用粒子滤波算法的电池参数在线辨识和电池 SOH 实时估计。

4.2.2.4 融合评估法

融合评估法是将几种基于数据驱动法或基于电池模型法进行融合的 SOH 估算新方法，目的是最大化地利用两种不同方法的优势，克服各自的缺点，提高估算的精度，主要有基于数据驱动之间的融合、基于电池模型之间的融合、基于数据驱动与电池模型的融合、直接计算法与基于数据驱动法的融合、直接计算法与基于电池模型法的融合。

对于基于数据驱动之间的融合，哈尔滨理工大学于 2016 年 8 月 29 日提交了申请 CN106405427A，提出一种基于神经网络与 Maternard 核函数高斯过程回归的锂电池 SOH 预测方法，具有较高的准确度和精度。华东理工大学于 2020 年 12 月 10 日提交的申请 CN112611976A 通过一维卷积神经网络（CNN）和改进的循环神经网络模型对电池健康状态进行估计，克服了传统循环神经网络的缺点，能够充分利用过程信息，且能够估计准确。

对于基于电池模型之间的融合，三星集团于 2015 年 10 月 30 日申请专利 KR1020170050655A 将电池的感测数据划分为一个或多个区域；以及通过将不同的 SOH 估计模型应用于所述一个或多个划分的区域中的每个区域来估计所述电池的 SOH。上海交通大学于 2021 年 3 月 30 日提交的专利申请 CN113075574A，对 SOH 衰减趋势、局部容量信息和可用容量信息进行信息融合，获得最终电池 SOH 预测值，具有预测精度高、稳定性和鲁棒性佳等优点。

对于基于数据驱动与电池模型的融合，南京航空航天大学于 2017 年 7 月 28 日提交专利的申请 CN107436411A，采用基于分数阶神经网络和双容积卡尔曼的电池 SOH 在线估计方法，它将智能算法建模和在线滤波估计相结合，来进行电池的状态估计和健康管理，提高了电池健康管理的效率和准确度。哈尔滨工业大学于 2019 年 6 月 11 日申请的专利 CN110222431A，为了解决现有的基于融合模型的锂离子电池剩余寿命预测方法，存在非线性退化过程拟合能力差、不同工作状态适应能力低的问题，提出基于门控循环单元神经网络和卡尔曼滤波模型融合的锂离子电池剩余寿命预测方法，从而获取更加准确的电池容量预测模型，减小了噪声，提高预测结果的准确性。哈尔滨工业大学于 2020 年 9 月 9 日申请的专利 CN112034356A，提出了基于高斯过程回归和无迹卡尔曼滤波的电动汽车动力电池在线 SOH 估算方法。

湖南宏迅亿安新能源科技有限公司于 2018 年 7 月 18 日提交的申请 CN108896926A，基于直接计算法与基于数据驱动法的融合和直接计算法与基于电池模型法的融合，根据积分容量得到锂电池的第一 SOH；利用小波分析和卡尔曼滤波法进行锂电池 SOH 评估，得到第二 SOH；最后对两个 SOH 进行加权计算，确定最终 SOH。通过安时积分法对实时评估结果进行综合校正，增加求算结果可信度。利用卡尔曼滤波算法从内阻定义得到锂电池 SOH，并在此基础上利用小波理论滤波，降低噪声对卡尔曼滤波计算结果的影响，可实现实时准确评估锂电池的 SOH。

4.2.2.5　对 SOH 的修正、根据单体 SOH 估算电池包 SOH

对 SOH 的修正的目的均是提高估算的准确性。富士重工于 2005 年 8 月 24 日提交的专利申请 JP2007055450A，提出为了降低误差的积累效果，当判断电池的使用环境处于偏离根据车辆位置和驾驶状况的数据预测的正常范围时，通过使用基于环境持续时间段计算的校正因子来计算 SOH。为了避免温度带来的误差，铃木汽车于 2014 年 1 月 29 日提交的专利申请 JP2015141117A，设置有检测电池环境温度的环境温度传感器，劣化状态估计部通过与由环境温度传感器检测出的温度对应的校正系数来校正劣化状态。四川普力科技有限公司于 2016 年 11 月 18 日申请的专利 CN106597295A，通过引入利用样品锂电池 SOH、测试电压及与测试电压对应的直流输出阻抗拟合初始估算公式和基于电压表示的修正公式，能减少该估算方法的误差，有效提高估算精确。北汽集团于 2018 年 2 月 11 日申请的专利 CN110161424A，根据容量比率得到动力电池的第一 SOH，根据动力电池的充放电次数得到第二 SOH，根据所述第一 SOH 和预设的动态权重系数对动力电池的第二 SOH 进行修正，可以准确且简单方便地得到动力电池的 SOH。江汽集团 2018 年 11 月 22 日提交的专利申请 CN109507611A，提出一种电动汽车的 SOH 修正方法及系统，采用设置 OCV-SOC 对应表，并在符合条件时通过开路电压修正动力电池的 SOC，进而对动力电池 SOH 进行修正。宁德时代于 2019 年 4 月 25 日提交的专利申请 CN110988690A，提出当电芯的电压值在修正开路电压区段内时，获得 SOC 并进行 SOH 修正，不受滞回效应影响，不随电池老化变化影响，提升了 SOH 修正结果的可靠性，能够准确估算电池的健康程度

电池作为重要储能单元，在不断的使用过程中，电池的寿命会逐渐衰减，性能也逐渐变差；当电池成组使用时，电池组的使用寿命和性能都会随着使用过程不断下降，成组以后的电池性能会因为单体电池自身性能和单体电池之间的差异而变得更加复杂。因此，提出了根据单体 SOH 估算电池包 SOH 的相关技术，约翰·麦克哈迪（John McHardy）于 2010 年 11 月 14 日申请的专利 US20120123712A1，通过测量各个电池单元和/或整个电池网络的阻抗特性的变化来确定电池网络的 SOH。

惠州亿能于 2011 年 12 月 5 日提交的专利申请 CN102520361A，通过获取电池组中各电池单体基于电池内阻 SOH，以所获得各 SOH 的最小值作为该电池组的 SOH。深圳市沃特玛电池有限公司于 2015 年 10 月 21 日提交的专利申请 CN106610475A，在充电末期根据电池组单体电压之间的差异，通过拟合方程把单体电压之间的差异算出电池组单体间的容量差异，来评估电池组的劣化程度，提高了对 SOH 的评估准确性。桑顿新能源于 2019 年 8 月 16 日提交的专利申请 CN112394290A，根据目标单体电芯的参数变化，计算得到电池包的 SOH，能够使得电池包 SOH 值的估算更为准确，得到更加准确的 SOH 值。

4.2.3 技术功效

为准确及时快速地获知动力电池的SOH值，使电池工作在最优状态，提高估算精度、降低估算复杂度和提高实时性受到广泛关注，另外，从电动汽车成本和操作性的角度考虑，降低估算成本和提高可靠性也受到普遍关注。因此，SOH估算技术主要的技术功效集中在提高估算精度、降低估算复杂度、降低估算成本、提高实时性和提高可靠性5个方面，其中提高估算精度的技术功效申请量最多。表4-2-1示出了动力电池SOH估算技术专利功效分布情况，提高估算精度主要通过直接计算法和基于数据驱动法中的人工神经网络算法来加以实现，降低估算复杂度、降低估算成本、提高实时性、提高可靠性的技术功效方面也着眼于通过探索创新直接计算法来达到。

表4-2-1 动力电池SOH估算技术功效分布　　单位：项

技术分支		技术功效				
		提高估算精度	降低估算复杂度	降低估算成本	提高实时性	提高可靠性
直接计算法	基于内阻法	272	44	21	14	15
	基于容量法	149	32	11	7	19
	基于电压法	152	37	11	6	17
	直接计算法之间的融合	29	8	1	5	2
	其他	124	17	8	13	7
基于数据驱动法	支持向量机算法	23	9	0	2	4
	高斯过程回归算法	40	12	2	3	5
	人工神经网络算法	68	17	3	6	4
	其他	32	8	2	2	13
基于电池模型法	卡尔曼滤波器算法	32	7	1	6	5
	观测器算法	1	2	0	0	1
	其他	16	6	0	3	4
融合评估法	基于数据驱动之间的融合	17	6	0	1	3
	基于电池模型之间的融合	3	0	0	0	0
	直接计算法与基于数据驱动法之间的融合	1	1	1	0	0
	基于数据驱动与电池模型的融合	10	2	0	2	1
	直接计算法与基于电池模型法的融合	2	0	0	1	0
对SOH的修正		31	1	1	2	2
根据单体SOH估算电池包SOH		15	2	2	2	1

4.2.4 国外和国内主要申请人技术分布

表4-2-2示出了国外主要申请人在动力电池SOH估算技术专利技术分布情况。可以看出，主要申请人重点关注的还是直接计算法，其他方法则较少涉及。其中，丰田公司的专利申请主要涉及直接计算法。三菱公司和松下集团的专利申请未涉及基于数据驱动法，汤浅公司和东芝公司的专利申请则未涉及基于电池模型法。而融合评估法仅有三星集团的1件申请涉及。可见，由于国外主要申请人均为企业，其更加注重实用便捷的直接计算法，致力于提高直接计算法的各项性能的研究。

表4-2-2 国外主要申请人在动力电池SOH估算技术专利技术分布 单位：项

国外主要申请人	技术分支					
	直接计算法	基于数据驱动法	基于电池模型法	融合评估法	对SOH的修正	根据单体SOH估算电池包SOH
丰田公司	67	2	4	0	1	1
三菱公司	34	0	3	0	1	1
日立公司	31	1	2	0	0	0
汤浅公司	29	2	0	0	0	0
松下集团	24	0	4	0	2	1
LG	22	1	2	0	0	0
三星集团	13	3	6	1	1	0
现代公司	16	2	2	0	1	0
东芝公司	19	2	0	0	0	0
古河电工	14	2	2	0	1	1

表4-2-3示出了国内主要申请人在动力电池SOH估算技术专利技术分布情况。可以看出，国内主要申请人中企业和高校重点关注的技术有所不同。国家电网、北汽集团、华为公司和宇通客车的专利申请更多关注直接计算法，其中仅国家电网的专利申请对基于数据驱动法和基于电池模型方法都有涉及，北汽集团和华为公司仅有少量申请涉及基于电池模型法，这4家公司的申请对其他方法则较少涉及或不涉及。国内各高校申请人则对基于数据驱动法和基于电池模型法更加关注。其中，以北京理工大学和哈尔滨工业大学为代表，北京理工大学的专利申请在直接计算法、基于数据驱动法和基于电池模型法3个分支的数量较为均衡，哈尔滨工业大学的专利申请主要涉及基于数据驱动法和基于电池模型法，少量涉及融合评估法和直接计算法。整体来看，国内电池SOH估算技术主要申请人中高校占据大多数，且高校对于算法的研究较为全面，注重均衡性；企业也有投入，但更注重算法的实用性。

表4-2-3 国内主要申请人在动力电池SOH估算技术专利技术分布 单位：件

国内主要申请人	技术分支					
	直接计算法	基于数据驱动法	基于电池模型法	融合评估法	对SOH的修正	根据单体SOH估算电池包SOH
国家电网	12	10	4	1	0	0
北汽集团	16	0	1	0	3	0
北京理工大学	5	6	5	1	0	0
哈尔滨工业大学	2	7	8	4	0	0
华为公司	6	0	3	0	0	1
北京交通大学	4	3	3	1	0	0
清华大学	6	1	2	0	0	0
武汉理工大学	3	6	0	0	0	0
江苏大学	4	4	0	1	0	0
宇通客车	8	0	0	0	0	0

4.3 SOC和SOH联合估算技术专利分析

在电动汽车或混合动力汽车应用过程中，需要实时地对电池SOC和SOH进行估计，目前对SOC和SOH的估算方法，存在独立估算和联合估算的两种思路。其中，独立估算的思路是对SOC和SOH进行解耦估算，在对其中一个状态量进行估算时，忽略另一个状态量的影响，进而在前一状态量确定的情况下获取另一状态量。SOC和SOH联合估算则是在考虑SOC和SOH耦合关系的基础上，将SOC和SOH相互迭代以实现两者交替更新。由于在进行SOC估算时考虑了SOH的影响，且在进行SOH估算时考虑了SOC的影响，联合估算方法能够跟随电池当前状态变化自适应调整，更加准确地实现SOC和SOH同时估算。并且，目前由于汽车内部的嵌入式芯片的处理能力有限，众多的状态参数的单独计算需要更大的硬件计算空间，联合计算能够更加节省计算空间。目前SOC和SOH联合估算的方法主要有直接计算法、基于数据驱动法、基于电池模型法、基于数据驱动和电池模型的融合以及其他方法。

4.3.1 技术分布和趋势分析

4.3.1.1 技术分布

SOC和SOH联合估算的方法主要有直接计算法、基于数据驱动法、基于电池模型法，以及融合评估法。各技术分支的全球专利申请量占比情况如图4-3-1所示，其中，直接计算法的联合估算方法占比54%，位列第一；基于电池模型法占比33%，位居第二；基于数据驱动法占比 10%，位列第三。可见，目前 SOC 和 SOH 联合估算技术与单独估算 SOH 的估算方法情况相同，都是集中在直接计算法，这与直接计算法的算法目前更实用有关。但是基于电池模型法和基于数据驱动法也越来越受到关注，成为未来的研究热点。

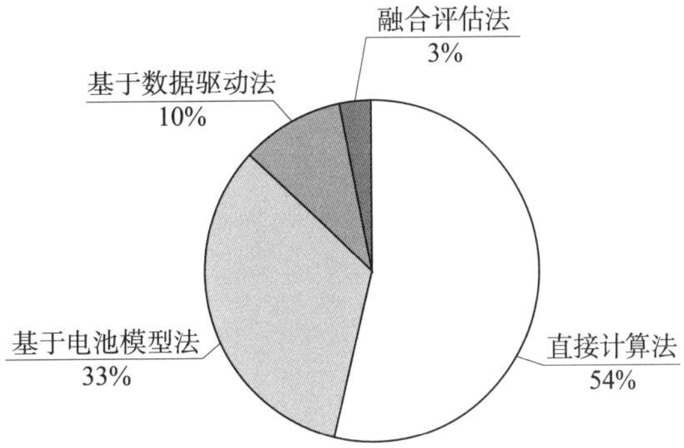

图 4－3－1　SOC 和 SOH 联合估算技术下级分支专利申请量占比

4.3.1.2　各技术分支发展趋势

图 4－3－2 示出了 SOC 和 SOH 联合估算技术各技术分支全球和中国申请情况。SOC 和 SOH 联合估算技术的提出最早出现在 1992 年，但直到 1999 年才出现联合估算的专利申请，在 2003 年才出现逐渐增长的趋势。在 1991～2003 年，属于 SOC 和 SOH 联合估算技术的探索阶段，这一时期的申请主要还是 SOC 和 SOH 单独计算的思路，联合估算方法也只是直接计算法。在 2003～2010 年也主要以直接计算法的联合估算的专利申请为主，在 2011 年之后，直接计算法的联合估算技术方面的专利申请数量趋于稳定，但随着基于数据驱动法和基于电池模型法的提出，关于两种方法的 SOC 和 SOH 联合估算技术方面的专利申请数量呈现爬坡式的上升趋势，成为新的研究热点。虽然 2019 年有所下滑，但随着计算机技术的发展，电池状态联合估算将会成为未来动力电池状态估算的重要发展趋势。

4.3.2　技术发展脉络

图 4－3－3 示出了 SOC 和 SOH 联合估算的技术发展脉络。其中采用直接计算法进行 SOC 和 SOH 联合估算的最早申请是由 M & C 株式会社于 1993 年 1 月 29 日提出的专利申请 CN1084281A，其中通过检查电池容量相应的电流，监测端电压的变化，根据其变化状态判断蓄电池的老化程度，根据端电压判断蓄电池的剩余容量。丰田公司于 1993 年 7 月 12 日提交专利申请 US5539318A，提出采用安时积分法计算充电状态，基于充电状态和剩余容量计算 SOH。由于温度的变化对电池状态估算的影响很大，因此，为了提高精度，汤浅公司于 2004 年 5 月 31 日提出的专利申请 JP2005345135A，估计温度 T_c 中的电流－电压特性，并且基于温度 T_c 中的电流－电压特性来确定电池 SOC 和/或电池 SOH。为了提高适应性，中国电力科学研究院于 2018 年 8 月 22 日申请专利 CN108931738A，通过测量锂电池的开路电压，然后根据开路电压的大小并结合不同类型电池的工作电压的上、下限值、恒流充/放电的时间，计算电池的剩余容量，最后根据电池的剩余容量和标称容量的比值确定电池 SOH。

采用基于数据驱动法的 SOC 和 SOH 联合估算方法的最早专利申请是在 2005 年 9 月 5 日，由印度最大的电池制造商 EXIDE 提出的专利申请 IN246616A1，通过端子电压、电流和内部电阻、电池温度、消耗时间中的一个或多个的其他输入，训练人工神经

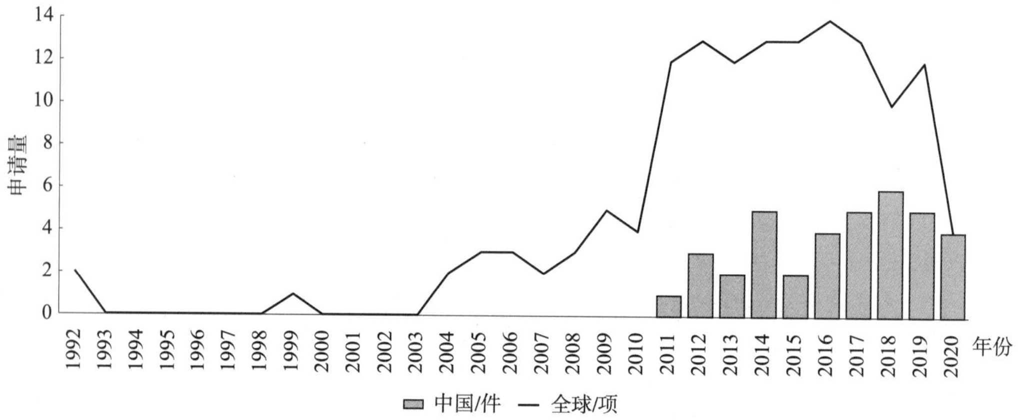

（a）直接计算法

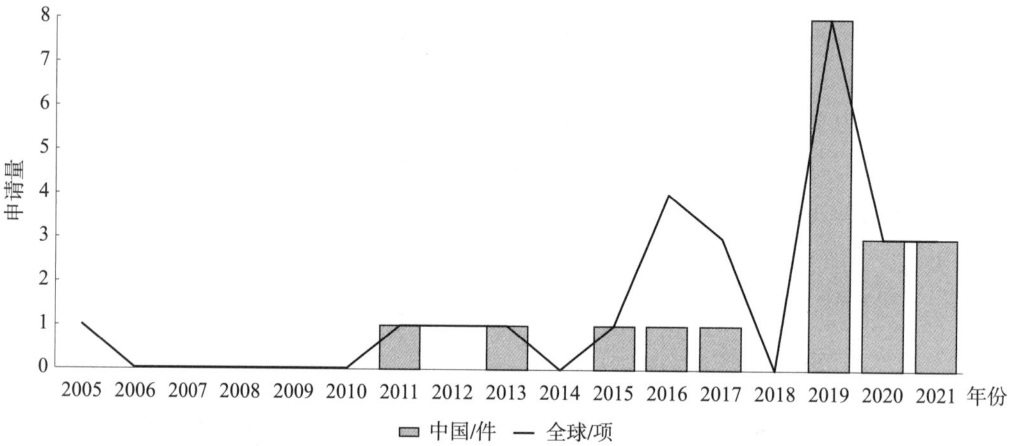

（b）基于数据驱动法

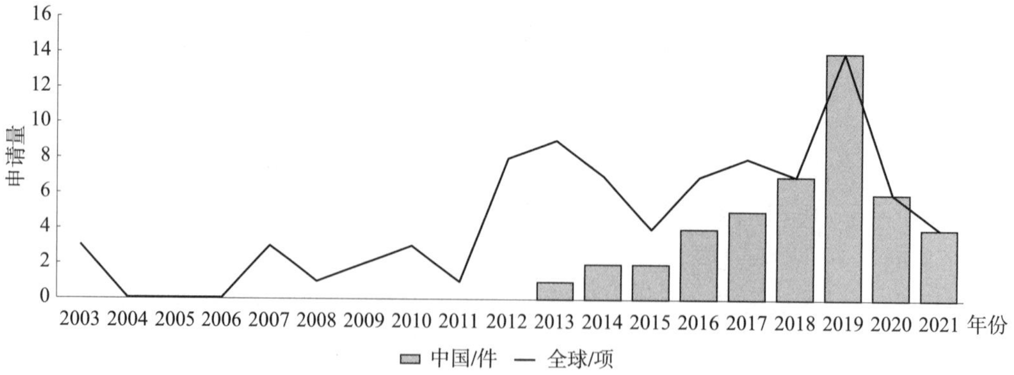

（c）基于电池模型法

图4-3-2　SOC和SOH联合估算技术各技术分支专利全球和中国申请

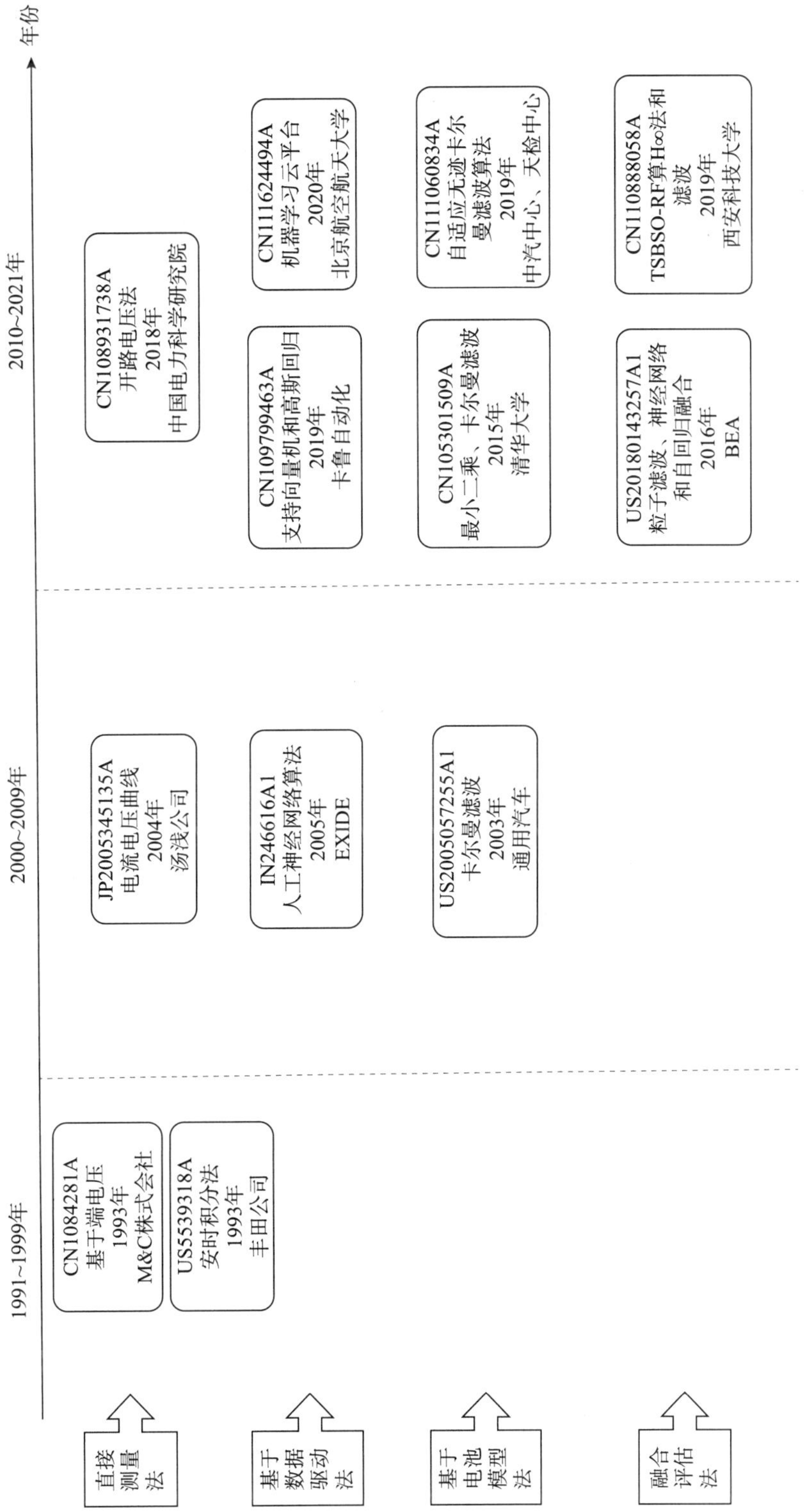

图 4-3-3 SOC 和 SOH 联合估算技术发展路线

网络得到电池的 SOC 和 SOH。国内最早采用人工神经网络进行联合估算的相关申请，是由上海交通大学于 2011 年 12 月 23 日申请的专利 CN102520366A。为了提高精度，将多种数据驱动方法进行融合的方法被提出，BEA 于 2016 年 11 月 21 日申请的专利 US20180143257A1，使用该信息通过学习相关向量机、模糊逻辑和神经网络等算法，估计电池 SOH 和 SOC。随着大数据、云平台的发展，卡鲁自动化于 2019 年 1 月 18 日提交的专利申请 CN109799463A，提出一种基于大数据的实际运行工况下动力电池 SOC 和 SOH 联合估计与预测方法，利用支持向量机和高斯回归算法进行电池 SOC 和 SOH 估计与预测。北京航空航天大学于 2020 年 4 月 20 日提出专利申请 CN111624494A，指出将采集到的电池宏观参数与通过曲线拟合算法进一步计算得到的基于电化学的微观参数相互耦合，从而使输入到训练过的机器学习模型中的特征参数包含更多有效信息，并经过边缘计算以及云计算进行两级数据清洗，经过电池大数据的分析，实现对电池状态的精确估计。

对于基于电池模型法的 SOC 和 SOH 联合估计方法，最早由通用汽车于 2003 年 2 月 18 日提交的专利申请 US20040162683A1，指出建立包括等效电路与 SOC 的关系的多个函数关系，利用广义回归处理的方法得到电池 SOC 和 SOH。同年，通用汽车于 2003 年 9 月 17 日提交了专利申请 US2005057255A1，通过基于卡尔曼滤波器的状态和参数估计器以确定 SOC、SOH 等。为了充分考虑 SOC 和 SOH 之间的相互影响，清华大学于 2015 年 11 月 12 日提交的专利申请 CN105301509A，采用带遗忘因子的递归最小二乘法在线辨识开路电压以及内阻，并根据预先建立的 OCV - SOC 对应关系间接获取 SOC，再根据两个 SOC 点之间的累计充放电电量，估计电池容量的大小并在线估计电池 SOH；基于二阶 RC 等效电路模型，采用卡尔曼滤波算法估计电池的 SOC，并根据电池容量估计结果更新卡尔曼滤波算法中的电池容量参数，在线估计电池的 SOC；从而达到电池 SOC、SOH 的联合估计，从而使结果更加接近实际情况，克服了扩展卡尔曼滤波算法估算噪声误差大、稳定性差等缺点。中汽中心和天检中心于 2019 年 12 月 19 日申请专利 CN111060834A，基于电池二阶 Thevenin 等效电路模型，并运用自适应无迹卡尔曼滤波算法结合无迹卡尔曼滤波算法和扩展卡尔曼算法，实时估计电池 SOC 和 SOH。

对于融合评估法的 SOC 和 SOH 联合估算方法，能够充分利用两种方法的优点，使估算的精度更高。BEA 于 2016 年 11 月 21 日申请专利 US20180143257A1，对电池等效电路模型的输入数据的特征提取和参数识别，利用粒子滤波分析、神经网络分析和自回归移动平均分析内部电池参数和电池健康度量，以进行 SOH 估计和 SOC 估计。西安科技大学于 2019 年 12 月 2 日提交的专利申请 CN110888058A，通过 TSBSO - RF 算法和 H_∞ 滤波算法估算动力电池 SOC，采用线性融合算法发挥两种算法的优点，避免两者的缺点，使动力电池 SOC 和 SOH 估计精度更高。

4.4 本章小结

对动力电池 SOH 进行在线、实时的精确估算，在获取动力电池的性能状态信息、合理规划动力电池的使用寿命、提高电动汽车续航里程、及时维护或更换电池以避免安全隐患等方面具有重大的现实意义。本章从动力电池的 SOH 估算技术进行了专利分析。

电池 SOH 是电池状态估计的重要参数之一，随着人们对新能源汽车的日益重视，有关动力电池 SOH 估算技术的专利申请量呈现大幅增长。中国国内动力电池的研发呈现企业、高校和科研院所多面出击的良好局面，通过产学研的紧密结合，有望实现产业化过渡的无缝对接。但是中国在电池 SOH 估算技术申请人专利数量的统计上呈现申请人分散、单一申请人申请量少的情况。

中国的动力电池 SOH 估算技术起步较晚，但是发展势头迅猛，近 10 年来，随着国家在动力电池方面一系列政策的出台，技术研发投入的增大，产生一大批创新技术，动力电池 SOH 估算技术的专利申请量大幅增加，目前已经取代日本成为电池 SOH 估算技术的主要技术原创国。作为原创申请量最多的国家，中国技术几乎是“自产自销”，在相关技术领域的专利布局未成体系，国际竞争力不足，海外市场的拓展力较低。

对电池 SOH 估算技术所包括的直接计算法、基于数据驱动法、基于电池模型法、融合评估法 4 个主要技术分支进行了分析，其中直接计算法一直是申请人研究和布局的重点，从各分支随年代变化可以看出，基于数据驱动法、基于电池模型法以及融合评估法成为新的研究热点，随着计算机技术的发展，大数据和云平台的广泛运用，在电池 SOH 估算技术中，基于数据驱动法和基于电池模型法是未来的发展趋势。

对 SOC 和 SOH 联合估算方法所包括的直接计算法、基于数据驱动法、基于电池模型法以及融合评估法 4 个技术分支进行分析，由于 SOC 和 SOH 本身的关联性，以及联合估算具有节约资源的特点，随着大数据和云平台技术的广泛应用，电池状态估计中的多参数联合估计也将是未来的发展趋势。

第5章　动力电池功率状态评估技术专利分析

动力电池的功率状态 SOP（State Of Power）是电池在不同状态下可输入和输出的极限功率，表示电池对充放电功率的承受能力，是电动汽车重要性能指标之一，可以指导电池组和车辆动力性能进行最优匹配，满足车辆所需的加速能力与爬坡性能，还有助于最大限度地发挥电机的制动能量回收功能。SOP 的评估可以提前避免电池的过充过放，对于延长电池使用寿命方面有着重要的理论与实用价值。因此，通过合理的方法评估动力电池 SOP 对电动汽车有着极大的意义与作用。

本章主要研究了动力电池 SOP 评估技术，包括 SOP 测试与估算技术，并将其分为 SOP 测试技术、SOP 估算技术、对 SOP 的修正、测试估算装置、退役电池的 SOP 估算方法共 5 个分支进行研究。

5.1　总体状况分析

5.1.1　全球及中国专利申请量态势分析

图 5-1-1 示出了动力电池 SOP 评估技术专利全球和中国申请情况，其中横坐标的年份指代专利最早优先权年，纵轴的数值指代专利申请数量。截至检索日，涉及 SOP 评估的全球申请总量为 272 项，中国申请量为 150 件。如图 5-1-1 所示，可以把动力电池 SOP 评估技术的相关专利申请趋势大致分为以下 3 个阶段。

（1）第一阶段：萌芽期

第一，全球技术萌芽期（1990～2002 年）。动力电池 SOP 评估技术的全球申请量虽有起伏，但基本平稳，处于较低水平。究其原因，推测如下：虽然电动汽车的发展开始于 19 世纪末，但当时全球石油生产量的快速增长，导致汽油车的使用成本大大降低，汽车发展的重点转向内燃机汽车。直到 20 世纪 80 年代末 90 年代初，随着全球石油危机的进展以及环境保护的要求，全球汽车产业开始重新转向电动汽车。一些传统汽车企业开始研发动力电池技术。但是，此期间，蓄电池技术还未能获得关键性突破，导致电动汽车中动力电池 SOP 评估技术发展缓慢。

第二，中国技术萌芽期（2000～2012 年）。从中国申请态势上来看，中国的技术萌芽期比全球要晚了近十年，直到 2000 年，中国关于动力电池 SOP 评估技术的申请才初露端倪，而且 2000～2012 年，申请量一直处于低位，增长非常缓慢。这估计与当时中国才刚刚打开燃油车市场，重心还未转移有关。虽然 2009 年，国家开始实施新能源汽车财政补贴政策，但电动汽车的保有量还很小，未有效刺激电动汽车行业技术发展。

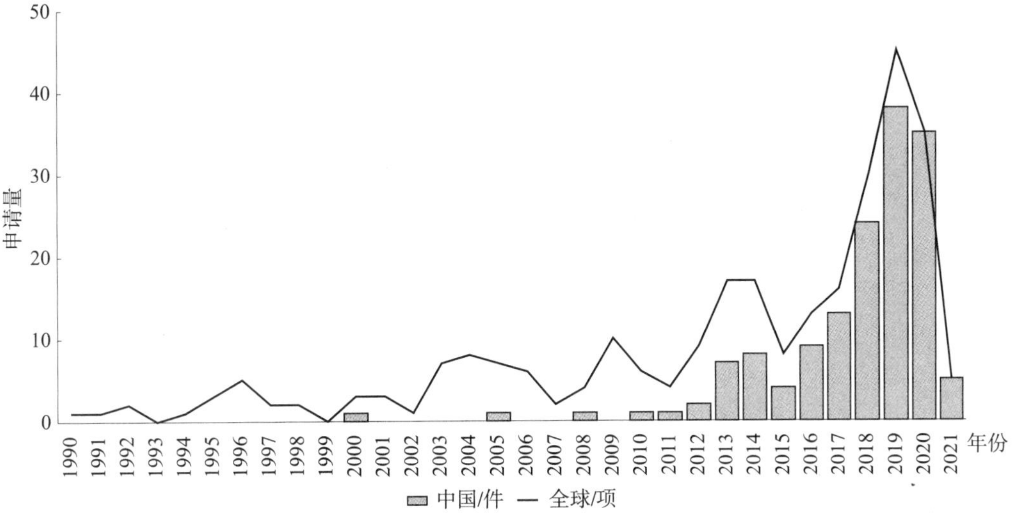

图5-1-1　动力电池SOP评估技术专利全球和中国申请趋势

（2）第二阶段：缓慢发展期

第一，全球技术缓慢发展期（2003~2015年）。全球专利申请量整体上呈缓慢上升趋势。这个时期，美国、日本和欧洲一些国家的汽车企业纷纷发展电动汽车技术，甚至提出了汽车标准体系。而且，锂离子电池技术也得到快速发展。随着2008年金融危机、国际油价的高位震荡和节能减排等产生的巨大外部压力，全球汽车产业正式进入能源转型时期。世界各国对发展电动汽车实现交通能源转型这样的技术路线达成了高度共识，电动汽车电池产业相应得到了发展。因此，动力电池SOP估算技术全球专利申请量的小幅增长应该就是基于这样的发展背景。

第二，中国技术缓慢发展期（2013~2016年）。从中国申请量态势来看，2013~2016年，申请量有了一定幅度的增加。究其原因，大概有两个方面：一方面，在国家新能源汽车补贴政策的刺激下，中国新能源汽车保有量迅速增加，刺激了相应技术的发展；另一方面，在2012年，中国制定了《节能与新能源汽车产业发展规划（2012—2020年）》。在国家宏观政策的引导下，我国动力电池产业开始发展。但从申请量上来看，中国的申请整体上还是处于一个技术的积累期。

（3）第三阶段：快速发展期

第一，全球技术快速发展期（2016年至今）。从2016年开始，全球申请量进入快速增长的阶段。这可能得益于日本、韩国、美国、德国等主要动力电池生产国纷纷制定动力电池产业发展扶持政策，推动全球动力电池产业快速发展。如前所述，2020年和2021年的申请还未完全公开，其数据不具备参考性，但我们也能感受到，全球申请量仍会保持较高态势，说明动力电池SOP评估技术在全球该领域仍将保持着快速发展的趋势。

第二，中国技术快速发展期（2017年至今）。中国专利申请量的快速发展，稍晚于全球申请量，开始于2017年，但发展势头迅猛，迅速占领了全球申请量的一半以上。这仍然得益于新能源汽车政策刺激下保有量的大幅增加，而且与国家绿色发展战略的要求紧密相连。与此同时，我国在2020年不仅发布了《新能源汽车产业发展规划（2021—2035年）》，而且在第七十五届联合国大会上提出了“碳达峰、碳中和”的目标，并于2021年两会首次将“碳中和、碳达峰”列入政府工作报告，将其列为2021年重点任务之一。因此，可以预期的是，动力电池产业技术的发展在一定时期内仍然会保持较高热度和发展速度。

5.1.2 全球及中国主要申请人分析

5.1.2.1 全球主要申请人分析

图5-1-2示出了动力电池SOP评估技术专利全球申请量排名前20位的主要申请人。从图5-1-2可以看出，全球申请量排名前20位的申请人，分别来自日本、韩国、美国、中国和德国。其中，日产公司、丰田公司、LG、通用汽车、福特汽车稳居前五位，而且申请量远超排位在后的申请人。这也证明了，在燃油车产业占据科技研发前列的这5家公司，即使在电动汽车领域，技术发展水平也依然高居榜首，显示着它们紧跟市场、持续发展的理念。德国的博世、日本的电装公司也保留着汽车发展的技术实力。在前20位全球申请人中，日本申请人占了4席，美国2席，韩国2席，德国1席，也进一步证实着，在电动汽车领域，日本、美国、韩国、德国仍是技术发展的主力，占据着领先地位，且完全以企业为主导。不过中国的技术力量紧随其后，第六至十名均为中国申请人，而且，在前20位全球申请人中中国申请人占据了11个席位，科技力量不容小觑。

5.1.2.2 中国主要申请人分析

对于中国主要申请人，由于申请量相同的并列申请人太多，因此，这里只选取排名前15位的申请人进行分析。图5-1-3示出动力电池SOP评估技术专利中国申请量排名前15位的主要申请人。这其中既有科研能力雄厚的高校和科研机构，又有致力于电动汽车或动力电池生产的企业；既有传统国企，例如北汽集团、东风汽车，又有企业新晋，例如北京车和家信息技术有限公司；既有上游的零部件企业，例如德赛电池，又有下游的整车企业，例如北汽集团、东风汽车、长安汽车等，还有致力于BMS管理技术研发的第三方科技公司，例如安徽瑞能科技有限公司、北京经纬恒润科技股份有限公司、欣旺达等，显示着动力电池技术遍地开花的发展态势。而由于电动汽车行业必须依托行业背景的发展特点，因此个人申请寥寥无几。

在排名前15位的申请人中，有北京理工大学、哈尔滨工业大学、北方工业大学、山东大学、上海交通大学5所高校，显示着中国在该领域的理论研究热情很高，科研能力更强。其中，北京理工大学和哈尔滨工业大学在申请量上领先。北京理工大学拥有电动车辆国家工程研究中心，是国内最早从事电动车辆研究的单位。而哈尔滨工业大学与中国一汽联合办学，按照产学研相结合的模式培养人才。这些都在一定程度上支撑着它们的申请量。

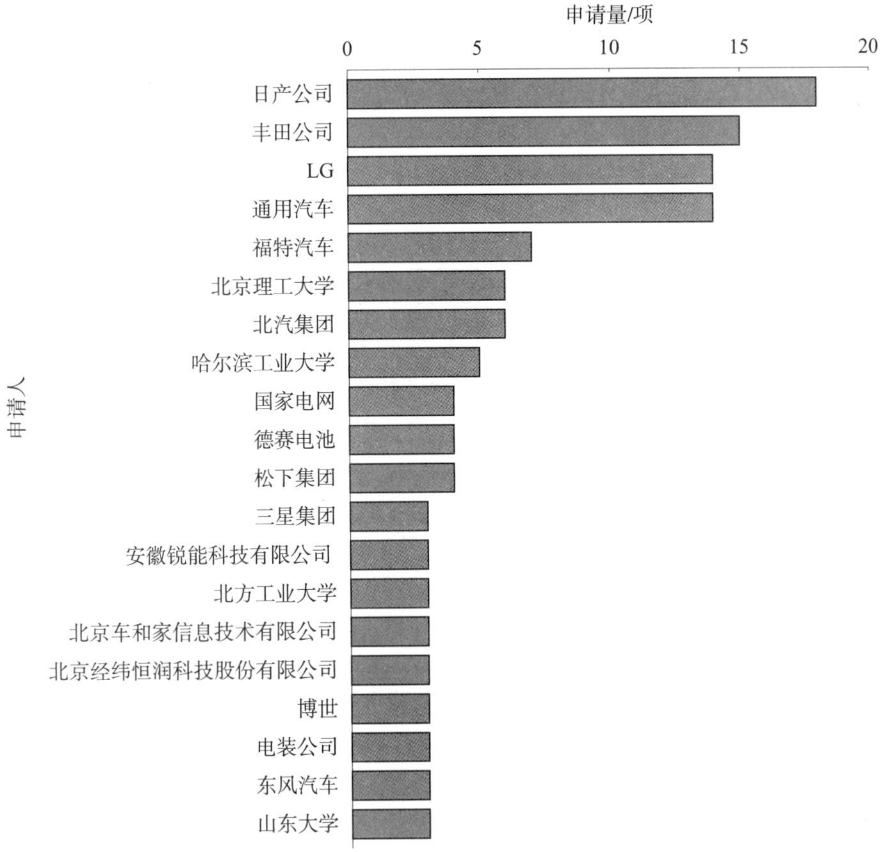

图5-1-2 动力电池SOP评估技术专利全球主要申请人排名

国家电网，作为国企，基于对先进技术与产业融合的需求，在动力电池SOP评估技术领域也具有较为广泛的研究。

5.1.3 专利布局区域分析

5.1.3.1 全球布局区域分析

图5-1-4示出了动力电池SOP评估技术领域全球目标地专利分布占比，可以看出，中国是全球专利布局最重要的市场。日本和美国居于第二梯队，德国、韩国位居第三。由此可见，中国、日本、美国、德国、韩国是主要目标市场国，各企业都非常重视在这些国家的专利申请。对于中国和美国来说，这是基于两国庞大的市场；而对于日本、德国和韩国，则与它们历来的汽车产业实力息息相关，各国申请人将它们作为目标市场国也是显而易见的。此外，还有12%的专利申请选择了PCT申请和欧洲申请，这说明一定数量的专利是以进入多个国家和地区为目标的。

图5-1-5示出了动力电池SOP评估技术专利全球原创地专利分布占比，可以看出，中国原创技术占比高达55%，占据了全球申请量的半壁江山，是全球第一大创新群体。这应该归因于中国近年来对电动汽车行业的政策引导和产业规划，大量中国创

新主体在该领域投入了研发力量。在国家科技基金的支持下，各高校在该领域也开展了广泛的研究。日本则是全球另一个重要的创新驱动力，拥有日产公司、丰田公司、松下集团、电装公司等全球主要申请人，企业力量突出。美国和韩国的创新力量也依然保留着相当的实力。

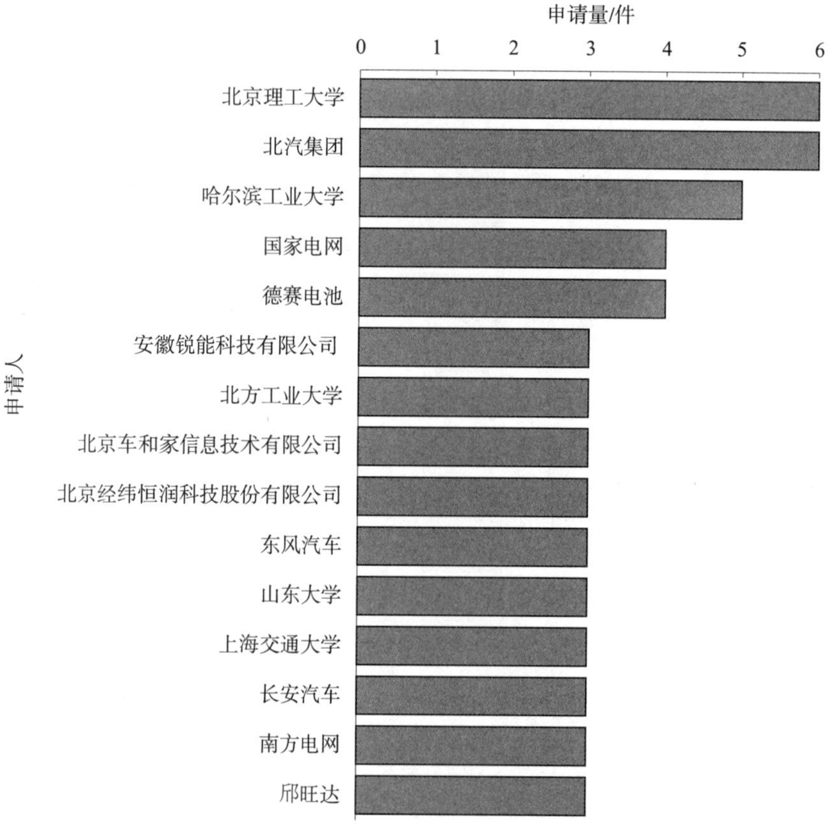

图5－1－3　动力电池SOP评估技术专利中国主要申请人排名

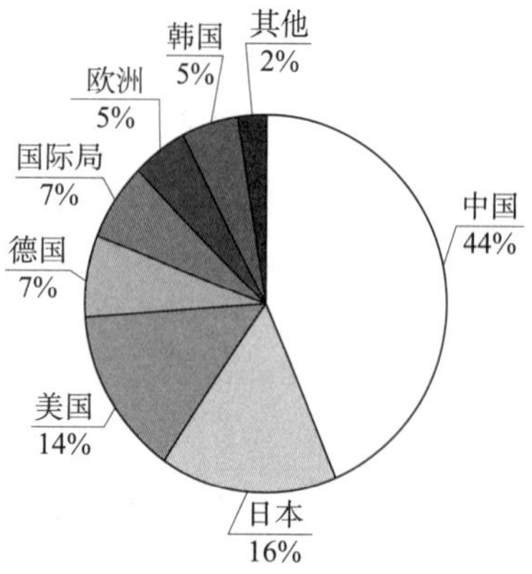

图5－1－4　动力电池SOP评估技术专利全球目标地占比

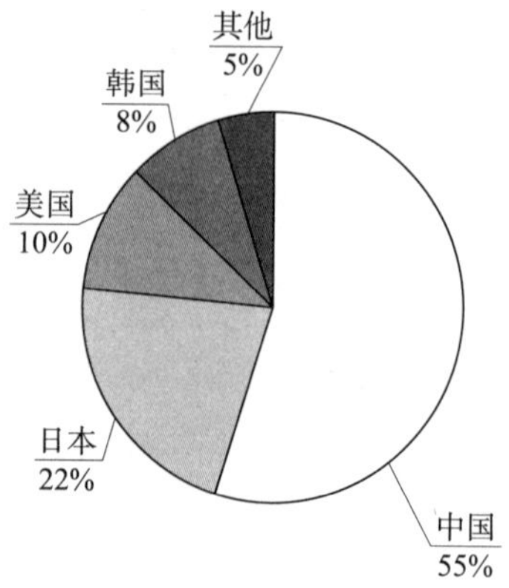

图5－1－5　动力电池SOP评估技术专利全球原创地占比

由图5－1－4和图5－1－5可以看出，动力电池SOP评估技术领域全球目标地与技术原创地专利占比排名情况类似，均集中在上述几个国家，这说明动力电池SOP评估技术在全球的市场和研发地域相对集中。

5.1.3.2 技术流向分布

（1）原创地和目标地专利流向

表5－1－1示出了动力电池SOP评估技术的原创地和目标地专利流向。现重点分析中国、日本、美国、韩国、德国这5个国家在中国、日本、美国、德国、国际局、欧洲和韩国的布局情况。从表5－1－1可以看出，首先，这5个国家都是重点在本国国内布局；其次，日本、美国、韩国属于全球布局型国家，三者在上述目标国均各有侧重地进行了自己的专利布局，主导着全球的市场。其中，日本是全球最具实力的原创国，其最重要的目标市场是日本、中国和美国。美国则把主要精力集中在美国、中国和德国这三大市场。值得一提的是，韩国虽然申请量不比日本和美国，但非常重视海外市场的开拓，在这几个目标国市场均进行了专利布局，而且布局均衡。同时也可以看出，韩国还很注重通过国际局、欧洲进入多个国家的申请方式，实现更方便快捷的全球布局。德国虽然申请量不大，但也很重视海外布局，且布局均衡。而中国和美国在日本和韩国的布局为零，说明在日本和韩国政府对该国汽车产业强有力的政策保护下，虽然扶植了该国企业，但也限制和影响了国外品牌的进入。

而原创申请量最多的中国，专利布局大多只局限在本土范围，海外市场的拓展力严重不足，除了关注美国和欧洲市场，在其他国家均未布局。一方面可能是因为中国申请人在技术水平和专利运作能力上不足以与外国申请人抗衡，向外国输出的底气不足；另一方面海外布局的高额成本，抑制了中国申请人进入海外市场的动机。不过值得欣慰的是，中国也正在尝试通过PCT申请的渠道进入多个国家，逐步开始全球化布局。

表5－1－1 动力电池SOP评估技术专利主要原创地和目标地流向 单位：件

原创地	目标地						
	中国	日本	美国	德国	国际局	欧洲	韩国
中国	149	0	2	0	5	2	0
日本	13	58	17	3	7	7	3
美国	21	0	27	17	3	2	0
韩国	10	10	14	3	11	8	17
德国	3	3	3	9	3	3	2

（2）原创地和目标地流向趋势

从表5－1－2中可以看出，日本2000年之前开始在中国和美国进行专利布局，在布局力度上，日本申请人对中国和美国几乎是同等对待，布局数量相当，这说明日本申请人非常重视中国和美国这两个海外市场。而美国则是从2000年后开始重视中国市场的，布局力度加大则是在2011年之后。韩国在各个国家的均匀布局则开始于2000年之后。德国相比于日本、美国和韩国，对中国市场的重视程度稍弱。

表5-1-2　动力电池SOP评估技术专利主要原创地和目标地流向　　单位：件

年份	目标地	原创地				
		中国	日本	美国	韩国	德国
2000年之前	中国	1	1	0	0	0
	日本	0	18	0	0	0
	美国	0	3	0	0	0
	德国	0	1	0	0	0
	国际局	0	0	0	0	0
	欧洲	0	1	0	0	0
	韩国	0	2	0	0	0
2001～2005年	中国	1	6	1	3	0
	日本	0	14	0	4	1
	美国	0	7	3	3	1
	德国	0	1	0	1	1
	国际局	0	1	2	3	1
	欧洲	0	2	1	3	1
	韩国	0	1	0	3	1
2006～2010年	中国	1	3	2	1	2
	日本	0	15	0	0	2
	美国	0	4	2	1	2
	德国	0	0	1	1	4
	国际局	0	3	1	1	2
	欧洲	0	3	1	1	2
	韩国	0	0	0	3	1
2011～2015年	中国	22	2	11	5	1
	日本	0	9	0	4	0
	美国	1	2	12	6	0
	德国	0	1	10	6	4
	国际局	1	2	0	4	0
	欧洲	0	0	0	2	0
	韩国	0	0	0	4	0

续表

年份	目标地	原创地				
		中国	日本	美国	韩国	德国
2016～2020 年	中国	119	1	8	1	0
	日本	0	2	0	2	0
	美国	1	1	7	4	0
	德国	0	0	6	0	0
	国际局	4	1	0	3	0
	欧洲	2	1	0	2	0
	韩国	0	0	0	7	0

5.2　技术构成

动力电池 SOP 评估技术包括 SOP 测试方法、SOP 估算方法、对 SOP 的修正、测试估算装置和退役电池的 SOP 估算这 5 个技术分支。其中，SOP 测试方法是指出厂前的测试，属于离线测试，通常需要具体的实验手段，涉及充放电的具体条件和数据采集。SOP 估算方法则是在动力电池使用过程中通过 BMS 实时评估动力电池 SOP 的技术。对 SOP 的修正则是指在获得 SOP 测试或估算值之后的进一步修正。测试估算装置是指为改进测试过程或测试精度等而设计的具体设备。而退役电池的 SOP 估算则是专门针对退役电池的 SOP 评估技术。

5.2.1　技术分布和趋势分析

5.2.1.1　动力电池 SOP 评估技术的技术分布

图 5－2－1 为对动力电池 SOP 评估技术所涉及的 5 个技术分支申请量进行统计后得到的全球专利申请技术构成。从技术分布上来看，SOP 估算方法这一技术分支的申请量占据了全部申请量的 82%，以绝对优势占据榜首。这说明越来越多的企业更加注重动力电池在使用过程中的实时动态估算，以便更准确及时地掌握电池性能状态，延长电池使用寿命，保证电池安全，给予车辆最强劲的输出能力、最高效的制动能力回收，从而实现 BMS 对电池进行最优的管理；同时借助物联网技术的发展，更加方便地实现集中统一管理。SOP 测试方法这一技术分支的申请量占据全部申请量的 9%，这主要是为了保证电池在出厂前能够具备足够好的性能和质量。对 SOP 的修正和测试估算装置两个技术分支的申请量分别占比 4% 和 3%，体现着对 SOP 估算精度的效果需求和生产设备的发展水平。退役电池的 SOP 估算技术的申请量占比为 2%，则对应着电动汽车动力电池梯次利用回收技术的发展水平。

图 5－2－2（见文前彩色插图第 4 页）为动力电池 SOP 评估技术专利各技术分支

全球申请量的分布情况。从全球申请量随年份变化的趋势来看，各个技术分支在2003年以前的申请量增长普遍缓慢；2003年之后，SOP估算方法的申请量迅速增长。2016年起，SOP测试方法的全球申请量也有很大幅度增长。此时，由于中国申请量已经占据了全球申请量相当的比例，因此，在SOP测试方面全球申请量的大幅增长与国内相关申请量的增长息息相关。而国内相关申请量的增长，则可能与动力电池标准的出台有一定关系。标准出台后，吸引着各个汽车企业和测试机构；而且，国家标准作为对电池性能和安全性的基本保障，在发布和实施后，使得各个汽车企业和检测机构在实践过程中会逐渐发现标准中需要进一步完善的地方，这也刺激了对SOP测试技术的研究。

5.2.1.2 SOP估算方法技术分支下的技术分布

SOP估算方法技术分支进一步分为MAP图法、基于电池参数模型法、基于数据驱动法、两种或两种以上方法的结合、基于其他类型模型的方法和其他6个技术分支。其中MAP图法，又叫查表法、特征映射法、特征图法，是指通过在不同的温度、SOC等环境下对动力电池进行大量的峰值功率充放电实验，利用实验数据建立充放电峰值功率关于温度、SOC等边界条件的MAP图。当需要获取某个状态下的电池峰值功率时，只需要查表即可。基于电池参数模型则需要建立一个电池参数模型，通过参数计算和参数限制，实现电池SOP的估算。基于数据驱动法实际上是一种非参数模型估计方法，是将电池看作一个“黑匣子”，不考虑电池内部的反应机理及特性，利用数据分析和机器学习的方法，将要估算的电池SOP作为模型的输出量，影响因素作为输入量，通过测试大量的数据，并利用模型进行学习训练，可以实现电池SOP的估算。两种或两种以上方法的结合则是前述3种方法中两种或两种以上方法的结合。基于其他类型模型的方法是指所基于的模型是除等效电路模型和黑箱模型之外的其他模型，例如电热耦合模型、热模型、电化学机理模型等。

图5-2-3示出了SOP估算方法专利各技术分支的全球申请量技术构成。从技术分布来看，基于电池参数模型法的全球申请量占比59%，是全球总申请量的一半以上。这说明对动力电池SOP的估算主要还是基于电池参数模型法，是当前的研究热点和重点。这可能是因为该方法不需要太多的预先测量数据就能实现实时状态估算，属于实际可行的解决方案。MAP图法的全球申请量占比23%，位居第二。由于MAP图法只考虑了电池静态特性，未能将实际运行中动态激励施加后初始极化状态的影响考虑在内，其实际上在动态工况中的预测精度是较低的，但为什么仍然在专利申请中占据这么大的比例。估计还是与它不需要复杂的算法，只需实验测得数据，简单易操作有关系。

令人意外的是，目前国内外广泛研究的基于数据驱动法的全球申请量却是寥寥无几，仅有5件。究其原因，大概与数据驱动法需要大量的实验数据为前提，计算复杂且对硬件要求高，前期训练耗费时间长，而很难应用到行驶工况复杂多变的电动汽车上有关系。但作为智能算法，数据驱动估计法不需要精确的电池模型，有很强的学习能力，估算精度高，且具有很好的鲁棒性，在向大数据时代发展的形势下，随着计算机技术的发展，也许基于数据驱动法的专利申请会逐渐占据专利申请舞台的重要位置。

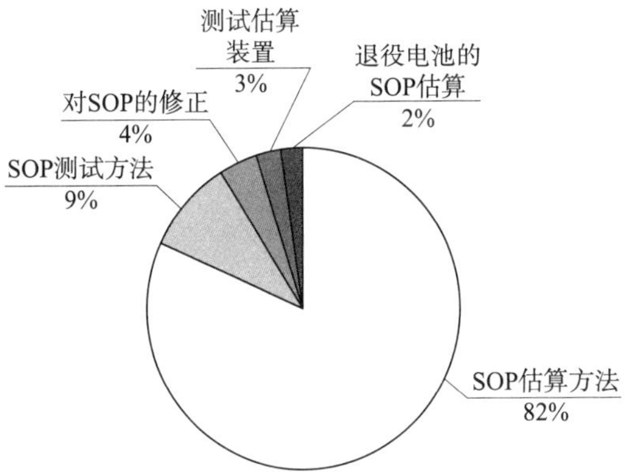

图 5-2-1　动力电池 SOP 评估技术专利申请技术分布

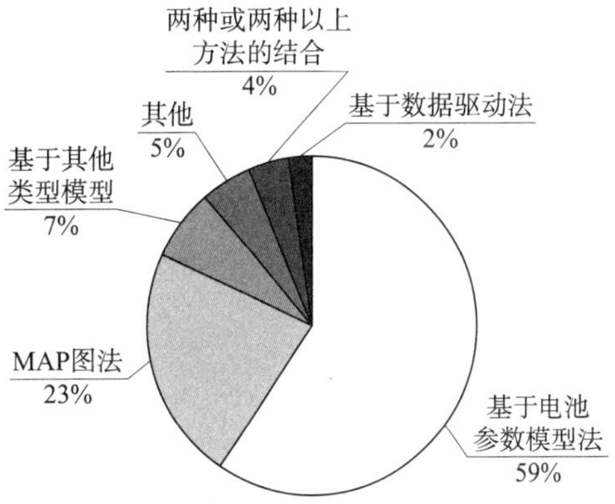

图 5-2-3　SOP 估算方法专利各技术分支全球申请量占比

图 5-2-4 为 SOP 估算方法专利各技术分支全球申请量分布情况。基于电池参数模型法的申请量分别在 2007~2010 年、2012~2013 年、2017~2020 年 3 个阶段出现了爬坡式的增长，虽中间多次出现回落，但总体呈上升趋势，特别是第三个阶段，增长速度很快。这说明基于电池参数模型法的估算技术的研究热度仍呈上升趋势。MAP 图法的申请量虽然也是起起落落，但整体上还是在增加。这表明，虽然其测量精度不高，但由于简单操作，在要求实用的今天，仍然发挥着能量。而其他分支由于申请量较小，且有间断，还未体现明显的发展态势，但整体上还是处于发展期。

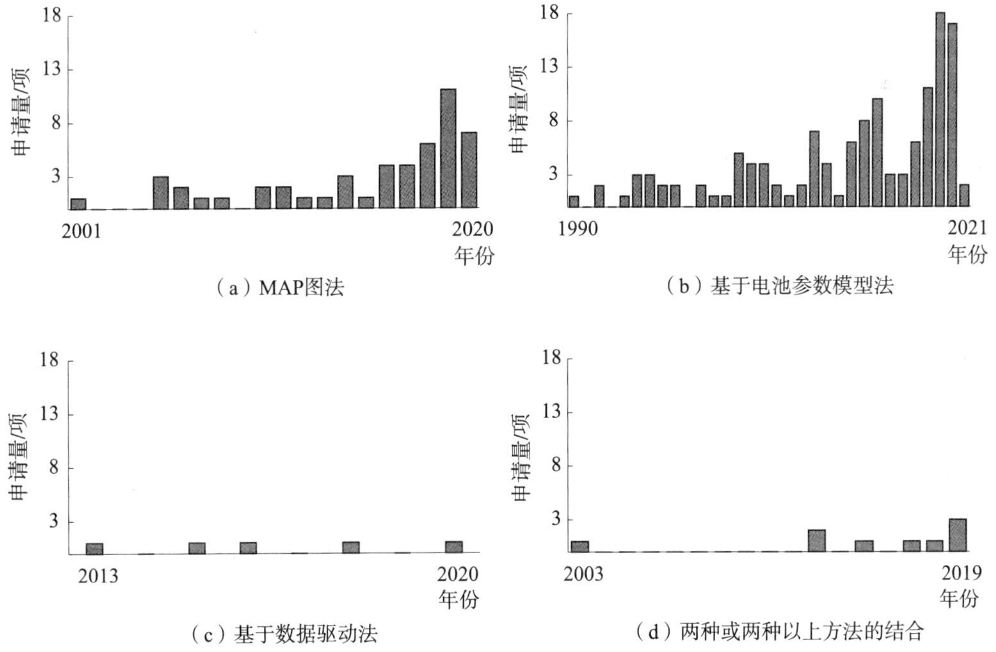

图 5-2-4　SOP 估算方法专利各技术分支全球专利申请量分布

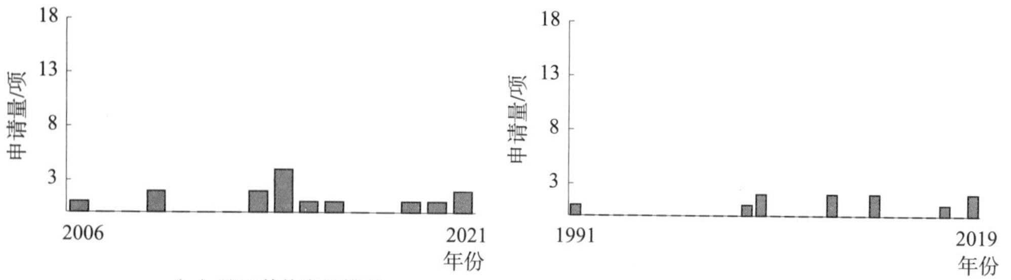

（e）基于其他类型模型　　（f）其他

图5-2-4　SOP估算方法专利各技术分支全球专利申请量分布（续）

5.2.2　技术发展脉络概况

如图5-2-5所示，通过对全球专利数据样本进行梳理，结合产业发展情况和主要申请人的情况，在重点考虑了被引用次数、同族专利数量、申请时间上的优先性、专利有效性以及技术方案的先进性等多个因素的基础上，选取了SOP测试方法、SOP估算方法、对SOP的修正、退役电池的SOP估算4个技术分支的重点专利，试图梳理出动力电池SOP评估技术的发展路线，测试估算装置申请量太少，只有6件，在此不作分析。

5.2.2.1　SOP测试方法的技术路线

早期电池厂家在生产出电池之后对SOP的测试，一般都是通过对电池进行不同倍率恒流放电和恒流恒压充电测试，得到电池的倍率充放电曲线，并据此提出电池的最大允许充放电电流。但这样不能有效反映电池在实际使用过程中由于不同路况、司机不同驾驶习惯、不同SOC、不同温度等情况造成的差异。为了更接近反映电池的实际峰值功率，惠州亿能于2011年提交一种动力电池峰值功率的测试方法的专利申请，公开号为CN102323553A，提出将电池以车辆能运行的最小电流的某一倍率充放电速率放电，然后通过逐渐增加充放电速率的倍率的方式进行放电、充电，直至电池的电压达到电池放电、充电截止电压。但是这种方案需要不断对充放电电流进行摸底以及电压不断变化，导致测试工作量大、测试效率和准确度低。

为了提高测试效率和准确度，北汽集团于2016年8月23日提出一种动力电池峰值功率的测试方法的专利申请，公开号为CN106125002A，其技术方案为按照预设放电倍率对待测动力电池放电预设时间，并记录放电开始时刻和结束时刻的电压，根据每次测试的上述电压计算每个测试电量节点下待测动力电池的放电功率和充电功率，从而通过一次测试即可完成对所有测试电量节点下待测动力电池的放电功率和充电功率的测试，且测试效率高、准确度高。

2018年，山东精工电子科技有限公司申请专利CN109633468A，提出在不同SOC和不同温度下测试电池的功率特性，其中SOC的范围为10%～100%。2019年，欣旺达申请专利CN109799459A，提供了一种快速准确地测试锂离子动力电芯功率的方法，其中将待测动力电芯在多个不同的功率下以恒定的初始电压进行充放电，并测量对应

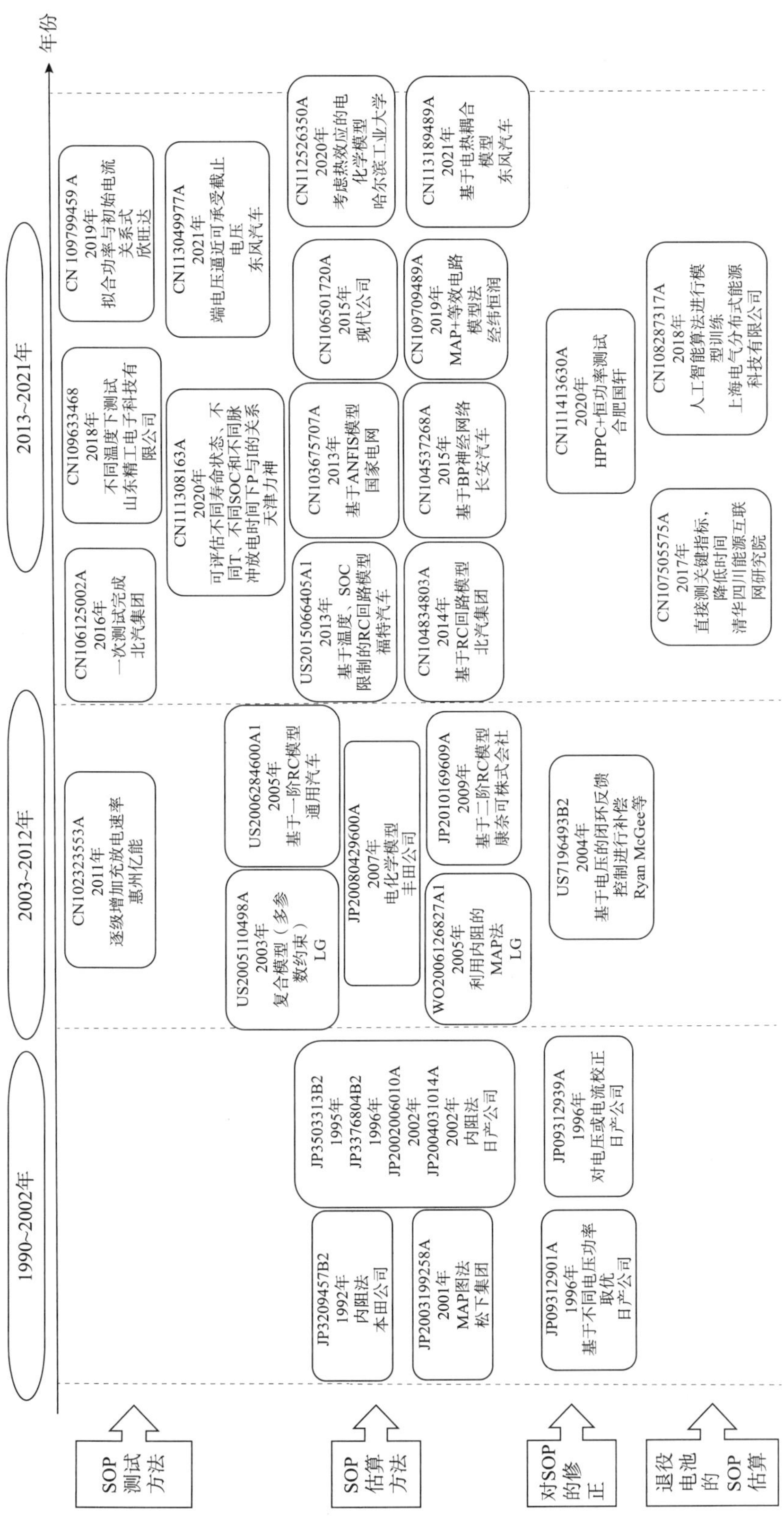

图 5-2-5　动力电池 SOP 评估技术专利发展路线

的初始电流值和 t 时电流值，根据功率和初始电流值拟合功率与初始电流值的关系式。根据多个不同功率值中两个功率值 $P1$、$P2$ 及其对应的初始电流值和 t 时电流值以及理论电压值 U_{tx}，根据公式和所述关系式计算得到待测功率 P_x。2020 年 2 月，力神电池申请专利 CN111308163A，提出一种锂离子动力电池脉冲放电最大电流的确定方法，主要是通过建立端电压 V_t 与放电电流 I 之间、直流内阻 R 与放电电流 I 之间的关系曲线，获得不同放电电流 I 对应的放电功率，且根据电池放电过程因内阻发热造成的功率损失，求取功率利用率。由此方便、可靠地评估电池在不同寿命［例如寿命初期（BOL）、寿命中期（MOL）、寿命质保期（EOW）和寿命末期（EOL）等］、不同温度、不同 SOC 和不同脉冲放电时间下，在不同脉冲放电电流下的放电末端电压 V_t、直流内阻 R、放电功率 P、功率利用率 $P_{利用率}$ 与放电电流 I 的关系。2021 年 2 月，东风汽车申请专利 CN113049977A，提出一种电池充放电功率限值测试方法，根据端电压与电池系统的上预设截止电压的第一电压差值、端电压与电池系统的下预设截止电压的第二电压差值，判断初始测试功率与电池系统在预设充电时间的准确充电功率和预设放电时间的准确放电功率的关系；通过在预设测试时间进行充放电测试后端电压逼近与电池系统能够承受的截止电压，提升电池系统的 SOP 精度。

可以看出，这几年对 SOP 测试技术的研究热度在增加，注意力主要集中在测试时综合考虑更接近于实际工况的因素，以便提升测试精度和提升测试效率。

5.2.2.2 SOP 估算方法的技术路线

对于 SOP 的估算最早是基于其定义，通过测取电池两端的电压和流经其的电流值来获得。1992 年，本田公司首次提出专利申请 JP3209457B2，通过存储检测到的放电电流和端子电压，求出电池的 V－I 特性曲线，并据此求得最大输出功率。这实际上是把电池看作仅包含电动势和电池内阻的电路，相当于只考虑电池内阻的线性模型，结构和计算都比较方便。但由于忽略了电池的浓差极化等过程，因此在电池电流动态变化时有较大误差。随后，日产公司从 1995～2012 年连续申请了 9 件基于电池内阻模型的最大输入/输出功率计算方法的专利，其中处于技术萌芽期的专利申请有 4 件（JP3503313B2、JP3376804B2、JP2002006010A、JP2004031014A）。这 9 件专利申请试图通过综合考虑多个影响因素来提高估算精度。

2001 年，松下集团提出专利申请 JP2003199258A，通过预先存储电池输出电功率与温度之间关系的查询表的方式，确定电池的输出电动率。2005 年，LG 提出专利申请 WO2006126827A1，通过利用电池的内部电阻估算电池最大功率的方法和装置，其中预先建立温度、SOC、内阻值与电池最大功率的对应表，通过查表方式获取对应所测量温度、所估算 SOC 和所计算电池内阻的最大功率值，以进一步提高估算精度。但这种方式需要进行大量实验，并且仅考虑了电池静态特性，未能将实际运行中动态激励施加后初始极化状态的影响考虑在内，因此在动态工况中预测精度较低。

2005 年，通用汽车提交专利申请 US2006284600A1，提出一种基于带有一阶 RC 回路的等效电路模型的功率状态估算方法，其中，电池在数学上被建模为包括电压源和阻抗源，考虑电池的极化过程，精度进一步提高，模型也比较简单。随后，日本（例如日产公司)、韩国、美国的各汽车厂家纷纷申请基于带有 RC 回路的等效电路模型的功率状态估算方法，2009 年，专利 JP2010169609A 进一步提出基于二阶 RC 模型，是在 Thevenin 模型基础上又串联了一个 RC 环节，进一步提高了模型的精度，但是由于参数增多，运算过程变得复杂。总之，基于带有 RC 回路的等效电路模型的动态峰值功率预测算法可以满足动态峰值电流的计算，满足在线实时估计的要求。2014 年，北汽集团提交专利申请 CN104834803A，也开始向这个方向发展。2013 年，福特汽车提交专利申请 US2015066405A1，在等效电路模型的基础上，通过基于温度、SOC 等因素设定模型参数的上限和下限，使电池 SOP 估算值更加可靠。

直到目前，基于带有 RC 回路的等效电路模型的动态峰值功率预测算法仍是各个汽车企业和研究机构的研究热点和重点。其原因可能在于，这种类型的预测算法由于其在计算精度、计算速度、复杂性上能达到很好的平衡，满足了该领域对估算精度和实时性的要求，且不需要付出太大的成本。

在等效电路模型估计方法的基础上，除了考虑电池端电压的限制，早在 2003 年，LG 就提交专利申请 US2005110498A，提出进一步增加 SOP 估计的限制因素，包括电流限制、温度限制、SOC 限制等，获得多参数约束下的动力电池峰值功率预测功率。

2013 年，国家电网提交专利申请 CN103675707A，开启了基于人工智能算法的 SOP 估算研究（基于数据驱动法），主要集中在基于自适应神经模糊推理系统（ANFIS）模型、BP 神经网络法、支持向量机等。但目前这种类型的申请量还比较少。

在上述方法的基础上，2015 年开始出现两种或两种以上方法的结合来估算 SOP，且基本上聚焦在 MAP 图法与等效电路模型法的结合上，例如专利申请 CN106501720A、CN109709489A。

此外，除了基于电池参数模型法和基于数据驱动法，2007 年，丰田公司提出基于电化学模型的专利申请 JP2008042900A；2020 年，哈尔滨工业大学进一步考虑了热效应的影响，提交专利申请 CN112526350A；2021 年，东风汽车提出了基于电热耦合电池模型的 SOP 预测方法的专利申请 CN113189489A。这些模型能从电化学原理上真实地反映电池的功率能力，使得测量更敏感、更准确。

由上可见，从内阻法到 MAP 图法，再到基于电池参数模型法的带有 RC 回路的等效电路模型，以及基于数据驱动法，还有两种或两种以上方法的结合，甚至是寻求更能反映电池化学机理的电化学模型、热模型、电热耦合模型等，都是在一步步寻求提高 SOP 测试与估算精度和效率的技术。

5.2.2.3 对 SOP 的修正的技术路线

对 SOP 的修正，早在 1996 年，日产公司就已开始关注，申请的专利 JP09312901A 和 JP09312939A 分别是通过基于不同的电池电压计算出的功率取优值，以及对电压或电流值进行校正来提高计算出的 SOP 的估算精度。2004 年，专利 US7196493B2 则通过使用测量电压与理论电压之间的误差进行闭环反馈控制来补偿电池放电和充电功率限制的不准确估计。2020 年，合肥国轩申请的专利 CN111413630A，提出先使用 HPPC 标准测试，再使用恒功率测试结果进行修正。

5.2.2.4 退役电池的SOP估算的技术路线

对于退役后未处于使用状态的SOP测试，2017年，专利CN107505575A考虑直接测得每个退役电池包的关键测试指标，以降低测试时间。而对于退役后二次利用的电池，2018年，专利CN108287317A则提出通过人工智能算法，例如卷积神经网络算法进行模型训练，生产电池功率的预测模型，使用该预测模型对退役动力电池进行实时功率预测。

5.2.3 技术功效

通过对动力电池SOP评估技术专利技术功效的文献进行分析，SOP测试方法、SOP估算方法、对SOP的修正、测试估算装置和退役电池的SOP估算5个技术分支与提高估算精度、提高估算速度、降低估算成本、提高电池等效模型的准确性、可操作性强、提高鲁棒性、平稳运行7种技术功效，获得全球专利申请技术功效矩阵，如表5-2-1所示。

表5-2-1 动力电池SOP评估技术专利全球申请技术功效分布 单位：项

技术分支		技术功效						
		提高估算精度，保证电池寿命	提高估算速度，提高测试效率、实时性	降低估算、运行成本，结构简单	提高电池等效模型的准确性	可操作性强，操作容易	提高鲁棒性、稳定性	平稳运行，延长电池寿命
SOP	SOP测试方法	22	7	3	0	1	0	0
	SOP估算方法	167	38	25	12	27	19	3
	对SOP的修正	9	1	0	0	0	0	0
	测试估算装置	2	1	3	0	0	0	0
	退役电池的SOP估算	1	2	1	0	1	0	0
SOP与其他状态参数的联合评估		4	2	0	0	1	2	0

由表5-2-1可以看出，用于动力电池SOP实时估算的SOP估算方法是绝对的研发热点，SOP测试方法次之。而提高测试估算精度、提高估算速度则是申请人最为关注的技术功效，体现着当前要求实现动力电池SOP准确、快速估算，为电动汽车动力

匹配提供准确参考，为电动汽车的安全可靠运行提供保障，从而有效延长电池寿命，实现平稳运行的市场化需求。而基于成本和操作性上的考虑，降低估算成本和增强可操作性也是申请人普遍关注的内容。

对中国专利申请作同样的技术功效分析，如表5－2－2所示，则体现与表5－2－1类似的规律。这说明中国在该技术领域对技术功效的需求与全球是吻合的。

表5－2－2 动力电池SOP评估技术专利中国申请技术功效分布 单位：件

技术分支		技术功效						
		提高估算精度，保证电池寿命	提高估算速度，提高测试效率、实时性	降低估算、运行成本，结构简单	提高电池等效模型的准确性	可操作性强，操作容易	提高鲁棒性，稳定性	平稳运行，延长电池寿命
SOP	SOP测试方法	21	7	2	0	1	0	0
	SOP估算方法	82	29	14	7	16	10	0
	对SOP的修正	5	1	0	0	0	0	0
	测试估算装置	2	1	1	0	0	0	0
	退役电池的SOP估算	1	2	1	0	1	0	0
SOP与其他状态参数的联合评估		4	2	0	0	1	2	0

5.2.4 全球主要申请人技术分布

考虑到从全球排名第九位的开始，后面有太多相同申请量的并列申请人，难分伯仲。因此，这里只选取排名前八位的全球申请人进行分析。

如表5－2－3所示，这8位申请人的申请量都集中在SOP估算方法上，且集中在基于电池参数模型法上。申请量最大的日产公司，几乎把全部精力都集中在基于电池参数模型法的研发上。丰田公司和LG还申请了MAP图法，作为早期申请，因此在MAP图估算方法上领先一步。丰田公司、LG、通用汽车和福特汽车还探索了基于其他类型模型的方法。LG、通用汽车和福特汽车还研发了两种或两种以上方法结合估算SOP的技术。而只有北京理工大学，在基于数据驱动法上进行了研究。

表5-2-3　动力电池SOP评估技术专利全球主要申请人技术分布　　单位：项

技术分支			全球主要申请人							
			日产公司	丰田公司	LG	通用汽车	福特汽车	北京理工大学	北汽集团	哈尔滨工业大学
SOP	SOP估算方法	MAP图法	0	4	4	1	0	0	3	0
		基于电池参数模型法	16	6	8	9	4	4	2	2
		基于数据驱动法	0	0	0	0	0	1	0	0
		两种或两种以上方法结合	0	0	1	1	1	0	0	0
		基于其他类型模型	0	3	1	1	1	1	0	3
		其他	0	3	0	0	0	0	0	0
	SOP测试方法		0	0	0	0	0	0	1	0
	对SOP的修正		2	0	0	1	1	0	0	0
	测试估算装置		0	0	1	0	0	0	0	0
	退役电池的SOP估算		0	0	0	0	0	0	0	0
SOP与其他状态参数的联合评估			0	0	0	0	0	0	0	0

5.3 本章小结

本章对动力电池SOP评估技术进行了专利分析。

相较于SOC、SOH评估技术的研究，SOP评估技术的研究涉及较少，但也在呈逐渐增长之势，说明SOP作为电动汽车的重要性能指标之一，正在逐渐受到行业人员的重视。从全球和中国的专利申请趋势来看，对于SOP评估技术，中国的技术发展要晚于全球整体的发展步伐。在各国政策扶持下，2016年，全球申请量开始快速增长。中国申请虽然稍晚，但发展迅猛，申请量迅速成为全球申请量的主力。这与我国强有力的政策扶持息息相关。

在SOP评估技术领域，日本、美国、韩国、德国仍是技术发展的主力，占据领先地位，且完全以企业为主导。但中国的技术力量已经迎头赶上，科技力量不容小觑。中国在这个领域的科技力量呈现遍地开花的态势，分布于汽车企业、科研机构、第三方科技公司等各种类型。

在布局意识上，中国是全球最大的目标市场国，其次是日本和美国。日本、美国、韩国都具有很强的全球布局意识，但日本和韩国强有力的保护政策和自主品牌的强发展实力，也抑制了国外品牌产品和技术对日本、韩国市场的进入，导致外国对日本、韩国的布局普遍较弱。中国海外布局意识相对较弱。但也呈逐渐开发趋势。

在技术构成上，SOP估算方法申请量遥遥领先。其中，主要的申请量集中在基于电池参数模型法，基于数据驱动法由于算法复杂，硬件性能要求高，申请量还较少。

从技术功效上来看，提高估算精度、提高估算速度是国内外申请人最为关注的。

对于专利全球申请排名靠前的申请人，精力都集中在基于电池参数模型法的SOP估算方法上，丰田公司和LG早期申请了MAP图法的估算方法，也有在基于其他类型模型和两种或两种以上方法结合技术上的探索。

第6章　动力电池不一致性评估技术专利分析

动力电池作为电动汽车的能量来源，电压和容量要分别满足电动汽车工作电压和续航里程的要求。虽然近年来，动力电池的技术在不断改进，但是单体电池的电压和容量与电动汽车的工作要求仍有较大差距，常采用的手段是使单体电池以串联、并联的连接方式成组，串联可以提高电压，并联可以扩充容量，但同时带来了电池不一致性问题。电池不一致性是指同一规格的单体电池之间电压、容量、内阻等参数存在一定的差别，会导致电池组不能最大限度发挥其性能，甚至导致发生故障，缩减电池寿命，因此，对动力电池不一致性的评估就显得尤为重要。目前针对动力电池组不一致性的评估主要是成组前的电池测试，以减小初始的不一致性，成组后对不一致性的状态估算以减小使用过程中的不一致性，以及退役后电池重新分选以提高利用率。

6.1　总体状况分析

为了解不一致性评估技术专利申请的整体态势，本节对该技术领域申请量趋势、主要申请人和区域分布等方面进行重点分析。

6.1.1　全球及中国专利申请量态势分析

图6－1－1示出了动力电池不一致性评估技术各国专利申请量占比。截至检索日2021年7月28日，动力电池不一致性评估技术全球专利申请总量为826项，其中，中国申请755项，占比91.4%；韩国申请26项，占比3.1%；日本申请25项，占比3.0%；其他申请20项，占比2.5%。由图6－1－1可知，申请量排名前三位的国家分别是中国、韩国、日本，这与中国、日本、韩国三国动力电池制造大国的地位相吻合，另外，中国申请占了绝大部分，遥遥领先第二位和第三位，国外申请较少，可见中国在这一技术领域占据绝对优势地位。分析国外申请较少的原因，一是国外申请人的发展重点在于通过降低原材料的不一致性，提升制造工艺水平和均衡管理能力来减少电池的不一致性现象；二是成组前和退役后电池分选其实是一种电池厂商内部品质把控方

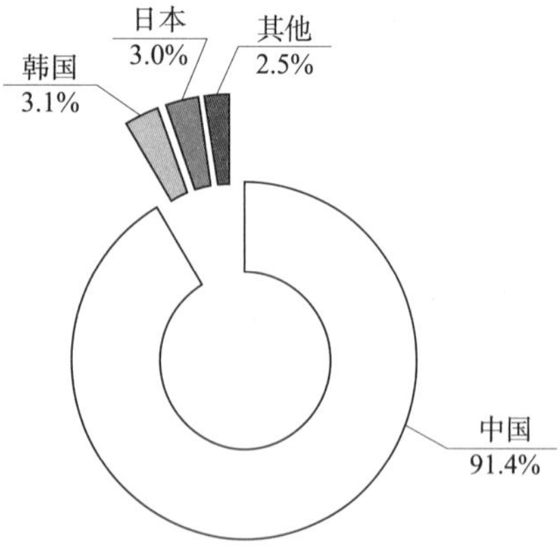

图6－1－1　动力电池不一致性评估技术专利各国申请量占比

法，成组后电池不一致性状态评估往往作为中间变量，因而得不到国外申请人的重视。

不一致性评估技术全球和中国专利申请量趋势如图6-1-2所示。不一致性检测技术的发展主要分为4个阶段。

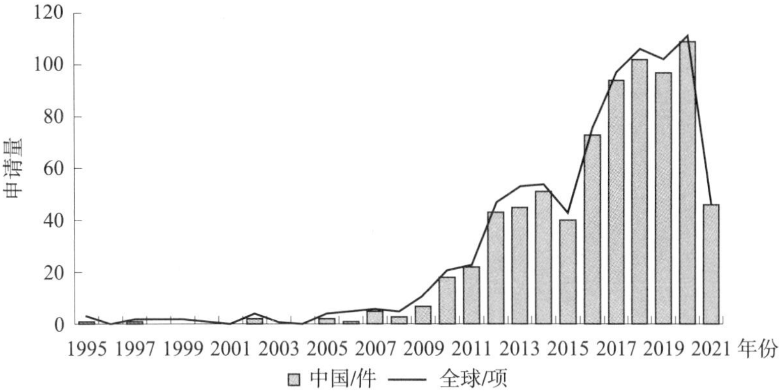

图6-1-2　动力电池不一致性检测技术专利申请量趋势

2006年以前为不一致性检测技术的起步阶段，申请量很少，每年不足5项。最早的专利申请出现在1995年，为荷兰专利NL1000317C2，国内第一个申请是1995年北京有色金属研究总院申请的专利CN1151020A。有学者在1995年率先提出电压不一致性概念，并认为不一致性会影响电池组的使用寿命和性能，这与申请的起始时间为1995年相吻合；德国亚琛工业大学的Karden等人在1999年分析了阻抗不一致性。也即电池不一致性概念发端于国外，因而早期主要是外国申请。这一阶段动力电池还未进入大规模运用，不一致性问题并不突出，专利申请量少。

2007~2011年为专利申请量的第一次快速上升阶段。“十一五”期间，中国政府组织实施了“863”计划节能与新能源汽车重大项目，2008年北京奥运会期间采用了50辆锂离子电池奥运大巴，2008年10月，特斯拉发布了第一款电动汽车Roadster，让大家看到了其产业化的可能。在2008年，北京理工大学王震坡教授利用2008年北京奥运会的公交车进行了实车验证，发现锂电池组的电压不一致性分布特性大致符合正态分布，武汉理工大学的魏五星对磷酸铁锂动力电池组性能进行测试，利用统计原理分析了110节单体电池开路电压的一致性，也认为电池电压分布符合正态变化的规律。这一阶段随着一批电动汽车的落地使用，不一致性检测技术受到越来越多的关注，国内对不一致性检测技术的研究越来越多，申请量快速上升，而国外申请量仍旧不多，每年不足5项，受益于中国申请量的快速上升，全球申请量也快速上升。

2012~2015年为专利申请量的稳定期，基本稳定在每年四五十项，主要是国内申请，外国申请不足10项。因为中国政府逐渐对动力电池企业进行补贴，动力电池企业从2008年的10余家疯狂涨到2012年的105家，之后政府对补贴进行整顿，同时第一批示范运营的动力电池存在的问题凸显出来，动力电池的需求疲软，一部分动力电池企业资金困难，难以为继。这一阶段政府补贴政策发生变化，又有技术上的困境，动力电池的前景还不明朗，处于平稳发展阶段。

2016年至今为专利申请量的第二次快速上升阶段，随着国家宏观层面新能源汽车重新定位，上升为国家战略，新能源汽车进入发展快车道，2016年中国电动汽车市场超过100万辆，占世界50%以上，成为世界第一市场，除了特斯拉、比亚迪等电动汽车品牌，近年来还出现了蔚来、小鹏等造车新势力。电动汽车的流行带动了对动力电池需求旺盛，涌现出了宁德时代、比亚迪等一批动力电池生产巨头，2021年第一季度，中国动力电池市场份额占到45%，跃居世界第一位。随着动力电池的大量使用，不一致性问题也逐渐凸显，其检测技术的全球专利申请快速增长，2016年增长速度达到88.1%，2018年首次突破100项，这一阶段国外申请量仍然较低，绝大多数是中国申请。2021年专利申请下降主要是由于专利公开的滞后性，大量专利申请还处于未公开状态。

6.1.2 全球及中国主要申请人分析

6.1.2.1 申请量分析

动力电池不一致性评估技术全球和中国主要申请人及其专利申请量排名分别如图6-1-3和图6-1-4所示。对比发现，全球主要申请人除了排名第五位的LG为韩国申请人，剩下均为中国申请人，合肥国轩和国家电网专利申请量遥遥领先。合肥国轩是一家国内动力电池厂商巨头，而不一致性检测的一大重要技术分支便是成组前的分选，这一步骤由电池厂商来完成，因而合肥国轩具有专利保护动力，是不一致性检测技术领域的龙头企业。动力电池退役后可梯度利用于储能电站，所以国家电网在不一致性检测技术上有着良好的布局。此外，主要申请人中，LG、中创新航、天津力神也为电池厂商，北汽集团、智行鸿远为整车企业，哈尔滨智木科技为专业电池检测机构，中国电力科学研究院、清华大学、上海理工大学、北方工业大学为高校和科研机构。综合全球和中国主要申请人，共12位申请人，204项申请，形成了图6-1-5所示的申请人类型申请量占比。总的来说，主要申请人在电池厂商、整车企业、高校、科研机构和专业电池检测机构均有分布，企业强于科研机构，电池厂商强于其他企业，占比最大。

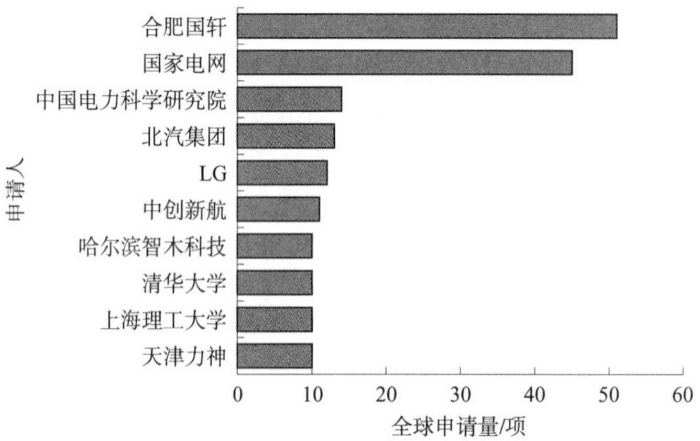

图6-1-3 动力电池不一致性评估技术专利全球主要申请人排名

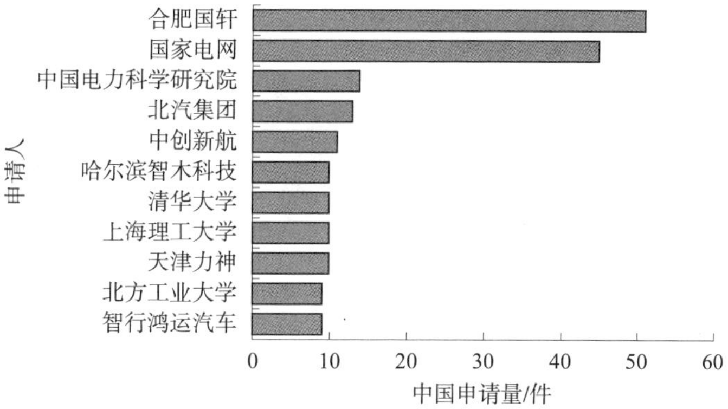

图6-1-4 动力电池不一致性评估技术专利中国主要申请人排名

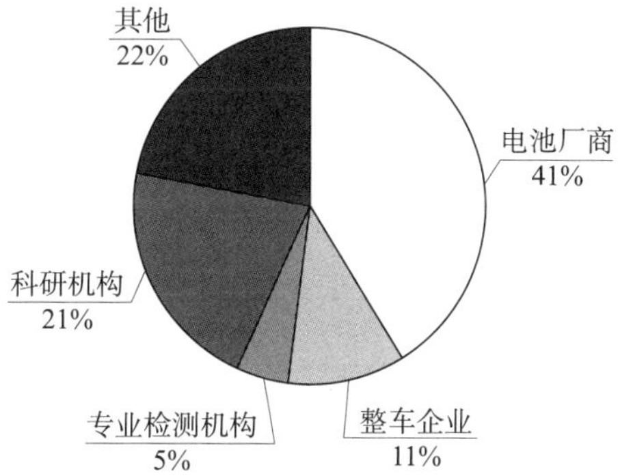

图6-1-5 动力电池不一致性评估技术专利全球申请人类型申请量占比

6.1.2.2 研发方式分析

图6-1-6所示为动力电池不一致性评估技术全球和中国主要申请人申请方式占比，反映了不同申请人的研发方式，其中国家电网和中国电力科学研究院主要采用合作研发方式，这是因为两个申请人均涉及电池充电、退役电池梯度利用等方面，对电池不一致性检测有一定需求，但是其所在行业为电力工业，自身缺乏该技术领域研发能力，因而往往采用合作研发的方式。清华大学的单独研发和合作研发比例近乎各占一半，这与高校既承担前沿科研研究，又与产业界合作紧密的定位相符；其他诸如电池厂商、整车企业和专业检测机构主要采用独立研发方式。

6.1.2.3 被引证分析

申请量反映的是申请人在该技术领域申请的数量，而不能反映申请的质量，被引证的专利文献往往在该技术领域贡献更大，因而引入被引证率和平均引证次数来反映其申请的质量，被引证率为被引证专利数量占其总申请量的百分比，平均被引证次数为总引证次数与总申请量之比，其中排除了申请人的自引证。列出了全球和中国主要申请人的引证数据。如表6-1-1所示，同为申请量靠前的主要申请人，相关引证数据差距巨大，天津力神和北汽集团的总申请量并不靠前，被引证率和总引证次数、平均引证次数等几项数据排位靠前，合肥国轩和国家电网两位申请人的平均引证次数也不低，可见这几位申请人在动力电池不一致性检测领域影响力较大。

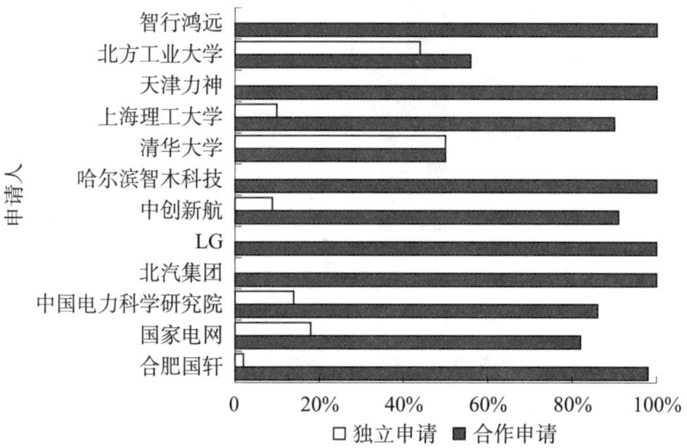

图6-1-6 动力电池不一致性评估技术专利全球和中国主要申请人申请方式占比

表6-1-1 不一致性评估技术全球主要申请人引证数据

申请人	申请量/项	被引证率/次	被引证率	总引证数/次	平均引证数/次
合肥国轩	51	35	68.63%	263	5.15
国家电网	45	31	68.63%	418	9.29
中国电力科学研究院	14	8	57.14%	38	2.71
北汽集团	14	8	57.14%	134	10.31
LG	12	6	50%	24	2
中创新航	11	9	81.81%	29	5.37
哈尔滨智木科技	10	6	60%	15	1.5
清华大学	10	8	80%	83	8.3
上海理工大学	10	8	80%	201	20.1
天津力神	10	8	80%	201	20.1
北方工业大学	9	1	11.11%	1	0.11
智行鸿远	9	3	33.33%	5	0.56

6.1.3 专利布局区域分析

6.1.3.1 全球专利布局区域分析

图6-1-7反映了动力电池不一致性检测技术专利申请的主要技术原创地和目标地，反映了主要国家在电池不一致性评估技术领域的技术创造力。从图6-1-7可以看出，中国在该技术领域具有绝对优势地位，国外不仅申请量小，而且外国申请人在中国申请量也很小，进一步佐证了国外申请人在该技术领域缺乏专利保护动力。排名

第二和第三的韩国和日本也是本国国内主要申请人，两国也是动力电池生产制造大国，在不一致性检测上有一定需求。

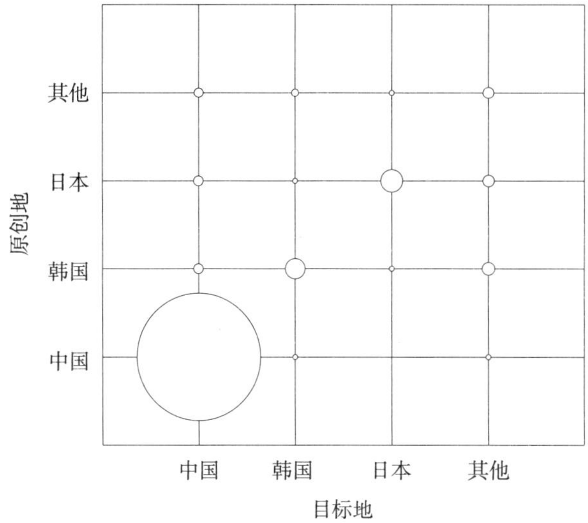

图6－1－7　动力电池不一致性评估技术专利原创地和目标地布局

注：气泡大小代表专利量多少。

6.1.3.2　中国专利申请区域分析

图6－1－8反映了中国主要区域在电池不一致性评估技术领域的技术创造力。可以看出，经济发达地区技术研发能力较强，广东、北京、江苏、安徽分别位于国内申请的前四位，其中北京与广东并列第一位。这是因为北京拥有数量众多的高校和科研院所，例如中国电力科学研究院、清华大学、北方工业大学；还是许多企业的总部所在地，例如国家电网、北汽集团、智行鸿远北京，说明北京的研发能力集中在几家主要创新主体手中。

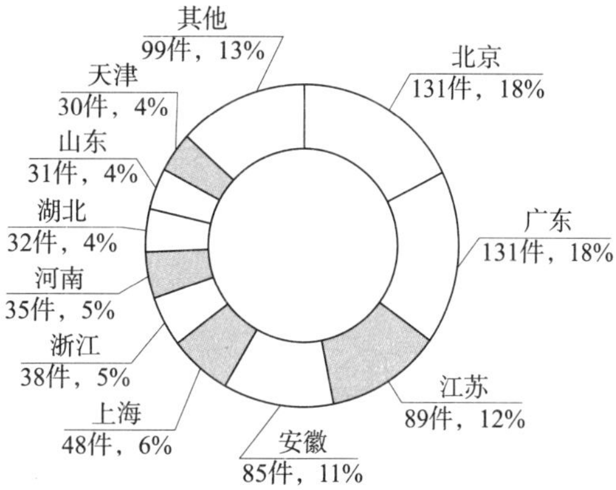

图6－1－8　不一致性评估技术中国专利申请的区域分布

6.2　技术构成

动力电池组的不一致性不仅降低了电池组性能的发挥，而且影响了BMS监测的精确性和电池组的安全性。从制造过程、成组使用、性能衰减至生命终止，电池不一致性问题一直贯穿始终。而在电池的不同阶段，其不一致性表现形式有所不同。对电池不一致性检测是一个复杂的问题，不仅涉及电池不同的阶段、不同的表现形式，还需要研究不一致性的检测参数、评价方法等。如表6－2－1所示，本节分别从检测阶段、表现形式、检测参数、评价方法4个维度对不一致性检测技术进行了技术分解。

表6－2－1 动力电池不一致性评估技术分解

一级分支	二级分支	三级分支
不一致性检测	检测阶段	成组前
		成组后
		退役后
	表现形式	容量不一致性
		电压不一致性
		电阻不一致性
		其他
	检测参数	静态参数
		动态参数
		动静参数结合
	评价方法	基本统计指标法
		改进统计指标法
		聚类分析法
		基于概率模型法
		其他

6.2.1 检测阶段

6.2.1.1 成组前

成组前单体电池参数的不一致性来源于电池制造过程。由于电池结构和成分比较复杂，电池性能对环境因素十分敏感，因此在制造过程中，微小的工艺偏差都会导致电池不一致性问题。具体地讲，制造过程中机械加工的偏差会控制电池微观结构的制造参数的波动，生产过程的每个工序都会不可避免地引入偏差，这些工艺偏差将直接导致所生产电池某些制造参数出现波动，由此制成的电池性能必然存在不一致性问题。为保证电池质量达到标准，需要对成品电池参数一致性进行检测和筛选，剔除差异性大的单体电池，保留差异性小的单体电池成组，降低电池的初始不一致性，提升电池的性能，延长电池的寿命。成组前的检测主要由电池生产厂商来完成，除了要考虑电池的品质外，还需要考虑生产效率与成本。

6.2.1.2 成组后

成组前不一致性主要考察的电池性能参数，成组后不一致性则还包括电池状态参数SOC、SOH，以及与电池环境相关的参数，例如工作电压、电流、环境温度等。由于成组单体电池之间不一致性的存在，会使电池组性能降低，例如 BMS 估计精度降低。BMS 系统对电池组的监测主要依赖于电压、电流温度等可测量参数，而其他容量、SOC 等参数需要通过算法估计得到，电池不一致性将导致电池组估计参数偏离实际数值；在实际工况中，电池不一致性问题将更加复杂。电池的实际工作环境包含了温度、电压、电流、机械应力等诸多因素，影响电池性能，使电池不一致性在工作过程中逐渐劣化，同时对电池寿命产生累积性的影响。成组后的电池已经进入实际使用阶段，不一致性的检测主要用于均衡管理来降低不一致性，提高 BMS 状态评估的准确度，以及进行电池故障的诊断。

6.2.1.3 退役后

由于电动汽车的迅速发展和动力电池使用标准的限制，因此退役动力电池可用容量总量相当庞大，并且呈现大幅度增加的态势。大批退役电池的高效处置将成为一个急需解决的问题。虽然退役电池达不到电动汽车的高标准要求，但仍有足够的性能应用于低要求的储能场合，例如电网的辅助服务、备用电源、家庭储能系统、低速电动三轮车，实现退役电池的梯次利用。退役电池的梯次利用将提高电池的生命周期效率，拓展电池的全生命周期，并降低制造电池的成本。

经过长期的车载使用，电池退役后性能衰减，健康度降低，且衰减程度各异，其梯次利用价值需要评估，但由于每个单体电池的容量、功率、电压、内阻等参数各不相同，重组后使用会影响电池使用性能和电池寿命。因此，需要对退役电池进行一致性筛选才能重新匹配成组进入梯次利用，让电池组具有良好的使用性能，延长电池使用寿命。电池退役后的一致性检测与成组前在原理上类似，但是成组前针对的是完好的全新的单体电池，不一致性不明显，准确度有保障，而退役后电池不一致性明显增强，需要更加准确的不一致性检测方法。

6.2.1.4 检测阶段技术分布和趋势分析

图 6－2－1 示出了动力电池不一致性评估技术不同检测阶段专利申请量趋势，其中，成组前和成组后起步较早，成组前的申请趋势与图 6－1－2 中申请趋势相近，总量占比也远大于成组后和退役后，如图 6－2－2 所示；成组后在 2009 年以前与成组前接近，而 2010 年增长速度不及成组前，申请量有起伏，总体缓慢增长；退役后的第一个申请是 2006 年的美国专利申请 US7964299B2，之后直到 2012 年才出现第二个专利申请 CN102755966A，可以看出，退役后的申请明显滞后于成组前和成组后，这是因为电池从使用到退役有一定周期，随着时间的推移，大量电池到达退役年限，大批退役电池的高效处置变得急迫，退役后的申请量有较大幅度增加，但不稳定。

6.2.1.5 主要申请人分析

图 6－2－3 示出了动力电池不一致性评估技术不同检测阶段创新主体的区别，成组前的前三位中，合肥国轩和天津力神是电池厂商，哈尔滨智木科技是电池专业检测机构；国家电网和 LG 对电池成组后的均衡管理和故障诊断均有需求，故而在成组后的申请靠前，长安汽车开展了新能源电动汽车业务，也较为关注电池成组后的不一致性；退役后的电池可以用于储能电站，国家电网和中国电力科学研究院在这一领域领先布

局，北方工业大学李建林团队在2020年集中申请了7项专利，都是将聚类分析法用于退役后检测，可见该团队在这一领域具备较强的研发能力。

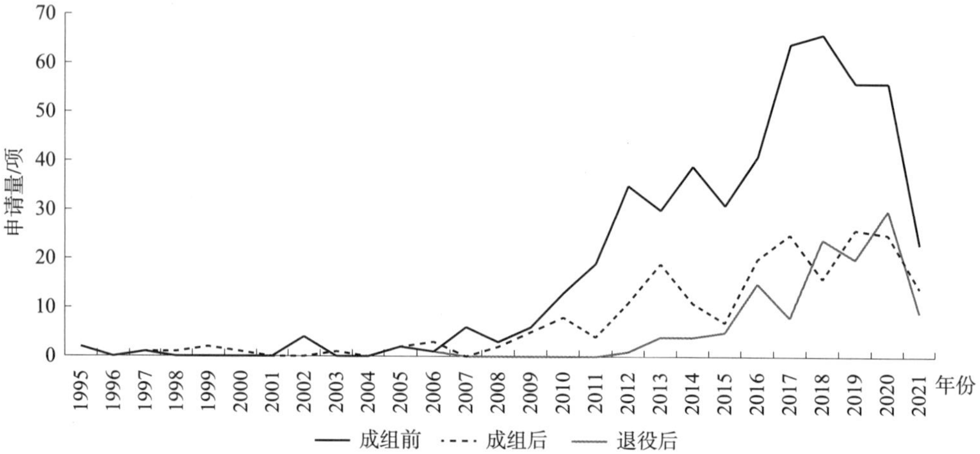

图6-2-1　动力电池不一致性评估技术不同检测阶段专利申请量趋势

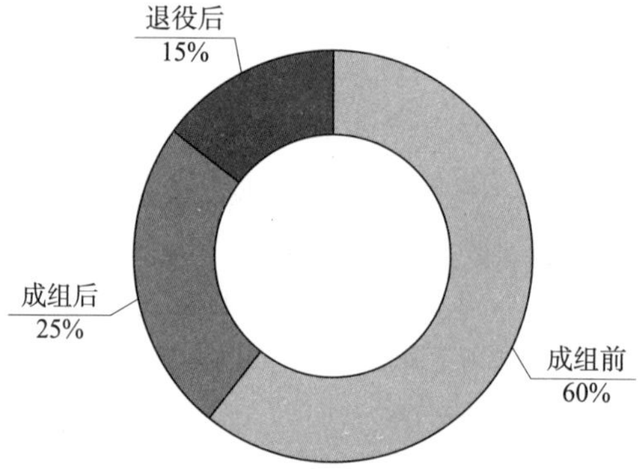

图6-2-2　动力电池不一致性评估技术不同检测阶段专利申请量占比

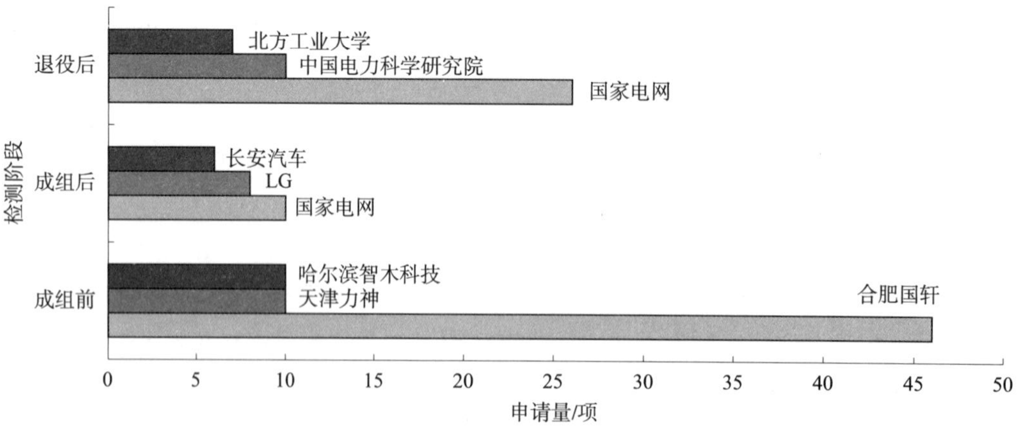

图6-2-3　动力电池不一致性评估技术不同检测阶段前三位专利申请人申请对比

6.2.2　表现形式

6.2.2.1　容量不一致性

电池单体容量不一致性带来的主要问题体现在电池组的性能上。因为电池组的“木桶效应”使得电池组的容量取决于最差的那节电池单体的容量。这样带来的最直接影响就是在电动汽车行驶距离相同的情况下，锂离子电池单体的放电深度会因为容量不同而不同。随着电池组中其他单体慢慢进入深度放电，容量不足的电池单体可能已经没有电量放出，甚至已经放空，成为电路中的负载。再者，在串联电池组中，容量不足或过高的电池单体，其最佳的放电电流和其他电池单体已经不同。在电流相同的情况下，其他单体处于最佳的放电电流，但是个别低容量和高容量的电池单体却工作在电流过大或过小的阶段，这样加快了电池组性能的衰减。

6.2.2.2　电压不一致性

电池单体电压不一致性主要体现在大多数单体电压一致，少数单体电压过高或过低的情况。在电池组充放电过程中，为了保护整个电池组，在充电时以最高的电池单体电压为上限，在放电时以最低的电池单体电压为下限。这样在对电池组充电时会导致大多数电池单体充不满；在放电时，绝大多数电池单体放不完，这种低效率的能量利用率是不希望看到的。如果要使电池组，其他电池单体充满或放完，电压高的电池单体必将过充电，电压低的电池单体必将过放电，甚至超过充电上限截止电压和放电下限截止电压。然而过充电和过放电在电池充放电过程中是绝对不允许的，这样不但影响整个电池组的使用寿命，更严重的会埋下安全隐患，引发人员伤亡事故。此外，在并联电池组中电池单体的互充电上，当并联组中某节电池电压偏低时，其他单体将给此电池单体充电，导致这节电池电压升高的同时，其他高压电池的容量急剧下降，并且充放电过程中，能量损耗也是巨大的。

6.2.2.3　电阻不一致性

电池内阻通常情况下包括欧姆内阻、极化内阻两部分。欧姆内阻是由电池本身的组成材料决定的，极化内阻是电池在充放电过程中会发生电化学反应从而形成的内阻。一般来说，电池内阻是用来表征电池功率特性的参数。同时在循环充放电过程中，组成电池组的各单体内阻值的大小可以很清楚地表示出其单体间的动态一致性，所有单体的内阻值分布越分散，说明其一致性越差，反之，一致性越好。

内阻的不一致性表现在并联和串联上，无论哪一种连接方式都要尽量保证电池组的一致性来减少电池单体之间的差异。在电池组串联连接方式中，由于充放电的电流相同，所以内阻越大的电池单体产生的能量越多，热量也越多，导致其温度升得较快。此外，串联中内阻越大的电池单体，其内阻承担的电压也越多，会造成电压不一致性，最终出现内阻较大的单体提前达到充电截止电压或过充电，内阻较小的电池单体却充不满的现象。并联连接的不一致性主要体现在放电过程中，由于并联特性使得各单体的放电电压相同，然而由于电池内阻不一致，内阻较大的放电电流较小，内阻较小的放电电流较大，致使电池在不同放电倍率下工作，由于放电倍率不同会造成各个单体电池的放电深度也不同，这样会对电池 SOH 造成不良影响。

6.2.2.4 表现形式技术分布和趋势分析

图 6-2-4 示出了动力电池不一致性评估技术不一致性表现方面的专利申请趋势，涉及多个不一致性表现的申请分别计入。从图 6-2-4 可以看出，容量、电压、电阻 3 个方面申请量变化趋势相近，与图 6-1-2 中国专利申请量趋势吻合，只不过电压不一致性的申请量较大，这是因为电池电压是可以直接测得，表现直观，而容量和电阻是间接计算得到，速度慢，成本高，因而电压不一致性受到该领域更多关注。

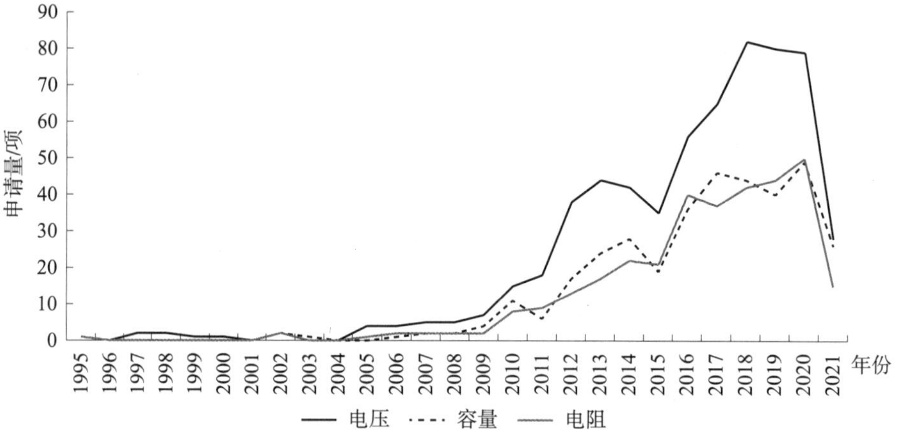

图 6-2-4 动力电池不一致性评估技术不一致性表现专利申请趋势

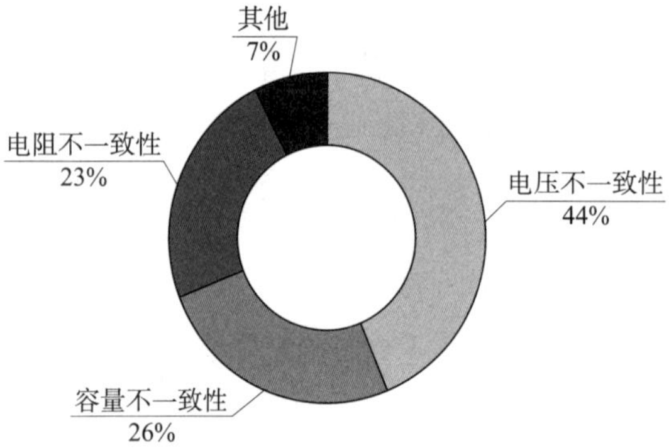

图 6-2-5 动力电池不一致性评估技术不一致性表现专利申请量占比

如图 6-2-5 所示，绝大部分申请考虑的是电压不一致、容量不一致、电阻不一致及其组合，其中只考虑电压不一致的占比最大，这是因为电压可以直接测得，速度快，成本低，但是准确度差。

6.2.3 检测参数

电池不一致性参数方法多种多样，且根据不同的条件有不同的分类，但都将表现为容量、电压、电阻等具体的不一致性。若按照参数的个数来分类，可分为单一参数法和多参数组合法；单一参数是依据一个特征要素对电池进行测试，这种方法速度快、效率高，适用于商用电池的大规模初步检测，但其准确性较差。多参数组合是依据多个特征要素对电池进行测试，这一方法由于综合考量了容量、内阻、电压、温度及电化学阻抗等要素，因此筛选相对准确且可信度高，但由于其工序过多、耗时很长，因此在快速检测中并不特别适用。若按照检测参数的反映电池静态特性和动态特性来分类，可分为静态参数、动态参数、动静参数结合。

6.2.3.1　静态参数

静态参数主要测量电池的容量、电压和内阻等参数。容量是一个重要的电池性能参数，其测量简单易行，很多电池厂商采用容量作为电池不一致性的主要依据。但电池的容量易受环境温度和工况的影响，因而不能保证单体电池在模组应用时保持一致性。电池内阻可以实现快速测量，但仅可用于电池一致性的定性评判，因为测量电阻通常会造成电池的极化，在理论和实践上还有许多问题没有解决。电压也是极易通过简便测量得到的参数，但仅根据单一条件测得的电压进行筛选准确性不高。而由容量、电压和内阻 3 个参数对应 3 种检测方法。

（1）静态电压法

该方法是将电池静置一定时间，测量并对比不同贮存期内电池的开路电压确定电池的一致性，该方法简单易操作，但准确度较差。

（2）静态容量法

该方法以电池的容量值作为一致性判断的依据。由于电池化成过程中很容易记录容量值，因此该方法看起来简单易行。但是受限于设备的电流精度，容量值的测试误差实际超过了一致性的偏差极限，而购买高精度电流设备则导致成本昂贵。

（3）内阻匹配法

锂离子动力电池行业标准推荐使用脉冲放电测试法、DCR 法和 HPPC 法来测试电池内阻。容量相同但静态内阻差异较大的电池，其特性存在较大差异。因此，可以根据电池内阻来进行电池的一致性检测。该方法的优点是测量速度快，缺点是须与其他方法配合使用才有价值。

6.2.3.2　动态参数

动态参数是指依据单体电池充放电过程中采集的电池数参数，可以反映电池的电压、内阻、容量、极化内阻等动态特性，包括充放电特性曲线、电化学阻抗等。其中，充放电特性曲线能够保证电池的动态一致性，可以满足动力电池组大部分工况下的需求。电化学阻抗法能反映电池内部的特性，但其测量需要电池处于稳态，且耗时较长，不适合商业电池的大规模筛选。

充放电特性曲线法是以电池的电压 - 时间充放电特性曲线为一致性的判定依据。该方法在理论上表现更全面的有益信息，能够保证电池动力性能的一致性。但在实际操作中，曲线的相似度很难指标化，目前常采用电压差、曲线斜率、曲线面积等指标进行表征。

电化学阻抗法根据每个电池的交流阻抗谱图拟合等效电路，可得出各电路元件的数值，并以此来进行一致性判定。这种方法比较准确，但耗费的时间较长。

6.2.3.3　动静参数结合

静态参数法检测速度快，但精度低，动态参数法精度高，但检测速度慢，因此，有人提出动静参数结合，先用静态参数进行初步筛除，减少待检测电池的数量，再用动态参数法进行精确检测。

6.2.3.4　检测参数技术分布和趋势分析

图 6 - 2 - 6 示出了动力电池不一致性评估技术不一致性参数专利申请量趋势。

静态参数申请出现最早，2005年、2007年才分别首次出现动态参数和动静参数结合的申请，静态参数和动态参数的申请量趋势与图6－1－2中全球及中国专利申请量态趋势吻合，动静参数结合的申请量增长缓慢，部分年份还有下降，且从图6－2－7可以看出，采用静态参数和动态参数是主流选择，动静参数结合并没有受到申请人的欢迎。

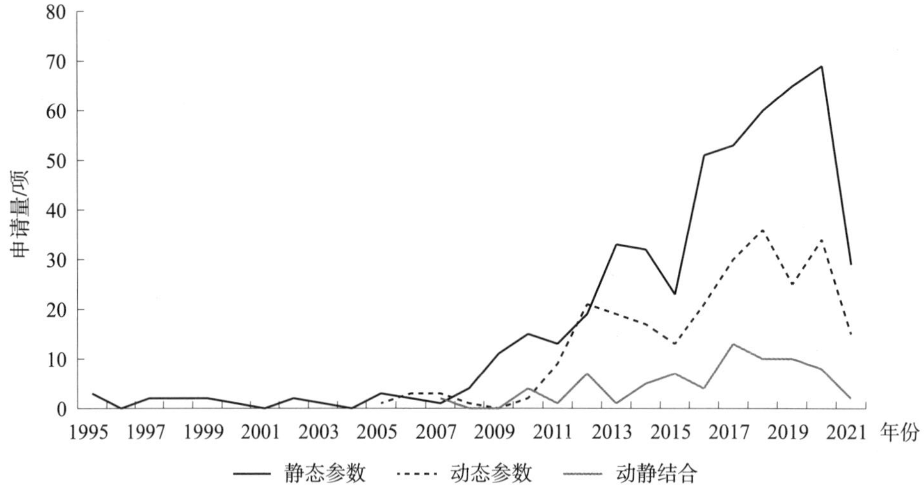

图6－2－6　动力电池不一致性评估技术不一致性参数专利申请量趋势

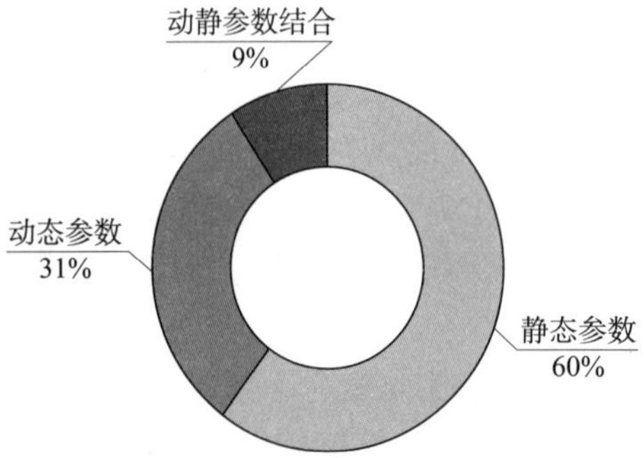

图6－2－7　动力电池不一致性评估技术不一致性参数专利申请量占比

6.2.4　评价方法

测量得到了不一致性参数，有静态参数和动态参数，单一参数和多参数组合，如何利用这些参数来评价电池的不一致性是下一步需要完成的步骤。目前，对电池一致性的评价和表征还没有统一的标准；总结起来，主要是以下四种方法。

6.2.4.1　基本统计指标法

基本统计指标法就是利用均值、方差、标准差、极差、偏差等基本的统计学指标来表征电池的不一致性。

（1）均值

$$\bar{x} = \frac{\sum_{i=1}^{n} x_i}{n}$$

（2）方差

$$\sigma^2 = \frac{\sum_{i=1}^{n} (\bar{x} - x_i)^2}{n}$$

（3）标准差

$$\sigma = \sqrt{\frac{\sum_{i=1}^{n}(\bar{x} - x_i)^2}{n}}$$

（4）极差

$$R = x_{\max} - x_{\min}$$

（5）偏差

$$P = |x_i - \bar{x}|$$

6.2.4.2　改进统计指标法

改进统计指标法是除基本统计指标之外，利用基本统计学指标进一步计算得到的新指标，例如离散度、相似度、差异系数、不一致系数等。

（1）离散度

$$\varepsilon_{P+} = x_{\max} - \bar{x}$$

$$\varepsilon_{P-} = \bar{x} - x_{\min}$$

上述公式中，ε_{P+}表示为正向离散度，ε_{P-}表示为负向离散度。

（2）相似度

相似度通常是通过各种多维空间的距离的进一步计算而得，例如明氏距离、兰氏距离、马氏距离等。相似度普遍出现在数据挖掘各种方法中，例如灰色数学中的灰色关联度等，是序列数据挖掘的一项重要内容。以明氏距离相似度为例，计算明氏距离公式如下：

$$d = \sqrt[m]{\sum_{k=1}^{n} |x_{1k} - x_{2k}|^m}$$

上述公式中，x_{1k}和x_{2k}分别表示序列x_1和x_2第 k 维坐标，m 为自然数，n 为维数。然后计算明氏相似度公式如下：

$$sim\,(x_1,\, x_2) = \frac{1}{1 + d}$$

（3）差异系数

$$\theta = \frac{\sigma}{\bar{x}}$$

$\bar{x}$ 为均值，σ 为标准差。

（4）不一致系数

$$\gamma = \theta^2$$

6.2.4.3　聚类分析法

聚类分析法以相似性为基础，是一种无监督分类，在数据挖掘、模式分类等方面具有很广泛的用途。聚类分析是由数据模式进行驱动的一种分类，是以某种相似度度量为判断依据，实现同一类别中的个体相似度最大，不同类别之间的个体相似度最小，即使得不同聚类中的数据尽可能地不同，而同一聚类中的数据尽可能地相似。由于各种距离、关联分析等都具有一定的侧重性，所以没有一种相似度可以解决所有问题，也没有一种聚类方法是万能的。通常的聚类方法可分为分裂法、层次法、基于密度的方法、基于网络的方法和基于模型的方法等。这些方法各有各的特点，在实际操作中通常是根据专业建模和实际经验中进行选择。下面以K均值（K－means）聚类算法为例介绍聚类过程。

K－means聚类算法属于分裂法，最早是由施坦豪斯（H. D. Steinhaus）在1955年提出，自K－means聚类算法提出以来，在诸多学科领域内得到了大量的研究和应用。由于其算法思想简洁直观，并且适用性广，对于多种问题都可以实现良好的聚类效果，计算速度较快。在各种聚类算法中具有较广泛的适用性，时至今日仍被广泛使用。

K－means聚类算法的主要步骤如下。

第一步：从给出的数据样本中，随机选出k个初始样本，形成初始聚类中心。

第二步：将其他数据与每个初始聚类中心的距离进行计算，把数据按照最近的聚类中心划分到所在的聚类域。

第三步：对所有数据进行排序后，重新计算每个聚类所有数据的平均值，平均值所在的数据成为新的聚类中心。

第四步：对于第二步和第三步进行重复循环执行，直到每个聚类固定不变，如此，给出的数据就被划分成了k个簇。

6.2.4.4 基于概率模型法

该方法利用概率模型对电池容量、内阻、电压和SOC等参数进行统计分析，将概率模型的统计值作为电池一致性的定量评价指标。常用于不一致性评价的概率模型主要有正态分布模型和韦伯（Weibull）分布模型。

（1）正态分布

当连续随机变量X的分布概率密度满足下式，则可认为X服从$N(\mu, \sigma)$的正态分布：

$$f(x) = \frac{1}{\sqrt{2\pi}\sigma} e^{-\frac{(x-\mu)^2}{2\sigma}}$$

μ为X的均值，σ为X的标准差。

（2）Weibull分布

Weibull分布常用于串联系统的可靠性估计。由于Weibull概率密度函数变化灵活，可用于描述服从对称分布和非对称分布的随机变量的分布特征。Weibull分布分为双参数和三参数，其中三参数Weibull概率密度函数如下：

$$f(x) = \frac{\mathrm{B}}{\mathrm{A}}(x-C)^{\mathrm{B}-1} e^{-\frac{(x-C)^{\mathrm{B}}}{\mathrm{A}}}$$

特征值包括尺寸参数A、形状参数B和位置参数C，若C为0，则变为双参数Weibull分布概率密度函数。

6.2.4.5 评价方法技术分布和趋势分析

图6－2－8示出了为动力电池不一致性评估技术评价方法专利申请量占比。从图6－2－8可以看出，基本统计指标法占据主流，因为基本统计指标法简单好用，技术人员容易接受；而改进统计指标法、聚类分析法、基于概率模型法3种方法总共

占16%，数量不多，但这部分恰恰是技术人员在评价方法上做出技术改进的方向。图6-2-9反映了评价方法技术改进的趋势，这几种改进方法在2010年以后才出现，每种方法的申请量呈起伏状，大部分年份申请量低于10项；以改进统计指标法、聚类分析法、基于概率模型法3种方法总申请量为样本，分析其申请人发现，如图6-2-10所示，申请量前五位（包含并列）中，北方工业大学、国联研究院、清华大学、中国科学院电工研究所、杭州电子科技大学、南京工程学院都是高校或者科研机构，图6-2-9中聚类分析法在2020年申请量出现峰值是因为北方工业大学李建林团队在该年集中提出了8项专利申请，采用不同类型聚类算法分析电池的不一致性，说明该团队在这一领域具有较强研发能力。可见在评价方法作出技术改进的主要是科研机构，处于研究阶段，还未大量进入使用。

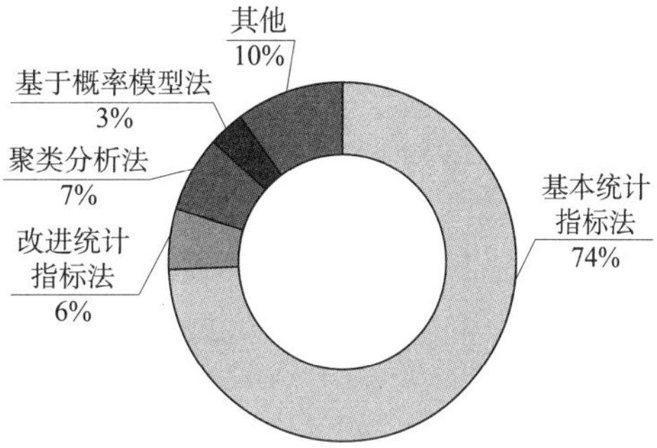

图6-2-8 动力电池不一致性评估技术评价方法专利申请量占比

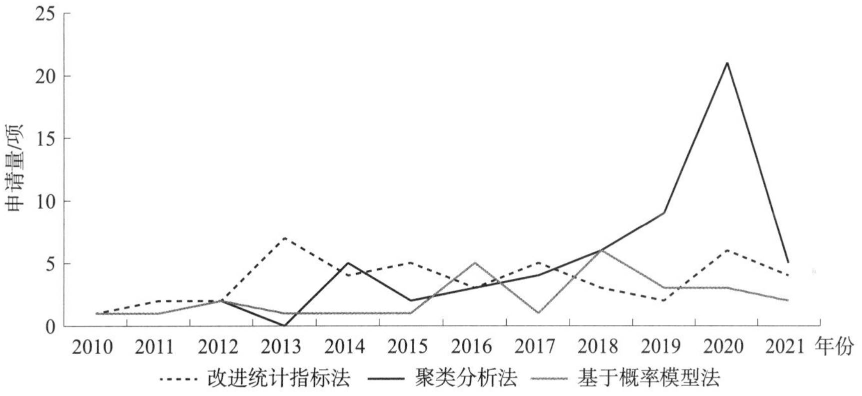

图6-2-9 动力电池不一致性评估技术改进评价方法专利申请量趋势

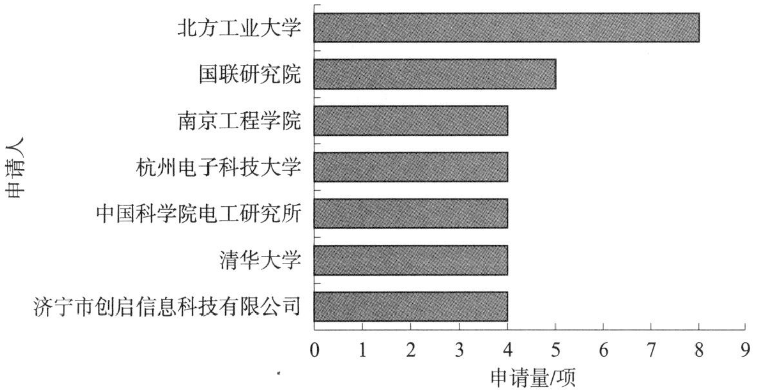

图6-2-10 动力电池不一致性评估技术改进评价方法专利主要申请人排名

6.2.5 技术组合

通过检测阶段、表现形式、检测参数、评价方法4个维度对动力电池不一致性评估技术进行了介绍，而一个完整的技术方案也会涉及这4个方面的组合。动力电池不一致性评估技术专利申请中的技术方案是以上4个分支的组合，按照排列组合，就会产生数量众多的技术组合，本节内容将对比较重要的组合进行详细分析。

6.2.5.1 检测阶段与检测参数

因为各检测阶段的检测目的不同，所以其采用的检测参数也有所不同，如图6-2-11所示。成组前静态参数和动态参数数量都较大，如果为了提高电池品质和检测可靠性，则偏向于选取动态参数，如果为了提高检测参数和降低检测成本，则更愿意选择简单的静态参数，也就是说静态参数和动态参数都有较大需求，为了结合两者的优点，也有不少申请使用动静参数结合；成组后的检测往往是电池已经在使用过程中，用于均衡管理、故障诊断等，是对当前状态的估计，因而绝大多数采用静态参数，动态参数和动静参数结合使用较少；退役后与成组前类似，但需要重点考虑退役后电池的经济性，因而极少使用动静参数结合。

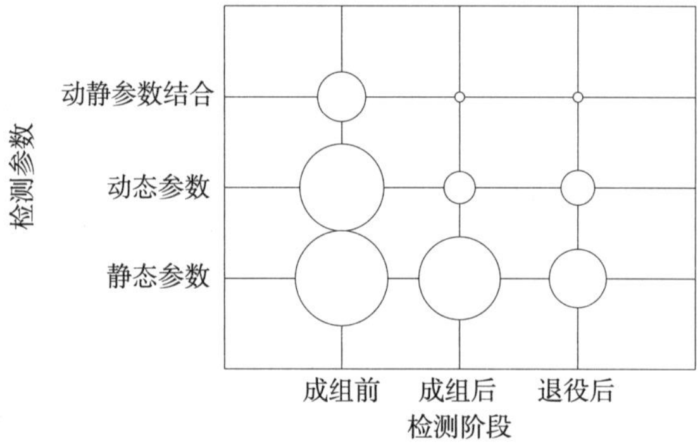

图6-2-11 动力电池不一致性评估技术专利检测阶段与检测参数分布

注：气泡大小代表专利量多少。

6.2.5.2 检测阶段与评价方法

图6-2-12示出了动力电池不一致性评估技术各检测阶段使用评价方法的情况。不论成组前、成组后、退役后，采用基本统计指标法评价是最多的；对于除基本统计指标法以外的评价方法，成组前和成组后都有相当数量的申请；退役后主要集中在聚类分析法，成为研发方向；退役后基于概率模型法申请量为0项，主要是因为退役后电池性能衰减，参数已经不符合正态分布，Weibull分布等常用概率模型，还没有找到符合退役电池参数分布规律的模型。

6.2.5.3 检测参数与表现形式

图6-2-13～图6-2-15示出了动力电池不一致性评估技术专利不同类型参数选择待测物理量的特点。对于静态参数，单一参数和多参数组合均有较大比例申请，因为静态参数检测方便，检测组合参数在效率和成本上带来影响有限，为提高准确度，更多申

请人愿意选择多参数组合法；动态参数则偏向单一参数，尤其是动态电压，因为动态参数主要是充放电曲线和阻抗谱，但测量阻抗谱成本较高；动静参数结合因为需要静态参数与动态参数相结合，绝大多数是多参数组合。因此，静态参数选择更分散，涉及检测动态参数则大多选择动态电压，多参数组合选择电压、容量、电阻三者组合的最多。

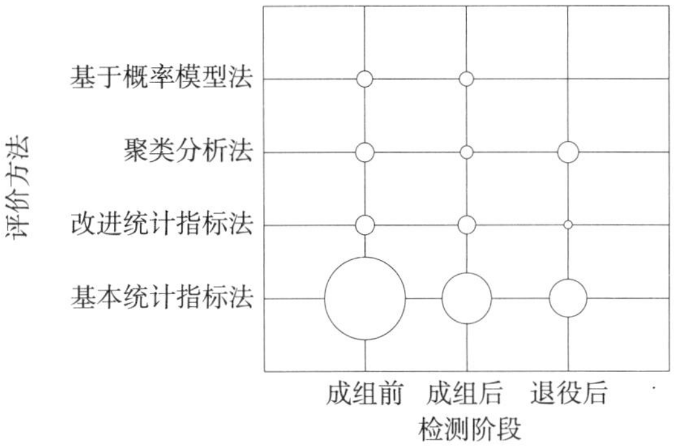

图6-2-12 动力电池不一致性评估技术专利检测阶段与评价方法分布

注：气泡大小代表专利量多少。

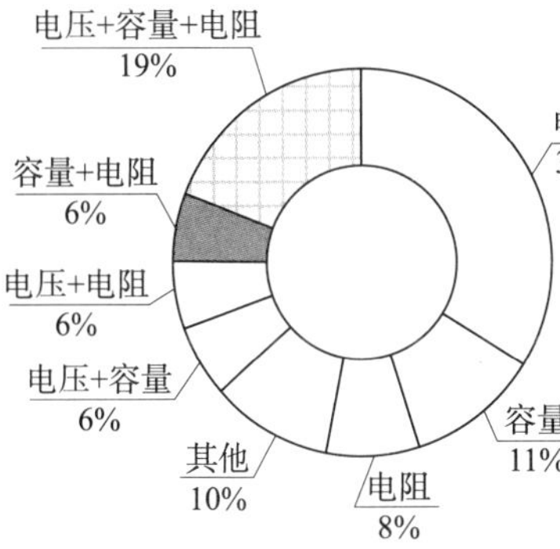

图6-2-13 动力电池不一致性评估技术专利静态参数专利占比

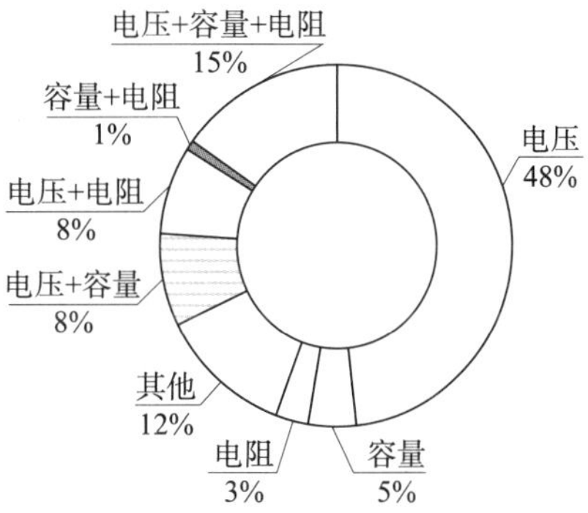

图6-2-14 动力电池不一致性评估技术专利动态参数专利占比

6.2.5.4 检测参数与评价方法

不一致性评估有两大改进方向，一是检测参数，分别是静态参数、动态参数、动静参数结合；二是评价方法，分别是基本统计指标法、改进统计指标法、聚类分析法、基于概率模型法；图6-2-16示出了这两大改进方向的结合情况，从图6-2-16可以看出，基本统计指标法和静态参数的组合申请量最大，是不一致性检测领域的基础，检测参数和评价

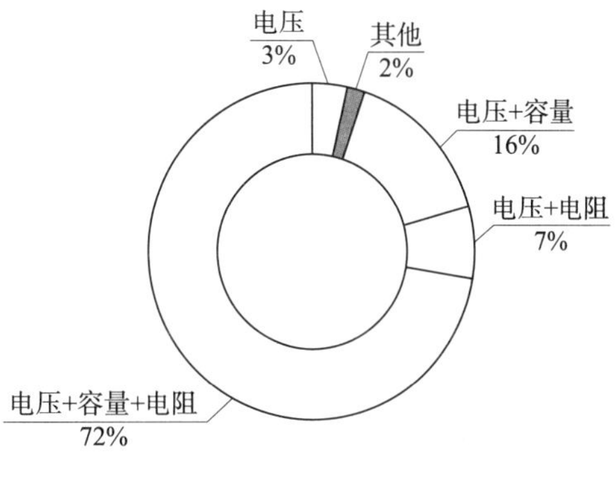

图6-2-15 动力电池不一致性评估技术专利动静参数结合构成

方法主要是各自发展改进，两者结合改进的较少，这是未来有待发展的方向。

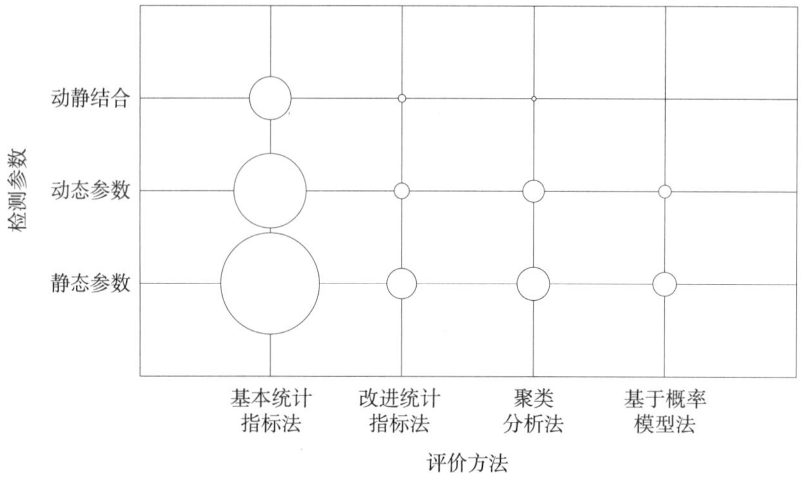

图6-2-16 动力电池不一致性评估技术专利检测参数与评价方法分布

注：气泡大小代表专利量多少。

6.2.6 技术发展脉络

不同的检测阶段，不一致性的表现形式、检测参数、评价方法大同小异，但侧重点不同，技术发展路线有所区别，所以按照检测阶段划分技术路线并对其进行详细介绍。

6.2.6.1 成组前的技术路线

图6-2-17示出了动力电池不一致性评估技术专利成组前技术路线。动力电池不一致性始于成组前检测，1995年，荷兰申请的专利NL1000317C2，首次就动力电池不一致性检测提出了专利申请，采用静态参数内阻对电池进行分选，筛除标准范围外的电池，提升了电池的性能。1995年，北京有色金属研究总院提交的专利申请CN1151020A，采用多参数组合参数，先利用容量筛除偏差较大的电池，再利用电压进一步筛选偏差小的电池成组，克服了单一参数可靠性差的技术问题；尽管采用了多个参数，但静态参数只能反映电池的静态特性，为了反映电池的动态特性，北京有色金属研究总院在2002年又提出了专利申请CN1489237A，其采用充放电电压曲线进行分选，依据电池动态特性分选进一步提高了检测的可靠性。

如何比较充放电曲线之间是否一致成为一个需要解决的问题，技术手段之一是从曲线上选取方便基本统计指标法评价的参数；2002年的专利申请CN1508901A提出采用同一时刻下最大电压差值为曲线偏差，2006年的专利申请CN101073800A采用单位时间电压差进行筛选，2010年的专利申请CN101764259A采用电压降参数，即两个相同时刻的电压值之差，2014年的专利申请CN103801521A计算曲线的曲率作为筛选参数。除了充放电曲线，2011年的专利申请CN103128059A提出采用阻抗谱作为动态参数。除了电压、容量、电阻的不一致性，该领域还关注其他表现形式的不一致性，例如2013年的专利申请CN103545567A检测恒流比不一致性，同年的专利申请CN103682490A检测自放电率不一

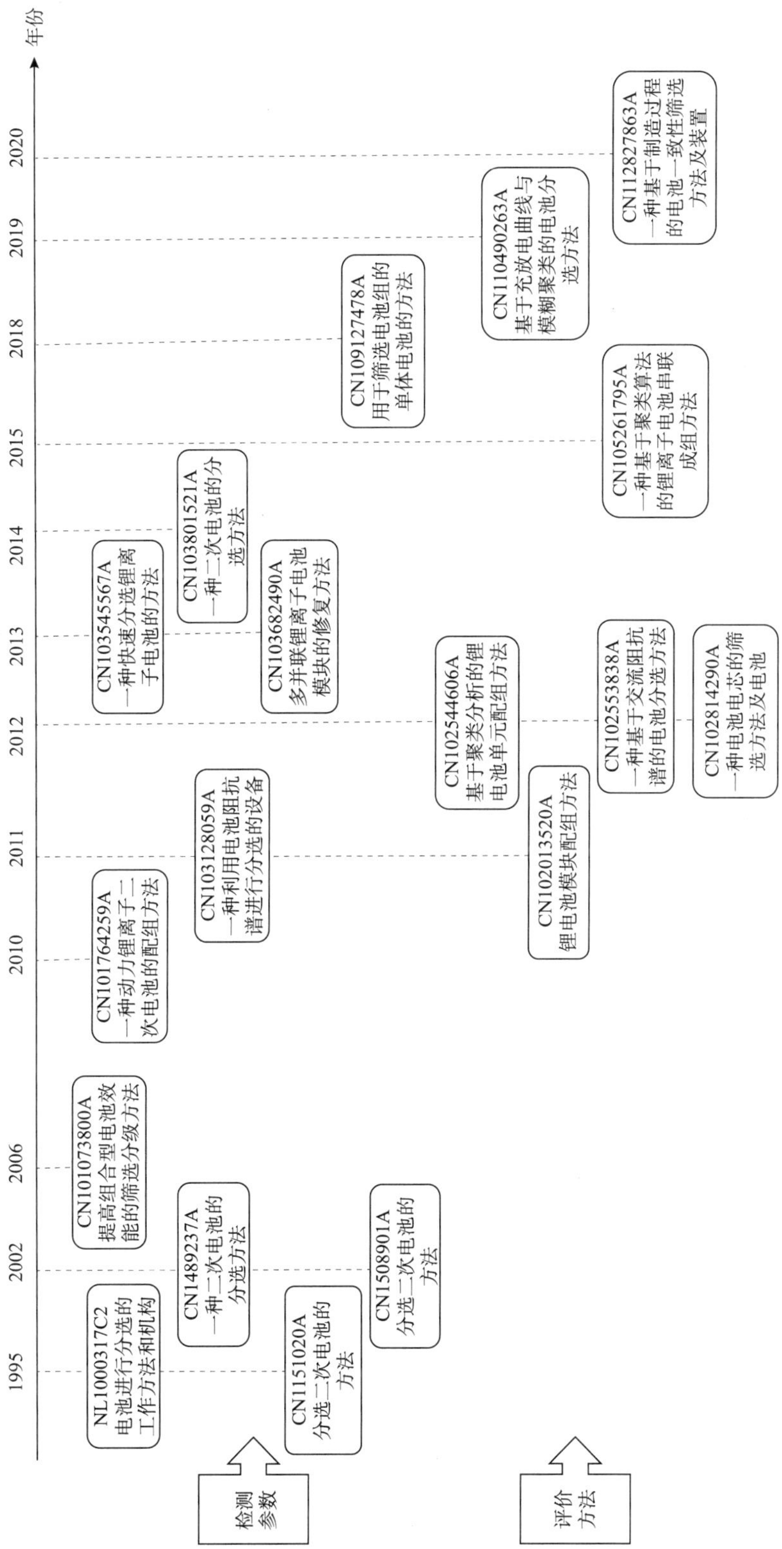

图6-2-17　动力电池不一致性评估技术专利成组前路线

致性。采用静态参数检测速度快，成本低，但准确度差，动态参数准确度高但检测速度慢，为了综合两者的优点，2010 年的专利申请 CN101764259A 采用动静参数结合，先利用静态参数容量快速筛选符合标准的电池，再利用充放电曲线准确筛选。

从曲线上选取电压降、电压差、斜率等参数只能反映曲线上少数点位特征，并不能很好地反映电池完整的动态特性，为了更全面地反映电池的动态特性，该领域提出了一些新的评价方法。2011 年的专利申请 CN102013520A 选取多点位计算待测电池曲线与基准曲线的欧氏距离，定义为相似度指标，作为不一致性判断依据；2018 年的专利申请 CN109127478A 以豪斯多夫距离为分选指标，其中豪斯多夫距离可以衡量任意两个集合之间的距离。

为了提高检测的可靠性，常采用多参数组合和动静参数结合来检测电池的不一致性，但是多种参数带来不同的量纲。为了综合评价不同的量纲参数，2012 年的专利申请 CN102553838A 采用一致性系数作为评价指标，其中一致性系数为标准差与均值之比，消除了量纲的影响；同年的专利申请 CN102544606A 将健康状态、自放电率、内阻、开路电压等参数先进行归一化处理，再采用聚类分析方法得到电池配组分类；为了提高聚类算法的收敛速度，2015 年的专利申请 CN105261795A 进一步提出采用 K – means 聚类算法；为了改善 K – means 等传统聚类算法容易陷入局部最优的缺点，2019 年的专利申请 CN110490263A 采用了寻优能力更强的模糊 C 均值聚类算法。

电池单体参数是随机分布的，如果能找到分布的规律，那么可以根据分布规律的统计特征设定合理的参数阈值区间，提高检测效率。2012 年的专利申请 CN102814290A 认为电压差参数服从正态分布，剔除分布在 3δ 之外的电池；正态分布只能描述对称的分布规律，为了描述服从非对称分布规律的参数，2020 年的专利申请 CN112827863A 认为电池参数服从三参数 Weibull 概率分布，根据 Weibull 统计特征，确定电池容量对应的目标数值范围，提高了检测效率。

如图 6 – 2 – 17 所示，成组前不一致性评估在检测参数和评价方法上均有发展，这是因为成组前既关注电池的静态特性，又关注电池的动态特性，对于静态参数和动态参数都有需求，采用静态参数检测速度快，成本低，采用动态参数检测可靠性高；而且对于比较动态曲线之间的一致性，可以从检测参数和评价方法两条发展方向上解决。总体来讲，检测参数方向发展早，评价方法发展晚，成为近年研发方向。

6.2.6.2 成组后的技术路线

图 6 – 2 – 18 示出了动力电池不一致性评估技术专利成组后技术路线。最早到 1997 年，日本申请的专利 JP11098702A 将电压不一致性用于电池异常检测，当单体电池之间电压偏差大于预设值即判定电池异常。为了避免误判，2016 年的专利申请 CN106772085A 采用电压极差、标准差等多个基本统计指标进行判断，同年的专利申请 CN105759212A 则采用工作电压曲线进行判断；而为了比较动态曲线之间的不一致性，2019 年的专利申请 CN111007420A 采用基于欧氏距离的聚类算法；因为电池参数的分布符合一定统计规律，因此有申请人据此来判断电池是否出现异常，2016 年的专利申请 CN105866689A 认为电池参数不符合正态分布的电池出现异常。

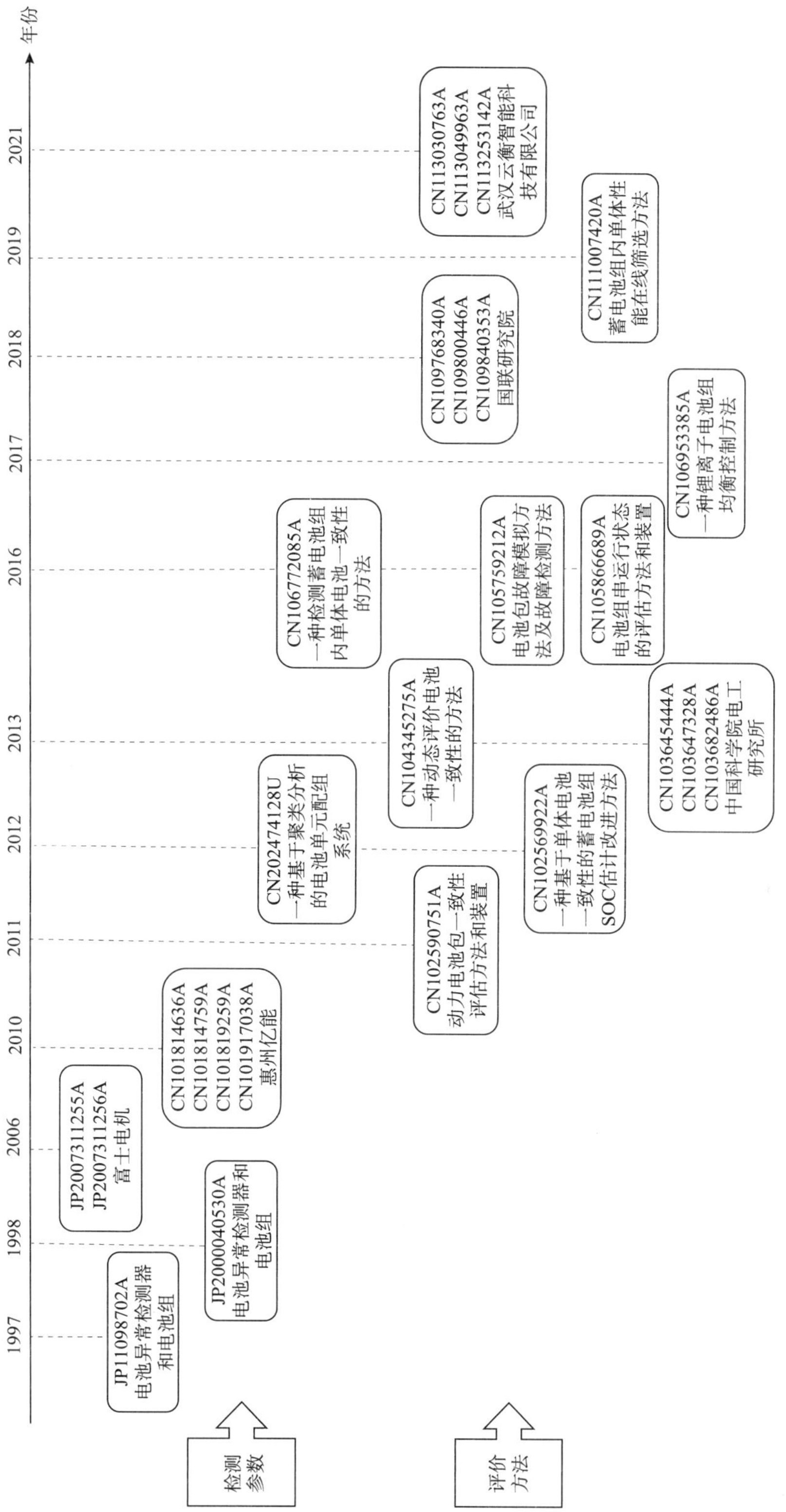

图6-2-18　动力电池不一致性评估技术专利技术成组后路线

为了提高电池的寿命，减小单体电池之间的不一致性，许多BMS的开发者在其中集成了均衡电路，日本的申请人在1998年提交的专利申请JP2000040530A，将电压不一致性用于均衡管理，当单体电池之间的偏差超过阈值则启动均衡；为了提高判断是否需要对电池组进行电池均衡的准确性，惠州亿能在2010年提出4项关于提高电池组不一致性量化评价的准确性的专利申请，其于2010年提交的专利申请CN101819259A采用动静结合参数，从直流内阻、极化电压、最大可用容量和充电曲线4个方面对电池组的一致性进行评判。为了便于分析多参数组合数据，2012年的专利申请CN202474128U提出采用聚类算法以消除多参数组合带来的量纲不同的问题。

当单体电池之间存在电压不一致，电压最高的单体电池到达充电截止电压而停止充电，但还有单体电池还没充满，实际SOC低于估算SOC，日本的申请人在2006年提交的两项专利申请JP2007311255A和JP2007311256A，考虑动态电压不一致性提高SOC估算精度。为了提高SOC的估算精度，2012年的专利申请CN102569922A采用基于数据驱动法中的人工神经网络算法，但需要大量训练样本，为了考虑电池参数的不一致性，按照分布概率随机产生大量样本，提高了训练模型的准确性。

无论是用于故障诊断、均衡管理，还是提高电池SOC和SOH估算精度，首先要做的是提高电池不一致性的评价准确性。2011年的专利申请CN102590751A采用多参数组合，对容量离散度、等效直流内阻离散度与电压平台离散度进行加权平均计算，获取动力电池包的综合评估系数；国联研究院在2018年提出3项专利申请，其中1项专利申请CN109768340A采用Weibull概率模型，可清晰地描述电压分布特在电池放电区间的变化过程。

为了提高评价准确度，还有申请人引入一些新的数学理论；中国科学院电工所在2013年提出3项专利申请，将众数原理引入电池一致性评价；武汉云衡智能科技有限公司在2021年提出3项专利申请，其中1项专利申请CN113030763A将信息熵理论用于电池组不一致性计算。

与成组前相比，成组后的检测参数比较单一，大多数采用电压，因为成组后属于在线检测，关注当前状态，倾向采用直接测量得到的参数；而且电压与SOC有对应关系，所以采用SOC本质上也是电压；从图6-2-18也能明显看出，在评价方法上的专利密集，因为成组后不一致性常用于均衡管理、故障诊断、提高SOC和SOH估算准确度，对准确度要求较高，成为研发方向。

6.2.6.3 退役后的技术路线

图6-2-19示出了为动力电池退役后不一致性评估技术专利技术路线，退役后的不一致性检测与成组前十分类似，只不过退役后的检测对象是旧电池。由于电池从使用到退役需要一段时间，因而对于电池退役后的不一致性检测出现较晚，直到2006年，美国申请人提交的专利申请US7964299B2检测电池内阻进行重组筛选；2012年，国家电网提交的专利申请CN102755966A借鉴成组前检测，采用充放电电压曲线反映动态特性，对退役电池的不一致性进行了评估。为了便于比较动态曲线之间的不一致性，2013年的专利申请CN103560277A提出比较曲线的电池K值，所谓K值等于$\Delta OCV/$

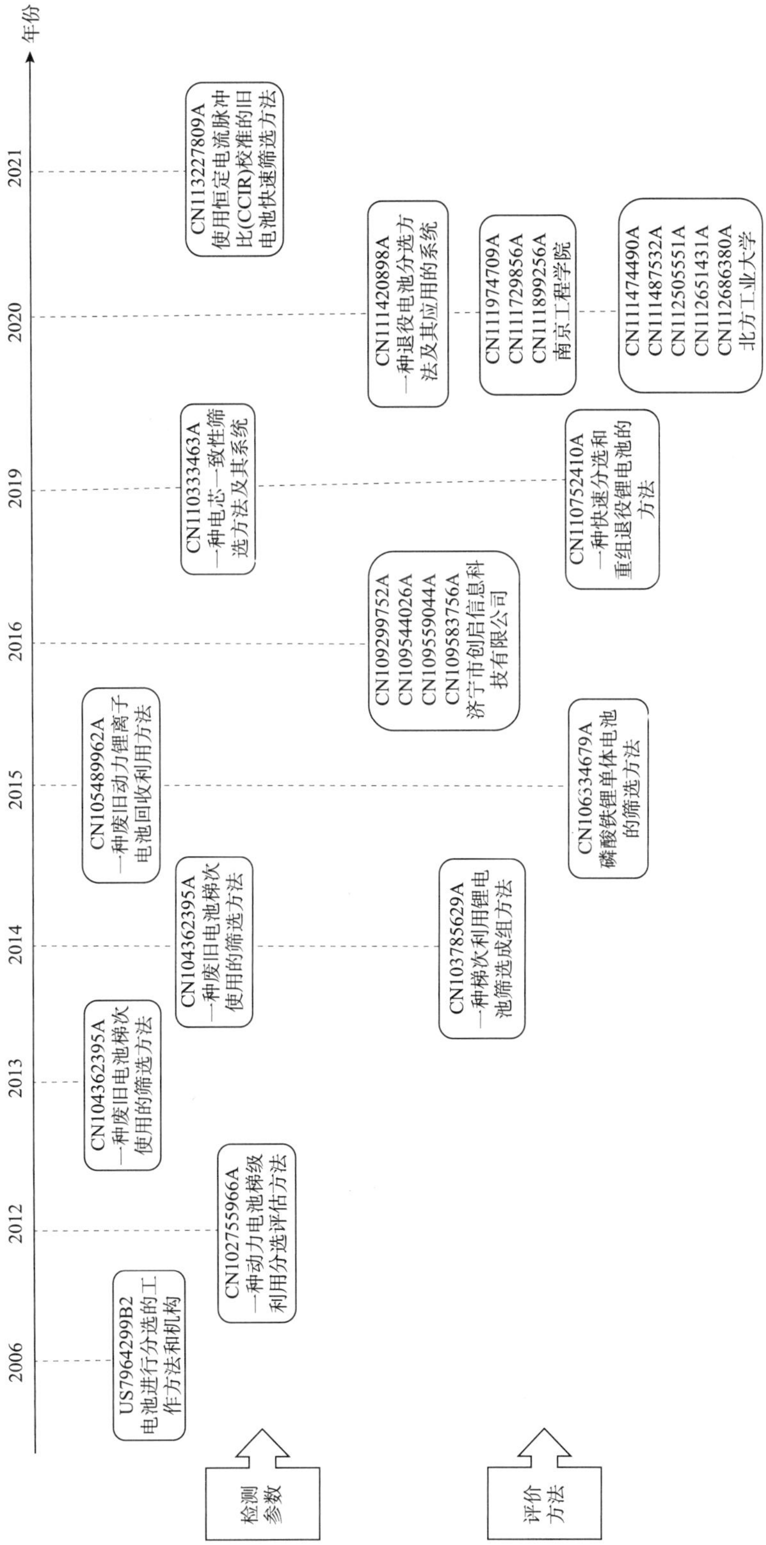

图6-2-19　动力电池不一致性评估技术专利退役后路线

ΔT；2020年的专利申请CN111420898A则对充放电曲线进行分段处理，计算动态弯曲距离表征曲线之间的不一致性。为了解决检测动态曲线耗时长的问题，2015年的专利申请CN105489962A采用动静参数结合，对利用静态容量进行初筛，减少需要检测动态曲线的电池数量，再利用充放电曲线进一步筛选。

除了检测电压、容量、电阻等常见参数，2014年的专利申请CN104362395A检测自放电率反映电池的自放电特性，2019年的专利申请CN110333463A采用容量增量（dQ/dV）反映容量不一致。2021年的专利申请CN113227809A检测了退役电池的恒流比。南京工程学院采用聚类分析模型分析了退役动力电池的热效应，2020年提出了3项专利申请。

因为电池退役后性能有不同程度的衰减，进行重组筛选时需要更全面、更准确地反映电池的不一致性。一个方法是采用多个参数组合，2014年的专利申请CN103785629A利用电池的容量、欧姆内阻、极化内阻、自放电值，并采用加权K－means聚类方法综合评价了不一致性；另一个方法是采用多种方法结合起来评价，2015年的专利申请CN106334679A利用正态分布模型初筛，但是正态分布不能准确表征退役电池参数分布规律，再利用聚类分析法进一步筛选；2018年，济宁市创启信息科技有限公司结合聚类分析法与信息熵或熵比率提出了4项专利申请；北方工业大学则将聚类分析模型与智能算法结合，对退役电池进行了更加精准的分选，2020年就提出了5项专利申请。

电池性能虽有衰退，但仍能在对性能要求不高的场合使用，退役电池梯次利用就是根据使用场景的不同降级使用，提高了电池的利用率。2019年的专利申请CN110752410A在K－means聚类算法的基础上，引入调节梯次利用场景系数δ，可以调节其大小以适应不同场景重组要求。

退役后的检测参数与成组前基本相同，但在评价方面有较大的改进需求，多个申请人提交了一系列申请，采用多种方法结合评价的方式。另外，退役电池梯次利用有不同的应用场景，需要根据不同应用场景设计不同的重组标准。

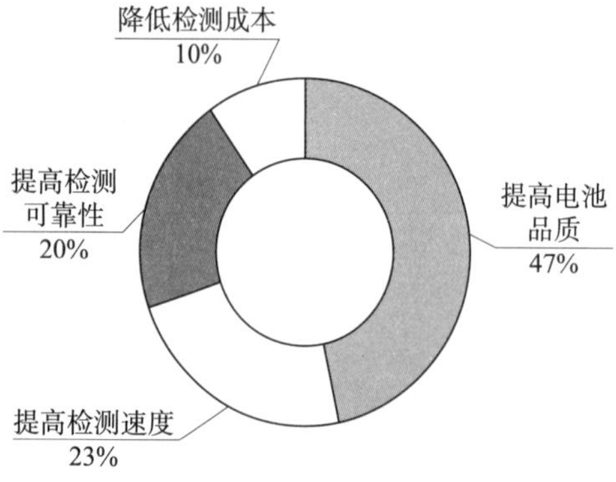

图6－2－20　动力电池成组前不一致性评估技术专利效果占比

6.2.7　技术功效

因为动力电池在不同阶段的检测者不同，成组前是电池生产厂商，成组后是整车企业，主要是在BMS中使用，退役后是电池梯次利用企业。不同的检测者对不一致性检测有不同的需求，所提出的专利申请技术方案达到的技术效果不同，如图6－2－20～图6－2－22所示的技术效果占比。

对于成组前，电池厂商更关注提高电池的品质、提高检测速度、提高检测可靠性和降低检测成本，电池的品质影响到销售份额与经济效益，是电池厂商首要关注的，检测速度关乎生产效率，也受到相当重视，两者的申请量占比占据前两位。

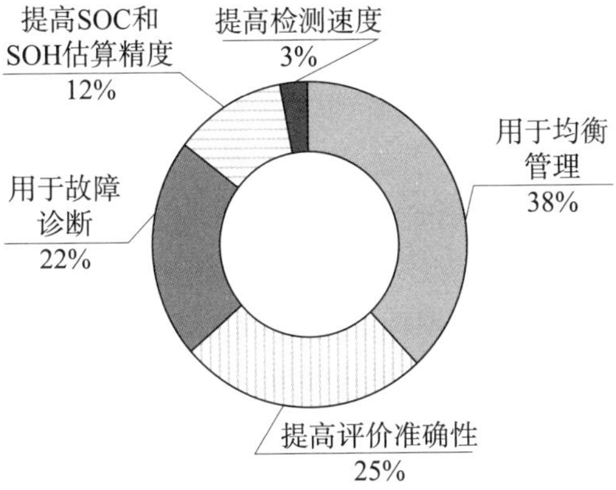

图6-2-21 动力电池成组后不一致性评估技术专利效果占比

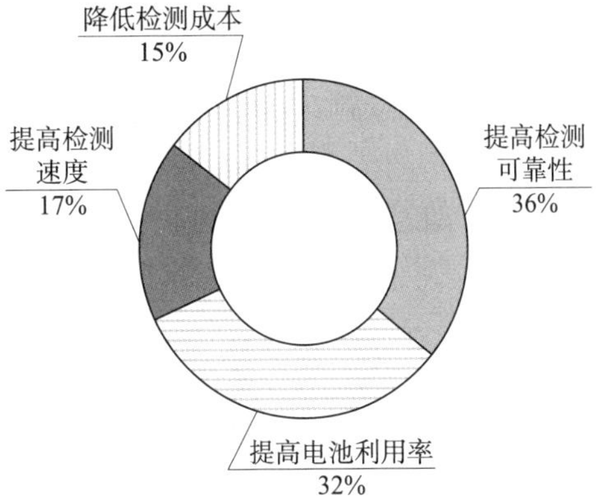

图6-2-22 动力电池退役后不一致性评估技术专利效果占比

对于成组后，检测场景主要是电动汽车的BMS中，电池不一致性作为中间变量使用，用于根据电池的不一致性进行均衡管理、故障诊断、提高SOC和SOH估算精度等方面，其中用于均衡管理的申请量占比最大，这是因为均衡管理本身就是一种减小电池不一致性的技术手段；同时，不一致性作为中间变量更关注评价的准确性。

对于退役后，电池性能虽有衰退，但仍能作为性能要求不高的场合使用，重组分选可以在一定程度上提高电池的利用率，其分选的原理和方法与成组前基本一致，因而技术效果类似，但是关注的重点有所不同，因为退役后检测的都是旧电池，不一致性远大于成组前的新电池，因而更关注检测的可靠性。

6.3 未来发展趋势

动力电池不一致性检测可以从检测阶段、表现形式、检测参数、评价方法4个方面考虑，而检测参数又是建立在表现形式的基础上，两者紧密联系。以下从表现形式、检测参数、评价方法3个方面来分析未来的发展趋势。

就检测阶段而言，成组前申请量较大，比较成熟，发展空间不大；成组后在均衡管理和故障诊断上还有一定需求，主要是提高评价的准确性；随着大量动力电池服役到期，退役后不一致性检测有较大发展空间，主要是电池梯次利用重组。

目前已经提出了大量的检测参数，电压、容量、电阻、充放电曲线、阻抗谱、自放电率、电压降、恒流比，还包括多参数组合，可以满足检测需求，因而检测参数不是未来发展的重点。

对于检测出来的各种各样的参数，重点是如何评价，因而评价方法是未来的发展方向，主要解决多参数组合如何综合评价，如何更全面地反映动态曲线包含的动态特性，主要是聚类分析方法，既可以分析不同量纲的参数，又可以基于空间距离分析动态曲线，但其准确度还有待提高。

从电池不一致性角度实现梯次利用，需要根据不同应用场景设计电池评价标准，提高电池的利用率，目前这方面的研究较少；退役后电池参数分布规律与正态分布，Weibull分布已有偏差，目前还没有找到一种符合退役后电池参数的分布概率模型，这是未来研究的方向。

6.4 本章小结

电池不一致问题影响电池性能的发挥和寿命，是电池的一项重要指标。1995年有学者率先提出电压不一致的概念，同年荷兰出现了第一个专利申请NL1000317C2，早期主要是外国申请，而随着中国大力发展动力电池与新能源电动汽车，中国申请量后来居上，并且占据绝对优势。

动力电池不一致性评估技术专利申请量前十位中有九位是中国申请人，只有韩国的LG进入前十；合肥国轩和国家电网牢牢占据前两位，申请量大幅领先其他申请人。重点申请人在电池厂商、整车企业、科研机构和专业电池检测机构均有分布，企业强于科研机构，电池厂商强于其他企业，占比最大。通过引入引证数据来考察申请的质量，天津力神和北汽集团在总申请量并不靠前，被引证率、总引证次数、平均引证次数等指标排位靠前，说明其在动力电池不一致性检测领域申请的质量很高。

动力电池也不一致性评估技术专利国内申请量较大，但分布不均匀，经济发达地区技术研发能力较强，申请量大，广东、北京、江苏、安徽分别位于国内申请的前四位，其中北京与广东并列第一位；北京拥有数量众多的高校、科研院所，以及大型企业的总部，研发能力突出。

在电池不同的阶段，其不一致性表现形式有所不同，因而对电池不一致性检测是一个复杂的问题。按检测的阶段可以划分为成组前、成组后、退役后。成组前的检测主要由电池生产厂商来完成，为保证电池质量达到标准，需要对成品电池参数一致性进行检测和筛选，剔除差异性大的单体电池，保留差异性小的单体电池成组。成组前的不一致性检测专利申请数量最大，占总申请量的60%，专利申请量最大的申请人是知名电池厂商合肥国轩。成组前不一致性主要考察的电池性能参数，成组后的不一致性则还包括电池状态参数SOC、SOH，以及与电池环境相关的参数，例如工作电压、电流、环境温度等，成组后的电池已经进入了实际使用阶段了，不一致性的检测主要用于均衡管理来降低不一致性，提高故障BMS状态评估的准确度，以及进行电池故障的诊断。电池退役后性能衰减，健康度降低，且衰减程度各异，其梯次利用价值需要评估，但由于每个单体电池参数各不相同，重组后使用会影响电池使用性能和电池寿命。因此，需要对退役电池进行一致性筛选才能重新匹配成组进入梯次利用。成组后和退役后的申请量各占25%和15%，申请量最大的都是国家电网。随着动力电池大量使用，未来退役电池将迎来一个巨大市场，具有发展潜力，近年申请量快速增长。

电池不一致主要表现在容量、电压和内阻等方面，因此不一致性的检测从这些物理量入手。电池电压因为是可以直接测得，表现直观，受到该领域更多关注，电压不一致性的申请量最大。根据检测参数反映电池的静态特性还是动态特性，分为静态参数和动态参数，静态参数检测速度快，但精度低，动态参数精度高，但检测速度慢，因此有申请人提出动静参数结合。分析专利申请数据发现，采用静态参数和动态参数是主流选择，动静参数结合并没有受到申请人的热烈反响。

测量得到了不一致性参数，有静态参数和动态参数，单一参数和多参数组合，下一步就是利用这些参数来评价电池的不一致性，目前的评价方法分为基本统计指标法、改进统计指标法、聚类分析法和基于概率模型法；基本统计指标法占据主流，因为基本统计指标法简单好用，技术人员容易接受；而改进统计指标法、聚类分析法、基于概率模型法3种方法出现较晚，总共才占16%，数量不多，但这部分恰恰是技术人员在评价方法上做出技术改进的方向。

成组前在检测参数和评价方法上均有发展，这是因为成组前既关注电池的静态特性，又关注电池的动态特性，对于静态参数和动态参数都有需求，采用静态参数检测速度快，成本低，采用动态参数检测可靠性高；而且对于比较动态曲线之间的一致性，可以从检测参数和评价方法两条发展方向上解决。成组后的检测参数比较单一，大多数采用电压，因为成组后属于在线检测，关注于当前状态，倾向于采用直接测量得到的参数；而且电压与SOC有对应关系，所以采用SOC本质上也是电压；因为成组后不一致性常用于均衡管理，故障诊断，提高SOC和SOH估算精度，对准确度要求较高，所以在评价方法上专利密集，成为研发方向。退役后的检测参数与成组前基本相同，但在评价方面有较大的改进需求，提交了一系列申请，采用多种方法结合评价的方式。另外退役电池梯次利用有不同的应用场景，需要根据不同应用场景设计不同的重组标准。

总的来说，电池不一致性检测领域得到快速发展，尤其是中国，但是没有统一的标准，检测参数和评价方法的各种组合层出不穷，但主流还是基本的静态参数，包括容量、电压、电阻和动态参数充放电曲线和阻抗谱，评价方法采用标准差等基本统计指标。已有的检测参数已经能够满足需求，更加准确的评价方法是未来的发展方向，主要解决多参数组合如何综合评价，如何更全面反映动态曲线包含的动态特性，聚类分析方法是一个热点，既可以分析不同量纲的参数，又可以基于空间距离分析动态曲线，但其准确度还有待提高。随着大量动力电池服役到期，退役后不一致性检测有较大发展空间，主要是电池梯次利用重组。从电池不一致性角度实现梯次利用，需要根据不同应用场景设计电池评价标准，提高电池的利用率，目前这方面的研究较少；退役后电池参数分布规律已不符合正态分布或Weibull分布，目前还没有找到一种符合退役后电池参数的分布概率模型，这也是未来需要研究的方向。

第 7 章　动力电池热失控预警和热失控/热扩散测试技术专利分析

近年来，随着电动汽车销量的增长，与之相关的许多问题也凸显出来，电动汽车发生起火等严重安全事故的频率也表现出明显的上升趋势。据不完全统计，在电动汽车安全事故原因中，因电池热失控造成的问题占比较高。

动力电池系统是电动汽车能量的直接来源，是电动汽车的重要组成部分。锂离子电池因具有高比能量、低自放电率以及长寿命等特点，成为最具实用价值的电动汽车动力电池。然而，以热失控为特征的锂离子电池系统安全事故时有发生，严重威胁着乘客的生命财产安全，因此，动力电池高能量密度条件下的高安全性是电动汽车商业化推广应用的首要保障。热失控是指电池内部出现放热连锁反应引起电池温升速率急剧变化的过热现象。动力电池在机械损伤、电滥用、热滥用等极端条件下的事故均以热失控的形式最终体现。

分析锂电池的热失控过程发现，热失控主要是由于电池内部产热速率远大于散热速率，在电池内部积累了大量的热量，从而引发单体电池的起火或爆炸。单体电池的热失控又会扩散到整个电池系统，导致整个电池系统甚至整车的起火或爆炸事故。由于电池发生热失控后扩展速度快，且容易引起车辆起火或爆炸，给人的生命和财产带来巨大的危险，因此，热失控是电动汽车目前亟需关注和解决的重要安全问题。

目前汽车和电池企业针对热失控问题，主要以热失控预警和防护为主，同时为了提高热失控预警的准确性和速度，各企业和研究机构等对于电池热失控预警和热失控/热扩散测试作了大量的研究分析，相关方面的专利申请量也迅速增长。故本章针对动力电池热失控预警以及热失控/热扩散测试方面专利申请进行了分析。

7.1　总体状况分析

7.1.1　全球及中国专利申请量态势分析

图 7－1－1 示出了动力电池热失控预警和热失控/热扩散测试技术专利全球申请量发展趋势。截至 2021 年 7 月 28 日，热失控预警和热失控/热扩散测试技术相关专利申请量共为 688 项。

经过对相关专利申请总量的梳理发现，热失控预警和热失控/热扩散测试技术发展

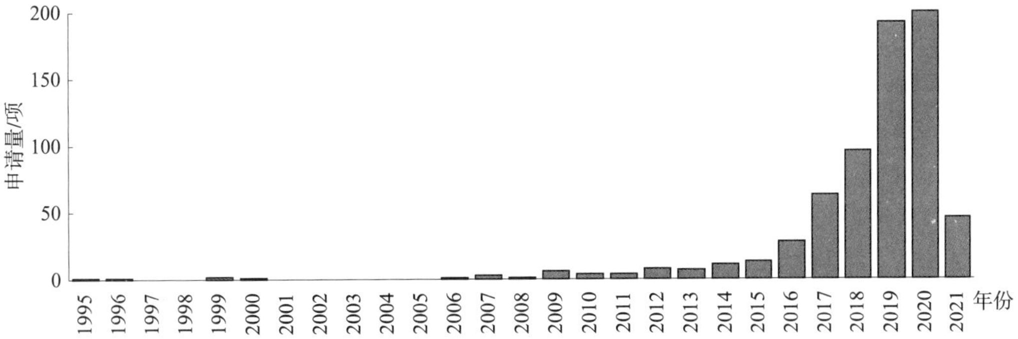

图7-1-1 动力电池热失控预警和热失控/热扩散测试技术专利全球申请量发展趋势

过程大致可分为以下3个阶段。

(1) 萌芽期(1995~2005年)

1834年,美国人首先使用不可充电的干电池、直流电机制造出世界上第一辆电动三轮车。1881年,法国人用可充电的铅酸电池作为动力的三轮车,但因其性能差、续航里程短和蓄电池不稳定等缺点,纯电动汽车逐渐淡出人们的视线。

20世纪90年代以来,环境污染、温室效应和能源短缺等一系列的问题,引发了人们寻找替代能源、加快能源结构升级的迫切愿望,以纯电动汽车为首的新能源汽车重新回归人们的视线。1991年,日本的索尼公司成功将锂离子电池进行商业化量产,锂离子电池作为储能设备被广泛使用。随着锂离子电池技术的快速突破,采用锂离子电池作为动力电池的纯电动汽车得以迅猛发展。

锂离子动力电池由于具有寿命长、高比能量等优点,是当前电动汽车的主流电化学动力源。但是在锂离子电池实际使用过程中,有可能会出现起火、爆炸等问题,这使人们密切关注锂离子电池的安全性能。为了规范和推动锂离子动力电池的蓬勃发展和安全使用,早在1995年,国际上就出现了动力用锂离子电池相关的标准,后来世界各国和相关国际组织也相继制定了动力电池安全的评价标准,包括IEC、联合国危险货物运输专家委员会(UN-TDG)、UL、美国电气及电子工程师学会(IEEE)和日本国家标准局(JIS)等。

随着人们对新能源汽车和动力电池使用安全性的日益重视,国外的各大汽车和电池生产厂商在热失控预警方面也进行了研发。早在1995年,美国的MIDTRONICS公司就申请了用于检测和控制充电电池中的热失控的方法和装置的相关专利(WO9629773A2),开启了各国汽车和电池相关企业及研究机构对电池热失控预警技术的探索之路。在MIDTRONICS公司的申请中可以发现,此时,研究人员已经发现锂电池在充电过程中容易出现热失控问题,并且发生热失控的过程中电池的内阻会出现变化,通过检测电池的内阻,可以对热失控的发生进行预警。但是,由于20世纪90年代末到21世纪初期,锂电池仍处于初步发展阶段,人们在电池本身的研发中投入更多,在安全方面的研究仍停留在萌芽阶段。在MIDTRONICS公司之后,仅有日本的三洋(JP3625721B2、JP2001161004A)、日立公司(JP10092476A)和美国的基思·S.钱普林(Keith S.

Champlin）（US6294897B1）基于电池单元或电池组的温度检测进行热失控预警技术提交了专利申请。

（2）成长期（2006～2013年）

对于新能源汽车而言，最早是由日本进行研究开发和推广，主要是借助混合动力的技术与设备开拓市场。在此之后，美国进行新能源汽车研究的过程中，就借鉴了日本的成熟经验，开发出将锂电池作为主要部分的纯电动汽车，并不断推广应用。在世界各地出现严重的柴油汽车环境污染问题的情况下，每个国家都开始重视新能源汽车的开发和制造。我国在2009年开始重视新能源汽车的应用，制定了相应的扶持政策，市场的活力开始不断提高，市场增长潜力也开始提升。

然而，随着高能量密度锂离子电池的不断进步与发展，也出现了一些灾难性的危险事故，例如爆炸、起火以及热失控等。有机电解液、高温以及氧化剂的存在，在很多情况下，导致了这些非正常条件下灾难事故的发生。对于锂离子电池的成分来说，过充、外部短路、内部短路以及高温是极其危险的，最终都可能会触发热失控，造成十分严重的后果。2012年，美国的A123系统公司召回了价值5500万美元的电动汽车电池，这批电池在制造生产过程中使用了不符合标准的焊接设备，可能会导致电池中的一个元件刺穿铝电绝缘袋。

随着中国新能源汽车行业的蓬勃发展，中国的动力锂电池行业也在不断发展，并陆续推出了关于动力电池的安全评价标准。但是，随着锂离子电池系统逐渐进入新的如电动汽车等大型电池的领域，在安全性问题上依旧存在很多改进的空间。

在这一时期，中国和美国的专利申请量较之前的萌芽期有了明显的提高，尤其是中国企业和研究机构开始重视热失控预警技术的研发，而美国则走在了全球的前面。在2009～2013年，美国的申请量最多，有20件，超过了中国、德国和日本申请量总和，由此可见，这一时期，美国在热失控预警技术方面领先于全球。

虽然在这期间，热失控预警技术有了较好的发展，但是，研究热失控/热扩散测试技术相关专利申请量发现，该技术还处于起步阶段。2007年，中国的天津力神（CN1987508A）首次就通过加热、短路、过充等方式触发电池热失控的技术方案提交了专利申请，其中对电池在电滥用情况下热失控的过程进行分析研究，开启了各大汽车和电池厂商、研究机构、科研人员对电池热失控过程深入分析研究的过程。随后中国的江汽集团（CN103560302A）、日本的爱斯佩克株式会社（JP2015099121A）和美国韦斯顿·阿瑟·赫尔曼（Weston Arthur Hermann）等人（US20120013341A1）也通过加热等方式对电池热失控过程进行了分析研究。

（3）全面发展期（2014年至今）

在新能源汽车产业的带动下，动力电池迎来爆发式增长，2014～2020年，国内装机量从3.7 GWh增至63.65 GWh，2021年上半年动力电池装机总量约46.39 GWh，同比增长177%。可见，中国的新能源汽车产业带动了动力电池产业的迅猛发展。除各大汽车和电池生产企业之外，很多高校和科研机构也纷纷加大了对动力电池相关技术研发的投入。

新能源汽车是在节能减排的要求下诞生的，国家十分重视和支持这项事业的发展，在各项政策与资源投入方面都有倾斜。新能源汽车产业在大众心目中的地位逐渐攀高，各大厂家也发现了新能源汽车的商机，从而加大了投入力度。但是频繁出现的新能源汽车起火燃烧事故的报道，使得目前新能源汽车的电池组安全问题成为全社会关注的焦点。

近年来，电动汽车因电池热失控而引发的爆炸自燃事故时有发生。这些电动汽车的安全事故给消费者带来很多顾虑，电动汽车产业的发展也受到一定程度上的影响。2020 年 5 月 12 日，由工业和信息化部组织制定的三项电动汽车强制性国家标准正式发布，并于 2021 年 1 月 1 日起开始实施。这三项强制性国家标准都与电池安全密切相关。锂离子电池作为电动汽车的核心部件，虽然目前着重开发更高能量密度的电池，但是也要重视热稳定性。锂离子电池能量密度提升的技术瓶颈归结于电池安全性问题。电动汽车的可持续发展有赖于锂离子电池安全性研究。

在这一时期，中国的热失控预警和热失控/热扩散测试技术发展快速，申请量每年以几乎 100% 的速度在增长，远远超过美国、德国、日本和韩国。

7.1.2　全球及中国主要申请人分析

7.1.2.1　全球申请人分析

图 7-1-2 示出了动力电池热失控预警和热失控/热扩散测试技术专利全球主要申请人排名情况。从图 7-1-2 可以看出，中国的申请人最活跃，申请量最大，排名在前 18 位的申请人中仅有特斯拉一家为美国公司，其余均为中国企业、高校和科研机构，其中清华大学申请量名列前茅，排在第二到第十位的分别是南京工业大学、国家电网、中国科学技术大学、烟台创为、蜂巢能源、中国民用航空飞行学院、长安汽车、宁德时代和北京航空航天大学。

通过以上分析可以看出，中国在热失控预警和热失控/热扩散测试技术方面的专利申请已经走在了各国的前列，远远超过了美国、德国、日本和韩国。国外的汽车和电池企业，在近几年热失控预警和热失控/热扩散测试技术专利申请量相比中国有明显减少，这除了与中国新能源行业发展迅速导致出现问题的概率激增有关，还与国外的汽车和电池企业更关注电池本身的材料、结构和工艺改进相关。

7.1.2.2　中国申请人分析

图 7-1-3 示出了动力电池热失控预警和热失控/热扩散测试技术专利中国主要申请人排名。

从中国申请人的申请量来看，清华大学明显领先，申请量有 40 多件，超过排名第二位的南京工业大学 1 倍。在排名前十位的中国申请人中，高校申请人占总申请量的 50%。在具体分析这些高校的相关专利申请后发现，其专利申请主要集中在热失控/热扩散测试技术方面，这与高校更多集中在科学技术研究关系密切。而排名在前十位的企业为国家电网、烟台创为、蜂巢能源、长安汽车和宁德时代，申请量相差不大。

图7-1-2　动力电池热失控预警和热失控/热扩散测试技术专利全球主要申请人排名

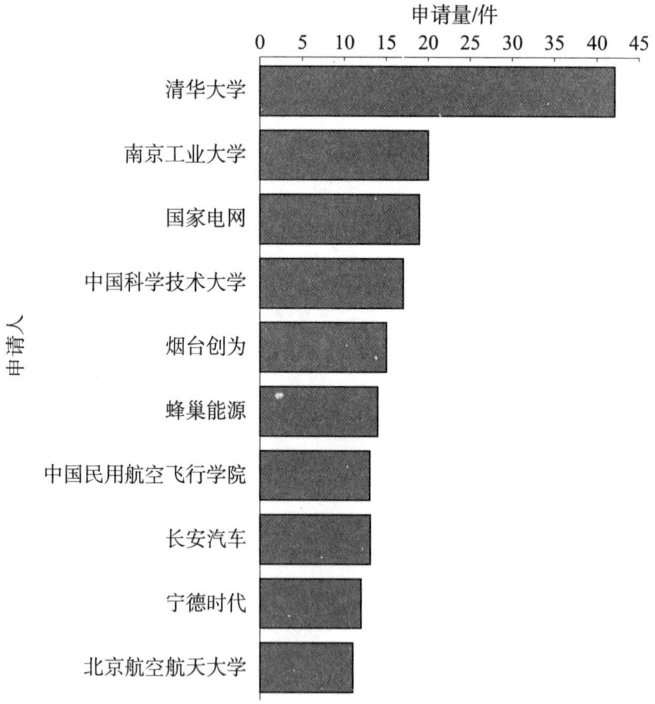

图7-1-3　动力电池热失控预警和热失控/热扩散测试技术专利中国主要申请人排名

7.1.3　专利布局区域分析

7.1.3.1　全球布局区域分析

图7-1-4示出了动力电池热失控预警和热失控/热扩散测试技术专利申请原创地占比。从总体上看，中国、美国、德国、日本和韩国5个国家原创专利申请量占据着全球前五位，申请量分别为中国591件，占86%；美国39件，占6%；德国20件，占3%；日本18件，占3%；韩国10件，占1%。从申请量和所占比例可见，中国在热失控预警和热失控/热扩散测试技术方面处于领先地位，美国、德国、日本和韩国4个国家申请量差距不明显，分布比较平均。

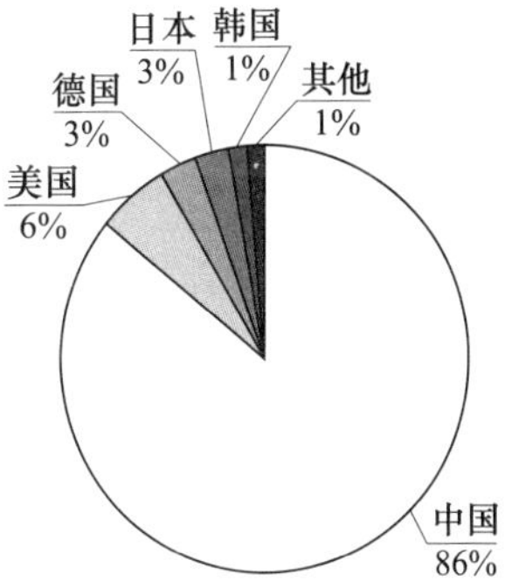

图7-1-4　动力电池热失控预警和热失控/热扩散测试技术原创地专利申请占比

图7-1-5示出了中国、美国、德国、日本和韩国动力电池热失控预警技术原创专利申请的趋势变化情况。

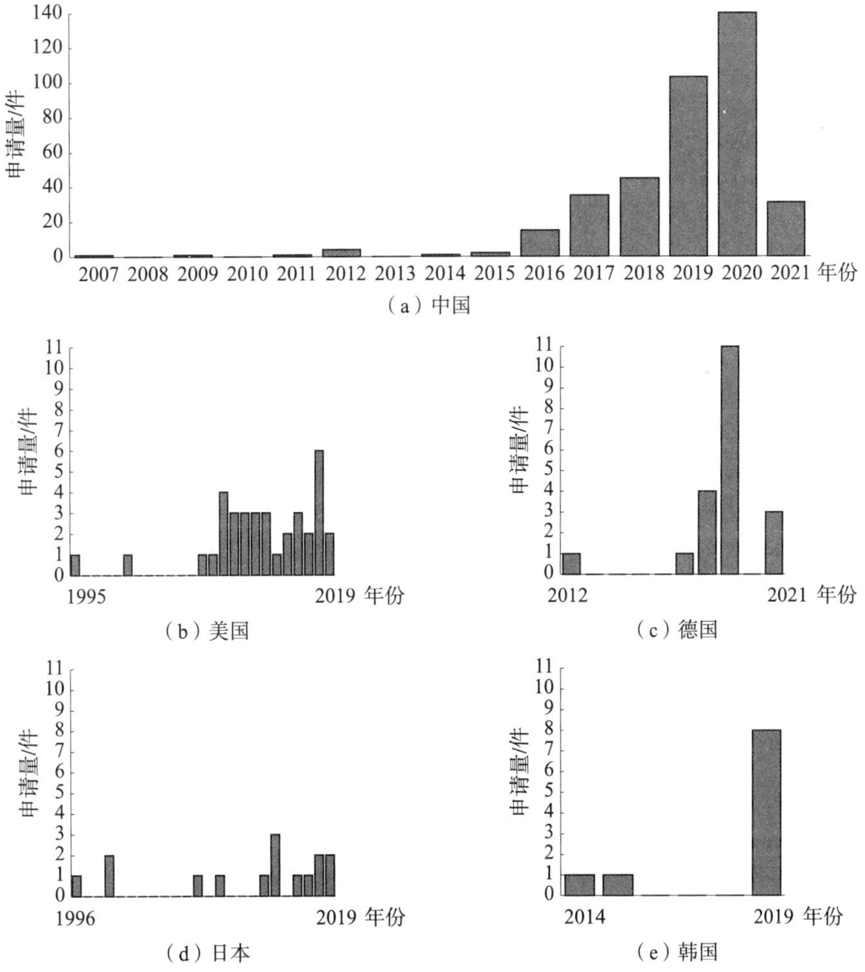

图7-1-5　动力电池热失控预警技术主要原创地专利申请发展趋势

图7-1-6示出了中国、美国、日本动力电池热失控/热扩散测试技术原创地专利申请的趋势变化情况。

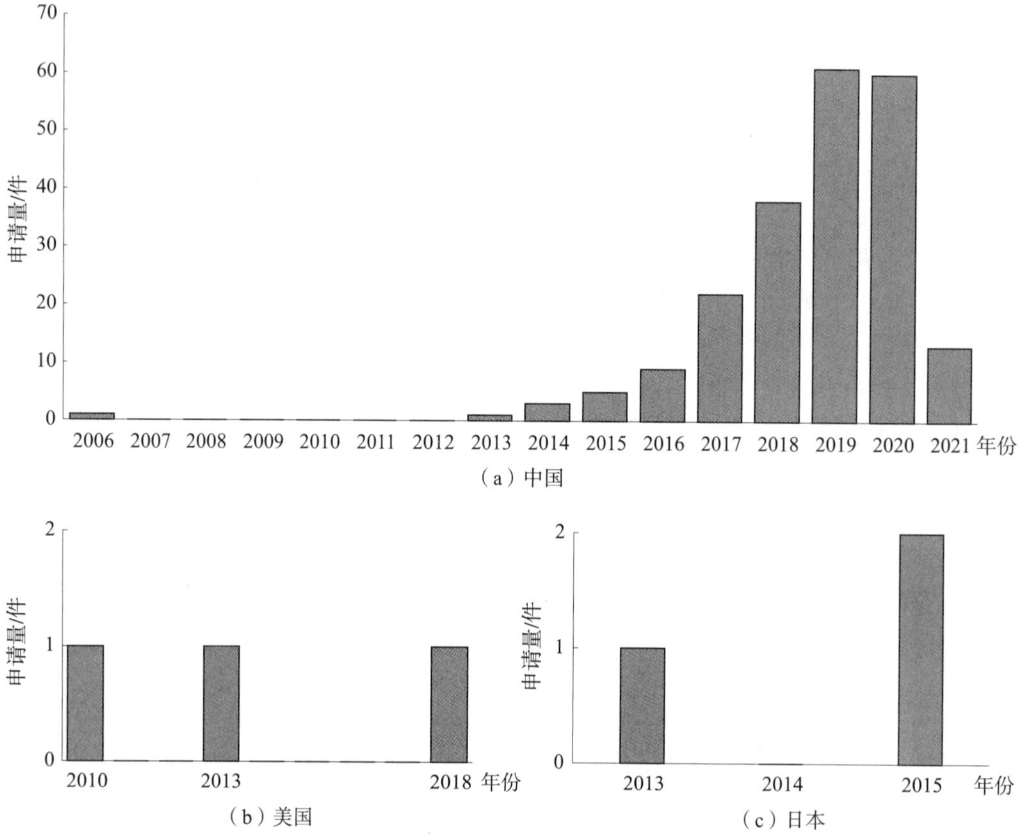

图7-1-6　动力电池热失控/热扩散测试技术主要原创地专利申请发展趋势

宏观上看，美国和日本在热失控预警和热失控/热扩散测试技术研发方面起步最早，美国在1995年就有了首件热失控预警技术专利申请，日本是在1996年有了相关专利申请，但是两国在其后的10年间，相关技术基本上处于停滞状态。中国虽起步较晚，但在2006年开始有了首件相关技术专利申请后，逐步超过美国和日本，处于领先地位，在2014年以后申请量更是每年以近100%的速度增长，德国和韩国相似，均是在2012年以后出现了首件专利申请，其后发展也比较缓慢。从申请量分布上即可看出，中国的申请人随着国内新能源行业的蓬勃发展，对于动力电池热失控问题也日益重视，而美国、德国、日本和韩国等则更多专注电池的其他技术。

7.1.3.2　中国布局区域分析

图7-1-7示出了动力电热热失控预警和热失控/热扩散测试技术专利全球申请人在中国的布局情况。当然中国本国的专利申请占主要地位，为590项，占97%，其他国家共有16项。在外国输入中国的专利申请排名中，美国和德国申请量相似，分别为

6项和5项，韩国和日本各有2项，而加拿大仅有1项。如图7-1-7所示，无论是美国、德国，还是韩国和日本这几个汽车和电池产业强国，均未在热失控预警和热失控/热扩散测试技术方面进行较强的专利布局。这与这些国家的相关企业更注重电池本身的材料、结构和工艺的改进有关，也与中国在电池领域着力推动热失控列入安全标准相关。

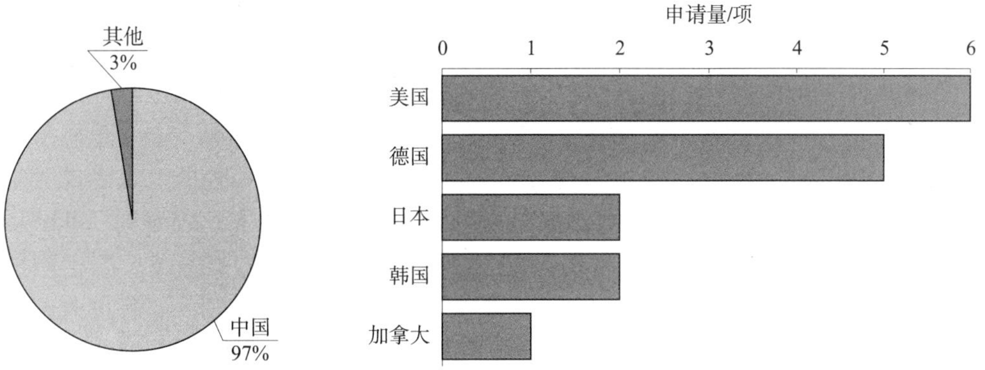

（a）占比　　（b）排名

图7-1-7　动力电池热失控预警和热失控/热扩散测试技术专利全球申请人中国布局

7.1.3.3　技术流向分布

表7-1-1示出了动力电池热失控预警和热失控/热扩散测试专利申请的原创地和目标地的流向。

表7-1-1　动力电池热失控预警和热失控/热扩散测试技术原创地和目标地申请量流向

单位：件

原创地	目标地											
	中国	美国	日本	德国	韩国	欧洲	国际局	加拿大	法国	荷兰	英国	印度
中国	590	11	0	1	0	9	17	0	0	0	0	0
日本	2	4	17	2	0	1	0	0	0	0	0	0
美国	6	35	1	2	1	5	6	6	0	0	0	0
德国	5	1	0	16	0	1	6	0	0	0	0	0
韩国	2	4	1	0	9	4	2	0	0	0	0	0

从表7-1-1可以看出，中国、美国、德国、日本和韩国在全球都有相应的布局。其中，美国属于全球布局型国家，在全球多个国家、地区和组织各有侧重地进行了自己的专利布局。日本主要目标市场是其国内，在中国、美国、德国和欧洲各有少量专利布局。德国也是将主要目标市场放在其国内，海外布局的重点则是中国，其余则仅在美国有1件专利布局，完全放弃了日本和韩国的市场。韩国除了在其国内的专利布局外，还将目标放在了中国、美国、日本和欧洲。而作为原创申请量最多的中国，专

利布局大多只局限在本土范围，只在美国、德国和欧洲有少量的布局，海外市场的拓展力还需要加强。

7.2 技术构成

锂离子动力电池热失控，是电池在使用过程中因为产热量远大于散热量而导致电池温度急剧升高引起电池失效的一种形式，是在一定外界条件（例如穿刺、过热、短路、过充电等）的触发下电池发生的以快速大量放热为主，可伴随其他物理或化学变化的剧烈反应（例如短路放电、燃烧、爆炸等）。通常情况下，电池产热量急剧增大的原因为电池内部材料发生链式反应而得不到有效控制。电池热失控的宏观表现主要包括冒烟起火和爆炸两种形式。电池冒烟起火引发的安全事故通常比较缓慢，可以及早发现。在电池内部温度升高的过程中，电池内的材料在高温下开始分解，产生热量和气体，这些反应使电池内温度进一步升高，当电池温度和压力达到一定程度时，电池内的压力会冲破电池封装系统，破坏电池的外壳或者冲破安全阀，使电池产生冒烟或者起火的现象。由于电池是一个封闭系统，当电池内部的温度不断上升。又不能得到有效抑制，在电池内有限的空间里，电池的温度和压力将会持续增大，当电池内的压力达到电池外壳的承受极限，电池将会发生爆炸。

在动力电池系统中，某一单体电池发生热失控后，其剧烈的反应会产生大量的热，同时可能产生燃烧或爆炸等剧烈反应，由此造成的高温或机械冲击，往往会成为临近电池发生热失控的触发条件。以此类推，单一电池的热失控很容易在电池系统中扩展开来，造成大量能量的快速释放。

电池的热安全问题在一定程度上就是指热失控。动力电池在机械损伤、热滥用、电滥用、极端应用环境等条件下的事故，均以热失控的形式最终体现电池的热安全问题，具有机理复杂、影响因素众多的特点，主要表现在以下3个方面。

其一，动力电池单体的热安全以及其内部的电化学体系类型。材料构成、结构形式、封装形式、容量、结构、外形、尺寸形式及工艺状况等直接相关。

其二，从电池发生热失控的触发条件考虑，电池的过热、过充电、外部撞击、挤压、穿刺、短路等均可能触发热失控。

其三，电池系统热失控扩展方面，环境条件、热失控触发方式及加载状态、电池成组连接方式、电池热管理形式、始发热失控电池在动力电池系统内的位置等直接影响热失控扩展过程。

因此，电池的热失控机理复杂，多种因素或为前提，动力电池热失控研究系统性强难度大，已经成为动力电池系统研究的重点和难点问题之一。由于上述特点，电池热失控预警显得尤为重要，特别是对提升电动汽车整车安全性的意义重大。

（1）动力电池热失控预警技术分支

第一，基于温度。考虑电池热失控的过程是电池温度不断上升的过程，温度是判断电池是否发生热失控以及判断热失控进行程度的一个重要参数，很多电池预警系统都采用温感探测器对温度进行监控，当温度超过临界温度后发出预警信息进行预警。

第二，基于内阻。内阻是锂离子电池一个非常重要的参数，内阻会随着 SOC、工作的环境温度等条件发生变化，常用于电池寿命评估、SOH 评估以及性能检测，也是检测电池是否出现异常的重要参数。通常电池在正常工作的温度范围内，电池的内阻随着温度升高而降低，但是当超过正常工作范围甚至发生热失控时，电池的内阻会有明显的上升。

第三，基于电压。与电池内阻相同，电池发生热失控时，电压也会发生异常变化，最终降至0 V。不同的热失控触发方式下，电压的下降过程是不一样的：对于针刺等机械滥用触发的热失控，通常电池的电压会骤降至0 V；对于过充等电滥用触发的热失控中，电池的电压会呈现出一个持续增加的状态，最终到达峰值后降至0 V；而对于热滥用触发的热失控中，电压会随着热失控过程逐渐降低至0 V。

第四，基于电流。电池在发生热失控时，由于内部短路，导致电流发生明显变化，通过检测电流变化可以对电池热失控进行预警。

第五，基于气体或烟雾。电池在热失控过程中会产生一氧化碳（CO）、氢气（H_2）、氟化氢（HF）、各种烃类等气体或烟雾，这些特征气体或烟雾的出现，会导致周围环境中该气体的浓度迅速增高，采用对应的传感器对这些气体以及烟雾进行监测也是目前一种很重要的热失控预警手段。

第六，基于内部压力。电池热失控过程包括电解液及黏结剂与正负极的反应和自身的分解反应，会有大量的气体以及烟雾生成，这些气体会导致电池内部的压力发生变化，使电池出现鼓包现象，并最终通过减压阀将气体喷出。通过监测气体从减压阀喷出前电池壳压力的变化也可以做到对电池的热失控进行预警。

第七，其他。

第八，多参数耦合。通过监测温度、气体参数，并结合电压、电流、内阻等参数对热失控的出现进行预警，以多个参数进行预警可以有效地提升预警系统的可靠性，降低其误报率。

通过除上述参数以外的参数或其他方式对热失控进行预警。锂离子电池的热失控原因有很多，归纳起来包括滥用造成电池内短路，例如机械滥用、电滥用、热滥用及多种应力综合作用。这些情况已经在现有的标准法规中进行了相关的安全性要求。除了滥用，电池老化过程中造成的结构损伤或者枝晶生长等，以及制造过程中的缺陷也会造成电池内短路，进而导致热失控，这部分情况目前国内还没有相关标准或法规进行要求。一方面，因为内短路可能导致电池热失控和热扩散，可能对驾乘人员造成伤害，而目前对于部分内短路的产生情况，并不能完全避免或者有效预防及预测，所以需要通过对电池系统整体应对单体热失控的安全防护能力提出要求，确保驾乘人员的安全。另一方面，无论是单体电池，还是电池系统，比能量越来越高，而大量的测试数据显示，随着电池比能量的提高，在相同倍率下放电时，单位质量的电池产热量大幅提高，同时使用加热方法触发单体电池发生热失控所需要的能量与电池自身能量的比值也更低。

电动汽车用动力电池热失控/热扩散测试项目的主要目的就是，验证电动汽车整车或者电池系统应对动力电池单体发生热失控时能否有效保护驾乘人员安全逃生的能力，也正是随着产品的推广应用及行业对产品的认识不断加深，才推动了产品标准规范的不断完善。

（2）动力电池热失控/热扩散测试技术分支

第一，通过加热。通过加热的方式触发待测电池热失控，对其热失控的过程及相关特性进行检测和研究分析。

第二，通过针刺。通过针刺的方式触发待测电池热失控，对其热失控的过程及相关特性进行检测和研究分析。

第三，仿真模拟。通过建立模型，结合采集到的电池热失控的相关数据对热失控的过程进行仿真模拟分析。

第四，基于过充。通过过充电的方式触发待测电池热失控，对其热失控的过程及相关特性进行检测和研究分析。

第五，基于过放。通过过放电的方式触发待测电池热失控，对其热失控的过程及相关特性进行检测和研究分析。

第六，基于内短路。通过模拟或诱发电池内短路的方式触发待测电池热失控，对其热失控的过程及相关特性进行检测和研究分析。

第七，基于外短路。通过使电池外部短路的方式触发待测电池热失控，对其热失控的过程及相关特性进行检测和研究分析。

第八，基于过压。通过使电池过压的方式触发待测电池热失控，对其热失控的过程及相关特性进行检测和研究分析。

第九，其他。通过除上述几种方式以外的其他滥用方式触发待测电池热失控，对其热失控的过程及相关特性进行检测和研究分析。例如，机械滥用中的挤压、冲击等。

第十，多方式结合。将上述诱发电池热失控的几种方式相结合或集成多种诱发方式在同一设备上。

7.2.1 技术分布和趋势分析

7.2.1.1 动力电池热失控预警和热失控/热扩散测试技术发展趋势

图7－2－1示出了动力电池热失控预警和热失控/热扩散测试技术专利全球申请趋势。从图7－2－1可以看出，在1995年出现了首件热失控预警专利申请之后，在随后的12年间，热失控预警技术发展缓慢，仅有5项专利申请。2007年之后进入了成长期，专利申请数量稳步增长，到2016年后呈现了快速发展的趋势，申请量每年成倍增长。再看热失控/热扩散测试技术，直到2006年才出现首件专利申请，其后10年间发展也很缓慢，直到2015后才快速发展起来。热失控预警和热失控/热扩散测试专利申请量在2015年后的快速增长与中国新能源产业的蓬勃发展有很大关系。

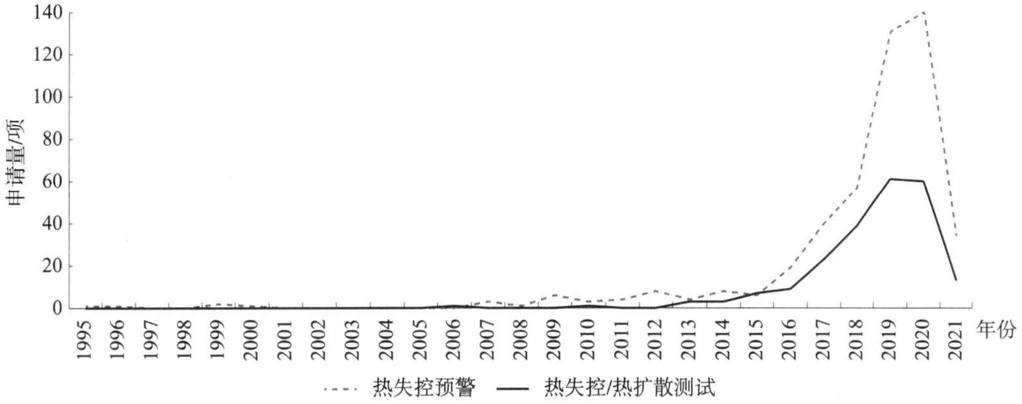

图7-2-1　动力电池热失控预警和热失控/热扩散测试技术专利全球申请趋势

7.2.1.2　动力电池热失控预警和热失控/热扩散测试技术分布

图7-2-2示出了动力电池热失控预警和热失控/热扩散测试技术分支国内专利申请量占比情况，图7-2-3示出了动力电池热失控预警和热失控/热扩散测试技术分支国外专利申请量占比情况。

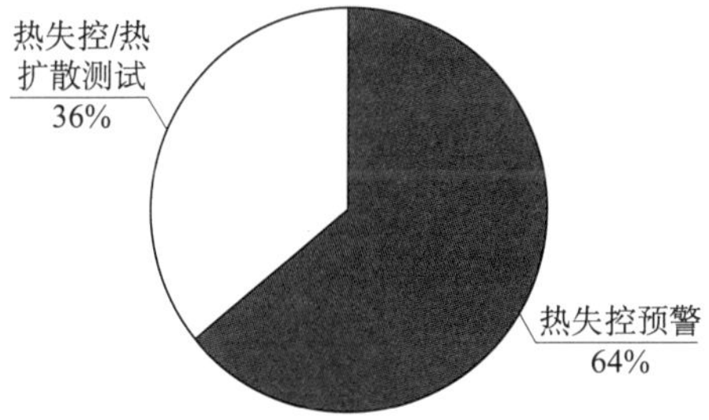

图7-2-2　动力电池热失控预警和热失控/热扩散测试技术分支国内专利申请量占比

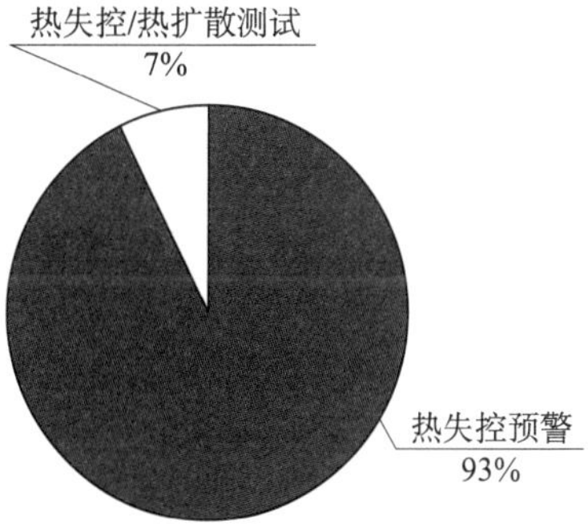

图7-2-3　动力电池热失控预警和热失控/热扩散测试技术分支国外专利申请量占比

从图7-2-2和图7-2-3可以看出，国内申请中，热失预警技术专利申请量占比为64%，热失控/热扩散测试技术专利申请量占比为36%，国外的申请中，热失控预警技术专利申请量占比为93%，热失控/热扩散测试技术专利申请量占比为7%。对比后不难发现，国内申请中，热失控预警和热失控/热扩散测试技术专利申请量占比存在一定差距，而国外申请中，热失控预警和热失控/热扩散测试专利申请量占比则相差较大。

7.2.2　技术发展脉络概况

根据申请人、热失控预警和热失控/热扩散测试技术发展阶段和重要技术节点，同时综合考虑被引证频次、同族数量等因素，筛选确定了热失控预警和热失控/热扩散测试技术的重要专利。表7-2-1和表7-2-2分别列举了热失控预警和热失控/热扩散测试技术的重要专利。

表7-2-1 动力电池热失控预警技术重要专利

专利公开号	最早公开年份	当前专利权人	同族数量/项	被引次数/次	发明内容
WO9629773A2	1996	MIDTRONICS 公司	4	15	基于内阻
JP10092476A	1998	日立公司	1	21	基于温度
US6294897B1	2001	Keith S. Champlin	1	283	基于温度
JP2001161004A	2001	三洋	1	10	基于温度
US20080315839A1	2008	特斯拉	3	14	基于温度
US20100302051A1	2010	特斯拉	2	16	基于温度
US20100135355A1	2010	特斯拉	2	5	多参数耦合
JP2011010448A	2011	矢崎公司	2	8	基于电压
US8313850B1	2012	特斯拉	1	11	基于内部压力
CN102522607A	2012	中国检验检疫科学研究院	2	10	基于温度
US8168315B1	2012	特斯拉	1	29	基于电池组的电隔离电阻的变化率
US20130049971A1	2013	特斯拉	2	17	多参数耦合
DE102012204033A1	2013	博世	1	5	多参数耦合
US20130260192A1	2013	特斯拉	2	16	基于内部压力
US8558712B2	2013	C & C POWER 公司	4	21	基于电流
CN103247828A	2013	凹凸电子（武汉）有限公司	4	3	基于温度
CN103033759A	2013	国家电网	2	13	多参数耦合
US20140339920A1	2014	Robert E. Ingalls，JR 等	1	2	多参数耦合
CN104880676A	2015	金龙联合汽车工业（苏州）有限公司	1	11	基于温度
CN105738813A	2016	国家电网等	1	8	基于温度
CN106066457A	2016	烟台创为	1	30	多参数耦合

续表

专利公开号	最早公开年份	当前专利权人	同族数量/项	被引次数/次	发明内容
CN105904992A	2016	烟台创为	2	34	多参数耦合
CN206638649U	2017	苏州科易新动力科技有限公司	1	0	基于气体或烟雾
CN107068959A	2017	厦门金龙旅行车有限公司	1	7	基于监测电芯外壳形变
CN106569142A	2017	华中科技大学	1	19	多参数耦合
CN108091947A	2018	清华大学	7	9	多参数耦合
CN208157574U	2018	江汽集团	1	5	在电池模组内设置热熔丝
CN109910618A	2019	长安汽车	1	12	多参数耦合
CN110398699A	2019	清华大学	1	2	多参数耦合
CN109494419A	2019	江汽集团	2	10	基于内阻
CN109786872A	2019	北京航空航天大学	2	15	多参数耦合
CN111231676A	2020	长安汽车	2	1	多参数耦合
CN111653840A	2020	中国一汽	2	2	多参数耦合
CN110957542A	2020	宁德时代	5	1	多参数耦合
CN113176378A	2021	国家电网、河海大学	1	0	基于气体或烟雾
DE102019214104A1	2021	Vitesco 技术有限公司	1	0	基于温度
EP3772428A1	2021	三星集团	2	1	基于温度
CN112172528A	2021	蜂巢能源	1	0	多参数耦合

表7-2-2　动力电池热失控/热扩散测试技术重要专利

专利公开号	最早公开年份	当前专利权人	同族数量/项	被引频次/次	发明内容
CN1987508A	2007	天津力神	2	25	通过加热、外短路、过充
US20120013341A1	2012	特斯拉	2	10	通过内短路
US20140241394A1	2014	波音公司	2	19	通过加热

续表

专利公开号	最早公开年份	当前专利权人	同族数量/项	被引频次/次	发明内容
CN103837834A	2014	清华大学	2	23	通过加热
CN204203436U	2015	南京工业大学	1	5	通过加热
JP2015099121A	2015	爱斯佩克株式会社	2	0	通过加热
CN104330743A	2015	凹凸电子（武汉）有限公司	1	20	通过加热、高倍率充放电
CN105372291A	2016	北京工业大学	1	24	通过加热
CN106682288A	2017	清华大学	2	14	仿真模拟
US2017059500A1	2017	日本电气安全环境技术研究所	5	5	通过激光加热触发
CN107861065A	2018	中汽中心、清华大学、宁德时代	1	17	多方式结合
CN207488079U	2018	合肥国轩	1	3	通过加热
CN107677968A	2018	中汽中心	1	1	通过加热
CN109449519A	2019	清华大学、长安汽车	1	4	通过加热
CN208872855U	2019	清华大学	1	1	通过加热、仿真模拟
CN208872856U	2019	清华大学	1	1	通过全面均温加热、仿真模拟
CN111490223A	2020	北京理工大学	1	1	基于内短路
CN111595684A	2020	蜂巢能源	1	0	通过对电池内部充气，模拟热失控时压强
CN113176509A	2021	湖北亿纬动力有限公司	1	0	通过针刺
CN112946491A	2021	合肥国轩	1	0	基于外短路

7.2.2.1　动力电池热失控预警技术发展路线

（1）基于内阻

从表 7－2－1 可以看出，最早的热失控预警专利是 1996 年美国 MIDTRONICS 公司的申请 WO9629773A2，其优先权在 1995 年，被引证频次为 15 次。该专利申请在美国和澳大利亚进行保护，具体方法是通过监测电池的内部电阻的变化实现热失控预警，从而提高电池使用的安全性。

（2）基于温度

最早的基于温度的热失控预警专利是 1998 年日立公司的申请 JP10092476A ，但是该专利仅申请了在日本国内保护。

被引证频次最多的专利是 2001 年 Keith S. Champlin 的申请 US6294897B1，共被引证了 283 次，具体方法是通过对电芯或电池的温度变化的监测实现热失控预警，从而提高电池使用的安全性。

其后还有出现在 2001 年的专利申请 JP2001161004A、2008 年的专利申请 US20080315839A1、2010 年的专利申请 US20100302051A1、2021 年的专利申请 DE102019214104A1 和 EP3772428A1，这些专利申请在提高热失控预警的速度、准确性和可靠性等方面作出了改进。

中国最早的基于温度的热失控预警专利是 2012 年中国检验检疫科学研究院申请的 CN102522607A，其后还有金龙联合汽车工业（苏州）有限公司申请并于 2015 年公开的专利 CN104880676A，国家电网申请并于 2016 年公开的专利 CN105738813A，国家电网和河海大学申请并于 2021 年公开的专利 CN113176378A 等。

（3）基于电压

最早的基于电压的热失控预警专利是 2011 年矢崎公司申请的 JP2011010448A，其不仅在日本国内进行保护，还在美国申请了保护。

（4）基于内部压力

最早的基于内部压力的热失控预警专利是 2012 年特斯拉申请的 US8313850B1，该公司还持有公开于 2013 年的 US20130260192A1 的专利权，该专利同样是基于监测电池的内部压力实现热失控预警。

（5）基于电流

最早的基于电流的热失控预警专利是 2013 年 C & C POWER 公司申请的 US8558712B2。

（6）多参数耦合

最早的多参数耦合的热失控预警专利是 2010 年特斯拉申请的 US20100135355A1，中国最早的基于多参数耦合的热失控预警专利是由烟台创为申请的 CN106066457A，公开于 2016 年。基于多参数耦合的热失控预警专利申请还有 US20130049971A1、DE102012204033A1、CN103033759A、US20140339920A1、CN105904992A、CN106569142A、CN108091947A、CN109910618A、CN110398699A、CN109786872A、CN111231676A、CN111653840A、CN110957542A、CN112172528A，从重要专利的数量上也可看出，基于多参数耦合的热失控预警方法的申请量最多，在提高热失控预警准确性、精度和可靠性方面表现突出。

（7）基于气体或烟雾

最早的基于气体或烟雾的热失控预警专利是2017年的申请CN206638649U，通过热失控发生后，电池内部释放的气体以及电池材料燃烧产生的烟雾进行热失控预警，达到防止电池或车辆燃烧、提高安全性的目的。

（8）其他

最早的采用除温度、内阻、电压等常规参数进行热失控预警的专利是2012年特斯拉申请的US8168315B1，通过检测电池组的电隔离电阻的变化率实现热失控预警，达到提高电池使用安全性的目的。

其后中国的厦门金龙旅行车有限公司申请了于2017年公开的专利CN107068959A，通过检测电芯外壳的形变来实现热失控的预警。江汽集团申请了于2018年公开的专利CN208157574U，在电池模组内设置热熔丝，通过热熔丝的断开来监测热失控的发生。

7.2.2.2 动力电池热失控/热扩散测试技术发展路线

（1）通过加热、外短路、过充触发热失控，采集相关数据仿真模拟

最早的热失控/热扩散测试专利是由天津力神申请的CN1987508A，公开于2007年。其通过加热、外短路和过充的方式触发热失控，对热失控后的热扩散过程进行分析，采集相关温度等参数建立数学模型，利用模型可以预测电池处在滥用情况下的安全性能；通过对模型参数的修改，给出影响锂离子电池热安全因素，为电池安全设计提供了理论依据，大大缩短新品电池研发时间。

（2）通过内短路

专利US20120013341A1（2012年）公开了一种用于模拟电池单元中的内部电池单元短路和引发热失控的测试设备和相应的方法，通过在高电流下的快速充电和放电循环来内部加热电池单元。可以调制所选择的电流的幅度，以模拟具有期望功率分布的电池短路，而不会加热相邻电池或干扰模块内的电池的热环境。

专利CN111490223A（2020年）通过在柱状电池或软包电池内部埋入磁－镍内短路装置，制造特种电池，再利用超声定位加热的方法对电池内部内短路装置位置加热，从而引发内短路。搭配红外摄像仪器，电流电压测试仪器测量电池在内短路后的温度和电压变化，揭示电池内短路热失控的特征，研究热蔓延规律，从而辅助电池设计来更好地抑制热失控的发生和蔓延。

（3）通过加热

专利US20140241394A1（2014年）公开了通过外部加热电池引起热失控的方法，分析从电池排出的材料。

专利US2017059500A1（2017年）公开了通过激光加热触发热失控的方法，达到提高测试可靠性的目的。

专利CN208872855U（2019年）公开了在加热装置对所述待测试电池进行加热的同时，模拟电池在不同海拔、不同压力下待测试电池的热失控行为特征，提高了对待测试电池热失控实际场景模拟的准确性。

专利CN208872856U（2019年）公开了模拟待测试电池全面均温诱发热失控场景

的方法，提高实验结果的准确性和可靠性。

（4）通过加热、高倍率充放电

专利 CN104330743A（2015 年）能够同时实现环境温度、高温环境、充放电倍率、散热条件等因素对锂离子电池热失控的测试：进行恒定/非恒定加热功率条件下锂离子电池热失控实验、常温环境下高倍率充电/放电锂离子电池热失控实验、高温环境下高倍率充电/放电锂离子电池热失控实验，以及不同散热条件下锂离子电池热失控实验，通过改变保温系统的隔热材料，可实现不同隔热条件下锂离子电池热失控实验。

（5）仿真模拟

专利 CN106682288A（2017 年）提供一种锂离子电池过充电热失控建模方法，能够同时模拟过充电热失控过程中电压和温度的变化规律，准确地模拟锂离子电池的过充电热失控行为，更好地保障电池系统的安全。

（6）多方式结合

专利 CN107861065A（2018 年）公开了对电池热失控进行综合判定的方法，其对待测试电池进行针刺、过充电或加热，以触发热失控，解决了这 3 种方式单独使用时会引入外界的影响因素，使判定具有片面性，不能用来综合评价电池质量的技术问题。

（7）通过针刺

专利 CN113176509A（2021 年）公开了通过针刺方式触发热失控，测量和记录热失控发生后电池的电压、温度等参数的变化，为改善锂电池的热安全性能提供准确的数据支撑。

（8）通过外短路

专利 CN112946491A（2021 年）公开了将电池外部电路短接，触发热失控的方法，对短接后的数据进行测量分析，提高测量的准确性。

如图 7－2－4 和图 7－2－5 所示，可以看出，热失控预警技术的专利从早期的仅基于温度和内阻这两个参数判定热失控，随着研究人员对热失控过程分析的深入，到采用基于内部压力、气体或烟雾、电压、电流或其他的参数，再到多种参数耦合判定，逐渐提高热失控预警的速度、准确性、可靠性和电池使用的安全性。而对于热失控/热扩散测试技术专利来说，一直在为热失控预警技术的发展提供可靠的支撑，研究人员通过热失控/热扩散测试技术来深入研究分析热失控的发展过程，给热失控预警不断提供新的方法和技术支持。

7.2.3　技术功效

表 7－2－3 为动力电池热失控预警技术专利分布，通过解决的主要技术问题对应采用的技术手段来说明目前的研究状况。分析表 7－2－3 数据可以看出，专利技术主要集中在基于温度、气体或烟雾、内部压力、多参数耦合，或者在电池壳体外部设置热熔线等其他手段来解决提高电池使用安全性，以及提高预警/测试速度、准确性和可靠性等技术问题。

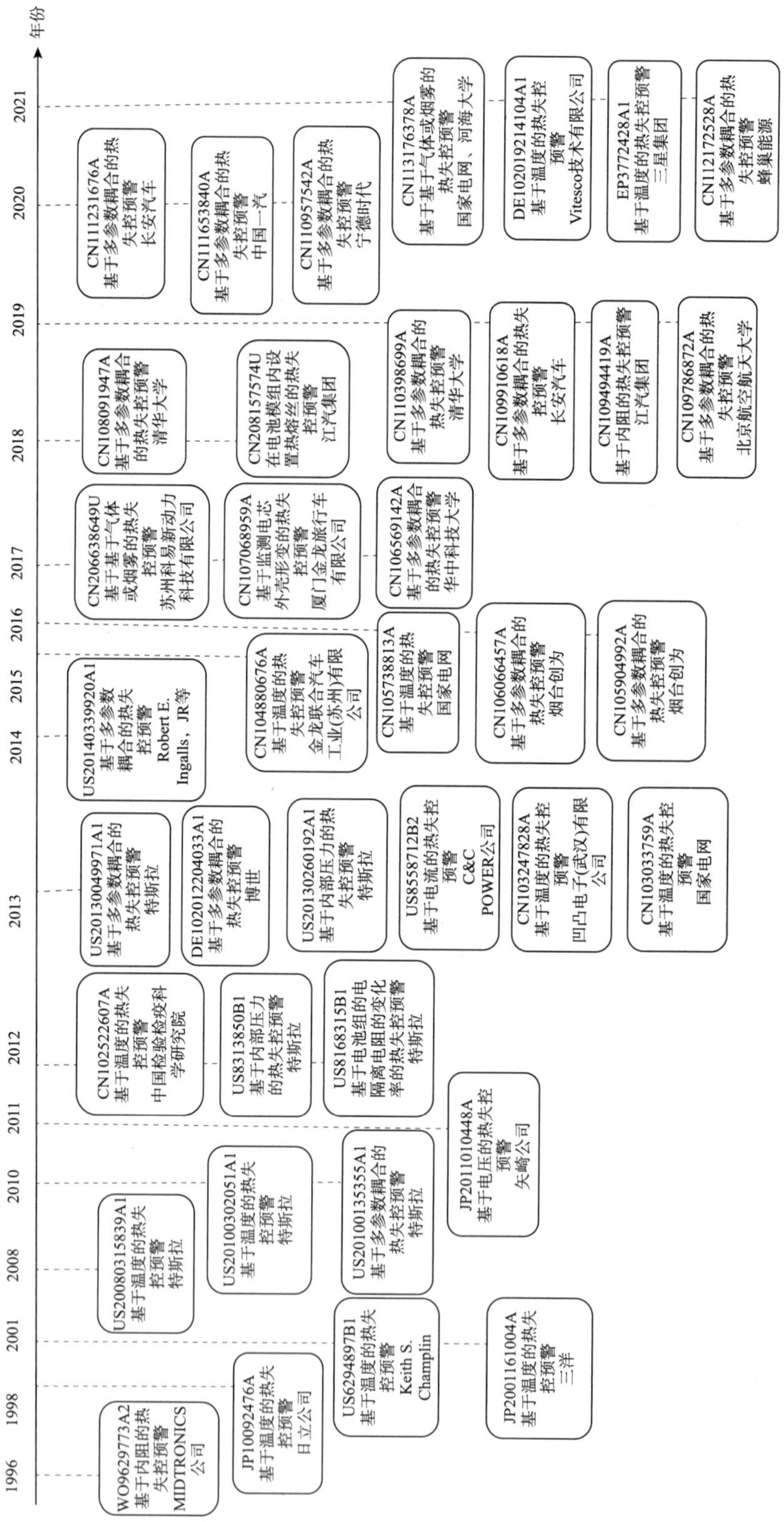

图7-2-4　动力电池热失控预警技术专利发展路线

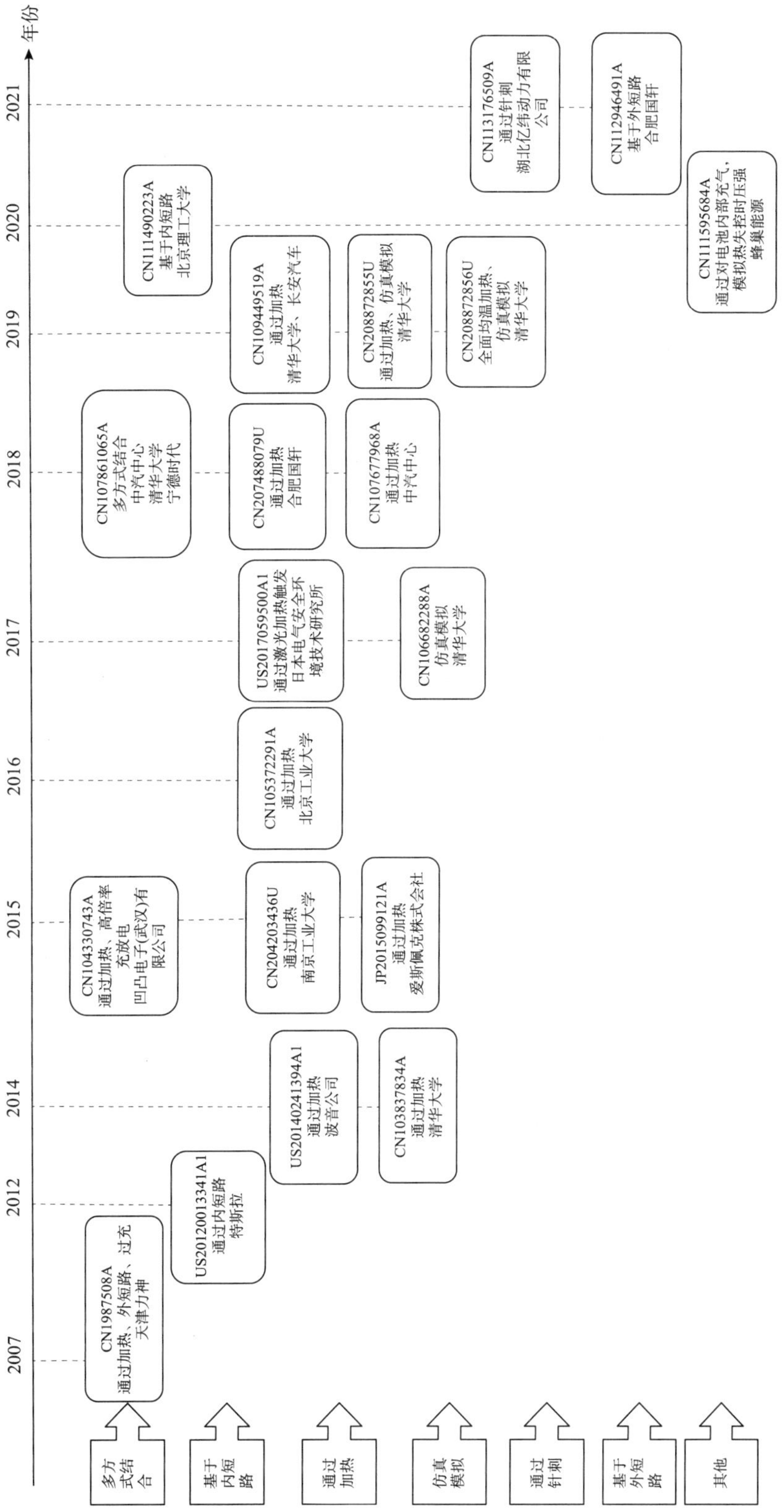

图7-2-5 动力电池热失控/热扩散测试技术专利发展路线

表7-2-3　动力电池热失控预警技术专利分布　单位：项

技术分支	技术功效							
	提高预警/测试速度	提高电池使用安全性	提高预警/测试精度	提高预警/测试准确性	提高预警/测试可靠性	通用性好/降低成本	易于实现	可在线实现
基于温度	19	80	4	23	16	9	5	2
基于内阻	0	3	1	3	0	2	0	0
基于电压	1	5	1	0	0	0	0	5
基于电流	0	4	1	0	1	2	1	1
基于气体或烟雾	2	24	1	3	5	0	0	1
基于内部压力	1	23	1	6	2	1	1	0
多参数耦合	27	139	14	39	41	15	8	1
其他	2	30	3	5	5	1	1	0

如表7-2-3所示，采用多参数耦合和基于温度这两种技术手段进行热失控预警的专利申请量最多，也是中国应用最多的技术手段，其专利数量占比超过80%。在国外，多参数耦合也是热失控预警中应用最多的技术手段。涉及多参数耦合进行热失控预警的专利解决主要的技术问题是提高电池使用的安全性，其次是提高预警/测试速度、可靠性和准确性。这两种技术应用较多的原因有两方面：一方面是因为，热失控发生过程中最明显的特征之一就是温度显著上升，并且电池过热也是引起热失控的一种，因此，检测温度参数能够比较容易实现对热失控的预警；另一方面是随着研究人员对热失控过程的深入分析发现，热失控发生的原因比较复杂，可能是多种原因综合，并且热失控发生后不仅会出现温度升高的现象，电池内部的电压、电流、内阻、压力都会因热失控的发生出现变化，同时电池壳体由于电池内部过热释放的气体而发生的形变，随着热失控过程的发展，还会出现燃烧并产生气体和烟雾，这些都是热失控发生后的典型现象。因此，研究人员更多地采用多参数耦合的方式来提高热失控预警/测试的速度、准确性和可靠性。

虽然从上面列举的专利申请量来看，更多的申请集中在基于温度、气体或烟雾、内部压力、多参数耦合，或者在电池壳体外部设置热熔线等其他手段进行热失控预警方面，但是各种技术是一直在发展变化的。一方面，上述各种技术问题的提出及各种技术手段的应用还有待完善的地方；另一方面，对于同一技术问题也可以研发出新的技术手段，或者转向其他还未被很好解决的技术问题方面，这些问题都值得科研人员深入研究和挖掘。

表7-2-4为动电池热失控/热扩散测试技术专利分布，通过解决的主要技术问题对应采用的技术手段来说明目前的研究状况。专利技术主要集中在通过加热、仿真模

拟、基于过充、通过针刺及多方式结合等手段来解决提高电池使用安全性，以及提高预警/测试速度、准确性、可靠性等技术问题。

表7-2-4 动力电池热失控/热扩散测试技术专利分布 单位：项

技术分支	技术功效						
	提高预警/测试速度	提高电池使用安全性	提高预警/测试精度	提高预警/测试准确性	提高预警/测试可靠性	通用性好/降低成本	易于实现
通过加热	8	45	9	34	12	20	20
多方式结合	1	22	4	14	5	7	6
仿真模拟	5	9	1	6	2	8	0
基于过充	1	8	0	3	2	0	2
通过针刺	1	2	1	3	2	3	3
基于内短路	0	1	0	6	1	1	0
基于外短路	0	1	0	0	0	0	0
基于过放	0	0	0	0	0	0	0
基于过压	0	0	0	0	0	0	0
其他	0	3	2	2	3	2	0

如表7-2-4所示，采用通过加热和多方式结合触发热失控/热扩散进行测试的专利申请量最大，涉及热失控/热扩散测试的专利申请解决的主要技术问题是提高电池使用的安全性，其次是提高预警/测试的准确性。

分析电池热失控的诱因和内部机理可以发现，除去产品设计和生产工艺缺陷导致的热失控，使用中电池发生热失控大致可以分为3个原因：机械滥用、电滥用和热滥用。挤压、跌落、冲击、振荡、针刺等机械滥用会造成电池机械变形，进一步引起隔膜部分破裂，导致电池内短路；过充、过放、过压等电滥用会引起锂离子枝晶生长，进而穿过隔膜，导致电池内短路；电池过热会引起隔膜大规模破裂，导致电池内短路。由此可见，引起电池热失控的最终原因都是电池内短路。因此，虽然表7-2-4中列举的专利申请量更多地集中在采用加热、针刺、过充或多方式结合触发热失控方面，但是各种技术是一直在发展变化的。一方面，上述各种技术问题的提出及各种技术手段的应用还有待完善；另一方面，对于同一技术问题也可以研发出新的技术手段，或者转向其他还未被很好解决的技术问题，这些都值得科研人员深入研究和挖掘。

7.2.4 全球主要申请人技术分布

7.2.4.1 动力电池热失控预警全球申请技术分布

图7-2-6示出了动力电池热失控预警专利国内申请技术分布情况。从图7-2-6

可以看出，中国专利申请中有50%的申请集中在多参数耦合，其次是基于温度，占26%，其余的分别是基于气体或烟雾占6%，基于内部压力占5%，基于电压和内阻的各占2%，基于电流占1%，基于除以上方式外的其他方式占8%。

图7－2－7示出了动力电池申请热失控预警专利国外技术分布情况。从图7－2－7可以看出，国外申请人热失控预警专利技术分布与中国相类似，也主要集中在多参数耦合，占49%，其次是基于内部压力，占16%，其余的分别是基于气体或烟雾占12%，基于温度占6%，基于电压和电流各占3%，基于内阻占1%，基于除以上方式外的其他方式占10%。

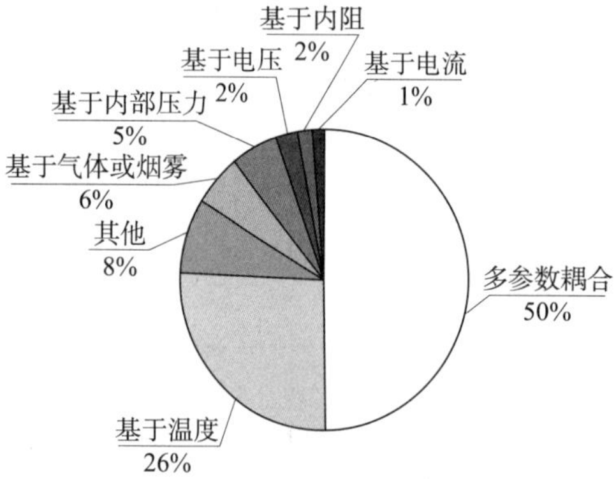

图7－2－6　动力电池热失控预警专利国内申请技术分布

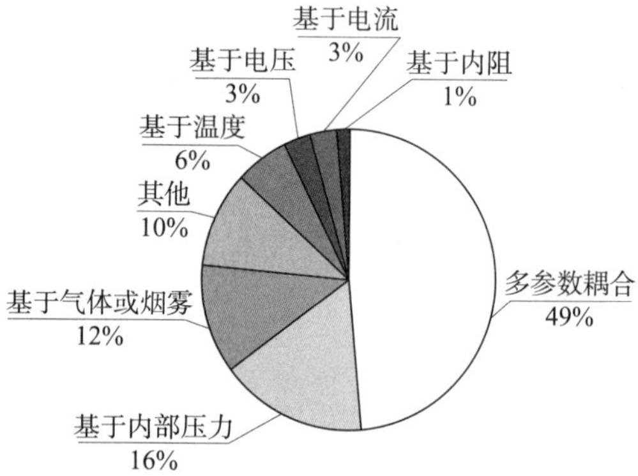

图7－2－7　动力电池热失控预警专利国外申请技术分布

图7－2－6和图7－2－7的动力电池热失控预警专利国内和国外申请技术的分布和占比情况与表7－2－1的重要专利分布情况一致，由此可见，热失控预警技术目前集中在多参数耦合方面，技术人员都期望提高热失控预警的速度和准确性，能够在热失控的早期发出警报，为驾乘人员的人身和财产安全提供保障。

7.2.4.2　动力电池热失控预警技术全球主要申请人技术分布

表7－2－5示出了动力电池热失控预警技术专利全球主要申请人申请技术分布情况。

表7－2－5　动力电池热失控预警技术专利全球主要申请人技术分布　单位：项

主要申请人	技术分支							
	基于温度	基于内阻	基于电压	基于电流	基于气体或烟雾	基于内部压力	多参数耦合	其他
烟台创为	0	0	0	0	1	0	14	0
国家电网	2	0	0	0	3	0	8	0
清华大学	2	0	0	0	0	2	7	1
蜂巢能源	3	1	0	1	0	0	5	0
南京工业大学	8	0	0	0	2	0	0	0

续表

主要申请人	技术分支							
	基于温度	基于内阻	基于电压	基于电流	基于气体或烟雾	基于内部压力	多参数耦合	其他
宁德时代	2	0	0	0	0	0	1	6
宁乡凯树财务咨询有限公司	8	0	0	0	0	0	0	0
特斯拉	2	0	1	0	0	0	2	2
吉利集团	2	0	0	0	2	0	3	0
安徽中科中涣防务装备技术有限公司	1	0	0	0	0	0	6	0
广汽集团	0	0	0	1	2	2	2	0
中国科学技术大学	0	0	0	0	0	0	7	0
长安汽车	1	0	1	0	0	0	5	0

从表7－2－5可以看出，全球主要申请人重点关注的是基于温度和多参数耦合的热失控预警技术，尤其是排名第一位的烟台创为，大部分的专利申请集中在多参数耦合。排名在第二至第四位的申请人，国家电网、清华大学和蜂巢能源也在多参数耦合技术方面提交了多件申请。而排名第五位的南京工业大学则更侧重基于温度的热失控预警技术。而在排名前13位的申请人中唯一的国外公司，特斯拉则在基于温度、电压，以及其他和多参数耦合方面均有申请。如表7－2－5所示，热失控预警国内主要申请人更关注基于温度和多参数耦合的热失控预警技术，而国外申请人则在基于温度、电压，以及其他和多参数耦合方面均有研究。

7.2.4.3 动力电池热失控/热扩散测试全球申请技术分布

图7－2－8示出了动力电池热失控/热扩散测试技术专利中国申请分布情况。从图7－2－8可以看出，通过加热方式触发热失控，进行热失控/热扩散测试专利申请量占主导地位，达到了51%，其次是通过多种方式结合触发热失控，占21%，其余的分别是仿真模拟占12%，基于过充占6%，通过针刺占5%，基于内短路占2%，基于外短路占1%，基于除以上方式外的其他方式占2%。

图7－2－9示出了动力电池热失控/热扩散测试技术专利国外申请技术分布情况。国外的热失控/热扩散测试技术专利分布比较主要集中在通过加热和基于内短路两种方式，各占43%，两种方式以外的其他方式仅占14%。

从图7－2－8和图7－2－9的热失控/热扩散测试国内和国外专利申请分布情况可以看出，国内主要的热失控/热扩散测试触发方式是通过加热，其次是为了提高热失控研究的全面性而采用的多方式结合，而国外则以通过加热和基于内短路为主的方式触发热失控。

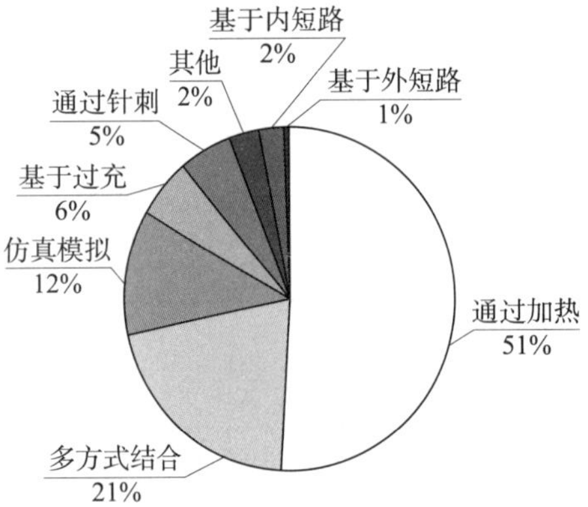

图7-2-8 动力电池热失控/热扩散测试技术专利中国申请技术分布

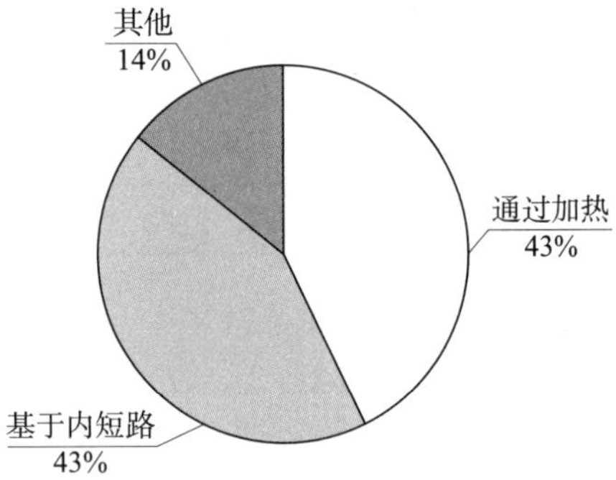

图7-2-9 动力电池热失控/热扩散测试技术专利国外申请技术分布

7.2.4.4 动力电池热失控/热扩散测试全球主要申请人技术分布

表7-2-6示出了动力电池热失控/热扩散测试技术专利全球主要申请人技术分布情况。

表7-2-6 动力电池热失控/热扩散测试技术专利全球主要申请人技术分布 单位：项

全球主要申请人	技术分支							
	通过加热	多方式结合	仿真模拟	基于过充	通过针刺	基于内短路	其他	基于外短路
清华大学	17	5	5	1	0	1	1	0
南京工业大学	4	3	3	0	0	0	0	0
中国民用航空飞行学院	9	1	0	0	0	0	0	0
中国科学技术大学	8	2	0	0	0	0	0	0
中汽中心	5	2	1	0	0	0	0	0
北京航空航天大学	2	0	4	0	0	0	0	0
合肥国轩	4	2	0	0	0	0	0	0
长安汽车	4	0	2	0	0	0	0	0
福建易动力电子科技股份有限公司	5	0	0	0	0	0	0	0
广州中国科学院工业技术研究院	1	4	0	0	0	0	0	0
国联研究院	3	2	0	0	0	0	0	0
国家电网	2	3	0	0	0	0	0	0
蜂巢能源	2	0	0	0	0	1	1	0

从表7-2-6可以看出，全球主要申请人重点关注的是通过加热触发热失控技术。排名第一位的清华大学，有大约一半的专利申请集中在通过加热触发热失控技术，排名在第二至第五位的申请人，南京工业大学、中国民用航空飞行学院、中国科学技术大学和中汽中心也在通过加热触发热失控技术方面提交了多件申请，分别占其在热失控/热扩散测试技术专利申请的40%、90%、80%和62.5%。另外，全球主要申请人也比较关注多方式结合触发热失控和仿真模拟热失控技术。而在排名前13位的申请人中并未有国外的公司，可见国外公司在热失控/热扩散测试技术研发方面投入较少。

7.3 本章小结

本章对动力电池热失控预警和热失控/热扩散测试技术进行了专利分析。

根据动力电池热失控预警和热失控/热扩散测试技术专利全球申请量年代分布情况分析了热失控预警和测试技术的发展趋势。根据申请量随着时间变化看，预警和热失控/热扩散测试技术发展过程大致可分为3个阶段：萌芽期（1995~2005年）、成长期（2006~2013年）和全面发展期（2014年至今）。根据分析结果可见，热失控预警和热失控/热扩散测试技术的发展与新能源汽车产业的蓬勃发展密切相关，尤其是在我国，从2016年开始，中国的热失控预警和热失控/热扩散测试技术发展快速，申请量每年以几乎100%的速度在增长，远远超过了美国、德国、日本和韩国。

根据动力电池热失控预警和热失控/热扩散测试技术专利全球和中国申请人的排名情况，中国在热失控预警和热失控/热扩散测试技术方面的专利申请已经走在了各国的前列，远远超过了美国、德国、日本和韩国。在排名前十位的中国申请人中，高校占据50%的比例，主要集中在热失控/热扩散测试技术方面，这与高校更多集中在科学技术研究关系密切。国外的汽车和电池企业，在近几年热失控预警和热失控/热扩散测试技术专利申请量相比中国有明显减少，这除了与中国新能源行业发展迅速有关，还与国外的汽车和电池企业更关注电池本身的材料、结构和工艺改进相关。

根据动力电池热失控预警和热失控/热扩散测试技术专利申请的分布情况，从总体上看，中国、美国、德国、日本和韩国5个国家原创专利申请量占据着全球前五位，中国在热失控预警和热失控/热扩散测试技术方面后来居上，处于遥遥领先地位，美国、德国、日本和韩国4个国家申请量差距不明显，技术实力比较平均。

根据动力电池热失控预警和热失控/热扩散测试专利申请在中国的国家或地区的分布情况，无论是美国、德国还是韩国和日本这几个汽车和电池产业强国，均未在热失控预警和热失控/热扩散测试进行较强的专利布局，这与这些国家的相关企业更注重电池本身的材料、结构和工艺的改进有关，也与在电池领域中国着力推动热失控列入安全标准相关。

根据动力电池热失控预警和热失控/热扩散测试专利申请的原创国-目标国家、地区和组织的流向，中国、美国、德国、日本和韩国在全球都有相应的布局。美国属于全球布局型国家，日本、德国、韩国主要目标市场是其国内，海外布局的重点则都放在了中国。而作为原创申请量最多的中国，专利布局大多只局限在本土范围，只在美国、德国和欧洲有少量的布局，海外市场的拓展力不足。

根据动力电池热失控预警和热失控/热扩散测试两个技术分支的技术路线，热失控预警的专利技术从早期的仅基于温度和内阻的这两个参数判定热失控开始，随着研究人员对热失控过程的分析的深入，到采用基于内部压力、气体或烟雾、电压、电流或其他的参数，再到多种参数耦合判定，逐渐提高了热失控预警的速度、准确性、可靠性和电池使用的安全性。而对于热失控/热扩散测试技术来说，其一直在为热失控预警技术的发展提供可靠的支撑，研究人员通过热失控/热扩散测试技术来深入研究分析热失控的发展过程，给热失控预警不断提供新的方法和技术支持。

第 8 章 动力电池检测技术重要申请人分析

电池管理系统（BMS）作为动力电池组的核心部件，是衔接电池组、整车系统和电机的纽带，能够对电池进行有效的管理和控制，保证动力电池的安全性。为了保证电池安全可靠的运行，BMS 需要具有电池状态监测和评估、充放电控制、电池均衡等功能。因此，世界各国对此都投入了大量的人力和物力开展深入研究。2020 年，全球 BMS 市场规模达到了 316 亿元，预计 2026 年将达到 1994 亿元，年复合增长率为 35.9%。

参与 BMS 的企业共有三类：整车企业、动力电池企业和专业第三方 BMS 企业，呈现出三分天下的局面。下面从这 3 个方面对国内外重要申请人的动力电池寿命评估、SOC 估算、SOH 估算、SOP 评估、不一致性评估、热失控预警和热失控/热扩散测试等动力电池 6 个技术分支的专利申请进行相应的分析。

8.1 整车企业——丰田公司

8.1.1 发展概述

丰田公司成立于 1938 年，于 1992 年在丰田第三研发中心下设立电动汽车企划部，对纯电动、混合动力和氢燃料电池进行研发，并启动适合乘用车的燃料电池的研发项目，1993 年设立 BRVF 部门，推动混动技术研发。1995 年启动 RAV4 EV 项目，这可被视为丰田纯电动汽车的起源。在燃料电池方面，丰田公司于 1996 年研发改装自 RAV 4 的氢燃料电池汽车 FCEV-1，采用质子交换膜燃料电池和金属储氢装置，续航里程达到 250 公里。在混动方面，丰田公司于 1997 年推出世界上第一款量产的混合动力汽车丰田普锐斯，而这款车也让其成功主导混动汽车产业。在纯电方面，丰田公司在 1996 年发布第一代 RAV4 EV，丰田为这款车设计了两个不同的版本，一款搭载密封的铅蓄电池，另一款使用镍氢电池。并于 1996 年和 1997 年在美国推出的 RAV4 EV 上都使用了镍氢电池。

2003 年，丰田公司放弃了坚持 7 年的纯电动汽车 RAV4 EV，走上了混动和氢燃料电池共同发展的路线。2010 年，丰田公司与特斯拉宣布建立战略伙伴关系。2014 年，特斯拉宣布不再给丰田公司提供锂电池，第二代 RAV4 EV 于 2014 年 8 月停产。2016 年，丰田公司决定成立一家初创公司来进行纯电动汽车的开发。2017 年底，丰田公司发布电动化战略，明确将重回纯电动路线。一个月后，丰田公司发布 2020～2030 年的电动汽车普及计划，要在混合动力汽车、插电式混合动力汽车（PHEV）、纯电动汽车和燃料电池汽车的研发及上市方面大幅度提速。2021年9月，丰田公司宣布，预计到2030年将投资约135亿美元，用于动力电池研发及供应链建设。到2030年其电池年产能可超过200 GWh。

8.1.2 专利布局

为了进一步了解丰田公司在动力电池寿命评估、SOC估算、SOH估算、SOP评估、不一致性评估、热失控预警和热失控/热扩散测试6个技术分支的专利申请情况和目前采取的专利布局策略，下面对丰田公司在上述6个技术分支的专利布局作进一步分析。

8.1.2.1 全球申请量分析

丰田公司在上述6个技术分支的全球申请总量为220项。如图8－1－1所示，随着在1992年开始设立电动汽车企划部，丰田公司就开始针对动力电池上述6个技术分支进行专利布局，且在2010～2014年达到一个小高峰，这段时间丰田公司与特斯拉建立战略合作伙伴关系，特斯拉为丰田提供锂电池，但是这段关系于2014年结束，特斯拉不再为丰田提供锂电池。而到2016年，随着中国和美国等地鼓励电动汽车发展的相关法律法规生效，汽车制造商别无选择，只能推出电动汽车，否则将面临倒闭的风险，因此，丰田公司决定成立一家初创公司来进行纯电动汽车的开发，由此，丰田公司在上述6个技术分支的相关专利申请量又迎来了第二个高峰。

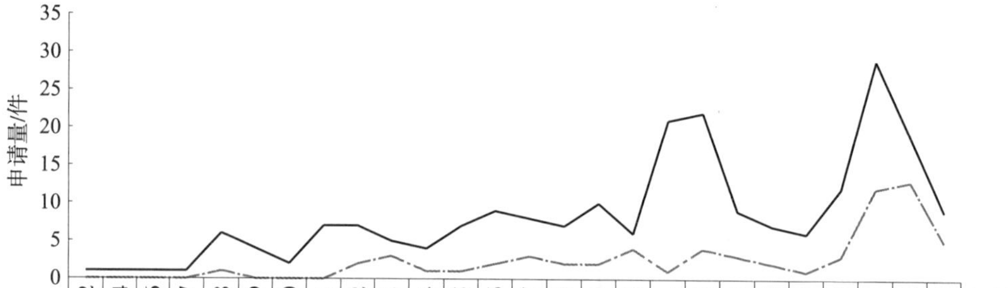

年份	1992	1994	1996	1997	1998	1999	2000	2001	2002	2003	2004	2005	2006	2007	2008	2009	2010	2011	2012	2013	2014	2015	2016	2017	2018	2019
—— 全球/项	1	1	1	1	6	4	2	7	7	5	4	7	9	8	7	10	6	21	22	9	7	6	12	29	19	9
--- 中国/件	0	0	0	0	1	0	0	0	2	3	1	1	2	3	2	2	4	1	4	3	2	1	3	12	13	5

图8－1－1 丰田公司动力电池6个技术分支专利的全球及中国申请量趋势

如图8－1－2所示，丰田公司在动力电池6个技术分支专利布局面相对较广，由此也可以看出，丰田公司通过全球的专利布局来提高其在动力电池技术分支的控制力。当然，就布局的核心国家来看，仍然是主要集中在日本国内、中国、美国、欧洲等。

如表8－1－1所示，针对丰田公司在动力电池技术分支（注：表8－1－1中显示的SOC＋SOH为SOC和SOH联合评估的内容，为了不重复计算申请量数量，因此单独列出，实际上即可作为SOC的申请量，又可作为SOH的申请量）的申请量来说，SOC估算的申请总申请量一半的数量，SOH估算的申请量相对较多，SOC和SOH的申请总量达到185项，约占总数的84%，而对于SOP、不一致性、热失控和寿命这4个方面的申请量较低。

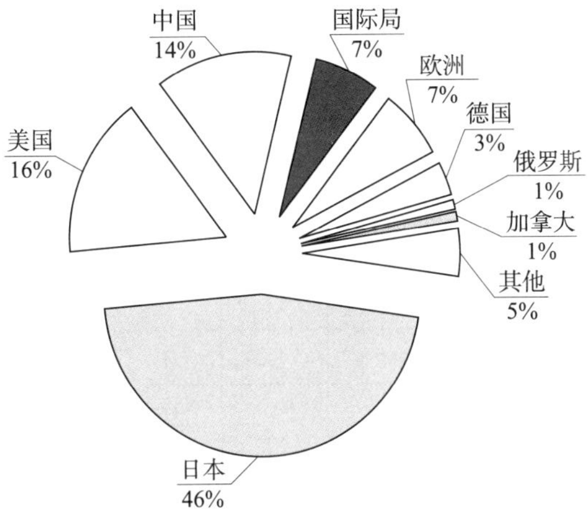

图8-1-2　丰田公司动力电池6个技术分支专利占全球申请总量分布

表8-1-1　丰田公司动力电池6个技术分支专利年度申请量情况　单位：项

年份	寿命	SOC	SOC+SOH	SOH	SOP	不一致性	热失控	总计
1992	0	1	0	0	0	0	0	1
1994	0	1	0	0	0	0	0	1
1996	1	0	0	0	0	0	0	1
1997	0	0	0	0	1	0	0	1
1998	0	5	0	0	1	0	0	6
1999	0	2	0	1	0	1	0	4
2000	0	1	0	1	0	0	0	2
2001	0	5	0	2	0	0	0	7
2002	0	3	0	4	0	0	0	7
2003	0	3	0	2	0	0	0	5
2004	0	3	0	0	1	0	0	4
2005	0	3	0	4	0	0	0	7
2006	1	4	0	0	2	2	0	9
2007	0	4	1	3	0	0	0	8
2008	0	1	1	3	2	0	0	7
2009	2	3	0	0	4	1	0	10
2010	0	2	0	3	1	0	0	6
2011	1	11	0	8	0	1	0	21
2012	1	14	0	5	0	2	0	22
2013	0	6	1	2	0	0	0	9

续表

年份	寿命	SOC	SOC + SOH	SOH	SOP	不一致性	热失控	总计
2014	0	3	0	2	2	0	0	7
2015	0	3	0	3	0	0	0	6
2016	0	7	0	5	0	0	0	12
2017	1	16	0	11	1	0	0	29
2018	0	5	0	12	0	0	2	19
2019	1	4	0	4	0	0	0	9
总计	8	110	3	75	15	7	2	220

如图8-1-3所示，丰田公司动力电池6个技术分支专利在全球都进行了不同程度的专利布局，通过全球主要市场专利布局策略可见一斑，可以看出，丰田公司通过进行广泛的专利布局来提高其在动力电池6个技术分支的控制力。同时，如图8-1-3所示，丰田公司在中国的专利布局量相对较高，因此，对于中国的相关领域的公司或者科研机构来说，需要在进行研究或者市场布局的时候对丰田公司的相关专利进行分析，构建合理的专利布局策略，为科技创新、抢占市场提供参考。

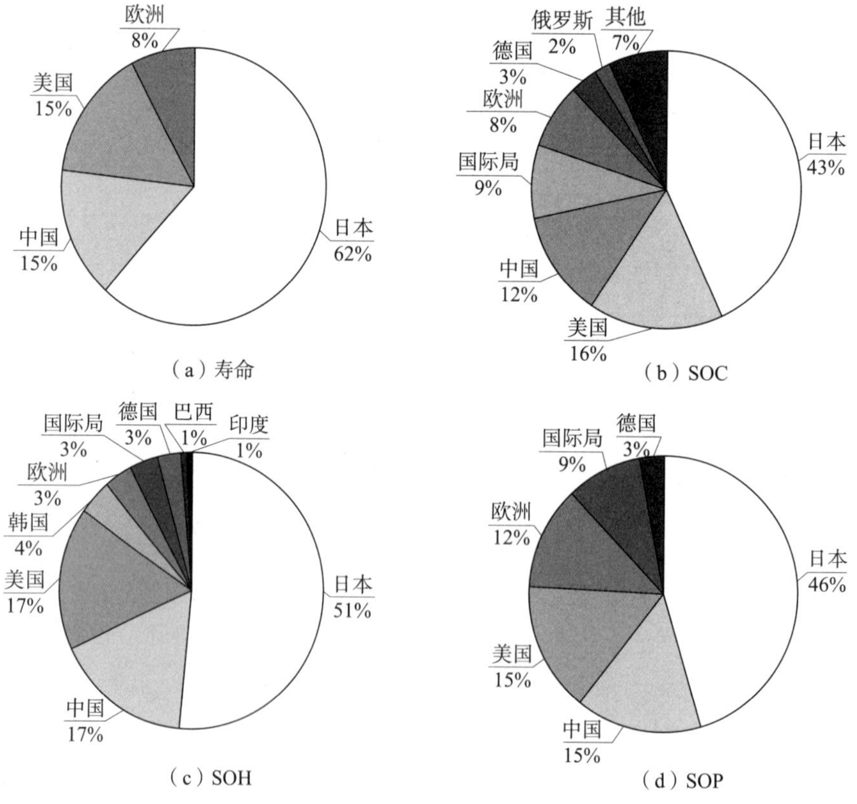

图8-1-3　丰田公司动力电池6个技术分支专利全球布局占比

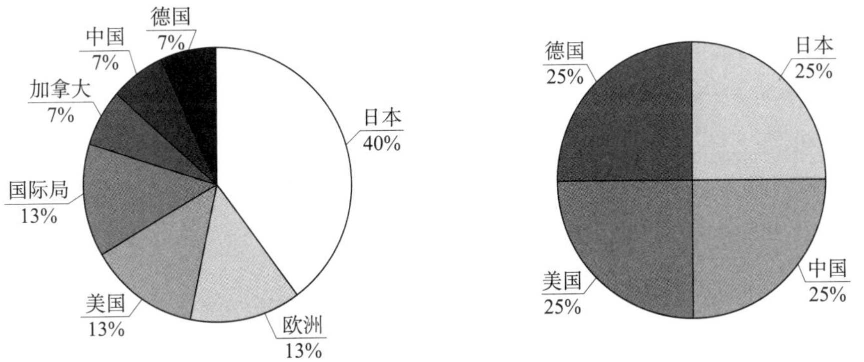

（e）不一致性　　（f）热失控

图8-1-3　丰田公司动力电池6个技术分支专利全球布局占比（续）

如图8-1-4所示，丰田公司动力电池6个技术分支专利申请量在全球申请量中的占比并不高，其中SOC、SOH、SOP的占比相对高些，分别为4.81%，5.71%以及5.51%。尤其是在SOC估算方面，丰田公司为申请量最高的企业，由此可知，在动力电池6个技术分支的专利申请中，不存在某一个企业占绝对主导地位的现象。

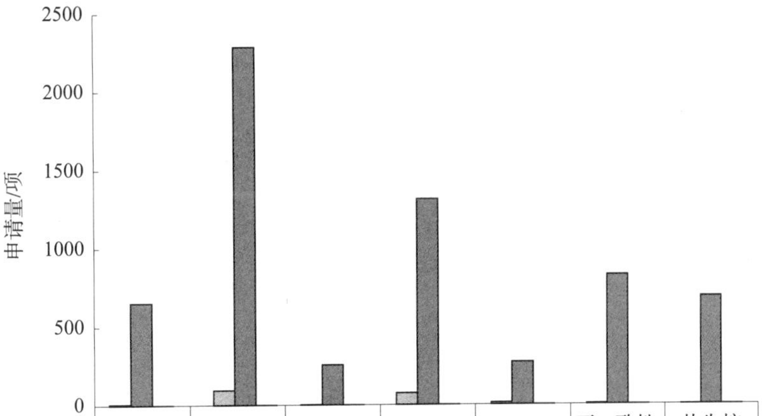

	寿命	SOC	SOH+SOC	SOH	SOP	不一致性	热失控
丰田/项	8	110	3	75	15	7	2
全球/项	673	2286	255	1313	272	826	688
占比	1.19%	4.81%	1.18%	5.71%	5.51%	0.85%	0.29%

技术分支

图8-1-4　丰田公司动力电池6个技术分支专利申请量与全球申请量对比

8.1.2.2　技术分支分析

为了解丰田公司动力电池6个技术分支专利布局的具体情况，了解丰田公司对相应技术分支的专利布局情况以及专利控制力强度，对其技术分支专利申请情况进行分析。

如表8-1-2和表8-1-3所示，丰田公司在SOC、SOH的估算方法中，其专利布局主要集中在提高SOC、SOH估算精度，最为简单直接的通过直接计算法来获得在SOC、

SOH分支的专利。同时，丰田公司还关注针对SOC、SOH的修正方法，而对于基于数据驱动法、基于电池模型法以及融合评估法上，则少有涉猎。究其原因，基于数据驱动法、基于电池模型法以及融合评估法更加复杂，而复杂的算法在应用到汽车层面来说，需要强大的数据处理能力以及迅速的响应时间才能满足BMS对电池的及时控制，因此在应用层面，这些较为复杂的算法应用到车辆上存在一定的困难；此外，对于SOC、SOH的估算方法，涉及电池的安全性，而这些复杂的算法在专利保护方面存在取证等方面的困难。

表8-1-2　丰田公司SOC估算专利各技术分支申请量　　单位：项

技术分支		提高估算精度	提高估算速度	降低估算、运行成本	提供更准确的、改进的电池模型	提高估算稳定性或鲁棒性
直接计算法	开路电压法	38	4	1	0	0
	安时积分法	15	1	0	0	0
	开路电压与安时积分法结合	7	0	0	0	0
	内阻法	3	2	0	0	0
	放电试验法	0	0	1	0	0
	两种及以上直接计算法的结合（排除开路电压法与安时积分法）	4	1	0	0	0
	其他	15	4	1	0	0
基于数据驱动法	模糊控制算法	0	0	0	0	0
	人工神经网络算法	1	0	0	0	0
	支持向量机算法	0	0	0	0	0
	其他	0	0	0	0	0
基于电池模型法	卡尔曼滤波算法	2	1	0	0	0
	粒子滤波算法	0	0	0	0	0
	观测器算法	0	0	0	0	0
	其他	3	0	0	0	0
融合评估法	基于数据驱动和电池模型的融合	1	0	0	0	0
	其他	0	0	0	0	0
对SOC的修正		6	2	0	0	0
根据单体电池SOC估算电池包SOC		1	0	1	0	0

表8-1-3 丰田公司SOH估算各技术分支专利申请量

单位：项

技术分支		提高估算精度	降低估算复杂度	降低估算成本	提高实时性	提高可靠性
直接计算法	基于内阻法	32	2	3	1	0
	基于容量法	7	0	0	0	0
	基于电压法	13	1	0	0	0
	直接计算法之间的融合	0	0	0	0	0
	其他	14	1	3	1	0
基于数据驱动法	支持向量机算法	0	0	0	0	0
	高斯过程回归算法	0	0	0	0	0
	人工神经网络算法	0	0	0	0	0
	其他	1	0	0	0	0
基于电池模型法	卡尔曼滤波器算法	0	0	0	0	0
	观测器算法	0	0	0	0	0
	其他	3	0	0	0	0
融合评估法	基于数据驱动之间的融合	0	0	0	0	0
	基于电池模型之间的联合	0	0	0	0	0
	直接计算法与基于数据驱动法之间的联合	0	0	0	0	0
	基于数据驱动与电池模型的联合	0	0	0	0	0
	直接计算法与基于电池模型法之间的联合	0	0	0	0	0
对SOH的修正		1	0	0	0	0
根据单体SOH估算电池包SOH		1	0	0	0	0

在对丰田公司SOP评估方面，如表8-1-4所示，其专利布局总量相对较少，其中大部分集中在提高估算精度。如表8-1-5所示，其在不一致性评估方面，主要集中在成组后的静态参数中，以实现均衡管理、故障诊断和提高电池利用率为主，对于退役电池的SOP估算方法则没有涉猎。因此，针对退役电池的SOP估算方法为当前的热点，我国相关企业或研究机构可以注重在这一分支上进行相应的专利布局。

表 8-1-4　丰田公司 SOP 评估各技术分支专利申请量　单位：项

技术分支			提高 SOP 测试估算精度，保证电池寿命	提高估算速度，提高测试效率、实时性	降低估算、运行成本，结构简单	提高电池等效模型的准确性	可操作性强，操作容易	提高鲁棒性、稳定性	平稳运行，延长电池寿命
SOP	SOP 估算方法	MAP 图法	0	0	0	4	0	0	0
		基于电池参数模型法	5	1	0	0	0	0	0
		基于数据驱动法	0	0	0	0	0	0	0
		两种或两种以上方法的结合	0	0	0	0	0	0	0
		基于其他类型模型	3	0	0	0	0	0	0
		其他	3	0	0	0	0	0	0
	SOP 测试方法		0	0	0	0	0	0	0
	对 SOP 的修正		0	0	0	0	0	0	0
	测试估算装置		0	0	0	0	0	0	0
	退役电池的 SOP 估算		0	0	0	0	0	0	0
SOP 与其他状态参数的联合评估			0	0	0	0	0	0	0

表 8-1-5　丰田公司不一致性评估各技术分支专利申请量　单位：项

技术分支				用于均衡管理	用于故障诊断	提高电池利用率	提高 SOC 和 SOH 精度
成组后	测试参数	静态参数	电压	1	3	1	0
			容量	0	0	0	0
			电阻	0	0	0	0
			其他	0	0	0	0
		动态参数	电压	0	0	0	2
			容量	0	0	0	0
			电阻	0	0	0	0
			其他	0	0	0	0
		动静参数结合		0	0	0	0

续表

技术分支			用于均衡管理	用于故障诊断	提高电池利用率	提高 SOC 和 SOH 精度
成组后	评价方法	基本统计指标法	1	2	1	2
		改进统计指标法	0	0	0	0
		基于聚类分析法	0	0	0	0
		基于概率模型法	0	0	0	0
		其他	0	1	0	0
成组前			0	0	0	0
退役后			0	0	0	0

如表8-1-6所示，丰田公司仅布局了2项专利，涉及提高热失控预警速度的内容。随着最近各种动力电池起火问题的发生，热失控预警是目前研究的热点，因此，我国的相关企业或研究机构可以在该技术分支上进行专利布局，以提高针对热失控预警的专利控制力。

表8-1-6 丰田公司热失控预警和热失控/热扩散测试各技术分支专利申请量 单位：项

技术分支		提高预警/测试速度	提高电池使用安全性	提高预警/测试精度	提高预警/测试准确性	提高预警/测试可靠性	通用性好/降低成本	易于实现	可在线实现
热失控预警	基于温度	1	0	0	0	0	0	0	0
	基于内阻	0	0	0	0	0	0	0	0
	基于电压	0	0	0	0	0	0	0	0
	基于电流	0	0	0	0	0	0	0	0
	基于气体或烟雾	0	0	0	0	0	0	0	0
	基于内部压力	0	0	0	0	0	0	0	0
	其他	1	0	0	0	0	0	0	0
	多参数耦合	0	0	0	0	0	0	0	0
热失控/热扩散测试		0	0	0	0	0	0	0	0

8.1.3 合作对象

在动力电池6个技术分支的专利申请中，丰田公司与松下集团的合作主要内容为针对SOC、SOH的估算，但是合作的申请量较少，一共两件。在SOH方面，丰田公司的合作单位较多，主要包括株式会社日本自动车部品综合研究所、早稻田大学、富士电机、电装公司、古河电池、古河电工等。由此可以看出，丰田公司在SOC估算方面以自身的研发为主，在SOH估算方面综合了包括公司、院校等的研究能力。

8.1.4 重要专利申请

8.1.4.1 SOC估算方面的重要专利申请

如表8-1-7所示，这几项重要申请的申请年份为1992年、2000年、2002年和2006年，为稍早的申请，当前仍然有效的专利为2006年申请，公开号为CN101346636A的申请。从被引证次数上看，几项申请都被引证了百次以上，布局国家、地区和组织较广，且引证这几项重要申请的申请人也较多，因此，导致这几项专利在其所在的技术分支的基础性功能较高。

就其主要涉及的技术方面来说，公开号为CN1311860A的申请，已经在1999年就对基于电池模型的SOC估算方法进行了专利申请布局，虽然整体上丰田公司的SOC估算申请中针对基于电池模型法的申请量不大，但是其对该技术分支上非常重视。公开号为EP1149726A2的专利于2000年申请，对利用卡尔曼滤波这种基于电池模型的SOC估算方法进行了布局，且该申请经历了两次权利变更，由此可以看出其在该领域的重要程度。

上述6项申请中的5项已经处于无效状态，因此，我国的相关企业和研发人员可以针对这些重要的专利进行研究，并且在专利布局中予以考量。

表8-1-7 丰田公司SOC估算方面的重要专利申请

公开（公告）号	申请年份	被引证数量/次	扩展同族数/项	被引证国家、地区和组织	同族国家、地区和组织
CN1311860A	1999	224	15	中国、美国	德国、日本、韩国、国际局、欧洲、中国、西班牙、美国、加拿大
CN1668933A	2003	176	11	中国、美国	国际局、欧洲、中国、美国
CN101346636A	2006	173	18	中国、美国	日本、国际局、欧洲、中国、美国
CN100447577C	2002	170	11	中国	国际局、欧洲、中国、美国
EP1149726A2	2000	153	7	中国、美国	日本、欧洲、美国
US5539318A	1992	111	6	德国、韩国、国际局、欧洲、中国、英国、法国、美国	美国

8.1.4.2 SOH估算和SOP评估方面的重要专利申请

如表8-1-8所示，专利JP2007085772A为提高SOH的估算精度，是利用基于内阻的直接计算法对SOH进行估算的，并且被引证次数达到44次，被引证的国家、地区和组织包括美国、欧洲、中国等，当前仍然处于有效状态，这体现了该申请作为基于内阻的基础性算法的基本专利的属性。

表8-1-8 丰田公司SOH估算方面的重要专利申请

公开（公告）号	申请年份	被引证数量/次	扩展同族数/项	专利有效性	当前法律状态	被引证国家、地区和组织	同族国家、地区和组织
JP2007085772A	2005	44	2	有效	授权	日本、韩国、国际局、中国、欧洲、美国	日本

如表8-1-9所示，公开号为CN101496255A的专利申请，2007年就在中国、日本、美国等地布局了基于其他类型模型的SOP估算方法，且被引证的次数为187次，至今仍然有效，这足以证明，该申请的基础性价值之高。另外，从表8-1-9可以看出，丰田公司在1998年就已经利用复合模型对SOP进行估算的技术内容进行了布局，并且该专利被多个不同的国家、地区和组织引证，由此说明其在基于复合模型的SOP估算方法中的重要地位。

表8-1-9 丰田公司SOP评估方面的重要专利申请

公开（公告）号	申请年份	被引证数量/次	扩展同族数/项	专利有效性	当前法律状态	被引证国家、地区和组织	同族国家、地区和组织
CN101496255A	2007	187	9	有效	授权	中国、美国	日本、国际局、欧洲、中国、美国
JP2000002758A	1998	31	2	失效	期限届满	日本、中国、欧洲、美国	日本

8.1.4.3 不一致性评估和寿命评估方面的重要专利申请

如表8-1-10所示，在不一致性方面，丰田公司已经在中国、美国、韩国等地布局了有关通过动态或静态参数检测电压的方法来测量成组后的不一致性，以及基本统计指标来实现评价方法的内容。通过表8-1-10的两项专利的被引证次数可以看出，其在该不一致性评估方面的基础性作用，目前这两项申请均已失效，中国的企业在相应的专利布局和研究的过程中可以充分利用这些重要失效专利。

表8-1-10　丰田公司不一致性评估方面的重要专利申请

公开（公告）号	申请年份	被引证数量/次	扩展同族数/项	当前法律状态	专利有效性	被引证国家、地区和组织	同族国家、地区和组织
JP2007311256A	2006	28	2	未缴年费	生效	日本、中国、美国	日本
JP2000260481A	1999	31	9	期限届满	生效	日本、韩国	德国、日本、欧洲、美国、加拿大

如表8-1-11所示，重要申请人内田昌利已经在2006年和2009年对循环寿命测试进行了充分的布局，并且在2006年就设计了利用退化机理模型这种基于模型法的技术来对循环寿命进行估算，从被引证的国家、地区和组织还可以看出，该申请在行业中的基础性作用。

表8-1-11　寿命评估方面的重要专利申请

公开（公告）号	申请年份	发明（设计）人	被引证数量/次	扩展同族数/项	被引证国家、地区和组织	同族国家、地区和组织
JP2011069693A	2009	内田昌利	25	2	日本、国际局、中国、欧洲、美国	日本
JP2011064571A	2009	内田昌利	28	2	日本、克罗地亚、国际局、中国、美国	日本
JP2008126788A	2006	内田昌利	38	1	日本、国际局、中国、欧洲、英国、美国	日本

8.1.5 小　结

通过对上述的分析可以看出，丰田公司为了保障电池的安全性，已经在动力电池6个技术分支进行相应的专利布局。从布局的时间和申请数量上来看，丰田公司在2010~2014年达到一个小高峰，这段时间丰田公司与特斯拉建立战略合作伙伴关系，特斯拉为丰田公司提供锂电池，但是这段关系于2014年结束，特斯拉不再为丰田公司提供锂电池。2016年，丰田公司基于随着中国和美国等地鼓励电动汽车发展的相关法律法规生效，汽车制造商将别无选择，只能推出电动汽车，否则将面临倒闭的风险的原因决定成立一家初创公司来进行纯电动汽车的开发，因此，随着这个决定的产生，动力电池6个技术分支相关专利申请量又迎来了第二个高峰。

从丰田公司在动力电池6个技术分支的专利布局来看，其中SOC和SOH这两个分支的专利布局时间最早，并且布局地分布更广。而在其他方面，丰田公司也一直在进行相应的研究和布局。

在针对SOC和SOH技术分支的专利布局方面，绝大部分的专利布局集中在包括开路电压法、安时积分法、内阻法等直接计算法中，因此，丰田公司在这些方法上的专利保护和布局更加全面，具备较强的控制力。同时，其也对基于数据驱动法、基于电池模型法等的复杂的SOC和SOH的估算方法有所涉猎，在多个国家、地区和组织进行了布局，鉴于其较多的被引用次数以及较广的专利布局范围，丰田公司在这些复杂计算方法方面也存在一定的控制能力。

从丰田公司在上述动力电池6个技术分支的重要申请方面，可以看出，尤其在SOC和SOH方面存在相对重要的专利申请，从其专利布局的广度、被引证的申请人的广度，以及被引证的次数来看，丰田公司在相应的技术分支方面存在一定量的基础性质的专利，在这些方面存在较高的控制力。

8.2 整车企业——比亚迪

8.2.1 发展概述

比亚迪创立于1995年。2000～2002年先后成为摩托罗拉和诺基亚的第一个中国锂离子电池供应商。2003年成长为全球第二大充电电池生产商，同年组建比亚迪汽车，2007年，国家发展和改革委员会发布《新能源汽车生产企业及产品准入管理规则》，为此，比亚迪搭建了磷酸铁锂电池生产基地，强化了比亚迪锂电池的核心技术优势和顶级供应商地位，促进了比亚迪新能源汽车产品平台的快速构建并持续升级。2009年国务院通过《汽车产业调整和振兴规划》，首次提出新能源汽车战略，2010年比亚迪便推出了全球第一款双模电动车F3DM，让我国新能源动力汽车正式进入国际视野，由此开始转型成为新能源车企。

2019年，比亚迪提出“超级电池”计划。2020年，比亚迪正式发布“刀片”电池，该电池采用磷酸铁锂技术，并首先搭载其所产的“汉”车型。“刀片”只是单体电池的形状，本质采用的还是磷酸铁锂电池。该电池采用了无模组电池成组方式，将电池包整体空间利用率由过去的40%，提升到了60%。“刀片”电池在很大程度上解决了磷酸铁锂电池的成组能量密度不如三元锂电池的问题，并将搭载磷酸铁锂电池电动汽车的续航里程，提升到了三元锂电池汽车的同等水平。

2020年，比亚迪宣布新成立5家以“弗迪”命名的子公司，以进一步加快新能源汽车核心零部件的对外销售。这5家新公司分别为弗迪电池有限公司、弗迪视觉有限公司、弗迪科技有限公司、弗迪动力有限公司以及弗迪模具有限公司。2020年3月，“刀片”电池在重庆弗迪电池有限公司开始量产。根据2021年1～6月的统计，弗迪电池的BMS市场份额已经成为全国第一，占全国市场份额的13.1%，超过了宁德时代和特斯拉。

8.2.2 专利布局

8.2.2.1 全球申请量分析

比亚迪在动力电池6个技术分支的全球专利申请总量为39项，其全球和国外申请量趋势如图8-2-1所示。从图8-2-1可以看出，比亚迪针对动力电池6个技术分支的专利布局还不够全面，主要在中国国内布局，国外仅在2017年和2018年有相当小数量的布局，因此，还未形成全面的全球专利布局策略。

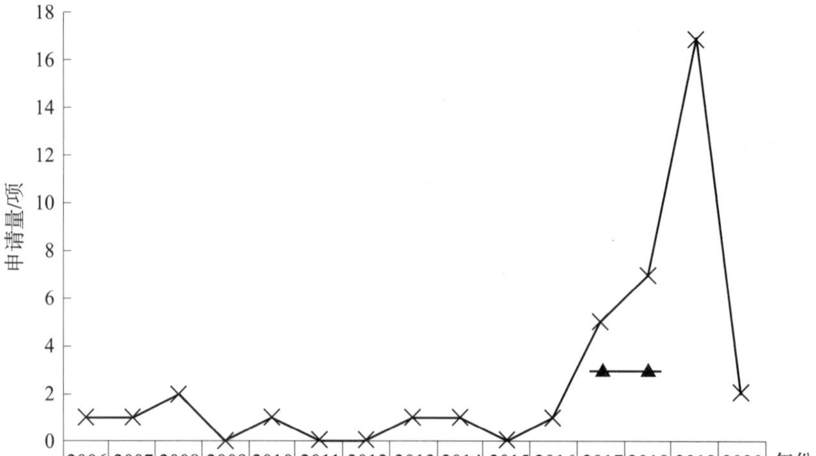

年份	2006	2007	2008	2009	2010	2011	2012	2013	2014	2015	2016	2017	2018	2019	2020
全球/项	1	1	2	0	1	0	0	1	1	0	1	5	7	17	2
国外/项	0	0	0	0	0	0	0	0	0	0	0	3	3	0	0

图8-2-1　比亚迪动力电池6个技术分支专利全球和国外申请量趋势

中国新能源汽车产业始于21世纪初。2001年，新能源汽车研究项目被列入国家“十五”期间的“863”计划。2008年，新能源汽车在国内已呈全面出击之势。2008年是我国“新能源汽车元年”。2017年，国家从生产、销售、使用等层面给予新能源汽车一定的扶持，国家政策多以有利环境入手促进新能源汽车发展，累计出台36项新能源汽车相关政策（包括征求意见稿3项），涉及宏观、补贴、基础设施、安全管理、技术研发、智能网联等诸多方面。由此可知，比亚迪在2017年开始加强对动力电池各技术分支的专利布局。

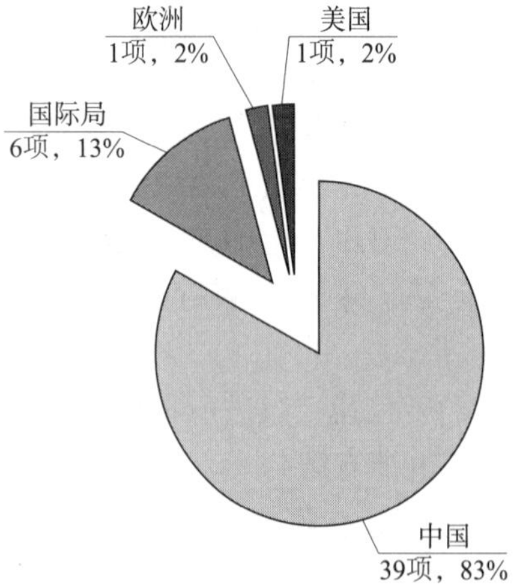

图8-2-2　比亚迪动力电池6个技术分支专利全球布局情况

如图8-2-2所示，比亚迪虽然进行了PCT申请，但是截至2021年7月28日，其布局的国家、地区和组织仅为美国（1项）、欧洲（1项）。因此，比亚迪主要在中国进行专利布局，在国外的主要市场的专利布局仍存在较大的缺口。

如表8-2-1所示，比亚迪从2006年开始布局SOC估算方面的专利，并且于2017年至今形成一个申请峰值。SOH估算、SOP评估方面的申请是从2018年开始布局，而不一致性评估、热失控预警和热失控/热扩散测试、寿命评估方面申请的布局时间为2019年。由此可知，比亚迪在开始生产新能源汽车的时候已经对SOC估算进行了相应的研究，而为了保障电池的安全性，于2017年或2018年开始关注涉及电池安全的其他状态的估算或监测。这表明，比亚迪已经全面关注了影响电池安全性的上述因素，并且在应用过程中考虑了上述几个因素的影响。

表8-2-1 比亚迪动力电池6个技术分支专利申请量 单位：项

年份	寿命	SOC	SOH	SOP	不一致性	热失控
2006	0	1	0	0	0	0
2007	0	1	0	0	0	0
2008	0	0	0	0	2	0
2009	0	0	0	0	0	0
2010	0	1	0	0	0	0
2011	0	0	0	0	0	0
2012	0	0	0	0	0	0
2013	0	1	0	0	0	0
2014	0	1	0	0	0	0
2015	0	0	0	0	0	0
2016	0	1	0	0	0	0
2017	0	5	0	0	0	0
2018	0	5	1	1	0	0
2019	3	9	1	1	1	2
2020	0	1	0	0	0	1
总计	3	26	2	2	3	3

下面对比亚迪动力电池6个技术分支在各个国家、地区和组织的专利布局情况进行分析。如图8-2-3所示，可以看出，虽然比亚迪在SOC估算和SOP评估方面进行了PCT申请，但是尚未对除国际局外的其他国家、地区和组织进行专利布局，而SOH估算方面虽然专利申请时间较晚，但是已经开始对其他国家、地区和组织进行专利布局，主要是布局新能源汽车的最大市场美国和欧洲。由此可知，比亚迪已经意识到对电池安全性能估算的6个技术分支在专利布局中的重要程度，并且开始实施。

如图8-2-4所示，比亚迪动力电池6个技术分支专利申请量占全球申请量的占比情况，从申请数量上看，比亚迪的申请量相对较小，即便是具备最大申请量的SOC估算方面，也仍然仅占全球申请量的1.1%。由此可知，比亚迪在SOC估算方面的控制力还不够强大，具备进一步增强自身控制力的空间。而由于涉及电池的安全，在其他几个方面还需要进一步发力。

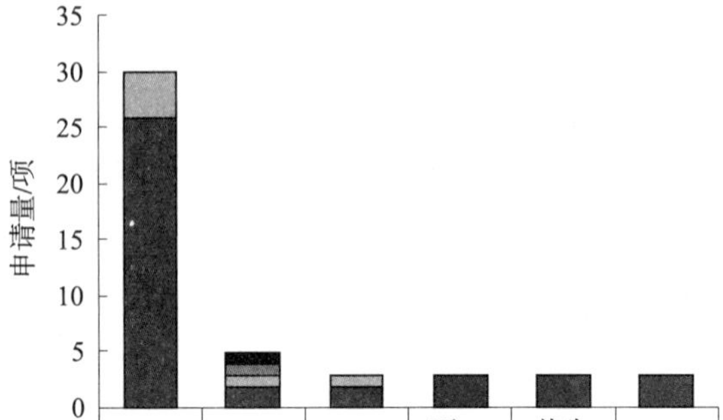

	SOC	SOH	SOP	不一致性	热失控	寿命
美国	0	1	0	0	0	0
欧洲	0	1	0	0	0	0
国际局	4	1	1	0	0	0
中国	26	2	2	3	3	3

技术分支

图8-2-3　比亚迪动力电池6个技术分支在全球专利对比情况

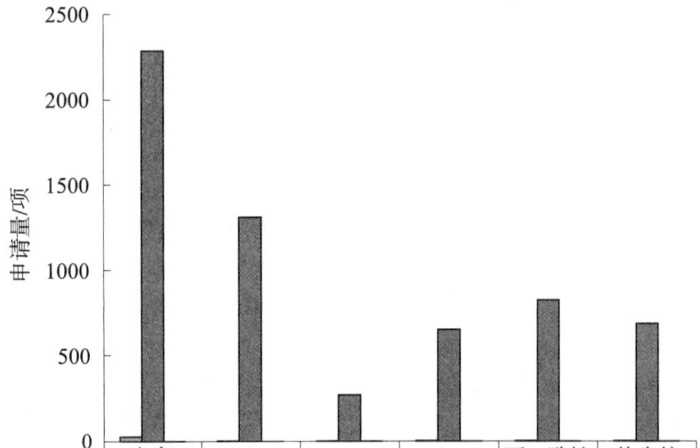

	寿命	SOC	SOH	SOP	不一致性	热失控
比亚迪/项	3	26	2	2	3	3
全球/项	673	2286	1313	272	826	688
占比	0.5%	1.1%	0.2%	0.4%	0.4%	0.4%

图8-2-4　比亚迪动力电池6个技术分支专利申请量与全球申请量的对比

8.2.2.2　技术分支分析

为了了解比亚迪在当前申请的涉及动力电池6个技术分支专利申请中对各个方面的技术分支的布局情况，以确定比亚迪的专利布局重点。由于比亚迪的申请中，SOC估算涉及26项专利申请，而其他的技术分支都是在2018~2020年存在两三项申请，因此，下面仅对比亚迪在SOC估算方面的技术分支专利分布情况进行分析。

如表8-2-2所示，比亚迪在SOC估算中的专利布局主要集中在通过直接计算法来实现提高SOC精度的方面，在相对较复杂的方法中，仅在基于电池模型法中有一定量的专利申请，同时对SOC的修正有所涉猎。针对直接计算法，主要技术集中在开路电压法，还包括安时积分法、开路电压法与安时积分法结合以及内阻法等。由此可知，比亚迪与丰田公司一样，针对SOC的估算技术的专利布局主要集中在相对简单的直接计算法中。

表8-2-2 比亚迪SOC估算各技术分支专利申请量情况

单位：项

技术分支		提高估算精度	提高估算速度	降低估算、运行成本	提供更准确的、改进的电池模型	提高估算稳定性或鲁棒性
直接计算法	开路电压法	10	0	0	0	0
	安时积分法	3	0	0	0	0
	开路电压法与安时积分法结合	3	0	0	0	0
	内阻法	1	0	0	0	0
	放电试验法	0	0	0	0	0
	两种及以上直接计算法的结合（排除开路电压法与安时积分法）	0	0	0	0	0
	其他	0	0	0	0	1
基于数据驱动法	模糊控制算法	0	0	0	0	0
	人工神经网络算法	0	0	0	0	0
	支持向量机算法	0	0	0	0	0
	其他	0	0	0	0	0
基于电池模型法	卡尔曼滤波算法	4	0	0	0	0
	粒子滤波算法	0	0	0	0	0
	观测器算法	0	0	0	0	0
	其他	0	0	0	0	0
融合评估法	基于数据驱动和电池模型的融合	0	0	0	0	0
	其他	0	0	0	0	0
对SOC的修正		3	0	1	0	0
根据单体电池SOC估算电池包SOC		0	0	0	0	0

从SOC的各项技术分支的申请年代来看，如表8－2－3所示，虽然比亚迪于2006年开始对直接计算法进行相应的布局，但是布局的数量相当少，并且中间存在申请断层。在国家推动更深度全面的补贴政策之后，比亚迪于2016年开始对SOC的直接计算法进行了进一步的专利布局，并达到一个专利申请高潮。

针对SOH、SOP、不一致性、寿命和热失控的申请量分别有2～3项，且都在2018～2020年申请。因此，下面简单说明一下这5个方面的技术分支分布情况：SOH集中在最简单的直接计算法；SOP集中在SOP估算方法；不一致性对于参数的获取集中在动态或静态参数，评价方法集中在最简单的基于统计指标法；热失控集中在热失控的温度或其他方面的预警；寿命集中在循环寿命测试和工况寿命测试。

因此，比亚迪主要的专利布局方向仍然是SOC，但是近几年随着对电池安全性的重视，也开始对其他的5个方面进行专利布局。

8.2.3 重要专利申请

如表8－2－4所示，从引证和被引证关系上看，比亚迪引证的文献存在相当部分的国外申请，在被引证情况看，引证这些重要申请的专利以国内为主，由此可知，这些重要专利的基础性相对薄弱，在研发上还需要进一步加强。

另外，比亚迪的公开号为CN101515022A的专利申请于2017年转让给阿尔特公司，其针对成组前的动态参数电压的测试，利用基本统计指标进行评价的内容，并且其被引证次数为14次，由此可知，该专利在不一致性方面的相对基础的作用，同时基当前仍然处于有效阶段。阿尔特公司与比亚迪都是新能源汽车公司，虽然在新能源汽车领域算是竞争对手的关系，但为了便于将新能源市场做大，竞争对手之间的专利转让等关系也会频繁出现。

8.2.4 小　　结

从上述针对丰田公司和比亚迪相关专利数据可以看出，丰田公司在动力电池6个技术分支的布局时间远远早于比亚迪，丰田公司是1992年开始布局，而比亚迪是2006年开始布局，当然这源于两个整车企业的发展时间，但是都关注了涉及电动汽车安全的动力电池6个技术分支的估算的内容。

从专利布局策略方面，比亚迪主要布局在中国，而丰田公司具备在全球主要国家、地区和组织更全面的专利布局策略，就市场控制力来说，丰田公司更胜一筹，因此，国内企业要想增强自身技术的市场控制力，提高申请质量以及进行合理的全球布局是必要的。

丰田公司在动力电池6个技术分支的专利申请布局集中在SOC和SOH估算，并且针对SOP评估、不一致性评估、寿命评估也有一定量的布局，针对热失控预警和热失控/热扩散测试的布局最少，并且是从2018年才开始。而比亚迪的专利申请布局集中在SOC估算，对于其他几个方面的布局都非常少。因此，在动力电池6个技术分支布局的量和专利布局全面性上来说，比亚迪还有进一步提升的空间。

表 8-2-3 比亚迪 SOC 估算各技术分支专利申请量

单位：项

技术分支	2006 年	2007 年	2008 年	2009 年	2010 年	2011 年	2012 年	2013 年	2014 年	2015 年	2016 年	2017 年	2018 年	2019 年	2020 年
直接计算法	1	1	0	0	0	0	0	0	0	0	1	5	4	6	0
基于数据驱动法	0	0	0	0	0	0	0	0	0	0	0	0	0	0	0
基于电池模型法	0	0	0	0	0	0	0	0	0	0	0	0	1	2	1
融合评估法	0	0	0	0	0	0	0	0	0	0	0	0	0	0	0
对 SOC 的修正	0	0	0	0	1	0	0	1	1	0	0	0	0	1	0
根据单体电池 SOC 估算电池包 SOC	0	0	0	0	0	0	0	0	0	0	0	0	0	0	0

表 8-2-4 比亚迪重要专利申请

公开（公告）号	申请年份	引证数量/次	被引证数量/次	扩展同族数量/项	专利有效性	当前法律状态	被引证国家、地区和组织	同族国家、地区和组织
CN101359036A	2007	5	61	2	有效	授权	国际局、中国、美国	中国
CN101212071A	2006	9	57	2	失效	未缴年费	中国	中国
CN108663621A	2017	9	17	2	有效	授权	中国	中国
CN104931882A	2014	7	13	2	有效	授权	日本、国际局、中国	中国
CN108663620A	2017	3	6	2	有效	授权	中国	中国
CN104076284A	2013	10	5	2	有效	授权	中国	中国
CN201789048U	2010		5	1	失效	期限届满	中国	中国
CN110015169A	2017	7	3	2	审中	实质审查	中国	国际局、中国
CN101515022A	2017	14			有效	授权	中国	中国

对SOC估算来说，整车企业的专利布局集中在提高估算精度的直接计算法。该方法属于最简单的计算方法，响应速度最快估算，数据处理量最小，这也与整车企业更着重考虑应用层面的可实施性需求更加贴合。当然整车企业也对相对复杂的SOC估算方法有所涉猎，例如基于数据驱动法、基于电池模型法。但是这些方法需要采集和处理的数据量相对较大，导致响应时间相对较长，因此在实际应用中存在一定的困难。同时，整车企业也关注对SOC的修正。另外，丰田公司对人工神经网络算法这种基于数据驱动法的SOC估算方法以及卡尔曼滤波算法这种基于电池模型法的SOC估算方法，已经分别在2011年和2000年开始进行布局，而比亚迪针对卡尔曼滤波算法这种基于电池模型法的SOC估算方法进行布局是在2018年，这说明丰田公司在相对复杂的算法（即基于数据驱动法和基于电池模型法）方面的布局更早，而我国企业要想在这方面具有优势，需要作出更进一步的研究，规避开丰田公司早期布局的申请。

丰田公司在SOH估算方面的专利申请集中在直接计算法上，包括基于内阻、容量、电压、其他等，针对基于数据驱动法和基于电池模型法少有涉猎。而比亚迪在这方面的专利申请特别地少，因此针对SOH估算的专利布局，比亚迪还需要加强布局范围、规模以及相应技术分支发展的研究，规避风险。

整车企业中，丰田公司布局的专利申请的研发人员并不是集中的几个人，从申请数量上来看，其具备强大的研究力量。而比亚迪最近几年的研究人员相对集中，针对动力电池6个技术分支来说，研究人员存在对多个方面研究的实力。

此外，丰田公司的合作对象包括具备较强研发能力的学校（例如早稻田大学），还包括其他的电池企业等。而比亚迪在动力电池6个技术分支未与任何企业或科研院所合作。在新能源汽车领域技术蓬勃发展的今天，通过与其他企业合作这一途径来获得更好的技术发展，也是可行的发展战略之一。

8.3 动力电池企业——LG化学

8.3.1 发展概述

LG化学成立于1947年，属于LG集团旗下子公司。公司总部位于韩国首尔，是韩国最具代表性的化学企业。1995年，LG化学开启对锂离子电池的研究。1999年，成为韩国首个成功量产锂离子电池的企业。2000年，LG化学专门在美国设立了研究电动车电池的法人，2001年，在美国当地成立电池研究所。2007年，LG化学获得现代汽车订单，2008年，与韩国知识经济部、现代汽车等联合开发电动汽车电池。2009年，LG化学的第一款动力电池是与现代起亚共同研发。2009年，开始在韩国梧仓开始建设电池生产工厂。同年，LG化学被选为通用汽车雪佛兰沃蓝达（Chevrolet Volt）唯一的电池供应商。2010年，与现代摩比斯（Mobis）成立电池合资公司——HL Green Power。2011年，公司第一个动力电池工厂在韩国梧仓建成并投产，LG化学正式进入动力电池领域。2013 年，在江苏省南京市扩大聚合物电池产能。2015 年，南京电池工厂开始生产六角形电池。2018 年，在波兰开设欧洲最大的动力电池工厂。但南京电池工厂于 2017 年被吉利集团收购，2018 年，在南京市江宁区签约建设新的动力电池工厂。2019 年，LG 化学扩大其在南京市新港高新技术产业园的圆柱电池工厂，此举是为特斯拉供货作准备。LG 化学的动力电池业务从 2009 年在韩国梧仓开始建设动力电池工厂为起点，经过 10 年的发展，目前在全球范围内共有 4 个动力电池工厂建成，进行动力电池的研究、制造和销售，分别位于韩国梧仓、美国密歇根州霍兰德、中国南京、波兰弗罗茨瓦夫。但由于 2016 年初中国新能源汽车补贴政策的调整，LG 化学等韩资电池企业都未能进入符合《汽车动力蓄电池行业规范条件》的动力电池企业目录，对南京工厂的影响很大，2017 年，LG 南京工厂生产设备和制造技术知识产权的使用权被吉利集团收购。2018 年，工业和信息化部取消了动力电池企业目录，同时公布了第一批动力电池行业白名单，爱尔集新能源电池（原名南京乐金化学新能源电池有限公司）进入目录中，LG 化学在 2018 年 7 月与南京市江宁区签约，第二次进入南京，建设新的动力电池工厂。

LG 化学的合作伙伴几乎囊括了欧洲、美国主要的整车企业，是目前合作车企数量最多的动力电池企业。2020 年 12 月，LG 化学电池业务成为独立法人——LG 新能源（LG Energy Solution）诞生。

LG 化学从 1995 年开始研发锂电池，目前公司经营范围涵盖单电池、模组、BMS、电池组开发和技术服务等。电池产品包括混合动力汽车、插电式混合动力汽车、纯电动汽车。

LG 化学拥有从材料到电池再到电池包的一系列核心技术，主要包括 4 个方面：电池原材料（包括正极材料、隔膜、负极和电解液的研究等）、单体电池设计、电池包结构设计、独有的 BMS 算法。其中电池原材料是 LG 化学一直最为推崇的核心技术，这也是 LG 化学一直强调自己是“电池公司中唯一一家以化学为基础的公司”的原因。

8.3.2 专利布局

为了进一步了解 LG 化学在电池寿命评估、SOC 估算、SOH 估算、SOP 评估、不一致性评估、热失控预警和热失控/热扩散测试等动力电池 6 个技术分支的专利申请情况和目前采取的专利布局策略，下面对 LG 化学在上述 6 个方面的专利布局进行进一步分析。

8.3.2.1 全球申请量分析

LG 化学在动力电池 6 个技术分支全球申请量为 138 项专利申请，其中在中国申请量为 66 件。图 8-3-1 为 LG 化学动力电池 6 个技术分支的全球及中国申请量的对比，可以看出，就 LG 化学的全球申请量和中国申请量的趋势来看，总体趋势是吻合的，分别在 2004~2006 年、2011~2013 年以及 2017~2019 年达到 3 个高峰期。由于专利申请公开有延后，因此 2020 年的申请量数据不全面，不具备参考意义。

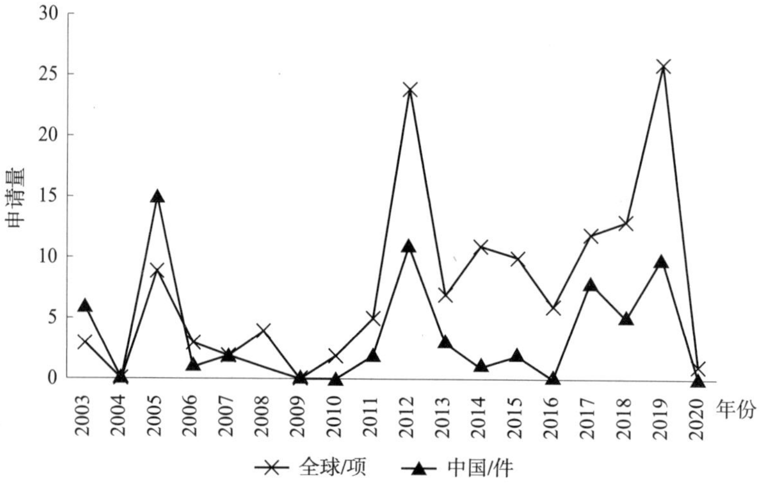

图8-3-1 LG化学动力电池6个技术分支专利全球和中国申请趋势

LG化学自2001年进一步确定保留动力电池业务，加大人力和物力的投入，因此动力电池6个技术分支的专利申请量在2004～2006年，无论在全球还是中国都达到了第一个高潮。2011年，LG化学第一个动力电池工厂在韩国梧仓建成并投产，正式进入动力电池领域。2013年，在中国南京扩大聚合物电池产能（1000万电芯/月），因此在2011～2013年，LG化学的动力电池6个技术分支全球申请量出现了第二个高潮。这之后其全球申请量一直保持在相对平稳的水平，2016～2017年在中国南京和波兰的产能扩张，2017年公司其动力电池产能达13 GWh，2018年7月，LG在南京市江宁区签约将建设新的动力电池工厂。2019年1月，LG化学投资1.2万亿韩元（约合10.25亿美元）扩大其在南京市新港高新技术产业园的圆柱电池工厂，此举是为特斯拉供货作准备，因此在2017～2019年出现了第三个高峰。

LG化学在2015年之后一段时间，在中国市场并不是一帆风顺的。2015年，LG化学在中国南京电池工厂完工，根据当时产能规划，计划在2016年为全球5万辆电动车配套，然而，2016年初，中国新能源汽车补贴政策调整，补贴与动力电池企业目录挂钩，遗憾的是，LG化学一直未能进入动力电池企业目录。随着2018年工业和信息化部取消了动力电池企业目录，这为LG化学在中国的发展迎来了转机，因此这也导致2016～2019年，LG化学在中国申请量的连续波动。

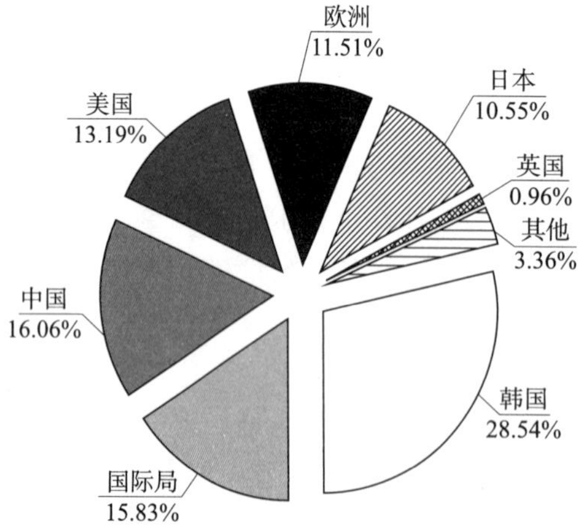

图8-3-2 LG化学动力电池6个技术分支专利国家、地区和组织布局

如图8-3-2所示，可以看出，LG化学在动力电池6个技术分支的专利布局国家、地区和组织非常广泛，尤其在韩国、中国、美国、日本、欧洲都进行了全面的布局。LG化学电池的产能提供的汽车企业遍布全球，尤其是韩国、中国、美国、日本、欧洲的汽车企业。由此可知，其主要的市场分布与其专利布局的分布高度统一。

如表8-3-1所示，可以看出LG化学在SOC、SOH、SOP 3个状态的估算方面的布局时间相似，都是从2003年或2005年开始布局，而寿命评估、不一致性评估、热失控预警和热失控/热扩散测试3个方面布局的时间则相对较晚。从数量上看，LG化学在SOC估算方面布局的专利数量最多，也更全面，其次为SOH估算和SOP评估。虽然寿命评估、不一致性评估、热失控预警和热失控/热扩散测试3个方面布局时间较晚，数量也不多，但是也可以看出最近几年LG化学对其逐步重视。

表8-3-1 LG化学动力电池6个技术分支专利年度申请分布 单位：项

年份	寿命	SOC	SOH	SOP	不一致性	热失控
2003	0	2	0	1	0	0
2004	0	0	0	0	0	0
2005	0	6	1	2	0	0
2006	0	3	0	0	0	0
2007	0	2	0	0	0	0
2008	2	1	1	0	0	0
2009	0	0	0	0	0	0
2010	0	2	0	0	0	0
2011	0	2	2	1	0	0
2012	3	14	3	2	2	0
2013	1	3	1	1	1	0
2014	0	7	1	0	3	0
2015	2	6	1	1	0	0
2016	1	2	2	1	0	0
2017	0	10	2	0	0	0
2018	1	5	5	1	1	0
2019	1	11	5	4	5	1
2020	0	1	0	0	0	0
总计	10	77	24	14	12	1

如图8-3-3所示，可以看出，LG化学针对寿命评估、SOC估算、SOH估算、SOP评估、热失控预警和热失控/热扩散测试5个状态在韩国、中国、美国、欧洲、日本等地均进行了相应的布局，可见LG化学非常重视通过在主要技术分支布局来实现其技术控制力。

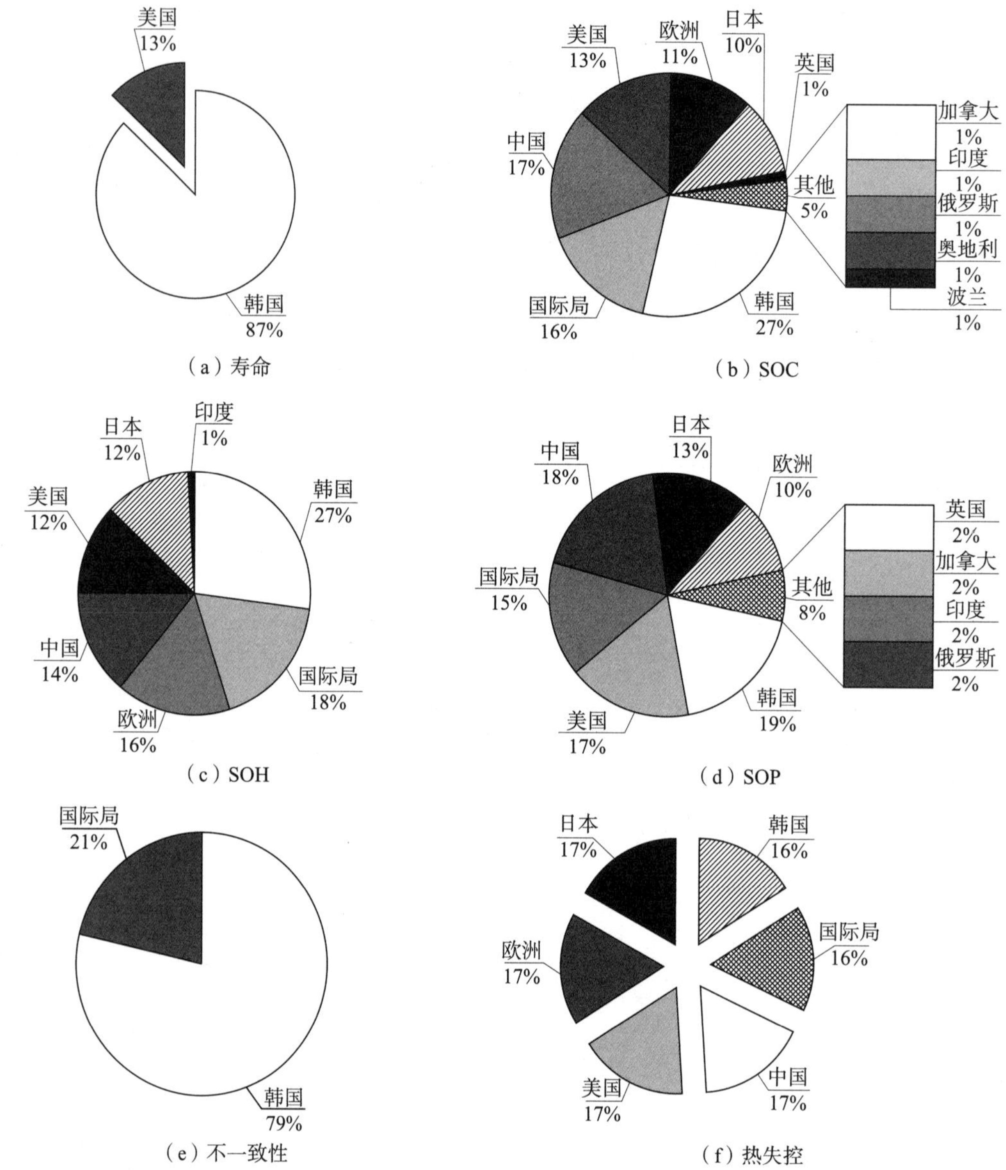

图8－3－3 LG化学动力电池6个技术分支专利国家、地区和组织布局

根据图8－3－4可知，LG化学动力电池6个技术专利申请量占全球申请量在SOC估算和SOP评估方面的占比较高，在热失控预警和热失控/热扩散测试上的申请占比最小。

8.3.2.2 技术分支分析

（1）SOC估算方面技术分支分析

参见表8－3－2，可以看出LG化学在SOC估算方面的大部分专利集中在直接计算法中，然而针对基于数据驱动法、基于电池模型法、融合评估法等方面均有相应的涉猎。对于直接计算方法来说，开路电压法占直接计算法的一半以上；就基于数据驱动法来说，人工神经网络算法为主要专利布局方向；对于基于电池模型法，针对卡尔曼滤波算法的研究和专利布局更加深入；同时对于融合评估法也有所布局。就想要实现的效果方面来说，从提高估算精度、速度、降低成本以及提高估算稳定性等方面均有涉及。由此可知，LG 化学在 SOC 估算方面专利申请和布局都相当全面，这也体现了 LG 化学在动力电池安全性保障方面的全面性和在该 6 个技术分支较高的控制力。

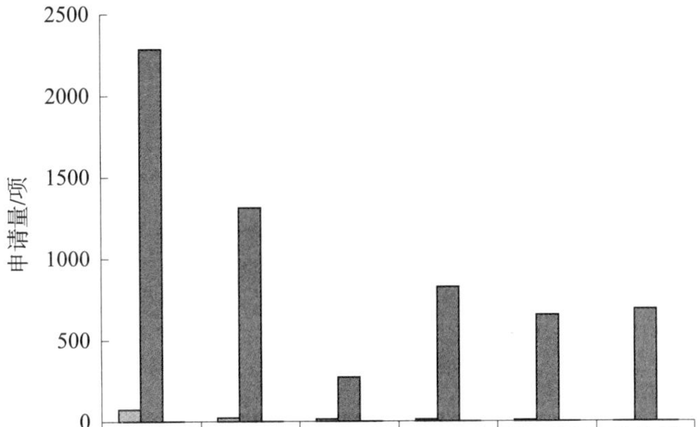

	寿命	SOC	SOH	SOP	不一致性	热失控
LG化学/项	10	77	24	14	12	1
全球/项	673	2286	1313	272	826	688
占比	1.49%	3.37%	1.83%	5.15%	1.45%	0.15%

图 8-3-4　LG 化学动力电池 6 个技术分支专利申请量与全球申请量占比

表 8-3-2　LG 化学 SOC 估算各技术分支专利布局　　单位：项

技术分支		提高估算精度	提高估算速度	降低估算、运行成本	提供更准确的、改进的电池模型	提高估算稳定性或鲁棒性
直接计算法	开路电压法	21	2	0	0	0
	安时积分法	8	0	0	0	0
	开路电压法与安时积分法结合	3	0	0	0	0
	内阻法	4	0	1	0	0
	放电试验法	0	0	0	0	0
	两种及以上直接计算法的结合（排除开路电压法与安时积分法）	2	0	0	0	0
	其他	8	0	1	0	1

续表

技术分支		提高估算精度	提高估算速度	降低估算、运行成本	提供更准确的、改进的电池模型	提高估算稳定性或鲁棒性
基于数据驱动法	模糊控制算法	0	0	0	0	0
	人工神经网络算法	3	0	0	0	0
	支持向量机算法	0	0	0	0	0
	其他	1	0	0	0	0
基于电池模型法	卡尔曼滤波算法	1	7	4	0	0
	粒子滤波算法	0	0	0	0	0
	观测器算法	1	0	0	0	0
	其他	2	0	0	0	0
融合评估法	基于数据驱动和电池模型的融合	0	0	0	0	0
	其他	2	0	0	0	0
对 SOC 的修正		5	0	0	0	0
根据单体电池 SOC 估算电池包 SOC		0	0	0	0	0

LG 化学有关 SOC 估算技术的专利申请趋势如表 8－3－3 所示。LG 化学从 2003 年开始对动力电池 6 个技术分支进行专利布局，首先布局的是基于数据驱动法的人工神经网络算法，但是在 2003 年和 2005 年对该技术分支进行布局之后，LG 化学将专利布局的重点放在开路电压法上，于 2003～2008 年在提高开路电压估算精度以及准确绘制 OCV－SOC 曲线上进行了深入研究，而针对直接计算法的安时积分法是从 2005～2017 年进行了广泛深入的研究和专利布局。直接计算法中的内阻法是在 2010～2019 年间隔地进行相应的布局，同时，一直以来，LG 化学还对其他的直接计算法进行研究和布局。对于基于电池模型法的卡尔曼滤波算法，从 2012 年开始布局，并且从每年布局的数量来看，LG 化学在这方面投入较多，而基于电池模型法的其他算法也有所涉及。同时，LG 化学对 SOC 的修正也相对重视，自 2005 年起开始对其进行专利布局。就 LG 化学在专利布局的缺失点来说，其未对直接计算法的放电试验法进行布局，未对基于数据驱动法的模糊控制算法和支持向量机算法进行布局，未对基于电池模型法的粒子滤波算法进行布局，对于融合评估法来说，其未对基于数据驱动和电池模型的融合进行布局。

表8-3-3 LG化学SOC估算各技术分支专利年度分布

单位：项

技术分支			2003年	2005年	2006年	2007年	2008年	2010年	2011年	2012年	2013年	2014年	2015年	2016年	2017年	2018年	2019年	2020年
直接计算法	开路电压法	提高开路电压估算精度	0	2	0	1	1	0	0	0	0	0	0	0	1	0	0	0
		准确绘制OCV-SOC曲线	0	0	1	0	0	0	0	1	0	0	1	0	0	0	0	0
	安时积分法		0	1	0	1	0	1	1	1	0	1	0	1	1	1	0	0
	开路电压法与安时积分法结合		0	0	0	0	0	0	0	0	0	2	1	0	0	0	0	0
	内阻法		0	0	0	0	0	1	0	1	0	0	2	0	0	0	2	0
	放电试验法		0	0	0	0	0	0	0	0	0	0	0	0	0	0	0	0
	两种及以上直接计算法的结合（排除开路电压法与安时积分法）		0	0	0	0	0	0	0	0	0	0	0	1	0	0	0	1
	其他		0	1	1	0	0	0	1	1	1	2	0	0	1	1	4	0

续表

技术分支		2003年	2005年	2006年	2007年	2008年	2010年	2011年	2012年	2013年	2014年	2015年	2016年	2017年	2018年	2019年	2020年
基于数据驱动法	模糊控制算法	0	0	0	0	0	0	0	0	0	0	0	0	0	0	0	0
	人工神经网络算法	2	1	0	0	0	0	0	0	0	0	0	0	0	0	0	0
	支持向量机算法	0	0	0	0	0	0	0	0	0	0	0	0	0	0	0	0
	其他	0	0	0	0	0	0	0	1	0	0	0	0	0	0	0	0
基于电池模型法	卡尔曼滤波算法	0	0	0	0	0	0	0	6	1	1	2	0	2	1	4	0
	粒子滤波算法	0	0	0	0	0	0	0	0	0	0	0	0	0	0	0	0
	观测器算法	0	0	1	0	0	0	0	0	0	0	0	0	0	0	0	0
	其他	0	0	0	0	0	0	0	1	0	0	0	0	1	0	0	0
融合评估法	基于数据驱动和电池模型的融合	0	0	0	0	0	0	0	0	0	0	0	0	0	0	0	0
	其他	0	0	0	0	0	0	0	1	0	0	0	0	0	0	1	0
对SOC的修正		0	1	0	0	0	0	0	0	0	1	0	0	4	1	0	0
根据单体电池SOC估算电池包SOC		0	0	0	0	0	0	0	1	0	0	0	0	0	1	0	0

（2）SOH 估算方面技术分支分析

如表 8-3-4 所示，可以看出，在 SOH 估算各个技术分支布局量都较小，主要集中在通过直接计算方法估算 SOH 的内容上，对基于数据驱动法以及基于电池模型法有所涉猎，但是申请量极少。参见表 8-3-5，针对 SOH 估算各技术分支的年度申请量布局，以直接计算法为主，且针对基于内阻、容量、电压等的计算方法都有所涉及。同时，针对较复杂的基于电池模型法于 2005 年就开始布局，但是直到 2019 年才有了第二项专利申请，基于数据驱动法仅在 2012 年进行了专利布局，LG 化学未对融合评估法进行专利布局。

表 8-3-4 LG 化学 SOH 估算各技术分支专利布局

单位：项

技术分支		提高估算精度	降低估算复杂度	降低估算成本	提高实时性	提高可靠性
直接计算法	基于内阻法	5	0	0	0	0
	基于容量法	5	0	0	0	0
	基于电压法	3	0	0	0	0
	直接计算法之间的融合	0	0	0	0	0
	其他	7	1	0	0	0
基于数据驱动法	支持向量机算法	0	0	0	0	0
	高斯过程回归算法	0	0	0	0	0
	人工神经网络算法	0	0	0	0	0
	其他	1	0	0	0	0
基于电池模型法	卡尔曼滤波器算	0	0	0	0	0
	观测器算法	0	0	0	0	0
	其他	2	0	0	0	0
融合评估法	基于数据驱动之间的融合	0	0	0	0	0
	基于电池模型之间的融合	0	0	0	0	0
	直接计算法与基于数据驱动法之间的融合	0	0	0	0	0
	基于数据驱动与电池模型的融合	0	0	0	0	0
	直接计算法与基于电池模型法之间的融合	0	0	0	0	0
对 SOH 的修正		0	0	0	0	0
根据单体电池 SOH 估算电池包 SOH		0	0	0	0	0

表8-3-5 LG化学SOH估算各技术分支专利年度申请量分布

单位：项

技术分支		2005年	2008年	2011年	2012年	2013年	2014年	2015年	2016年	2017年	2018年	2019年
直接计算法	基于内阻法	0	0	1	1	0	0	0	0	1	1	1
	基于容量法	0	0	0	1	0	1	0	0	0	1	2
	基于电压法	0	0	0	0	0	0	0	0	0	1	1
	直接计算法之间的融合	0	0	0	0	0	0	0	1	0	0	0
	其他	0	1	1	0	1	0	1	1	1	2	0
基于数据驱动法	支持向量机算法	0	0	0	0	0	0	0	0	0	0	0
	高斯过程回归算法	0	0	0	0	0	0	0	0	0	0	0
	人工神经网络算法	0	0	0	0	0	0	0	0	0	0	0
	其他	0	0	0	1	0	0	0	0	0	0	0
基于电池模型法	卡尔曼滤波器算法	0	0	0	0	0	0	0	0	0	0	0
	观测器算法	0	0	0	0	0	0	0	0	0	0	0
	其他	1	0	0	0	0	0	0	0	0	0	1
融合评估法	基于数据驱动之间的融合	0	0	0	0	0	0	0	0	0	0	0
	基于电池模型之间的融合	0	0	0	0	0	0	0	0	0	0	0
	直接计算法与基于数据驱动法之间的融合	0	0	0	0	0	0	0	0	0	0	0
	基于数据驱动与电池模型的融合	0	0	0	0	0	0	0	0	0	0	0
	直接计算法与基于电池模型法之间的融合	0	0	0	0	0	0	0	0	0	0	0
对SOH的修正		0	0	0	0	0	0	0	0	0	0	0
根据单体SOH估算电池包SOH		0	0	0	0	0	0	0	0	0	0	0

（3）SOP 评估方面技术分支分析

如表 8－3－6 所示，LG 化学进行 SOP 评估主要在 SOP 估算方法上进行了专利布局。并且在利用 SOP 估算方法上布局的专利分别解决了 SOP 估算精度、速度、降低成本、提高可操作性以及提高鲁棒性等问题。由此可知，其在 SOP 估算方法上，针对 SOP 评估普遍存在的问题都研究了有针对性的技术方案。因此，在 SOP 估算方法存在一定的控制力。

表 8－3－6　LG 化学 SOP 评估各技术分支专利布局　单位：项

技术分支		提高测试估算精度，保证电池寿命	提高估算速度、提高测试效率、实时性	降低估算、运行成本，结构简单	提高电池等效的准确性	可操性强，操作容易	提高鲁棒性、稳定性	平稳运行，延长电池寿命
SOP	SOP 估算方法	11	2	1	0	2	1	0
	SOP 测试方法	0	0	0	0	0	0	0
	对 SOP 的修正	0	0	0	0	0	0	0
	测试估算装置	1	0	0	0	0	0	0
	退役电池的 SOP 估算	0	0	0	0	0	0	0
SOP 与其他状态参数的联合评估		0	0	0	0	0	0	0

由于 LG 化学对 SOP 评估涉及的技术分支的专利分布主要集中在 SOP 估算方法这一技术分支中，因此，下面主要分析这个技术分支的具体技术发展趋势情况。如表 8－3－7所示，利用 SOP 估算方法来评估 SOP 这一技术分支来说，主要布局的技术分支为 MAP 图法以及基于电池参数模型法中的等效电路模型法，其中最早布局的技术分支为等效电路模型，然后在 2005～2015 年主要布局的是 MAP 图法，从 2012 年开始主要布局的都是等效电路模型的线性模型以及带有 RC 回路的等效电路模型，当然在 2019 年也开始布局了复合模型。

（4）寿命评估、不一致性评估、热失控预警和热失控/热扩散测试方面技术分支分析

LG 化学针对寿命评估、不一致性评估、热失控预警和热失控/热扩散测试方面的相关专利申请量较少，因此，下面对该 3 个技术分支的相关技术分支的申请量情况进行简单说明。

LG 化学针对寿命评估方面主要布局的技术分支为循环寿命测试的内容，针对该内容，主要的专利申请布局方向为退化机理模型这种基于性能的循环寿命估算方法，主要布局年代为 2008 年之后。

表8-3-7　LG化学SOP评估各技术分支专利年度申请量分布

单位：项

技术分支		2003年	2004年	2005年	2006年	2007年	2008年	2009年	2010年	2011年	2012年	2013年	2014年	2015年	2016年	2017年	2018年	2019年
SOP	SOP估算方法	1	0	2	0	0	0	0	0	1	2	1	0	1	1	0	1	3
	SOP测试方法	0	0	0	0	0	0	0	0	0	0	0	0	0	0	0	0	0
	对SOP的修正	0	0	0	0	0	0	0	0	0	0	0	0	0	0	0	0	0
	测试估算装置	0	0	0	0	0	0	0	0	0	0	0	0	0	0	0	0	1
	退役电池的SOP估算	0	0	0	0	0	0	0	0	0	0	0	0	0	0	0	0	0
SOP与其他状态参数的联合评估		0	0	0	0	0	0	0	0	0	0	0	0	0	0	0	0	0

LG 化学针对不一致性评估方面主要布局的技术分支为：在检测参数方面，成组前和成组后都是针对电压这种参数的静态参数的检测方面，在评估方法方面，成组前和成组后都是针对基本统计指标的评估方法方面。针对布局的时间来说，主要零散地布局在 2012～2019 年。

LG 化学针对热失控预警和热失控/热扩散测试方面的布局仅进行了 1 项申请的布局，主要布局时间为 2019 年，通过基于气体或烟雾来对热失控进行预警。这表示 LG 化学对热失控的布局才刚刚开始。

8.3.3　重要专利申请

8.3.3.1　SOC 方面的重要专利申请

公告号为 US7656122B2 的专利申请于 2003 年，并且是由 Gregory L. Plett 转让给 LG 化学的专利申请。作为美国科罗拉多大学科罗拉多斯普林斯分校电子与计算机工程系教授，其于 1998 年获得斯坦福大学电子工程博士学位，在过去的十几年里致力于电池管理领域的研究。Plett 教授与他的同事共同组建的学生团队致力于基于低阶物理的锂电池模型的有效计算方法研究，通过实验室试验确定电池模型的参数值，从而得到在电池衰减过程中的电池动力学特性。这些方法旨在降低衰减率的同时将电池性能优化其物理极限。Plett 教授编写了两本关于电池建模和电池管理的教材，拥有 24 项电池控制领域的美国专利及其他出版物，被引用次数达到 5600 次❶。公告号为 US7656122B2 的专利申请主要涉及提高 SOC 估算精度，利用卡尔曼滤波算法对 SOC 进行估算。同时该申请在全球多个国家、地区和组织进行了 27 件专利同族的申请，家族被引证次数为 76 次，被引证申请人包括美国、中国、德国、韩国等，并且至今该专利申请仍然处于有效状态。

如表 8－3－8 所示，公告号为 US7656122B2 的专利申请的申请人中有高校和企业，特别是汽车企业，例如华晨汽车、福特汽车、北汽集团，还包括博世这样的专业第三方 BMS 企业。并且这些引证申请以卡尔曼滤波算法为主，主要为了提高估算精度和速度以及提高稳定性等作用。由此可知，该公告号为 US7656122B2 的专利申请在基于卡尔曼滤波算法来估算 SOC 的这个技术分支方面的基础性专利的作用相当高，这使得其在该技术分支上具备较强的控制力。

表 8－3－8　LG 化学重要专利申请 US7656122B2 的引证文献

申请人	申请人类型	申请人所在国家	公开（公告）号	申请年份
哈尔滨工业大学	高校	中国	CN108896824A	2018
Cadex Electronics Inc	企业	美国	US20190170827A1	2017

❶ 科罗拉大学 Plett 教授谈“电池管理系统算法的未来：锂离子电池物理降价模型研究”［EB/OL］.（2019－01－17）［2021－10－20］. http：//www. svm. tsinghua. edu. cn/essay/8/831. html.

续表

申请人	申请人类型	申请人所在国家	公开（公告）号	申请年份
国网河北省电力有限公司电力科学研究院、国家电网公司、国网河北能源技术服务有限公司	企业	中国	CN108169687A	2017
福建工程学院	高校	中国	CN107219466A	2017
江森自控科技公司、江森自控先进能源技术服务有限公司	企业	美国	CN109073707A	2016
华晨汽车	企业	中国	CN105301511A	2015
桂林电子科技大学	高校	中国	CN104502858A	2014
电子科技大学	高校	中国	CN104122504A	2014
Mitsubishi Electric Research Laboratories Inc.	企业	美国	US20140214348A1	2015
福特汽车	企业	美国	CN103969586A	2014
天津大学	高校	中国	CN103116136A	2013
广西科技大学	高校	中国	CN1037444028A	2013
LG 化学	企业	美国	US20130342169A1	2013
深圳职业技术学院	高校	中国	CN102831100A	2012
广东省自动化研究所	院所	中国	CN102944848A	2012
博世	企业	德国	US20140032141A1	2012
福特汽车	企业	美国	CN102848930A	2012
Albert Shih B，Young Liu，Li-Wei Chen	个人	美国	US887251B2	2010
北汽集团	企业	中国	CN102062841A	2009
杭州电子科技大学	高校	中国	CN10158769A	2009
杭州电子科技大学	高校	中国	CN101604005A	2009
杭州电子科技大学	高校	中国	CN101625397A	2009
YOUSUKE ISHIKAWA	个人	日本	US20110031938A1	2009
清华大学	高校	中国	CN101022178A	2007
Gregory L. Plett	个人	美国	US7656122B2	2007
AVL 里斯脱有限公司	企业	奥地利	CN105008946A	2014

根据表 8－3－9 可知，在开路电压法这种直接计算法方面，LG 化学存在非常重要的具备基础性质的专利申请，就直接计算法来说，LG 化学在 2006 年和 2009 年就已经在开路电压法方面进行布局，其布局的专利申请至今有效，且被引用次数达到 113 次

和119次，被引用申请人的国家涉及美国、中国、日本、韩国等，涉及的企业包括丰田公司、汤浅公司、福特汽车、古河电工、LG化学、通用汽车、OPPO、长安汽车等。其进行专利布局的国家、地区和组织包括日本、韩国、欧洲、美国、中国等，由此可知，其在开路电压法这种直接计算法的技术分支中的基础专利有较高的专利控制力。LG化学在2004年就已经对人工神经网络算法进行了专利布局，布局的专利具备191次和190次的被引用次数，引证这些专利的申请人来自中国、美国、韩国、日本等国家，引证的申请人类型包括企业、高校、研究机构等，引证专利人包括松下集团、比亚迪、三洋、三星集团、LG化学、北京理工大学等，并且其专利申请至今有效。由此可知，这些重要申请在人工神经网络算法方面的基础性作用，具备较强的专利控制力。

表8-3-9 LG化学SOC估算方面其他重要专利申请

公开（公告）号	申请年份	引证数量/次	被引证数量/次	扩展同族数量/项	专利有效性	当前法律状态	同族国家、地区和组织	技术分支
CN100570388C	2004	17	190	23	有效	授权	英国、俄罗斯、奥地利、印度、日本、韩国、国际局、欧洲、中国、美国、加拿大	人工神经网络算法
CN1890574A	2004	17	191	23	有效	授权	英国、俄罗斯、奥地利、印度、日本、韩国、国际局、欧洲、中国、美国、加拿大	人工神经网络算法
CN101176234A	2006	33	113	14	有效	授权	日本、韩国、国际局、欧洲、中国、美国	开路电压法
CN102203626A	2009	33	119	13	有效	授权	日本、韩国、国际局、中国、美国	开路电压法

8.3.3.2 SOH估算、SOP评估方面的重要专利申请

从表8-3-10可知，在SOH估算方面的直接计算法中存在被引用次数达到147次的相关专利，并且布局的国家、地区和组织相对较广，布局的技术分支包括为了提高估算精度，在基于内阻法或其他的直接计算法中有具备基础性作用的专利，在对基于电池模型法的技术分支方面也具备基础性专利。从其被引用专利的申请人来看，包括长安汽车、福特汽车、博世、三星集团、宝马公司、日立公司等来自主要国家、地区的相关申请人，并且这些专利的申请时间都是连续的，申请日包括2006年、2008年、2012年、2013年，因此这些专利的控制力一直在持续，这说明其在这些方面的一定时

期内都具备较高的专利控制力。如表8-3-11所示，在SOP评估方面，相关重要专利申请的申请时间为2004年、2006年、2014年，其被引证数量最多达到76次，目前都处于有效状态，涉及的技术分支为等效电路模型这种基于电池参数模型的方法，以及MAP图法等，主要达到的效果为提高估算精度、速度，以及降低运行成本和提高稳定性等方面。因此，针对SOP评估方面的重要专利申请涉及的面较广，并且相应的布局比较广泛，例如日本、韩国、欧洲、中国、美国等。相应的被引证申请人也包括长安汽车、福特汽车、上海交通大学、博世、日立公司、三星集团等。由此可知，LG化学在这方面的专利控制力很强大。

表8-3-10 LG化学SOH估算方面重要专利申请

公开（公告）号	申请年份	引证数量/次	被引证数量/次	扩展同族数量/项	专利有效性	当前法律状态	同族国家、地区和组织
CN101208847A	2006	27	147	14	有效	授权	日本、韩国、国际局、中国、欧洲、美国
CN103492893A	2012	16	55	12	有效	授权	日本、国际局、中国、欧洲、美国
CN103460064A	2013	27	26	10	失效	撤回	日本、韩国、国际局、中国、欧洲、美国
KR100911317B1	2008	4	20	1	有效	授权	韩国

表8-3-11 LG化学SOP评估方面重要专利申请

公开（公告）号	申请年份	引证数量/次	被引证数量/次	扩展同族数量/项	专利有效性	当前法律状态	同族国家、地区和组织
CN1883097A	2004	14	76	27	有效	授权	英国、俄罗斯、印度、日本、韩国、国际局、欧洲、中国、加拿大
CN101184648A	2006	27	51	14	有效	授权	日本、韩国、国际局、中国、欧洲、美国
CN101133514A	2006	23	24	14	有效	授权	日本、韩国、国际局、中国、美国
CN104769767A	2014	18	40	12	有效	授权	日本、国际局、中国、美国

8.3.4 小　结

LG化学针对动力电池6个技术分支在全球的专利申请布局都相对广泛并均衡，这跟LG化学与各地不同公司的广泛合作有关，同时也与其在全球的四大电池生产工厂有关。同时，LG化学在寿命评估、SOC估算、SOH估算、SOP评估方面的专利布局时间较早，在热失控预警和热失控/热扩散测试方面布局时间最晚，于2019年才开始布局。

LG化学对SOC、SOH估算进行专利布局的量较高，对SOC、SOH估算方法的技术分支来说，采用直接计算法的专利申请布局量最大，专利布局的时间跨度较长，专利布局地较广，具备一定的重要专利，在此方面的专利控制力非常高。对其他的基于数据驱动法、基于电池模型法等较复杂的估算方法布局很早，并且这些年一直都有所涉及，掌握了一定量的基础性专利，在这方面的控制力相对较强。LG化学在基于数据驱动法方面具备核心作用的相关专利主要涉及人工神经网络算法，在基于电池模型法方面主要涉及卡尔曼滤波算法。LG化学在这两方面具备相对重要的基础性专利，具有较强的专利控制力。

8.4　动力电池企业——宁德时代

8.4.1　发展概述

2011年12月，宁德时代新能源科技有限公司从新能源科技有限公司（ALT）独立出来，在曾毓群（ALT创始人之一）的家乡福建省宁德市成立。2015年12月15日，公司名称变更为“宁德时代新能源科技股份有限公司”。2017年，宁德时代成为一家真正的中国民族企业。

2012年，宁德时代拿到了华晨宝马的订单，并获得了与华晨宝马合作的机会，为后者旗下首款纯电动运动型多用途汽车（SUV）“之诺1E”开发动力电池系统。两年后，宁德时代再次入选宝马另一款纯电动汽车“530Le”的供应商名单。2015年，工业和信息化部发布了《汽车动力蓄电池行业规范条件》动力电池企业目录，宁德时代成为首批入选目录的企业之一。这一行业规范持续到2019年6月，宁德时代因此获得了长达4年的政策保护。在政策助力下，宁德时代迎来快速成长的几年。高工产业研究院（GGII）监测的数据显示，2017年宁德时代的国内汽车企业客户共有74家，到2019年这一数字已经涨至120家。2018年6月，宁德时代成功登录创业板，市值很快超过中国最大的汽车企业上汽集团。2020年2月，宁德时代与特斯拉签订了《生产定价协议（中国）》［*Production Pricing Agreement*（*China*）］，约定宁德时代于2020年7月1日～2022年6月30日向特斯拉供应锂离子动力电池产品，成为特斯拉国产汽车Model 3的电池供应商，该车型的电池种类为磷酸铁锂电池。根据高工产业研究院数据显示，2020年全球动力电池装机排名前十的企业中，宁德时代占据全球第一，实现四连冠，装机量为35.39 GWh，全球市场份额为26%。

宁德时代提供的电池主要为：三元锂离子电池、磷酸铁锂电池。动力电池技术更新迭代快，生产壁垒在于电芯生产、电池制造等各个环节的技术积累。宁德时代高度重视产品和技术工艺的研发，建立了涵盖产品研发、工程设计、测试验证、工艺制造等领域完善的研发体系，拥有电化学储能技术国家工程研究中心、福建省锂离子电池企业重点实验室、中国合格评定国家认可委员会（CNAS）认证的测试验证中心，设立了“福建省院士专家工作站”“博士后科研工作站”。公司目前形成了“总部＋四大研发中心＋五大生产基地”的全球化布局：总部位于福建省宁德市，四大研发中心分别位于福建省宁德市、江苏省溧阳市、上海市及德国慕尼黑，五大生产基地分布于福建省宁德市、青海省西宁市、江苏省溧阳市、四川省宜宾市以及德国埃尔福特，另外公司在法国、日本、美国、加拿大等地也均有控股或参股子公司。

8.4.2 专利布局

8.4.2.1 全球申请量分析

宁德时代在动力电池6个技术分支的总申请量为50项申请，在中国以外的地区总申请量为29项。如图8－4－1所示，宁德时代在全球和国外的申请量于2016年和2019年形成了两个申请的高峰，2015年，工业和信息化部发布了《汽车动力蓄电池行业规范条件》动力电池企业目录，宁德时代成为首批入选目录的企业之一。这是促使宁德时代快速发展的重要因素之一，随之而来的2016年形成了专利申请布局的第一个高峰。2019年，宁德时代驶入快车道加速前进，进行产业链垂直布局，在产能扩充、市场开拓、新产品开发、原材料布局等方面全面发力，进一步巩固和提升其在锂电池产业链的龙头地位，由此，在2019年，宁德时代动力电池6个技术分支的申请量达到了第二个高峰。

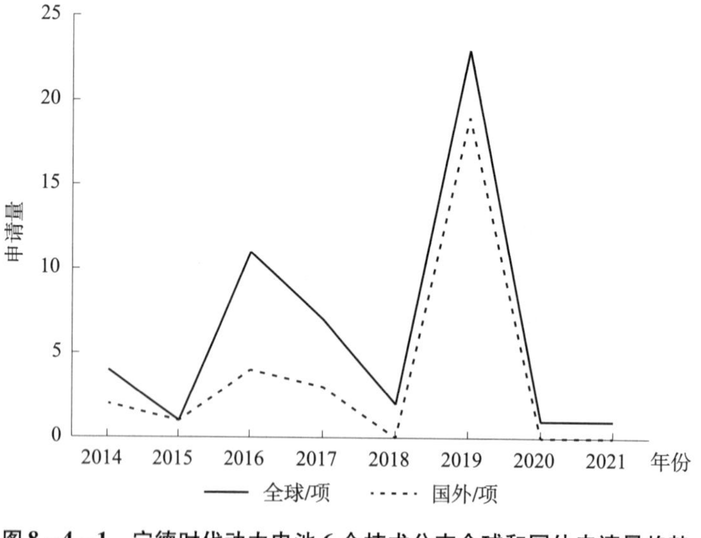

图8－4－1 宁德时代动力电池6个技术分支全球和国外申请量趋势

如图8－4－2所示，宁德时代在中国、美国、欧洲、日本、韩国均进行了专利布局。

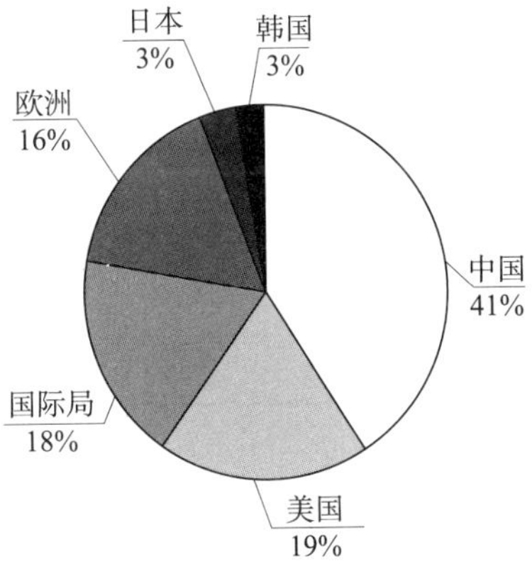

图8-4-2　宁德时代动力电池6个技术分支国家、地区和组织专利布局

如表8-4-1所示，宁德时代在SOC估算、SOH估算、热失控预警和热失控/热扩散测试方面布局的专利申请量更大，并且这6个技术分支的专利布局时间相差不大，几乎是同步推进。

表8-4-1　宁德时代动力电池6个技术分支年度专利申请量　　单位：项

年份	寿命	SOC	SOH	SOP	不一致性	热失控
2014	0	3	1	0	0	0
2015	0	1	0	0	0	0
2016	3	6	0	0	2	0
2017	0	1	2	1	1	2
2018	1	0	1	0	0	0
2019	0	9	3	1	0	10
2020	1	0	0	0	0	0
2021	0	0	0	0	0	0
合计	5	21	7	2	3	12

如表8-4-2所示，宁德时代在SOC估算、SOH估算，以及热失控预警和热失控/热扩散测试方面在主要国家、地区和组织布局得更加全面，而在其他3个方面主要布局在中国。

表8-4-2　宁德时代动力电池6个技术分支国家、地区和组织布局　　单位：项

国家、地区和组织	寿命	SOC	SOH	SOP	不一致性	热失控
中国	5	21	7	2	3	12
美国	0	12	4	0	0	6

续表

国家、地区和组织	寿命	SOC	SOH	SOP	不一致性	热失控
国际局	0	9	3	2	1	7
欧洲	0	9	4	0	0	7
日本	0	4	0	0	0	0
韩国	0	2	1	0	0	0

如表8-4-3所示，宁德时代动力电池6个技术分支的全球申请量与对应全球申请总量相比，占比相对较低，然而对热失控预警和热失控/热扩散测试方面占比相对较高。这说明宁德时代在热失控预警和热失控/热扩散测试方面的专利布局在全球申请量中存在一定的优势。

表8-4-3 宁德时代动力电池6个技术分支申请量与全球申请量对比

技术分支	宁德时代申请量/项	全球申请量/项	占比/%
寿命	5	654	0.76
SOC	21	2286	0.92
SOH	7	1313	0.53
SOP	2	272	0.74
不一致性	3	826	0.36
热失控	12	688	1.74

8.4.2.2 技术分支分析

（1）SOC、SOH、热失控技术分支分析

如表8-4-4所示，宁德时代对SOC估算的专利布局主要集中在直接计算法的技术分支中，主要是开路电压法和安时积分法。并且于2016年对基于电池模型法进行了少量专利布局。同时，宁德时代还比较重视针对SOC的修正的技术分支的内容，在这一技术分支上进行的专利申请较多。对直接计算法的申请自2014～2019年一直在布局，布局量较大，而针对SOC的修正则是在2019年才开始较多的布局。

表8-4-4 宁德时代SOC估算各技术分支申请年度分布 单位：项

技术分支	2014年	2015年	2016年	2017年	2018年	2019年	2020年	2021年
直接计算法	3	1	3	1	0	5	0	0
基于电池模型法	0	0	2	0	0	0	0	0
基于数据驱动法	0	0	0	0	0	0	0	0

续表

技术分支	2014 年	2015 年	2016 年	2017 年	2018 年	2019 年	2020 年	2021 年
融合评估法	0	0	0	0	0	0	0	0
对 SOC 的修正	0	0	0	0	0	4	0	1
根据单体电池 SOC 估算电池包 SOC	0	0	1	0	0	0	0	0

如表 8-4-5 所示，宁德时代对 SOH 估算进行专利布局的主要技术分支是直接计算法，且布局的时间跨度较长，为 2014~2018 年，自 2019 年开始对基于数据驱动法以及对 SOC 的修正进行专利布局。

表 8-4-5　宁德时代 SOH 估算各技术分支年度申请　　单位：项

技术分支	2014 年	2015 年	2016 年	2017 年	2018 年	2019 年
直接计算法	1	0	0	1	1	0
基于数据驱动法	0	0	0	0	0	1
基于电池模型法	0	0	0	0	0	0
融合评估法	0	0	0	0	0	0
对 SOH 的修正	0	0	0	0	0	2
根据单体 SOH 估算电池包 SOH	0	0	0	1	0	0

如表 8-4-6 所示，宁德时代针对热失控预警的专利布局是从 2019 年开始的，而热失控/热扩散测试的专利布局是从 2017 年开始的，并且针对热失控预警主要集中在基于温度、多参数耦合等方面，针对热失控/热扩散测试主要集中在基于过充以及多方式结合的技术分支上。

（2）寿命、SOP、不一致性评估技术分支分析

宁德时代在寿命以及寿命 SOP、不一致性评估等 3 个方面的专利布局申请量很少，分别为 5 项、2 项、3 项申请。

在寿命评估方面，主要布局时间为 2016 年和 2020 年，主要布局的技术分支在寿命估算方法上，且布局的技术分支相对全面，包括基于经验、基于性能以及基于两种方式的融合的方法，在基于经验的方法的技术分支方面涉及面向对象的老化累积法，在基于性能的方法的技术分支方面涉及基于模型法中的退化机理模型以及基于数据驱动法。

在 SOP 评估方面，主要布局时间为 2017~2019 年，主要布局的技术分支在于 SOP 估算方法。

在不一致性评估方面，主要布局时间为 2016~2017 年，主要布局的技术分支在成组前和成组后的检测参数都是静态参数，在成组前和成组后的评价方法都是利用

基本统计指标法。成组前的静态参数涉及电压和SOC，成组后的静态参数涉及电量、电阻。

表8-4-6 宁德时代热失控预警和热失控/热扩散测试各技术分支各年代申请情况

单位：项

技术分支		2017年	2018年	2019年
热失控预警	基于温度	0	0	2
	基于内阻	0	0	0
	基于电压	0	0	0
	基于电流	0	0	0
	基于气体或烟雾	0	0	0
	基于内部压力	0	0	0
	其他	0	0	6
	多参数耦合	0	0	1
热失控/热扩散测试	通过加热	0	0	1
	通过针刺	0	0	0
	仿真模拟	0	0	0
	基于过充	1	0	0
	基于过放	0	0	0
	基于内短路	0	0	0
	基于外短路	0	0	0
	基于过压	0	0	0
	其他	0	0	0
	多方式结合	1	0	0

8.4.3 合作对象

在动力电池6个技术分支中，宁德时代的合作单位包括清华大学、中汽中心以及北京航空航天大学。

在动力电池6个技术分支的合作中，如表8-4-7所示，共有4项清华大学和宁德时代的合作专利申请，其中3项为2016年清华大学和宁德时代的合作申请，还有1项是2017年中汽中心、清华大学、宁德时代的合作申请。2016年清华大学和宁德时代合作的主要方向涉及SOC估算、不一致性评估两个方面，有2项涉及SOC估算方面的专利申请，主要布局方向为基于电池模型法进行SOC估算。有1项涉及不一致性评估方面的专利申请，主要布局方向为电池成组后的静态参数。就上述3项申请来说，布局的权利要求数量都仅为 1 项权利要求，并且权利要求的字数达到 3000～6000 字，这样的权利要求保护力度相对较弱。针对 1 项由中汽中心、清华大学、宁德时代合作的有关热失控的专利申请，主要布局方向为以多方式结合的方式对热失控进行测试，通过针刺、过程和加热等方式进行测试。

表 8-4-7 宁德时代与清华大学和中汽中心合作申请专利

技术分支	申请人	公开（公告）号	申请年份	被引证数量/次	扩展同族数量/项	专利有效性	当前法律状态	被引证国家、地区和组织	同族国家、地区和组织
SOC	清华大学、宁德时代	CN106627225A	2016	11	2	有效	授权	国际局、中国	中国
SOC	清华大学、宁德时代	CN106483470A	2016	6	2	有效	授权	中国	中国
不一致性	清华大学、宁德时代	CN106627225A	2016	11	2	有效	授权	国际局、中国	中国
热失控	中汽中心、清华大学、宁德时代	CN107861065A	2017	17	1	审中	实质审查	中国	中国

北京航空航天大学与宁德时代合作的内容涉及寿命评估方面，共有 3 项专利申请，如表 8-4-8 所示，3 项专利申请全部涉及循环寿命的估算方法，涉及的实现循环寿命估算方法包括利用退化机理模型来实现循环寿命的评估，并且其中 1 项申请还涉及利用融合评估法来对寿命进行评估。

表 8-4-8 宁德时代与北京航空航天大学合作申请专利

技术分支	申请人	公开（公告）号	申请年份	被引证数量/次	扩展同族数量/项	专利有效性	当前法律状态	同族国家、地区和组织
寿命	北京航空航天大学、宁德时代	CN107544033A	2017	3	2	有效	授权	中国
寿命	北京航空航天大学、宁德时代	CN107797067A	2017	7	2	有效	授权	中国
寿命	北京航空航天大学、宁德时代	CN106226699A	2017	5	2	有效	授权	中国

8.4.4 重要专利申请

如表8－4－9所示，宁德时代专利布局广泛，被引用次数较多的申请主要在SOC和SOH估算方面，这两方面布局的主要技术分支为直接计算法中的开路电压法，并且SOC估算方面的重要申请在全球进行了相应的布局。在不一致性评估方面，主要布局的技术分支为针对成组后的SOC这一静态参数进行估算，并且通过其他方式来对电池的不一致性进行评价，在热失控预警和热失控/热扩散测试方面，主要是以多方式结合来预警热失控，在不一致性和热扩散预警和热失控/热扩散测试方面的重要专利布局仅为中国，被引证申请人也为中国申请人。因此，从不一致性和热失控预警和热失控/热扩散测试方面看，宁德时代的重要专利在这些技术分支的专利控制力相对较低。

表8－4－9　宁德时代重要专利申请

公开（公告）号	申请日	引证数量/次	被引证数量/次	扩展同族数量/项	专利有效性	当前法律状态	被引证国家、地区和组织	同族国家、地区和组织
CN104600387A	2015	14	16	6	有效	授权	中国	日本、中国、美国
CN104505550A	2014	25	25	5	有效	授权	国际局、中国	日本、中国、美国
CN106329021A	2016	13	22	7	有效	授权	国际局、中国	中国、欧洲、美国
CN103823188A	2014	4	23	2	有效	授权	国际局、中国、美国	中国
CN106627225A	2016	8	11	2	有效	授权	国际局、中国	中国
CN107861065A	2017	6	17	1	审中	实质审查	中国	中国

8.4.5 小　结

宁德时代注重在多个国家、地区和组织进行专利布局，其中针对SOC、SOH估算，以及热失控预警和热失控/热扩散测试布局的专利申请数量相对较多，并且布局时间较早，布局的国家、地区和组织相对较广。

对SOC和SOH估算所布局的专利申请的技术分支而言，仍然同整车企业的丰田公司和比亚迪类似，主要聚集在相对简单的直接计算法，对基于数据驱动法和基于电池模型法才刚开始布局，布局数量较少。

对寿命估算专利申请来说，布局的数量虽然很少，但是涉及的技术分支相对较多。

说明其对寿命估算的各种技术分支的研究已经相对全面。就研究团队来说，最近几年宁德时代的研究团队人员相对集中，并且有些团队涉及多个方面的相关技术研究，并在多个国家、地区和组织进行了专利布局。

对宁德时代的相关专利申请来说，申请的权利要求项数相对较少，申请的独立权利要求的字数较多，由此使得专利保护能力不强，改进方向为进一步提高专利申请撰写和布局方面的能力。

宁德时代与清华大学和北京航空航天大学合作的 SOC 和寿命的估算方式都是相对复杂的基于电池模型法，这也体现了宁德时代通过与高校合作提高研发能力的策略。

8.5 LG 化学和宁德时代专利对比

从全球布局来说，LG 化学最早布局时间为 2003 年，宁德时代最早布局时间为 2014 年，这与宁德时代建立的时间有关。从专利申请总量来说，LG 化学在全球申请量为 138 项专利申请，在中国布局了 66 件专利，而宁德时代在动力电池 6 个技术分支的申请总量为 50 项专利申请。LG 化学与宁德时代的全球申请量的波动变化都与主要国家和地区对新能源汽车的相关政策，以及自身的发展计划有相当大的关联。同时，无论是 LG 化学还是宁德时代，都在 2019 年达到申请量的高峰，这也与 2019 年新能源汽车进入快速发展期有关。

对在全球的专利布局来说，LG 化学和宁德时代都注重在全球主要国家和地区的专利申请布局。两个公司的专利布局的主要国家、地区和组织为美国、中国、欧洲、日本、韩国，这也与该地为新能源汽车的最大市场，以及拥有较好的新能源技术有关。

对于动力电池 6 个技术分支的专利申请布局来说，LG 化学和宁德时代都在 SOC 估算方面进行了更广泛的专利布局，并且两个公司对动力电池 6 个技术分支都有所涉猎，不过 LG 化学在热失控预警和热失控/热扩散测试方面的专利布局相对较少。

对 SOC 估算方面的专利布局，LG 化学和宁德时代主要布局在直接计算法上，但是 LG 化学在基于数据驱动法的人工神经网络算法上和基于电池模型法的卡尔曼滤波算法上有一定的专利布局。而宁德时代仅在基于电池模型法的其他算法上存在极少量的布局。由此可知，宁德时代不仅在直接计算法上布局的专利数量相对少，而且在其他的 SOC 估算算法上也没有占据主动地位，因此，宁德时代在基于数据驱动法和基于电池模型法的这两个技术分支上还存在很大的专利布局空间。

对 SOH 估算方面的专利布局，LG 化学和宁德时代同样对直接计算法进行了主要布局，并且 LG 化学对直接计算法的布局面更广，涉及基于内阻、容量、电压、其他等方面，而宁德时代仅在基于容量方面进行了相应的布局。针对基于数据驱动法和基于电池模型法，LG 化学都有所涉猎，而宁德时代仅在基于数据驱动法进行了极少量的布局。这也是宁德时代应该进一步加强专利布局的方面。

在热失控预警和热失控/热扩散测试方面，宁德时代比 LG 化学的专利布局量更多，在预警上涉及基于温度、多参数耦合以及其他，在测试上涉及了基于加热、过充、多方式结合。而LG化学在基于气体或烟雾方面进行了极少量布局。

在研发团队方面，LG化学布局的专利申请量较大，并且相关研发人员不是特别集中，由此可知，LG化学具备较庞大的科研团队。参与最多专利申请的研发人员赵源泰，共参与了16件专利申请。LG化学同样的研发人员在动力电池6个技术分支中的多个方面都有所涉及，因此存在同一个研发团队或人员针对不同方面进行研发的情况。而宁德时代同样存在这样的现象，但是研发人员相对集中。

对合作单位来说，LG化学在动力电池6个技术分支方面未与任何其他公司进行合作研发申请，而宁德时代与清华大学、中汽中心以及北京航空航天大学都存在合作，并且宁德时代与清华大学合作的有关SOC估算的申请主要涉及基于电池模型法。这也发挥了高校在研究能力方面的优势。唯一的不足在于针对合作的专利申请在撰写上权利要求字数过多，达到3000～6000字，且权利要求项数都仅为1项，因此这样的专利保护力度不够，不足以保证该项技术在新能源领域的专利控制力。

8.6　专业第三方BMS企业——博世

8.6.1　发展概述

博世是德国的工业企业之一，从事汽车与智能交通技术、工业技术等产业。1886年，25岁的罗伯特·博世先生在德国斯图加特创办公司时，就将公司定位为“精密机械及电气工程的工厂”。

博世是全球最早研发新能源汽车动力总成电气化的跨国企业之一，在混合动力技术领域的研究已超30年，在动力总成电气化发展过程中，曾以混合动力车、纯电动车和增程电动车为重点。并于2008年与三星集团组建SB LiMotive合资企业，研发和生产锂离子蓄电池，2011年实现量产。在新能源汽车动力总成电气化方面，博世已与大众、保时捷等结成战略合作伙伴关系，为这些企业开发新能源汽车混合动力系统。

2018年，经慎重考虑，博世宣布：将放弃自制动力电池单元，转而通过外购电池单元及自身强大的BMS技术与系统集成能力来为客户提供完整的电池系统。博世还强调，不生产电池单元并不意味着完全放弃电动化，BMS仍将是博世研发的重心。因此，博世的方案是继续与电池厂商合作，为混合动力及电动汽车设计电池，之后交由电池企业生产，而博世从它们手中购买这些电池。博世在2019年7月就推出云端电池管理技术，可通过云端实时监控电池状态，并向车主反馈相关数据，再加上云端对电动汽车电池的使用和诊断维护等进行智能优化，以提高电池使用寿命和可靠性，预计可将电池寿命延长20%。此外，云端电池技术还可以将危险预警前置，在一定程度上预防电池起火事故的发生。2020年，华人运通宣布，已与博世签署协议，双方将共同推进云端BMS领域的合作，为华人运通智能纯电动汽车“高合HiPhi 1”开发专属云端电池模型和算法。

8.6.2　专利布局

8.6.2.1　全球申请量分析

博世在动力电池6个技术分支的全球申请量共33项，在中国申请量共14件。如图8－6－1所示，博世的专利布局从2001年开始，虽然每年布局的专利量很少，但一直在进行，2008年博世与三星集团组建SB LiMotive合资企业，研发和生产锂离子蓄电池，2011年实现量产，博世从2008年开始每年以相对稳定的申请量进行专利布局。2018年博世宣布放弃自制动力电池单元，因此相应的2018～2019年的申请量呈现降低的趋势。

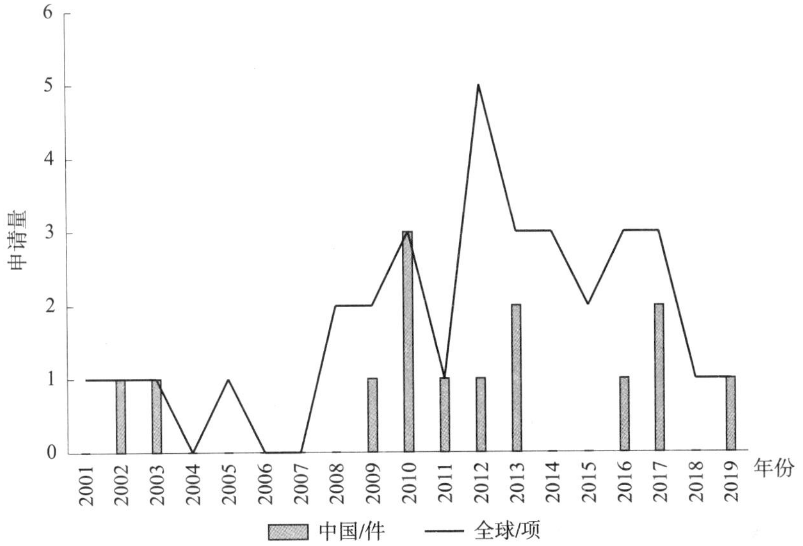

图8－6－1　博世动力电池6个技术分支全球及中国申请量趋势

如图8－6－2所示，博世在主要国家、地区和组织专利布局相对均衡，主要布局的国家有德国、美国、中国、日本、韩国、英国。由此可知，博世非常注重专利布局，以保护其技术在相应的市场能够受到应有的保护。

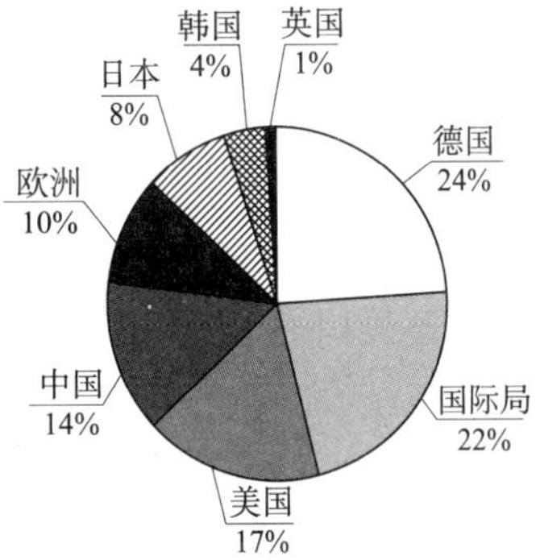

图8－6－2　博世动力电池6个技术分支在主要国家、地区和组织专利布局

如表8－6－1所示，博世针对SOC估算布局的专利量最大，时间跨度最长，针对SOH估算、不一致性评估、热失控预警和热失控/热扩散测试的布局只有1～2项专利申请，且是在2012年之后才开始布局，针对SOP、寿命评估方面的专利布局的数量分别只有3项，但是布局的年限较早，分别在2001年和2003年，之后就是间隔多年才申请1项。由此可知，博世更注重针对SOC估算的专利申请布局。

表8-6-1　博世动力电池6个技术分支专利年利申请分布　　单位：项

年份	寿命	SOC	SOH	SOP	不一致性	热失控
2001	0	0	0	1	0	0
2002	0	1	0	0	0	0
2003	1	0	0	0	0	0
2004	0	0	0	0	0	0
2005	0	1	0	0	0	0
2006	0	0	0	0	0	0
2007	0	0	0	0	0	0
2008	0	2	0	0	0	0
2009	0	1	0	1	0	0
2010	1	2	0	0	0	0
2011	0	1	0	0	0	0
2012	0	4	0	0	0	1
2013	0	2	0	1	0	0
2014	0	3	0	0	0	0
2015	0	2	0	0	0	0
2016	0	1	2	0	0	0
2017	0	1	0	0	1	1
2018	1	0	0	0	0	0
2019	0	1	0	0	0	0
总计	3	22	2	3	1	2

从表8-6-2中可以看出博世动力电池6个技术分支在主要国家、地区和组织基本上进行了专利布局，以提高其技术在主要国家、地区和组织的控制力，尤其是SOC估算方面的布局更为全面。而寿命、SOH和SOP 3个方面虽然申请量不大，但是布局地依然很广，可以看出其最大限度地保障其技术控制力的布局策略。

表8-6-2　博世动力电池6个技术分支国家、地区和组织专利布局　　单位：项

国家、地区和组织	技术分支					
	寿命	SOC	SOH	SOP	不一致性	热失控
德国	3	14	1	3	0	2
国际局	3	12	2	2	1	0

续表

国家、地区和组织	技术分支					
	寿命	SOC	SOH	SOP	不一致性	热失控
美国	2	13	0	2	0	0
中国	2	9	0	2	1	0
欧洲	2	5	1	2	0	0
日本	1	4	1	2	0	0
韩国	1	2	0	1	0	0
英国	0	1	0	0	0	0

通过表8-6-3可知，博世动力电池6个技术分支专利申请量在全球申请量方面的占比都相对较小。

表8-6-3 博世动力电池6个技术分支专利申请量与全球申请量占比

技术分支	博世申请量/项	全球申请量/项	占比/%
寿命	3	673	0.45
SOC	22	2286	0.96
SOH	2	1313	0.15
SOP	3	272	1.10
不一致性	1	826	0.12
热失控	2	688	0.29

8.6.2.2 技术分支分析

如表8-6-4所示，博世针对SOC估算的专利布局主要集中在直接计算法中，包括开路电压法、安时积分法以及其他算法；就布局的年份看，针对直接计算法是从2002~2019年一直进行布局。而针对基于数据驱动法和基于电池模型法布局的专利申请量相对较少，并且布局的时间都在2012年之后。

由于博世针对寿命、SOH、SOP、不一致性、热失控方面的专利申请量都非常少，在此仅作简要说明。

对于寿命评估共申请3项专利，涉及的主要方面为对循环寿命进行评估，评估的方法主要为基于性能进行评估，申请的年份为2014年、2011年、2019年。

针对SOH估算共申请2项专利，所涉及的技术分支都是通过直接计算法来估算SOH，布局的年代为2016年。

针对SOP评估共申请3项专利，所涉及的技术分支都是利用线性模型这种等效电路模型的基于电池参数模型法来进行SOP估算，并且布局的年代相对分散，分别为2001年、2009年、2013年，说明博世一直对这方面有一定的研究。

表 8-6-4 博世 SOC 估算各技术分支专利年度分布

单位：项

技术分支		2002 年	2005 年	2008 年	2009 年	2010 年	2011 年	2012 年	2013 年	2014 年	2015 年	2016 年	2017 年	2019 年
直接计算法	开路电压法	0	0	1	0	1	0	1	1	0	0	0	0	0
	安时积分法	0	0	0	1	0	0	0	0	1	0	1	0	0
	开路电压法与安时积分法结合	0	0	0	0	0	0	0	0	0	0	0	0	0
	内阻法	0	0	0	0	0	0	0	0	0	0	0	0	0
	放电实验法	0	0	0	0	1	0	0	0	0	0	0	0	0
	两种及以上直接计算法的结合（排除开路电压法与安时积分法）	0	0	0	0	0	0	0	0	0	1	0	0	0
	其他	1	1	0	0	0	0	1	0	2	0	0	0	1
基于数据驱动法	模糊控制算法	0	0	0	0	0	0	0	0	0	0	0	0	0
	人工神经网络算法	0	0	0	0	0	0	0	0	0	0	0	0	0
	支持向量机算法	0	0	0	0	0	0	0	0	0	0	0	0	0
	其他	0	0	0	0	0	0	1	0	0	0	0	0	0
基于电池模型法	卡尔曼滤波算法	0	0	0	0	0	0	0	1	0	0	0	0	0
	粒子滤波算法	0	0	0	0	0	0	0	0	0	0	0	0	0
	观测器算法	0	0	0	0	0	0	0	0	0	0	0	0	0
	其他	0	0	0	0	0	0	1	0	0	0	0	1	0
融合评估法	基于数据驱动和电池模型的融合	0	0	0	0	0	0	0	0	0	0	0	0	0
	其他	0	0	0	0	0	0	0	0	0	0	0	0	0
对 SOC 的修正		0	0	1	0	0	0	1	0	0	0	0	0	0
根据单体电池 SOC 估算电池包 SOC		0	0	0	0	0	1	0	0	0	1	0	0	0

针对不一致性评估共申请 1 项专利，涉及的主要技术为电池成组后针对容量增量的动态参数进行测试，并且不一致性评价的方法为基本统计指标法，申请的年份为 2017 年。

针对热失控预警和热失控/热扩散测试共申请 2 项专利，涉及的主要方面为利用多参数耦合方式的热失控预警，申请的年份为 2012 年和 2017 年。

由此可以看出上述 5 个方面的相关申请量较少，并且申请年份比较分散。

8.6.3　合作对象

博世在动力电池 6 个技术分支中主要合作者是三星集团，另外还包括 Nalin Chaturvedi、Michael Schoenleber、Christopher Mayhew、Reinhardt Klein、Jasim Ahmed、Leksandar Kojic。如表 8-6-5 所示，其中与三星集团合作申请 4 项专利，与上述其他合作者合作申请 1 项专利。博世与三星集团合作主要涉及的技术分支为利用开路电压或安时积分法等的直接计算法，此外，还包括根据单体 SOC 估算电池包 SOC 的技术分支。而博世与上述合作者合作申请的专利则涉及基于数据驱动法的 SOC 估算方法。上述相关专利大部分在德国、日本、欧洲、中国、美国等地进行了布局。

表 8-6-5　博世与主要合作者共同申请专利

公开（公告）号	申请年份	申请人	被引证数量/次	扩展同族数量/项	专利有效性	当前法律状态	同族国家、地区和组织	优先权国家、地区和组织
CN103260936A	2011	博世、三星集团	32	10	有效	授权	德国、日本、国际局、欧洲、中国、美国	德国
CN103314303A	2011	博世、三星集团	12	5	有效	授权	德国、国际局、中国、美国	德国
CN103827685A	2012	博世、三星集团	16	8	有效	授权	德国、国际局、中国、欧洲、美国	德国
WO2014105806A1	2013	博世、Nalin Chaturvedi、Michael Schoenleber、Christopher Mayhew、Reinhardt Klein、Jasim Ahmed、Leksandar Kojic	5	2	PCT-有效期满	进入国家阶段-PCT 有效期满	国际局、美国	美国
EP2365352B1	2010	博世、三星集团	27	5	有效	授权	韩国、欧洲、美国	韩国

8.6.4 重要专利申请

博世在SOC估算、SOP评估、寿命评估和其他方面的重要专利申请如表8-6-6和表8-6-7所示。可以看出，博世的主要研究方向仍然是SOC估算方面，重要专利申请主要涉及开路电压法、安时积分法以及放电实验法方面的直接计算法，同时也在2012年对基于电池模型法来估算SOC进行了重要的专利布局。从重要申请来看，博世注重多个国家、地区和组织的布局，并且被引证的申请人包括日本、美国等重要公司。因此，博世虽然在SOC方面申请的专利无法与丰田公司和LG化学比较，但是其布局的专利在动力电池6个技术分支技术分支中存在一定的控制力。在SOP评估方面，博世主要布局的内容为线性模型的这种等效电路模型的基于电池模型法的SOP估算方法，并且其在多地进行了布局，被引证专利的申请人包括中国、美国等相关企业，例如欣旺达、福特汽车、宁德时代、长安汽车、华为等。由此可知，虽然博世布局的专利量不大，但是其布局的技术存在相当的控制力。在寿命评估方面，博世主要布局的技术方面为基于多种算法融合的循环寿命估算方法，布局的年份为2003年和2009年，当前的专利状态为失效状态，可以作为我国企业研究的对象。

表8-6-6 博世SOC估算方面重要专利申请

公开（公告）号	申请年份	引证数量/次	被引证数量/次	扩展同族数量/项	专利有效性	当前法律状态	被引证国家、地区和组织	同族国家、地区和组织	转让次数	转让执行日
CN103260936A	2010	21	32	10	有效	授权	中国	德国、日本、国际局、欧洲、中国、美国		
DE102008041546A1	2008	24	18	7	失效	撤回	德国、欧洲、美国	德国、日本、国际局、欧洲、美国		
US20140032141A1	2012	14	19	5	失效	未缴年费	国际局、欧洲、中国、美国	国际局、欧洲、美国	2	2012年7月30日、2013年4月18日
EP2365352B1	2010	18	27	5	有效	授权	韩国、欧洲、美国	韩国、欧洲、美国	1	2013年2月27日

表8-6-7　博世其他方面重要专利申请

公开（公告）号	申请年份	引证数量/次	被引证数量/次	扩展同族数量/项	专利有效性	当前法律状态	被引证国家、地区和组织
CN102577014A	2010	5	24	11	有效	授权	中国
DE10150378A1	2001	0	29	11	失效	未缴年费	德国、国际局、欧洲
CN103119456A	2011	11	43	7	失效	撤回	中国、美国
CN1813199A	2004	17	67	8	失效	未缴年费	中国

8.6.5　小　结

博世作为专业第三方BMS企业，在动力电池6个技术分支的布局中，主要集中在针对SOC估算上，并且在主要国家、地区和组织布局比较广泛，以德国、美国、日本、欧洲、美国、中国为主要布局地。

在SOC估算上，主要涉及的技术分支为直接计算法这种相对简单的计算方法，针对基于数据驱动法和基于电池模型法的估算方法稍有涉猎，申请量分别仅为1项和3项专利。针对基于数据驱动法与多个合作者合作申请的专利，而针对基于电池模型法的技术分支则从卡尔曼滤波等算法上进行相关申请布局。

从合作者来说，博世与三星集团存在相对深度的合作，并且与其他合作者合作的技术分支集中在基于数据驱动法上。

另外，专业第三方BMS有关的中国企业中，例如电子普瑞、惠州亿能、华霆动力等公司，在动力电池6个技术分支的专利申请量非常少，申请量几乎都在个位数或没有相关申请，因此，不对专业第三方BMS有关中国企业作进一步说明。

8.7　科研机构——北京理工大学

8.7.1　发展概述

电动车辆国家工程研究中心由国家发展和改革委员会于2008年授权，在北京理工大学电动车辆工程技术中心的基础上成立，是国内最早从事电动车辆研究的单位。从1992年开始参加原国防科学技术工业委员会组织的电动车辆研究开发工作，自国家“八五”计划以来，一直得到科学技术部、工业和信息化部、总装备部和北京市政府的重点支持。在电动车辆科研、产业化和示范运行方面积累了丰富的研究成果。同时在电驱动技术方面有着深厚的研究基础，是国家“863”计划驱动电机授权检测基地。

主要研究方向包括：①电动车辆设计理论、系统集成与控制技术研究；②高效高能量密度一体化电驱动系统研究；③动力电池成组应用、车载能量源安全及能量高效利用技术研究；④ 整车部件电动化技术研究及电动车辆核心技术在特种车辆上的应用技术研究；⑤ 电动车辆应用模式、发展战略和标准、规范研究。

电动车辆国家工程研究中心建设周期2年，总投资为5500万元。北京理工大学为我国电动车辆技术开发的主力军，早在20个世纪50年代末就开始引进苏联制造的电传动军用车辆进行电传动研究工作，是国内最早开展电动车辆研究与技术开发的单位，特别是从1992开始，历经18年电动车辆整车技术开发、14年电动车辆动力系统技术开发以及9年电动车辆示范运行与技术推广，积累形成了电动车辆行业技术优势以及相对完整的电动车辆技术开发成果体系。

先进储能科学与应用课题组（AESA）创建于2014年，隶属于北京理工大学电动车辆国家工程实验室孙逢春院士团队，负责人为熊瑞教授，研究方向包括：电动载运工具动力系统、智能与无人驾驶车辆、电池系统管理，电化学储能系统设计、运维和管理，无线充电，特种车辆装备研发，大数据和人工智能应用等。

8.7.2 专利布局

8.7.2.1 全球申请量分析

北京理工大学在动力电池6个技术分支的全球申请总量为61项。如图8-7-1所示，北京理工大学于2014年在国外布局1项专利申请，专利布局的时间为2011年至今，申请量自2015年开始基本上呈现逐年上升的趋势。根据图8-7-2可知，北京理工大学在美国仅布局了1项专利申请，其余都是在中国进行相应的专利申请布局。如表8-7-1所示，自2015年起动力电池6个技术分支的申请开始逐步增加，并且针对SOC的专利申请量最大，可见，自2015年起北京理工大学对专利申请布局开始逐步重视起来。根据表8-7-2，从北京理工大学各方面申请量与全球申请量占比来看，所占的比例都相对较低。

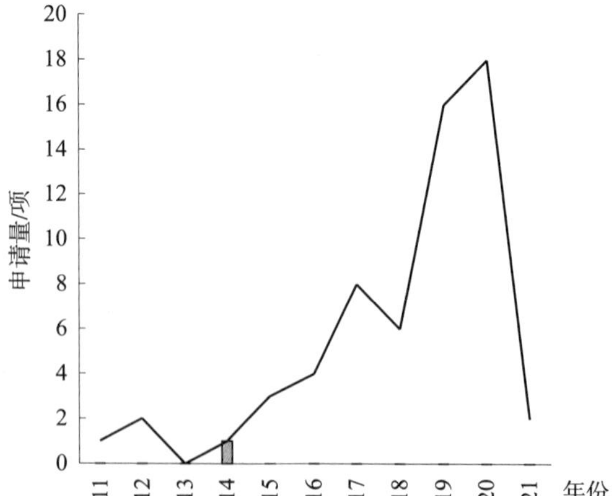

图8-7-1 北京理工大学动力电池6个技术分支专利全球及国外申请趋势

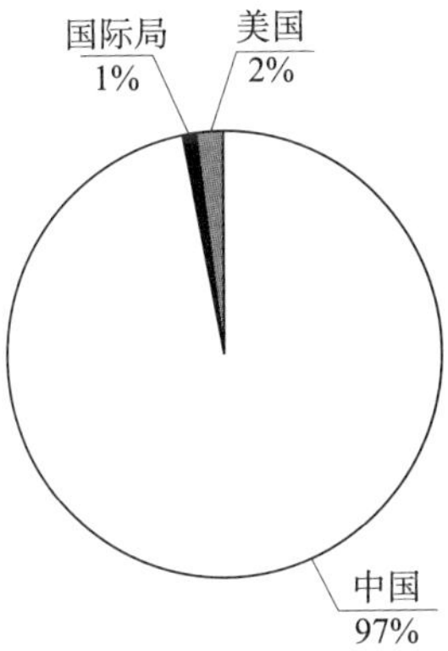

图8-7-2　北京理工大学6个技术分支主要国家/地区专利布局情况

表8-7-1　北京理工大学动力电池6个技术分支专利年度的申请量分布　　单位：项

年份	寿命	SOC	SOH	SOP	不一致性	热失控
2011	0	0	0	0	1	0
2012	0	0	0	0	2	0
2013	0	0	0	0	0	0
2014	0	0	0	1	0	0
2015	0	3	0	0	0	0
2016	0	2	1	0	1	0
2017	2	1	4	1	0	0
2018	1	2	2	0	0	1
2019	1	6	1	3	1	4
2020	1	6	6	1	2	2
2021	0	1	1	0	0	0
合计	5	21	15	6	7	7

表8-7-2　北京理工大学动力电池6个技术分支申请量与全球申请量占比

技术分支	北京理工大学申请量/项	全球申请量/项	占比/%
寿命	5	673	0.74
SOC	21	2286	0.92
SOH	15	1313	1.14
SOP	6	272	2.21
不一致性	7	826	0.85
热失控	7	688	1.02

8.7.2.2 各技术分支分析

（1）SOC、SOH 技术分支分析

如表 8-7-3 所示，北京理工大学针对 SOC 估算的技术分支分布主要是基于电池模型法以及基于直接计算法。基于电池模型法包括卡尔曼滤波算、观测器算法以及其他基于电池模型的算法，并且是从 2015 年开始布局，对观测器算法的布局量相对较高。针对直接计算法，主要布局的技术分支为开路电压法，并从 2021 年开始布局安时积分法。另外，北京理工大学早在 2016 年就开始对融合评估法进行布局。同时，对 SOC 估算方法研究的主要技术功效是提高估算精度及估算稳定性。

表 8-7-3 北京理工大学 SOC 估算各技术分支年度申请量 单位：项

技术分支		2015 年	2016 年	2017 年	2018 年	2019 年	2020 年	2021 年
直接计算法	开路电压法	1	0	1	0	2	0	0
	安时积分法	0	0	0	0	0	0	1
	开路电压法与安时积分法结合	0	0	0	0	0	0	0
	内阻法	0	0	0	0	0	0	0
	放电实验法	0	0	0	0	0	0	0
	两种及以上直接计算法的结合（排除开路电压法与安时积分法）	0	0	0	0	0	0	0
	其他	0	0	0	0	0	0	0
基于数据驱动法	模糊控制算法	0	0	0	0	0	0	0
	人工神经网络算法	0	0	0	1	0	0	0
	支持向量机算法	0	0	0	0	0	0	0
	其他	0	0	0	0	0	1	0
基于电池模型法	卡尔曼滤波算法	0	0	0	0	1	1	0
	粒子滤波算法	0	0	0	0	0	0	0
	观测器算法	2	0	0	0	1	2	0
	其他	0	1	0	1	2	2	0
融合评估法	基于数据驱动和电池模型的融合	0	1	0	0	0	0	0
	其他	0	1	0	0	0	0	0
对 SOC 的修正		0	0	0	0	0	0	0
根据单体电池 SOC 估算电池包 SOC		0	0	0	0	0	0	0

由表8-7-4可知，北京理工大学针对SOH估算的各种技术功效研究都有所涉及，包括提高估算精度、降低估算复杂度、降低估算成本、提高实时性和提高可靠性。提高估算精度、提高可靠性的主要研究方向为利用直接计算法、基于数据驱动法、基于电池模型法以及融合评估法等方式。在降低估算复杂度和提高实时性方面主要的研究方向为利用直接计算法和基于数据驱动法，在降低估算成本方面主要的研究方向仅涉及直接计算法。这也与直接计算法、基于数据驱动、基于电池模型法、融合评估法的估算成本有关联，由于直接计算法是几种方法中估算方式最简单的，因此，利用这种算法使用的估算成本也是最低的。

表8-7-4　北京理工大学SOH估算各技术分支专利布局　　单位：项

技术分支		提高估算精度	降低估算复杂度	降低估算成本	提高实时性	提高可靠性
直接计算法	基于内阻法	2	1	0	1	0
	基于容量法	2	0	1	0	1
	基于电压法	0	0	0	0	0
	直接计算法之间的融合	0	0	0	0	0
	其他	0	0	0	0	0
基于数据驱动法	支持向量机算法	2	1	0	0	0
	高斯过程回归算法	1	2	0	0	2
	人工神经网络算法	1	0	0	0	0
	其他	0	0	0	1	0
基于电池模型法	卡尔曼滤波器算法	1	0	0	0	1
	观测器算法	0	0	0	0	0
	其他	1	0	0	0	0
融合评估法	基于数据驱动之间的融合	0	0	0	0	0
	基于电池模型之间的融合	0	0	0	0	0
	直接计算法与基于数据驱动法之间的融合	0	0	0	0	0
	基于数据驱动与电池模型的融合	0	0	0	0	0
	直接计算法与基于电池模型法之间的融合	1	0	0	0	0
对SOH的修正		0	0	0	0	0
根据单体SOH估算电池包SOH		0	0	0	0	0

如表8-7-5所示，北京理工大学针对SOH估算方面的专利申请布局是从2016年开始的，主要集中在基于数据驱动法、基于电池模型法和直接计算法上。在基于数据驱动法估算SOH上主要包括支持向量机算法、高斯过程回归算法、人工神经网络算法等。直接计算法主要包括基于内阻和容量两种方式。基于电池模型主要包括卡尔曼滤波器算法以及其他。同时，北京理工大学还对直接计算法和基于电池模型法的融合的算法有所涉及。

表8-7-5　北京理工大学SOH各技术分支专利年度申请　　单位：项

技术分支		2016年	2017年	2018年	2019年	2020年	2021年
直接计算法	基于内阻法	0	0	0	0	2	1
	基于容量法	0	1	1	0	1	0
	基于电压法	0	0	0	0	0	0
	直接计算法之间的融合	0	0	0	0	0	0
	其他	0	0	0	0	0	0
基于数据驱动法	支持向量机算法	0	0	0	0	2	0
	高斯过程回归算法	0	1	0	1	0	0
	人工神经网络算法	0	0	0	0	1	0
	其他	0	0	1	0	0	0
基于电池模型法	卡尔曼滤波器算法	0	1	0	0	0	0
	观测器算法	0	0	0	0	0	
	其他	1	0	0	0	0	0
融合评估法	基于数据驱动之间的融合	0	0	0	0	0	0
	基于电池模型之间的融合	0	0	0	0	0	0
	直接计算法与基于数据驱动法之间的融合	0	0	0	0	0	0
	基于数据驱动与电池模型的融合	0	0	0	0	0	0
	直接计算法与基于电池模型法之间的融合	0	1	0	0	0	0
对SOH的修正		0	0	0	0	0	0
根据单体SOH估算电池包SOH		0	0	0	0	0	0

（2）寿命评估、SOP评估、不一致性评估、热失控预警和热失控/热扩散测试各技术分支分析

针对寿命评估，北京理工大学的5项专利申请都是针对循环寿命的估算的内容，

并且基本上涉及基于数据驱动法，申请也是从2017年开始。

如表8-7-6所示，北京理工大学对SOP评估的专利布局始于2014年，并间断性进行布局，截至2019年，共布局了3项带有RC回路的等效电路模型的这种基于电池参数模型的估算方法，对复合模型以及人工神经网络算法的估算方法在2020年也开始涉猎。

表8-7-6 北京理工大学SOP评估各技术分支专利年度申请量 单位：项

技术分支			2014年	2017年	2019年	2020年
MAP图法			0	0	0	0
基于电池参数模型法	等效电路模型	线性模型	0	0	0	0
		带有RC回路的	0	0	3	0
	复合模型		0	1	0	0
基于数据驱动法	支持向量机算法		0	0	0	0
	自适应模糊神经网络推理系统算法		0	0	0	0
	人工神经网络算法		0	0	0	1
	多元线性回归法		0	0	0	0
	其他		0	0	0	0
两种或两种以上方法的结合			0	0	0	0
基于其他类型模型			1	0	0	0
其他			0	0	0	0

针对不一致性，北京理工大学申请的7项申请中有6项都是针对静态参数的检测，并且测试的静态参数为电压、容量电阻，且涉及的不一致性评估方法中4项都是涉及基本统计指标法。

针对热失控，北京理工大学申请的7项专利中有5项都是针对热失控预警，预警的方式有基于温度、电压、内部压力等，另外2项为仿真模拟或基于内短路来进行热失控/热扩散测试。针对热失控布局的时间为2018年至今，其中有4项专利布局在2019年，表明其从2018年开始重视热失控，2019年开始申请专利布局。

8.7.3 合作对象

北京理工大学的合作单位包括北京理工新源信息科技有限公司、北京首科能源技术有限公司、北方工业大学。

北京理工新源信息科技有限公司是一家依托于北京理工大学电动车辆国家工程实验室的学科型高科技互联网公司，专业从事新能源汽车车联网应用与服务。因此，北京理工大学与该公司在动力电池6个技术分支方面合作了4项专利申请，涉及SOH、不一致性、热失控等。

北京首科能源技术有限公司是一家以集成电动汽车零部件设计开发、整车示范运行技术培训与服务、光伏充电、风力发电为一体的新能源技术型企业。为改善北京的大气环境实现创建宜居城市和节能减排的目标，与北京理工大学电动车辆国家工程实验室合作，共同承担了国家“863”计划、国家攻关计划和北京市科技计划中智能交通系统（ITS）应用示范、液化石油汽车（LPGV）、压缩天然气汽车（CNGV）、液化天然气汽车（LNGV）科技示范工程、清洁汽车重点推广应用等项目。北京理工大学与该公司共合作2项专利申请，涉及SOH和热失控两个方面。

2018年，北方工业大学与北京理工大学开始进行学科共建，共建的学科为控制科学与工程学科，充分利用北京理工大学的学科优势，实现共建共赢。北方工业大学与北京理工大学在动力电池6个技术分支上，于2019年共合作2项专利申请，都涉及SOP评估。

8.7.4 重要专利申请

如表8-7-7所示，北京理工大学在寿命评估、SOC估算、SOH估算、SOP评估、不一致性评估方面都存在一定的重要专利申请。这些专利申请的被引用次数相对较高，但是其引证专利的申请人包括国内申请人和国外申请人，而其被引证申请人以中国企业或科研机构为主。针对SOC来说，重要专利申请涉及的技术分支主要为基于电池模型法以及融合评估法的相关申请，其中融合评估法的专利申请的被引证文献的申请人包括博世，由此可知，北京理工大学的有关基于电池模型法和融合评估法的相关申请在该技术分支存在一定的专利控制力和价值度。在寿命评估、SOH估算、SOP评估方面的重要专利申请主要涉及基于电池模型法。在不一致性评估方面，主要是针对成组后动态和静态参数的检测以及通过基本统计法来进行评价。

表8-7-7 北京理工大学在6个技术分支的重要专利申请

公开（公告）号	申请年份	引证数量/次	被引证数量/次	扩展同族数量/项	专利有效性	当前法律状态	同族国家、地区和组织
CN105425153A	2015	8	13	2	有效	授权	中国
CN106324521A	2016	4	11	2	有效	授权	中国
CN106443474A	2016	3	24	2	有效	授权	中国
CN107290678A	2017	5	12	2	有效	授权	中国
CN106842045A	2017	0	14	1	审中	实质审查	中国
CN106980091A	2017	2	20	2	有效	授权	中国
CN103995464A	2014	15	12	4	有效	授权	国际局、中国、美国
CN103057433A	2012	7	18	2	有效	授权	中国
CN106443474A	2016	3	24	2	有效	授权	中国
CN107238800A	2017	3	8	2	有效	授权	中国

8.7.5　小　　结

北京理工大学在动力电池6个技术分支中与丰田公司、比亚迪、LG化学、宁德时代和博世等企业存在的最大的区别就是，针对计算相对复杂的基于数据驱动法基于电池模型法等方式来估算寿命、SOC、SOH等方面，进行了更多的专利布局。

北京理工大学的研发人员相对集中，在动力电池6个技术分支的专利申请中主要是以王震坡、何洪文、熊瑞、魏中宝带领的团队为主。

从北京理工大学的合作单位来看，与北京理工大学合作的单位包括北京理工大学关联的企业和共建学科的学校以及相关公司。为了扩大北京理工大学所掌握的动力电池6个技术分支估算方法实际应用角度，北京理工大学可以与整车企业、动力电池企业等增加更深程度的合作，研究将相对较复杂的估算方法应用到实际的新能源汽车中，以提高车辆或电池的安全性能。

8.8　本章小结

整车企业、动力电池企业和专业第三方BMS企业在动力电池6个技术分支的专利布局中，整车企业和动力电池企业布局的专利量更大，而专业第三方BMS企业布局的量相对较小。针对专业第三方BMS企业的分析仅包括博世，而对中国的企业并未进行相应的分析，主要原因在于专业第三方BMS有关的中国企业中，电子普瑞、惠州亿能、华霆动力等，在动力电池6个技术分支的专利申请量非常少，都在个位数或没有相关申请。由此可知，在动力电池6个技术分支的专利布局中，专业第三方BMS企业占据的份额很少，这也与当前的市场中，专业第三方BMS市场份额被整车企业和动力电池企业挤占有很大的关系。

如图8－8－1所示（见文前彩色插图第5页），从动力电池检测技术重要申请人布局的年份来看，国外申请人布局年份更早，布局专利申请量更大，国内申请人布局的年份和布局的专利量相对较小，但是在2016年之后，国内申请人专利布局量呈现高增长的趋势。

从重要申请人在全球布局情况来看，如表8－8－1所示，除了宁德时代已经注重在其他国家、地区和组织进行专利布局，国内其他企业在其他国家、地区和组织布局的专利量相对较少，这表示国内企业在对通过自身技术的专利布局来提高其在主要国家、地区和组织的技术控制力的管理策略还未成形。

表8－8－1　动力电池检测技术重要申请人全球专利申请布局　　单位：项

国家、地区和组织	丰田公司	比亚迪	LG化学	宁德时代	博世	北京理工大学
中国	59	39	67	50	14	61
国际局	28	6	66	22	21	1
美国	68	1	55	23	16	1

续表

国家、地区和组织	丰田公司	比亚迪	LG化学	宁德时代	博世	北京理工大学
欧洲	29	1	48	20	10	0
日本	195	0	44	4	8	0
德国	14	0	0	0	23	0
韩国	9	0	119	3	4	0
俄罗斯	4	0	3	0	0	0
加拿大	4	0	4	0	0	0
西班牙	3	0	0	0	0	0
印度	4	0	4	0	0	0
巴西	3	0	4	0	0	0
澳大利亚	1	0	0	0	0	0
奥地利	0	0	2	0	0	0
波兰	0	0	1	0	0	0
英国	0	0	0	0	1	0

根据上述分析可知，整车企业、动力电池企业在SOC、SOH方面布局的专利申请量较大，专业第三方BMS企业在SOC方面布局的专利申请量最大，我国的科研机构在SOC和SOH方面布局的专利申请量也较大。对于整车企业、动力电池企业、专业第三方BMS企业针对SOC、SOH的专利布局，如表8-8-2和表8-8-3所示，主要布局的技术分支为直接计算法，同时，对基于数据驱动法和基于电池模型法等复杂方法都进行了少量布局。国外企业，例如丰田公司、LG化学，在基于数据驱动法和基于电池模型法等复杂方法的布局时间较早，而国内企业，例如比亚迪和宁德时代，布局时间较晚。此外，丰田公司、LG化学的布局的重点在人工神经网络算法以及卡尔曼滤波算法上，比亚迪也在卡尔曼滤波算法上进行了专利布局，宁德时代则针对其他方法进行的布局。我国的科研机构北京理工大学，在SOC、SOH的专利布局中以直接计算法、基于数据驱动、基于电池模型法，同时对融合评估法也进行了专利布局。

虽然整车企业丰田公司和动力电池企业LG化学在基于数据驱动法和基于电池模型法方面都在早期就有所布局，但是布局的专利申请量很少。根据对相关企业的调研，在新能源车辆使用过程中，利用直接计算法计算量小，需要相应的传感器硬件等装置采集并传输的数据量少，并且车辆响应快，成本低，而使用基于数据驱动法和基于电池模型法等方法需要相应的传感器等硬件采集，传输的数据量大，并且需要采集的数据精度更高，计算量更大，需要较长的响应时间和较强的数据处理能力，因此，这两种方法在目前的新能源车辆的应用中使用得更少。另外，由于相应的计算方法在侵权保护取证方面存在一定的困难。因此，我国整车企业和动力电池企业在进行专利布局和技术研究中要注意以上方面的问题。

表8-8-2　动力电池检测技术重要申请人SOC估算各技术分支专利申请量　单位：项

技术分支		丰田公司	比亚迪	LG化学	宁德时代	博世	北京理工大学
直接计算法	开路电压法	43	10	23	10	5	5
	安时积分法	16	3	8	3	3	0
	开路电压法与安时积分法结合	7	3	3	0	0	0
	内阻法	5	1	5	0	0	1
	放电实验法	1	0	0	0	1	0
	两种及以上直接计算法的结合（排除开路电压法与安时积分法）	5	0	2	0	1	0
	其他	20	1	10	2	8	0
基于数据驱动法	模糊控制算法	0	0	0	0	0	0
	人工神经网络算法	1	0	3	0	0	1
	支持向量机算法	0	0	0	0	0	0
	其他	0	0	1	0	1	1
基于电池模型法	卡尔曼滤波算法	3	4	12	0	1	2
	粒子滤波算法	0	0	0	0	0	0
	观测器算法	0	0	1	0	0	6
	其他	3	0	2	2	3	6
融合评估法	基于数据驱动和电池模型的融合	1	0	0	0	0	1
	其他	0	0	2	0	0	0
对SOC的修正		8	4	5	9	3	0
根据单体电池SOC估算电池包SOC		2	0	0	1	3	0

我国的科研机构北京理工大学，虽然也与其他企业有一定的合作，但是为了保障研究的相应算法能够在新能源汽车上达到车辆安全性的目的，就需要与整车企业或专业电池企业进行深度合作，保证研究的方法能够在产业上达到应用的水平，能够实质性地促进车辆安全性的提升。另外，根据博世的合作计划，博世在2020年与华人运通合作共同推进云端BUS领域的合作，并且将在纯电动车上开发专属云端电池模型和算法。这一思路有助于科研机构更多的研究基于数据驱动法和基于电池模型法等复杂算

法在车辆上应用，达到促进汽车安全的目的。这也是该类复杂算法应用到汽车上的一个可行性研究方向。

表8-8-3　动力电池检测技术重要申请人SOH估算各技术分支专利申请量　单位：项

技术分支		丰田公司	比亚迪	LG化学	宁德时代	博世	北京理工大学
直接计算法	基于内阻法	38	0	4	0	0	4
	基于容量法	7	1	4	4	0	4
	基于电压法	14	0	2	0	1	0
	其他	19	1	7	0	1	0
	直接计算法之间的融合	0	0	0	0	0	0
基于数据驱动法	支持向量机算法	0	0	0	0	0	3
	高斯过程回归算法	0	0	0	0	0	5
	人工神经网络算法	0	0	0	0	0	1
	其他	1	0	1	2	0	1
基于电池模型法	卡尔曼滤波器算法	0	0	0	0	0	2
	观测器算法	0	0	0	0	0	0
	其他	3	0	2	0	0	1
融合评估法	基于数据驱动之间的融合	0	0	0	0	0	0
	基于电池模型之间的融合	0	0	0	0	0	0
	直接计算法与基于数据驱动法之间的融合	0	0	0	0	0	0
	基于数据驱动与电池模型的融合	0	0	0	0	0	0
	直接计算法与基于电池模型法之间的融合	0	0	0	0	0	1
对SOH的修正		1	0	0	3	0	0
根据单体SOH估算电池包SOH		1	0	0	1	0	0

如表8-8-4所示，从平均权利要求项数、首项权利要求平均字数、平均引用次数、平均被引用次数、平均同族个数来说，宁德时代首项权利要求平均字数最多，平

均引用次数最高，并且平均被引用次数相对较低，而比亚迪平均同族个数最低。国外的申请人人中，丰田公司、LG化学、博世的平均被引用次数最高，说明其所布局专利的基础性属性更强，控制力更高，就此点来说，国内的相关企业和科研机构需要加强专利研发，提高专利申请质量，增强专利布局。

表8-8-4　动力电池检测技术重要申请人著录项目情况

申请人类型	重要申请人	平均权利要求数量/个	首项权利要求平均字数/字	平均引用次数/次	平均被引用次数/次	平均同族数/项
整车企业	丰田公司	7	277	8	21	4
	比亚迪	14	252	5	5	1
动力电池企业	LG化学	14	287	11	15	5
	宁德时代	13	531	12	5	4
专业第三方BMS企业	博世	11	425	10	11	5
科研机构	北京理工大学	8	374	5	5	2

第9章　动力电池检测技术专利与标准互动分析

标准化作为行业发展的技术性基础工作，在便利经贸往来、支撑产业发展、促进科技进步、规范社会治理中的作用日益凸显。早在20世纪90年代末，我国便由全国汽车标准化技术委员会电动车辆分技术委员会（SAC/TC114/SC27）组织行业开展动力电池标准化研究工作，20余年间我国先后制定并发布了QC/T 743、GB/T 31485、GB/T 31486、GB 38031等一系列重要标准，有力支撑了新能源汽车及动力电池产业的快速发展。然而现阶段，伴随着产业化进程的不断推进以及新技术、新模式、新平台的不断出现，动力电池标准化工作也必将被赋予新的内涵与要求。

目前我国标准的改进还是基于行业的发展和需求，或者是国家政策的需要，在国家层面上推动。但是行业标准制定专家们还是可以基于专利技术的发展，寻求标准改善的思路，以便使国家标准紧跟技术发展和行业发展的步伐。

本章将通过对动力电池寿命测试、SOC估算、SOH估算、SOP评估、不一致性评估、热失控预警和热失控/热扩散测试方面的国内外标准进行对比分析，寻找我国现行标准中存在的问题和需要完善的地方，并通过对专利技术发展与现行标准体系进行互动分析，以期为我国动力电池测试标准的修订和完善提供可参考性建议。

9.1　动力电池测试标准整体发展情况

如图9-1-1（见文前彩色插图第6页）所示，对目前国际标准和国家标准制定时间进行对比，其中电性能（包括寿命）测试方面国际标准包括IEC 62661-1：2010、ISO 12405-1：2011、ISO 12405-2：2012、ISO 12405-4：2018和IEC 62660-1：2018，国家标准包括GB/T 31485-2015、GB/T 31486-2015、GB/T 31467.1-2015和GB/T 31467.2-2015；安全性测试方面国际标准包括IEC 62661-2：2010、ISO 12405-3：2014、IEC 62660-3：2016、IEC 62660-2：2018，国家标准包括GB/T 38031-2020；回收利用方面尚无国际标准，国家标准包括GB/T 34015-2017、GB/T 33598-2017、GB/T 34013-2017、GB/T 34014-2017、GB/T 34015.2-2020、GB/T 33598.1-2020、GB/T 34015.3-2021和GB/T 34015.4-2021。可以看到，动力电池测试标准体系是从电性能、安全性到退役电池回收利用逐渐发展和健全起来的，相对于国际标准，我国国家标准在电性能（包括寿命）方面处于跟随状态，在安全性和回收利用方面处于领先状态。

9.2 寿命测试标准制定与技术发展

9.2.1 寿命测试国内外相关标准比较

9.2.1.1 从制定时间上比较

表9-2-1比较了国内外寿命测试标准。从标准制定时间上比较，在国际上，2003年，美国FreedomCAR项目中的《FreedomCAR功率辅助型混合电动车电池测试手册》对循环寿命、工况寿命以及日历寿命的测试程序和方法给出了推荐性方式；2010年，IEC公布标准《电动汽车用辅助锂电池 第1部分：性能测试》（IEC 62660-1：2010）中规定了贮存寿命、循环寿命和工况寿命的测试步骤，沿用至更新版本《电动汽车用二次锂离子电池第1部分：性能测试》（IEC 62660-1：2018）；2011~2012年，ISO接连公布标准《电动汽车用锂离子动力电池包及系统测试规程第1部分：大功率应用》（ISO 12405-1：2011）和《电动汽车用锂离子动力电池包及系统测试规程第2部分：高能量应用》（ISO 12405-2：2012），其中分别规定了大功率应用和高能量应用下的循环寿命和工况寿命的测试步骤，并沿用至更新版本《电动汽车用锂离子动力电池包及系统测试规程第4部分：性能测试》（ISO 12405-4：2018）；在我国，动力电池寿命相关的测试标准是2015年5月15日发布并实施的《电动汽车用动力蓄电池循环寿命要求及试验方法》（GB/T 31484-2015），制定并实施时间较晚。

表9-2-1 国内外寿命测试标准比较

国内测试标准		国外测试标准或规范	
代号或标准名称	内容	代号或标准名称	内容
GB/T 31484-2015	循环寿命、工况寿命	《FreedomCAR功率辅助型混合电动车电池测试手册》	循环寿命、工况寿命、日历寿命
		IEC 62660-1：2010（已失效） IEC 62660-1：2018（现行）	循环寿命、工况寿命、日历寿命
		ISO 12405-12011 ISO 12405-2：2012（已失效） ISO 12405-4：2018（现行）	循环寿命、工况寿命

9.2.1.2 从制定内容上比较

随着国家对电动汽车动力电池系统的日渐重视以及相应测试研发的深入，目前，国内已经形成了比较系统的动力电池标准体系，并且适应目前市场的需要。但同国外的动力电池标准体系相比较，在动力电池寿命测试方面，对GB/T 31484-2015与国外动力电池寿命相关的测试规范进行比较。

第一，GB/T 31484－2015 中明确规定了标准循环寿命测试方法和 5 种用途（混合动力乘用车、混合动力商用车、纯电动乘用车、纯电动商用车、插电式和增程式电动汽车）的动力电池的工况循环测试方法，分别与 ISO 12405－1：2011、ISO 12405－2：2012，以及 IEC 62660－1：2010 的测试方法的流程基本相同，但主放电/充电工况不相同，ISO 12405－1：2011、ISO 12405－2：2012 被 ISO 12405－4：2018 代替，IEC 62660－1：2010 被 IEC 62660－1：2018代替，但寿命相关测试标准未发生变化。

第二，GB/T 31484－2015 中针对日历寿命的国家标准还处于空白状态。国际上，IEC 62660－1：2010 中简单规定了贮存寿命的测试方法；《FreedomCAR 功率辅助型混合电动车电池测试手册》给出了具体的日历寿命测试，包括日历寿命测试计划、测试程序和测试制度，还给出了一些可供选择的日历寿命测试方法，包括参考性能测试、阻抗图谱测试、模块控制检验测试、热管理负荷以及结合寿命验证的系统水平测试。

9.2.2 寿命测试专利技术与标准制定对照分析

标准的制定需要一个长期的过程，包括预研、立项、起草、征求意见、审查、批准和出版等多个阶段。对于经济基础和研究实力均处于世界领先水平的公司而言，能够在标准立项之前就已经对技术进行深入研究，在标准组织会议召开前，已经设计或提出尽可能多的技术方案，这些技术方案足以覆盖标准技术要素相关的多种具体技术方案，因而在标准组织会议召开前就对这些技术方案设计好专利申请策略会更加适用。这样的情况更多出现在通信领域。在动力电池方法技术领域中，由于测试方法不会导致产品的结构、材料或性能发生改变，因而目前还没有如通信领域中的标准必要专利，但在动力电池测试技术领域中，标准是技术发展的基础。下面对寿命测试技术领域中专利技术发展趋势与国内外标准出现节点进行对比和分析。

如图 9－2－1（见文前彩色插图第 7 页）所示，2003 年，FreedomCAR 在测试手册中提出循环寿命、工况寿命以及日历寿命的测试规范和一些推荐性的测试程序，这些测试规范并不是标准，在当时也没有同时提交专利申请。随着动力电池相关技术的发展，人们在此基础上提出一些更好的做法，例如，2010～2012 年，IEC 和 ISO 分别在标准中规定了循环寿命、工况循环寿命的做法，紧接着我国于 2015 年也在参照 ISO 标准的基础上制定并公布了国家标准。由于其中的工况寿命的主放电工况与 ISO、IEC 中的不同，就该问题展开了讨论和研究，从 2015 年开始，也出现了不少与工况寿命测试相关的专利申请。并且由于国家标准中目前尚未对日历寿命的测试标准进行规范，但是对于消费者来说，日历寿命又是重点关注的一项性能，目前与之相关的专利申请也呈增长趋势。因此，在动力电池寿命测试技术领域中，最开始专利技术并不是标准的先行者，而是先有标准或需求，再有相关的技术产生，可预见的是，再进一步制定标准时，与此相关的技术会成为新标准的参考。新能源汽车给中国自主品牌实现超越外国品牌的一个机会，目前中国已经成为全球最大的新能源汽车市场，我国的动力电池厂商和新能源汽车企业在与日本、韩国、美国、欧洲等强劲对手竞争时，在专利技术基础上去获得相应的解决方案，促进我国电动汽车技术标准的完善，在制定电动汽车的国际标准时拥有更多的发言权，让我国的电动汽车技术标准走向国际，是本课题的目标之一。

9.2.2.1　循环寿命测试专利技术给出的参考

目前长循环寿命锂电池的循环寿命通常在2000次以上，容量衰减在20%，一方面，按照GB/T 31484－2015规定的标准循环寿命中企业未提供充电方法的充电方式：对于锂离子蓄电池，以 I_1（A）电流恒流充电至企业规定的充电终止电压时转恒压充电，至充电终止电流降至0.05 I_1（A）时停止充电，充电后搁置1 h（或企业规定的不高于1 h的搁置时间），如充放电测试倍率设定为1C/1C算上恒流充电、充电末和放电末的搁置时间，一个100%SOC区间的循环需要4 h左右，一天循环圈数为6次左右，故2000次的循环寿命通常需要1年左右的测试周期。对于循环寿命更长的电池，如10000次循环寿命，测试周期长达5年左右，采用此方法测试周期冗长，造成的结果是大量的测试资源被占用，产品研发进度慢，从缩短周期的角度考虑一些专利文献，例如CN103344917A、CN107688154A、CN107728072A、CN107884715A等提出只需要在特定的部分SOC区间，采用常规电流充放电循环，并根据循环寿命测试的区间折算模型，以部分SOC工作区间的循环寿命表征0～100%SOC工作区间循环寿命的等效方法。

另一方面，一般通过温度加速或者倍率加速来缩减测试时间。但是不同的加速因子都需要遵循相同的电化学衰减机理，否则加速试验得到的数据将无法用于正常循环衰减数据的推测。例如，电池在不同的温度区间条件下，可能存在不同的衰减机理，如高温下的SEI消耗衰减和低温下的析锂导致的衰减。倍率加速有可能会导致材料本体结构的破坏，从而产生不同的衰减机理，导致无法推导正常循环衰减。此外，充电倍率的不合理加速可能会导致充电锂枝晶的产生，导致无法加速评估循环衰减，因此一些专利文献，例如CN106324524A、CN106597305A、CN107356877A等，也提出通过考虑温度、充放电倍率、放电倍率、充放电深度、电解液保有率，以及正负极材料的老化来构建更准确的衰减模型，进而获得循环寿命预测值。

下面进一步对申请量排名处于全球前三位的合肥国轩、珠海冠宇和国家电网的循环寿命测试方法进行分析，进而为标准提供参考。

（1）合肥国轩寿命测试可参考专利技术

合肥国轩隶属于国轩高科集团，国轩高科主持编写的汽车推荐性国家标准《电动汽车用锂离子动力电池包和系统电性能试验方法》（GB/T 31467－20XX）截至2021年7月28日已完成征求意见稿，正在公示，广泛征求意见。该推荐性标准将代替现有的GB/T 31467.1－2015、GB/T 31467.2，具有很强的行业影响力。分析其7篇与循环寿命评估相关的专利文献，如表9－2－2所示。在循环寿命试验方法中，专利CN106324524A、CN106597305A、CN107356877A、CN107728072A是通过短期循环后，在考虑循环温度、充放电倍率、电解液变化、负极材料石墨化度等因素的影响下，拟合容量变化和循环次数的关系，从而预测电池的循环寿命，缩短测试时间；专利CN109061513A、CN112666482A则是在现有标准的基础上，将标准中恒流充电模式改进为梯度充电，从而降低充电末段的充电倍率，减小电池极化，缩短循环寿命测评时间。

表9-2-2　合肥国轩寿命测试参考专利文献

公开号	申请日期	发明名称	技术手段
CN106324524A	2016年10月11日	一种锂离子电池循环寿命的快速预测方法	基于电池循环过程中电解液保有率对容量保持率的影响，通过短期循环中实测数据的拟合计算预测电池寿命
CN106597305A	2016年12月09日	一种锂离子电池的循环寿命预测方法	构建考虑循环温度及充放电倍率的影响容量衰减模型
CN107356877A	2017年6月26日	一种可实现锂离子电池循环寿命快速预测的方法	基于对电池循环过程中石墨类负极材料石墨化度的测量，通过短期循环后实测数据的拟合计算预测电池寿命
CN107728072A	2017年10月10日	一种锂离子电池循环寿命的快速预测方法	根据容量变化 ΔC 与循环次数的测试数据进行拟合计算
CN108445414A	2018年4月26日	一种三元锂离子电池循环寿命的快速测试方法	提高电芯循环测试测试，降低电芯充放倍率，从而减小电池的极化
CN109061513A	2018年9月21日	一种改善磷酸铁锂动力锂电池循环寿命的测试方法	通过梯度充电，降低充电末段的充电倍率，从而减小电池的极化
CN112666482A	2020年12月24日	一种锂离子电池循环寿命的测试方法及系统	采用分阶段充电的方式，让电池整个充电过程中充电曲线尽量靠近最佳充电曲线

现有动力电池循环寿命测试采用GB/T 31484－2015测试标准循环寿命的方法，即使用1C恒流恒压充电，静置后，1C恒流放电。随着电池的老化，电池内阻和极化不断增加，恒流恒压充电时的恒压阶段也明显增加。而整车电池包的慢充策略基本上是小倍率的恒流充电，没有恒压阶段，充电时间一般 >6 h。一方面，长时间的循环寿命评测影响了电池的开发周期；另一方面，长时间的充电为很多客户带来不便，并成为阻碍潜在客户购买的因素。对此，合肥国轩提出了采用梯度充电的方法来减小电池的极化，缩短电池的循环寿命测评时间的技术手段。

（2）珠海冠宇寿命测试可参考专利技术

珠海冠宇成立于2007年，是聚合物锂离子电池供应商，其提供标准认证服务，可根据客户的需求申请取得全球范围内不同市场的电池产品认证。其于2019年12月11日申请了7件专利，如表9-2-3所示，均要求保护一种快速测试锂离子电池循环寿命的方法，这7篇专利文献的发明构思均是针对目前高温循环寿命测试方法的不足，通过减小当电池处于低SOC时的充电电流，使每次充电过程新形成的SEI膜更加致密，加速电池内部可用锂离子的反应消耗；同时通过提高电池充电截止电压，加速锂离子反应消耗、电极材料衰退与电解液分解；通过将高温间歇性循环的长时间静置步骤用恒压充电步骤代替或部分代替，在保证电池容量衰减机理一致的前提下实现高温间歇性循环的快速测试，大幅缩短测试所需时间，有利于电池产品的快速开发。

表 9－2－3　珠海冠宇寿命测试参考专利文献

公开号	申请日期	发明名称
CN112946500A	2019 年 12 月 11 日	一种快速测试锂离子电池循环寿命的方法
CN112946501A		
CN112946502A		
CN112946503A		
CN112946504A		
CN112946505A		
CN112946506A		

（3）国家电网寿命测试可参考专利技术

国家电网是国有能源企业，其与动力电池寿命测试相关的申请均是和高校或科研机构合作的申请，如表 9－2－4 所示，其中 4 件申请分别通过部分 SOC 工作区间的循环寿命预测 0～100% SOC 工作区间循环寿命、通过常温和高温下两种充放电循环寿命曲线建立换算关系预测寿命、根据不同倍率电流下电池循环寿命等效模型预测小倍率电流时的循环寿命、利用数据驱动结合锂离子电池在放电过程中动态阻抗特性预测寿命，均达到了缩短寿命预测时间的目的。

表 9－2－4　国家电网寿命测试参考专利文献

公开号	申请日期	发明名称	技术手段
CN103344917A	2013 年 6 月 13 日	一种锂电池循环寿命快速测试方法	建立常温和高温条件下锂电池充放电循环寿命曲线；根据曲线上寿命节点建立循环寿命预测的等效换算关系
CN107884715A	2016 年 9 月 30 日	一种电池循环寿命检测方法	采用部分 SOP 工作区间的循环寿命表征 0～100% SOP 工作区间循环寿命等效方法
CN108732499A	2017 年 4 月 13 日	一种检测锂离子电池循环寿命的方法和系统	用大倍率电流快速检测推演出标准检测中小倍率电流循环时锂离子电池循环寿命
CN10426639A	2019 年 7 月 24 日	一种基于动态阻抗谱的锂离子电池寿命预测方法及系统	利用数据驱动结合放电过程中动态阻抗特性预测寿命

9.2.2.2 工况寿命测试专利技术给出的参考

对于工况寿命试验方法，在现有的标准中给出了模拟工况的主充电和主放电曲线。但是实际的车况比试验室中的复杂很多，例如，在试验室中的温度是恒定的，而在真实的行驶条件下，一年四季气温的变化对动力电池的容量衰减和功率输出影响很大。因此，该类专利文献也是通过将环境温湿度的变化（高温、低温等）以及热管理设备的干预作用考虑到其中，为开发人员提供等效整车状态电池，便于后续获得所需整车状态电池的电性能、安全性、可靠性等数据。如表9-2-5所示，其中的专利文献可为标准提供参考。

表9-2-5 工况寿命测试方法参考专利文献

申请人	公开号	发明名称	技术手段
比亚迪	CN112731154A	车辆的电池寿命预测方法和装置	根据每种工况下的实际电池衰减情况与电池衰减测试结果，分别预测每种工况下电池的使用寿命
奇瑞	CN107290675A	电池循环寿命测试方法及装置	通过获取高温台架方试验的循环次数与常温路试的充放电次数之间的比例关系，获取常温路试的充电循环次数
同济大学	CN112415415A	一种基于低温循环测量的电池寿命诊断方法	采用交流阻抗分析技术，对电池内部4种界面极化过程进行准确的识别，能够独立识别出电池阳极和阴极的衰减程度
蔚来	CN106885990A	基于环境温度的电池循环寿命测试方法	根据各温度区间占全年的时间比例、各温度区间的温度循环工况和当前温度循环工况下的充放电倍率，获得电池循环寿命测试工况，根据该工况进行循环寿命测试
中汽中心	CN111931328A	一种基于夏季气候的车用锂离子电池工况及寿命阶段预测方法	考虑环境温度湿度特点和热管理因素，提供基于国内夏季气候条件下动力电池循环测试工况和该工况下寿命预测方法

9.2.2.3 日历寿命测试专利技术给出的参考

对于日历寿命试验方法，日历寿命的试验方法在《FreedomCAR功率辅助型混合电动车电池测试手册》有推荐的操作规范，但每一种车辆设计和每一类电池都有其独特的行为曲线，要预估一辆车的动力电池日历寿命，需要更多地深入工作。目前专利文献的发展方向是从试验因素考虑更全面、测试项目更完善的角度进行。例如，专利CN109596987A提出通过ACR测试、定容测试、DCR测试与HPPC测试来获得容量衰减与搁置温度、SOC和时间t之间的关系，功率与搁置温度T、SOC及时间t之间的关系，存储过程中容量与内阻之间的关系，容量与功率之间的关系，内阻与功率之间的关系来确定日历寿命。如表9-2-6所示，日历寿命测试方法中的专利文献可为标准提供参考。

表9-2-6 日历寿命测试方法参考专利文献

申请人	公开号	发明名称	技术手段
合肥国轩	CN106093781A	一种动力锂离子电池日历寿命测试方法	结合动力锂离子电池搁置的SOC、温度及搁置过程中的测试数据3个方面的因素，测试电池的日历寿命
湖北锂诺	CN109596987A	锂离子电池日历寿命测试方法	包含ACR测试、定容测试、DCR测试、HPPC测试及调节SOC，结合锂电池搁置的常规温度及SOC，测试日历寿命
智行鸿远	CN108333524	一种计算电动汽车电池日历寿命的方法	BMS通过当前绝对时间与电芯制造绝对时间差，计算电芯的日历寿命
蜂巢能源	CN112255558A	电池日历寿命衰减量计算方法及装置	利用电芯温度变化曲线结合电芯日历寿命衰减因子，计算电池存储时段内电芯日历寿命衰减量，得到电池累积日历寿命衰减量
汉腾新能源汽车科技有限公司	CN111562513A	一种动力电池日历寿命估算方法	以实际运行的温度-时间分布为测试条件，测试电池的SOH参数随循环变化速度，来预测动力电池的日历寿命

9.3 SOC估算标准制定与技术发展

9.3.1 国际标准制定

国际上标准化工作的两大核心组织ISO和IEC针对车用锂离子动力电池制定了相关的测试标准。其中IEC主要是指锂离子动力电池单体和模块的测试标准IEC 62660-1/-2/-3。ISO则负责锂离子动力电池系统测试标准ISO 12405-1/-2/-3的制定。目前针对性能测试最新的版本是IEC 62660-1：2018和ISO 12405-4：2018。但是，这两个标准中均未对SOC估算以及SOC估算精度作出规定。只是针对电池容量作了规定。

IEC 62660-1：2018第7.3节中对容量的测量进行了规定。其方法为室温下充电，特定温度下恒流放电到截止电压。放电选择的电池温度点为0℃、25℃和45℃，放电电流根据纯电动汽车和混合动力汽车分别设置。通过放电电流与放电时间相乘获得电池容量。第7.4节针对两种车型规定了调整量。

ISO 12405－4：2018 第7.1～7.2 节中针对高能量蓄电池包和系统、高功率蓄电池包和系统规定的室温和不同温度下的容量，都是基于不同的恒定电流放电倍率，容量测试选取的不同温度分别是40℃、0℃和－18℃（高功率电池包和系统）和40℃、0℃、－10℃和－18℃（高能量电池包和系统）。

9.3.2 国内标准制定

关于SOC的国内标准，在2011年12月20日发布并于2012年7月1日实施的汽车行业标准QC/T 897－2011对其作了初步的规定。要求SOC估算精度要求不大于10%，并根据BMS应用车型不同，分别在5～15℃和25～35℃的两个温度区间内各取一个温度点，在SOC≤30%、30%＜SOC＜80%、SOC≥80%范围内，根据检测方法在4种简单的典型充放电工况中选择合适的工况进行估算精度测试。应用于电动汽车的BMS须进行SOC≥80%和SOC≤30%的SOC估算精度测试；要求应用于插电式混合动力汽车的BMS须进行SOC≥80%的SOC估算精度测试；针对其他BMS应用的电动车辆，则根据实际车型应用情况协商测试。但QC/T 897－2011标准中对BMS应用的电池系统类型没有加以区分。

2020年3月31日发布了GB/T 38661－2020，并于2020年10月1日起正式实施。在该标准中，将电动汽车用BMS分为锂离子动力电池和镍氢动力电池的管理系统，并且在试验结果要求上有较大的差异。在GB/T 38661－2020中，要求对于纯电动汽车、可外接充电式混合动力电池汽车，BMS、SOC估算的累积误差应不大于5%；对于不可外接充电的混合动力电动汽车，锂离子动力BMS、SOC估算的累计误差应不大于15%，镍氢动力BMS、SOC估算的累计误差应不大于20%。在测试温度点上选取了3个温度点，分别是－20℃±2℃、25℃±2℃、65℃±2℃。

在工况寿命测试中采用美国联邦城市运行工况（FUDS）以及动态应力测试工况（DST）的充放电工况，能更好地反映BMS在实车上的运行状况。另外，GB/T 38661－2020在低温（≤15℃）、常温（25℃）、高温（≥35℃）条件下，增加了在SOC≥80%、30%＜SOC＜80%和SOC≤30%的范围内的SOC误差修正速度试验，对SOC的估算修复提出了较高的要求，增加了SOC估算的可信度，并且能够避免实车行驶中因SOC跳变而引起的产品质量安全问题。

由此可见，GB/T 38661－2020相较于QC/T 897－2011，对SOC估算精度提出了更高的要求，更适应BMS市场的技术现状和行业发展需求。

但是，目前国外新能源乘用车要求车载BMS的估算精度不大于3%。也就是说，我国的国家标准虽然在SOC估算精度上已经有了很大的提高，但是要适应国际市场和行业发展的需求，在SOC估算精度上还有提高的空间。

9.3.3 SOC估算专利技术与标准制定对照分析

从第9.3.1节和第9.3.2节可以看出，不管是国内标准中对SOC的估算，还是国际标准中对容量的估算，实质上采用的都是安时积分法的思路。因为安时积分法计算简单，可实现实时计算，且适用于所有电池类型。但安时积分法也存在如下缺点：易受电池状态变化的影响，例如电池的环境温度、老化状态等；依赖于电流传感器的测量精度；测量误差会累积导致最终估计值产生巨大偏差；受SOC初值的影响；另外还有受电池自放电率等特性的影响等。

在专利申请方面，直接计算法中的安时积分法最早相关申请是1993年11月27日，由本田公司申请的专利JP06167551A，但集中申请是在2000年之后。这些申请中，大部分是在安时积分法的基础上或通过增加校正过程，或作为基础与其他方法如开路电压法结合，或通过一定的算法，来提高SOC估算精度。

另外，在专利申请方面，对于直接计算法中的其他方法，例如开路电压法、内阻法、放电试验法、开路电压法与安时积分法结合的改进也从未停止。而且随着行业发展的需求，对BMS中SOC估算精度的要求越来越高。从SOC的技术发展脉络也可看出，随着人工智能技术和计算机技术的发展，基于数据驱动法、基于电池模型法和融合评估法的SOC实时估算技术已经兴起，基于这些方法的SOC估算精度也有所提高。但是由于计算量大，对硬件要求高，算法的实现又不好固定，大部分还停留在理论层面，在产业化上还需要时间，并且难以通过制定标准的方式固化。

对于国内针对SOC估算的国家标准和行业标准，仍然存在需要进一步改善的地方。大概列举如下。

第一，标准中只是针对安时积分法进行了规定，对于直接计算法中的其他方法又该以怎样的标准执行，或者说为了提高SOC估算精度，有没有使用其他方法的更高标准，标准中并未规定。

第二，在GB/T 38661－2020中测量可用容量时，只是测量了室温（25℃±2℃）下电池的可用容量，虽然BMS的测试范围选取的是3个温度点，但也难以真实反映电池在其他温度下的SOC值，势必会对最终的测量结果带来误差。

第三，国家标准未针对全生命周期内的电池，SOC与温度、内阻和老化程度有关系，但国家标准使用安时积分法针对的是新电池，未考虑电池老化和可用容量的变化。

第四，随着极端天气的出现，特别是在东北一些地区，－20℃的下限还是具有局限性。

第五，标准中只是对估算精度作了要求，尚未考虑估算方法的鲁棒性。

在专利申请中，已经有人探索全生命周期的SOC估算方法，也有人探索更宽温度范围的估算方法，还有人考虑提高估算鲁棒性的方法。例如，专利CN107942261A，考虑了随着电池循环使用容量逐步衰减，SOC估计值误差会越来越大的情况，通过将等压降放电安时和/或等压降充电安时输入至相关模型，获取最大可用容量；专利CN109459699A考虑了－45～45℃的温度范围，采用长短时记忆循环网络，对复杂组合工况具有良好的适应性；专利CN110687462A采用实时采集电池系统老化数据，基于模型提取多个老化阶段下的温变参数，建立含有多个老化阶段信息的电池模型，准确有效地获取不同温度、不同老化状态下电池系统的SOC；专利CN112379275A通过建立动力电池二阶等效电路模型，对模型内参数进行自修正，提高鲁棒性和估计精度。

但是如何依据专利技术发展，对国家标准进行完善，以适应行业需要，这是行业内专家需要考虑的问题。

9.4 SOH估算标准制定与技术发展

9.4.1 国内外标准制定

电池SOH这个关键指标同样属于BMS核心算法参数，对整车的状态监测至关重要，BMS估算电池SOC和剩余电量与电池的容量有关，若BMS能掌握电池的老化规律和健康状态，将有助于其做好电池全生命周期的电池管理。

目前仅在国内标准GB/T 31467.1—2015中对存储中容量损失的定义和测试步骤作了规定。存储中的容量损失是指蓄电池系统长期存储状态下的容量损失，在存储结束时测试电池系统的容量保持率和容量恢复率。GB/T 39086－2020只是记载了在确定最严苛工况时，电池处于整车厂与制造商共同确定的健康状态，如80%寿命终止（EOL）阶段。GB/T 34015.3－2021中对电池余能提出了要求，指出应用场景为车用电池的梯次利用产品在25℃±2℃条件下，退役车用动力蓄电池包的$1I_3$（A）电流值的放电容量应不低于出厂标称容量的60%。在国际上，也只是在IEEE 1188－1996中规定：当电池的容量下降到标称容量的80%电池即为落后，就需要更换电池，其计算公式为SOH＝（当前容量－标称容量）/标称容量。由于容量的测试方法耗时较长，IEEE在《固定应用阀调节铅酸（VRLA）蓄电池组的保养、试验和更新的推荐规程》（IEEE 1188－2005）中规定：明显的电池内阻值变化（增加值>30%）意味着电池的性能变坏，其计算公式为SOH＝（当前的动态内阻值R－初始内阻值R0）/初始内阻值R0，这正是用动态内阻法测试铅酸电池SOH的依据。

由此可见，目前国内BMS相关标准不完善，且没有国际标准可供参考，现有的国内标准中，缺失相应的SOH估算精度的测试要求与测试方法。也就是说，目前无论是国际标准，还是国内标准，在电池SOH估算技术的精度和测试方法方面都是空白。

9.4.2 SOH估算专利技术与标准制定对照分析

基于上述关于SOH估算的专利技术发展态势等的分析，通过现有的具有高精度的检测方法，可以为以后电池SOH估算标准化提供参考。由于基于数据驱动法、基于电池模型法以及融合评估法需处理的数量较大，算法较为复杂，当前不宜规范统一。因此，标准中建议选择一直以来广泛关注的直接计算法。

为了充分考虑电池的电化学特性，电池内阻和容量的变化直接与SOH相关，是最能体现电池SOH的参数。例如，基于内阻的估算方法中，西安交通大学于2018年6月1日提交的专利申请CN108845264A，通过小波分析电流瞬变时的电压信号中与阻抗谱中频段对应频段信息，在线估算池SOH，具有估算准确度高、算法简单和计算效率高的特点。惠州市科达星辰技术有限公司于2019年7月30日提交了专利申请CN110398698A，通过采集多组数据取中间值在线估算内阻进行参考，无需测定前做大量标定实验，减少估算时的工作量，且通过电压和电流的同步采集，能够清楚地观察到一段时间内电压和电流的波动情况，判断电池 SOH。基于容量的估算方法中，广汽集团于 2014 年 8 月 25 日提交的专利申请 CN105372594A，提出计算等效容量的方法（计算等效容量主要目的是去除容量比较过程中温度的影响，因为不同温度下容量是有差异的），通过计算实际行车过程中等效容量，并与储存的等效容量进行比较，通过差值计算电池 SOH，能够简洁快速并且相对准确地估算电池 SOH。北京理工大学于2020 年3 月 10 日提交的专利申请 CN111308378A，反映电池衰退机理和老化模式的优点，用于判断电池的老化衰退模式容量增量曲线，确定电池 SOH。但是具体如何依据专利技术发展，提出适应行业需要、推动行业发展的 SOH 方面的国家标准，需要行业内专家进一步考虑。

虽然目前 SOH 估算技术标准的建立可以选择相对成熟的直接计算法，但是随着计算机技术的发展以及大数据、云平台的广泛应用，如果使用具有精度高、实时性高特点的基于数据驱动法、基于电池模型法以及融合评估法，那么在实际运用中存在的复杂性高等问题将会被解决，作为技术标准依据的可能性也会大大增加。

9.5　SOP 测试和估算标准制定与技术发展

9.5.1　国际标准制定

IEC 于 2018 年 12 月发布并实施了国际标准 IEC 62660－1：2018，替代了 IEC 62660－1：2010，其中第 7.4 节对功率进行了规定。根据各自额定的容量水平，对电池进行一定电流的充电或放电，在上述条件下测量 10 s 电压。通过拟合测量值的电流电压的直线获得电流电压特性计算出 Imax 和功率。其中，SOC 点选取 20%、50%和 80%，温度点选取 40℃、25℃、0℃、－20℃。

ISO 于 2018 年 7 月发布并实施的 ISO 12405－4：2018 第 7.3 节中规定了功率测试，其测试程序结合了 PNGV/PNGV/FreedomCar“混合脉冲功能性能测试”和欧洲汽车研究与技术发展委员会（EUCAR）“内阻、开路电压和功率测定测试”。其也是通过恒定电流充放电，测试不同 SOC、温度条件下的电压和电流获得电压电流拟合曲线，获得需要的功率。此项测试应包含 4 个温度（40℃、室温、0℃和－18℃）和应涵盖 SOC 在 20%～80%范围的 5 个步骤（80%、65%、50%、35%、20%），20% SOC 是在不深度放电的情况下进行。然后分别就高能量电池包和系统、高功率电池包和系统进行规定。

但是，上述两个国际标准中并没有对 SOP 估算作出明确规定。

9.5.2　国内标准制定

2015 年 5 月 15 日发布并实施的 GB/T 31467.1－2015 中，规定了电动汽车用高功率锂离子动力蓄电池包和系统电性能的测试方法，第 7.2 节中规定蓄电池包或系统需要测试室温、高温和低温及不同 SOC 下的功率和内阻，包括某一具体环境温度和 SOC

下的功率测试的测试工况和测试过程。其中规定充放电脉冲过程的电流保持为恒流，放电电流为测试样品的最大允许脉冲放电电流 $I'max$（SOC，T，t），充电过程的电流大小为0.75 $I'max$（SOC，T，t）或者由制造商提供的其他电流值。在温度条件上规定了4个不同的温度，分别是40℃、室温、0℃、-20℃，测试工况规定了在3个不同的SOC下进行，分别是80%（或制造商规定的最高允许状态）、50%、20%（或制造商规定的最低允许状态）。

2020年3月31日发布并于2020年10月1日实施的GB/T 38661-2020中，首先在第5.3.9节中规定：BMS应具有SOC估算功能，宜具有SOP估算和均衡功能。由此看出，在目前的国家标准中，BMS中的SOP估算功能还是一个推荐性的要求。该标准还要求通过恒功率脉冲充放电测试拟合曲线来计算SOP估算误差，在该标准附录D中规定，采用恒功率脉冲充放电测试，温度条件不再局限于固定的4个温度点，而是在-20~65℃范围内选取至少3个温度点，选取的温度点需要包含低温（≤15℃）、常温（25℃±5℃）和高温（≥35℃），SOC点需要包含高端（≥80%）、低端（≤30%）和中间区段（30%<SOC<80%）。通过获得电池在各个SOC点的充（放）电峰值功率 P 与充（放）电时间 t 的关系曲线，依据曲线的趋势选择函数类型进行SOP=f（t）的曲线拟合。从拟合曲线中用查询得到电池SOP真值，并据此计算SOP的估算误差。

GB/T 38661-2020是我国标准中第一次对SOP估算误差试验作出的详细规定，填补了SOP估算测试方法的空白，适应了市场对BMS产品的安全性和可靠性提出更高要求的需要。可以看出，GB/T 38661-2020中温度点的选取范围和SOC点的覆盖范围较广，可根据实际工程应用选取和增加测试点，增加了拟合的准确性，为BMS的SOP估算提供了参考标准。

但是，随着极端天气的出现，特别是在我国东北一些地区的冬季，-20℃的温度下限还是具有局限性。另外，标准中只是对估算精度作了要求，尚未考虑估算方法的鲁棒性。

9.5.3 SOP评估专利技术与标准制定对照分析

虽然国际标准中尚无明确的SOP估算的规定，但对于功率测试的要求，国内标准实际上还是延续了国际标准的思路，都是通过拟合获取电压电流特性曲线，然后利用插值法获得所需的功率值。这种方法的优点在于简单，可操作性强。但是也存在增加测试工作量，或者由于老化等原因导致测试需求点偏离拟合路径导致测试误差较大的情况。因此，要想获得更加准确的测试结果，使动力电池乃至电动汽车保持更好的性能特性，从而在市场上占据优势，各个创新主体还需要不囿于标准的基本要求，在技术上不断探索。

针对GB/T 38661-2020中存在的问题，东风汽车于2021年2月24日申请了一种电池充放电功率限值测试方法及系统（CN113049977A），其中为了克服该标准中的不足，提出根据端电压与电池系统的上预设截止电压的第一电压差值、端电压与电池系统的下预设截止电压的第二电压差值，判断初始测试功率与电池系统在预设充电时间的准确充电功率和预设放电时间的准确放电功率的关系；通过在预设测试时间进行充放电测试后端电压逼近于电池系统能够承受的截止电压，来提升电池系统的SOP精度。

该申请提出的技术方案，解决了动力电池由于老化等原因，导致测试点不在拟合路径上，从而造成测试精度下降的问题，即便是针对理想状态下的新电池，也能够改善GB/T 38661－2020附录D中图D.1恒功率脉冲充（放）电测试曲线中，端电压偏离上预设截止电压和下预设截止电压时的测试精度。

2020年12月25日，宝能（广州）汽车研究院有限公司申请了一种用于车辆的动力电池最大放电功率的测试方法和装置（CN112834929A），其为了解决电池输出功率测试方法测量的结果与整车实际使用工况不符导致的测量结果不准确，使得整车实际运行工况下因为功率过大导致报警或功率过小导致整车性能差的问题，提出了采用试电流方式对所述动力电池脉冲放电，直至放电后所述动力电池的电压等于所述动力电池的最小允许电压；根据所述最小允许电压和当前放电电流获取所述动力电池在所述预设温度和所述预设SOC下的最大放电功率。由此，能够使动力电池的温度稳定在预设温度的同时，将动力电池放电至预设SOC，从而，在提高动力电池性能的同时，实现动力电池的最大放电功率测试。

对于实际运行过程中SOP的实时估计，目前并无相应的标准，这主要是因为对于应用过程中的SOP，都是需要通过实时采集参数，然后利用一定的算法实现，这对硬件的要求比较高，而且算法又多种多样，难以统一。但在这方面的探索却从未停止，目前在SOP实时估算方法方面，出现了基于数据驱动法、基于电池模型法等多种基于算法的方法。而且，随着计算机技术的发展，这些方法仍在不断进步。

9.6 不一致性评估标准制定与技术发展

9.6.1 国内外标准制定

经过查阅发现，IEC和ISO的国际标准体系中还没有关于电池不一致性评估技术的内容，国内标准体系中有小部分涉及，如表9－6－1所示。早期汽车行业标准《电动汽车用锂离子畜电池》（QC/T 743－2006）仅仅以附录的形式作为非必要测试项提及采用标准差系数来评价单体蓄电池和蓄电池模块的不一致性。2020年发布的GB/T 38661－2020在第5.6节电池故障诊断中表2将单体（电芯组）一致性偏差大于设定条件列为电池系统故障诊断基本项目，但是没有在标准中规范电池一致性的概念。

表9－6－1 不一致性标准对照

检测阶段	检测参数	标准编号	具体位置
成组前	放电容量	QC/T 743－2006	附录A.1
成组后	放电电压	QC/T 743－2006	附录A.1
成组后	—	GB/T 38661－2020	第5.6节，表2

近年新发布了一批关于车用动力电池梯次利用的国家标准，如表9－6－2所示，其中没有关于不一致性的内容，而已有100多篇有关退役后电池不一致性检测的专利申请。

表9－6－2 车用动力电池回收利用标准体系现状

标准名称			状态
通用要求	第1部分	术语和定义	2021年立项
	第2部分	综合利用信息手册	研究中
	第3部分	绿色工厂评价规范	研究中
	第4部分	退役技术条件	研究中
	第5部分	分类技术规范	研究中
	第6部分	企业安全生产通用要求	研究中
梯次利用（GB/T 3401）	第1部分	余能检测（GB/T 34015）	2017年已发布
	第2部分	拆卸要求（GB/T 34015.2）	2020年已发布
	第3部分	梯次利用要求	报批中
	第4部分	梯次利用产品标识	报批中
	第5部分	可梯次利用设计指南	2021年立项
	第6部分	剩余寿命评估规范	研究中
再生利用（GB/T 3359）	第1部分	拆解规范（GB/T 33598）	2017年已发布
	第2部分	材料回收要求（GB/T 33598.2）	2020年已发布
	第3部分	放电技术规范	报批中
	第4部分	回收处理报告编制规范	2021年立项
管理规范	第1部分	包装运输（GB/T 38698. 1）	2020年已发布
	第2部分	回收服务网点建设	研究中
	第3部分	装卸搬运	研究中
	第4部分	存储规范	研究中

总结起来，目前成组前单体电池的一致性检测仅存在于行业标准QC/T 743－2006的附录中，只是作为一种参考，其发挥的作用十分有限；对于成组后电池不一致性评估，先有QC/T 743－2006在附录中进行了规范，之后进一步提升了其地位，在2020年发布的GB/T 38661－2020中将其纳入电池系统故障诊断基本项目；退役后的车用动力电池性能衰退，电池一致性偏差大容易引发安全问题，而已发布的梯次利用的国家标准GB/T 34015第1～4部分尚没有关于不一致性的内容。

9.6.2 不一致性评估专利技术与标准制定对照分析

目前国内标准对使用过程中的电池一致性要求高，反而对初始一致性要求低，而初始不一致必然导致使用过程中不一致，可见电池不一致性评估标准体系与技术发展不相匹配。因此，建议将成组前的电池一致性测试与成组后相适应，写入国家标准中，扩大其作用。对于检测参数和评价方法，建议采用静态参数和基本统计指标法，简单且容易实现，如表9-6-3所示，静态参数可以选择电压、容量、直流内阻、交流内阻或其组合、自放电率、恒流比、充电时间等，基本统计指标法选择偏差、标准差或者方差。

表9-6-3　成组前电池不一致性评估参考专利

公开号	发明名称	检测参数	评价方法
CN1876256A	电池筛选系统及方法	静态电压	偏差
CN103487758A	一种锂离子电池配组方法	静态容量	标准差
CN103018566A	一种锂离子电池直流内阻测试方法及电池筛选方法	直流内阻	偏差
CN110280500A	一种锂离子电池的筛选方法	交流内阻	方差
CN101458310A	一种电池一致性的评价方法	静态电压、电阻、容量	标准差
CN110694946A	一种快速分选锂离子电池的方法	电压、电流	偏差
CN106772109A	一种电池自放电性能的分选方法	自放电率	偏差
CN107597621A	一种提升三元锂离子电池组一致性的筛选方法和配组方法	恒流比	偏差
CN113346149A	一种锂离子二次电池的分组方法	充电时间	偏差

国家标准GB/T 38661-2020在第5.6节表2中明确提出将单体（电芯组）一致性偏差大于设定条件列为电池系统故障诊断基本项目，表9-6-4中筛选了一批动力电池故障诊断的专利，BMS开发企业可以选择使用。其中检测参数选择最常用的电压，可以是静态电压，也可以是动态电压曲线，各类评价方法都选择了具有代表性的专利。

表9-6-4　动力电池故障诊断重点专利

公开号	发明名称	检测参数	评价方法
CN104395135A	蓄电系统和蓄电装置的控制装置	静态电压	偏差
CN105866689A	电池组串运行状态的评估方法和装置	电压	正态分布模型
CN111007420A	蓄电池组内单体性能在线筛选方法	电压	聚类分析法
CN111487553A	一种电池单体一致性评价的方法及其装置	电阻	异常因子算法
CN112255560A	一种电池电芯健康度预测方法	电压	变异系数
CN113253113A	一种动力电池一致性故障的预测方法	电压	余弦相似度
CN113253142A	基于小波变换的锂电池组一致性评估与诊断方法及装置	电压曲线	正态分布

已发布的梯次利用的国家标准 GB/T 34015 第1～4部分没有关于不一致性的内容，建议在已立项的第5部分可梯次利用设计指南中纳入一致性测试，并且在不同的梯次利用场景设置不同的评价规范，可参考表9－6－5中的专利技术。

表9－6－5　退役后电池不一致性评估重点专利

公开号	发明名称	检测参数	评价方法
CN102755966A	一种动力电池梯级利用分选评估方法	动态参数	基本统计指标法
CN103872395A	一种锂离子动力电池梯次利用的配组方法	静态参数	基本统计指标法
CN103785629A	一种梯次利用锂电池筛选成组方法	动态参数	基于聚类分析法
CN105489962A	一种废旧动力锂离子电池回收利用方法	动静参数结合	基本统计指标法
CN106334679A	磷酸铁锂单体电池的筛选方法	静态参数	基于聚类分析法
CN109299752A	一种基于聚类与信息熵的废旧动力电池一致性指标的优选方法	静态参数	基于聚类分析法
CN109544026A	基于聚类与熵比率的废旧动力电池一致性指标优选	动态参数	基于聚类分析法
CN110333463A	一种电芯一致性筛选方法及其系统	动静参数结合	基本统计指标法
CN110752410A	一种快速分选和重组退役锂电池的方法	静态参数	基于聚类分析法
CN111420898A	一种退役电池分选方法及其应用的系统	静态参数	基于聚类分析法
CN111974709A	基于温度变化聚类分析的退役动力锂电池筛选方法及系统	静态参数	基于聚类分析法
CN111740176A	一种退役动力锂电池分选方法	静态参数	基本统计指标法
CN111487532A	一种基于层次分析法和熵值法的退役电池筛选方法及系统	动态参数	基于聚类分析法

对于电池一致性评估技术，国际标准还没有纳入，而随着中国动力电池行业的蓬勃发展，市场份额已占据世界领先地位的背景下，需要增加中国在国际标准制定中的话语权。目前国内已经对不一致性评估纳入标准进行了积极探索，下一步中国可以积极推动将中国标准推广到国际标准中，比如在 IEC 62660－1：2018 和 ISO 12405：2018 中纳入成组前不一致性评估技术，在 IEC 62660－3：2016 和 ISO 6469－1：2019 中纳入不一致性评估作为故障诊断基本项目，在后续制定电池回收利用国际标准中纳入退役后电池不一致性评估。

9.7　热失控预警和热失控/热扩散测试技术标准制定与技术发展

9.7.1　国内外标准制定

图9－7－1（见文前彩色插图第8页）示出了国内外动力电池安全相关标准发展情

况。为了提高动力电池使用的安全性，国内外均有相关的安全标准。德国的 VDA 于 2007 年颁布的 VDA 2007 针对混合动力汽车的锂离子电池系统的性能及可靠性测试作出了规定。2009 年颁布的 SAE J2464：2009 明确指出了每个测试项的适用范围及需要采集的数据，也针对测试项目所需样品给出建议。UN－TDG 于 2009 年颁布的《联合国关于危险货物运输的建议书标准和试验手册》第 38.3 节（UN38.3），其针对锂电池在运输过程中的安全性作出了规定。IEC 于 2010 年公布的国际标准 IEC 62660－1 和 IEC 62660－2 的第 1 版，分别规定了电驱动车用锂离子单体电池的容量、功率密度、能量密度、贮存寿命和循环寿命基本特性的测试程序，以及电驱动车用锂离子单体电池的电性能（容量、SOC 调整）、机械测试（振动、机械冲击、挤压）、温度测试（高温耐受、温度循环）、电气测试（外部短路、过充、强制放电、内部短路）等可靠性和滥用性测试要求。2011 年颁布的 SAE J2929：2011 则包括电动汽车在行驶过程中可能出现的常规情况测试和异常情况测试。美国标准 UL 2580：2011 主要评估电池的滥用可靠性，以及在滥用产生危害时对人员的保护能力。2013 年，ECE 颁布的 R100.2 规定了可充电储能系统的安全要求和试验方法，包括振动测试、热冲击和热循环、机械冲击、结构完整性、阻燃性、外短路防护、过冲保护、过放保护、过温保护。ISO 于 2014 年颁布的 ISO 12405－3：2014，针对电池组以及电池系统的安全性提出要求，指出了可选择的检查项目及检测方法，为整车厂商提供锂离子电池安全性测试项目和方法。IEC 62660－3：2016 规定了二次锂电池单体安全要求和试验方法，包括电池的电性能（容量、SOC 调整）、机械测试（振动、机械冲击、挤压）、温度测试（高温耐受、温度循环）、电气测试（外部短路、过充、强制放电、内部短路），属于安全性能测试标准。2017 年颁布的《电动汽车安全全球技术法规》（EVS－GTR）规定了乘用车、商务车可充电储能系统的安全要求和试验方法，其中部分认证项目，例如，碰撞后安全要求可用整车级别试验来代替。IEC 62660－1：2018 规定了电驱动车（包括电动汽车和混合电动汽车）用锂离子单体电池的容量、功率密度、能量密度、贮存寿命和循环寿命基本特性的测试程序，属于电性能测试标准；IEC 62660－2：2018 规定了电驱动车（包括电动汽车和混合电动汽车）用锂离子单体电池的可靠性和滥用性测试，属于安全性能测试标准。2019 年颁布的 ISO 6469－1：2019 规定了电动道路车辆可用充电储能系统的安全要求，用于保护人员安全。

我国车用动力电池的安全标准始于 2006 年工业和信息化部颁发的汽车行业标准 QC/T 743－2006，但其是针对单体和模块级别的标准，应用范围较窄，测试内容不适应快速发展的电动汽车行业要求。2015 年，国家标准化管理委员会颁布了标准 GB/T 31485－2015 和 GB/T 31467.3－2015。针对单体和模块级别电池给出了安全测试规程。为了提高动力电池的安全性，近年来地方和行业也相继颁布了多项标准，例如，安徽省 2019 年颁布的地方标准《电动汽车用动力锂离子电池单体热失控测试方法》（DB34/T 3377－2019）；2020 年 9 月 1 日颁布了由广州广电计量检测股份有限公司等共同起草的行业标准《电动汽车用动力电池系统热失控测试方法》（T/GDCKCJH 019－2020），以及 2020 年 5 月 12 日颁布的国家强制性标准 GB 38031－2020。

9.7.2 热失控检测专利技术与标准制定对照分析

车用动力电池首个国家强制性标准 GB 38031－2020 已于2021年1月1日实施，其在附录C中对热扩散乘员保护分析与验证报告作了相应的规范要求。其中规定了触发警告的热事件参数，详细列举了试验对象、试验条件、试验方法，并推荐采用针刺和加热触发热失控的方式进行热扩散试验，以及推荐的热失控触发判定条件。

对比 GB 38031－2020 和国外关于锂离子电池安全性能测试标准发现，国外相关标准在强制放电、过充电、外部短路、高温耐久性、温度循环、挤压、振动、冲击等方面给出相应的测试要求和测试方法，但是未有热失控/热扩散测试项目的相关标准。其余的国外锂离子电池安全标准中也没有专门对热失控/热扩散测试项目作出相应的规定。但是在 GB 38031－2020 中，触发因素还是比较单一，未考虑老化因素，而且在气体收集、成分检测和分析等方面还缺少统一的规范。

通过以上对国内和国外动力电池相关测试标准对比可以看出，动力电池测试标准体系是从电性能、安全性到退役电池回收利用逐渐发展和健全起来的，相对于国际标准，国家标准在电性能（包括寿命）方面处于跟随，在安全性和回收利用方面处于领先。

从标准制定与专利技术的互动分析中发现，在动力电池检测领域中目前尚无标准必要专利，但在标准实施后会促进相关技术专利申请量，可进一步参考专利技术促进标准的修订和完善。

表9－7－1和表9－7－2分别列出热失控预警和热失控/热扩散测试技术申请量排名第一位的申请人的专利，以供企业和相关标准制定单位参考。

表9－7－1 热失控预警技术申请量排名第一申请人专利汇总

公开号	申请人	申请日期	发明内容
CN106066457A	烟台创为	2016年5月25日	基于温度、气体和烟雾参数进行热失控预警
CN205680751U	烟台创为	2016年5月25日	基于温度、气体和烟雾参数进行热失控预警
CN205674885U	烟台创为	2016年6月7日	基于电池周围温度、气体浓度、烟雾浓度及火焰光等参数进行热失控预警
CN206012357U	烟台创为	2016年5月25日	基于烟雾浓度、气体、温度参数进行热失控预警
CN105904992A	烟台创为	2016年6月7日	基于电池模组温度、电流电压，电池箱中温度、烟雾、气体及火焰等参数进行热失控预警
CN111092269A	烟台创为	2020年1月6日	基于温度、气体（CO、H_2、VOC[1]、O_2）参数进行热失控预警

[1] 挥发性有机化合物（Volatile organic Compounels，VOC）包含的气体主要成分为CO、CO_2、SO_2等。

续表

公开号	申请人	申请日期	发明内容
CN11455884U	烟台创为	2020年1月6日	基于温度、气体（CO、H_2、VOC、O_2）参数进行热失控预警
CN211863634U	烟台创为	2020年2月27日	基于温度、气体参数进行热失控预警
CN111790083A	烟台创为	2020年7月13日	基于温度、气体、烟雾参数进行热失控预警
CN212395677U	烟台创为	2020年7月13日	基于温度、气体、烟雾参数进行热失控预警
CN112068008A	烟台创为	2020年9月11日	基于压力、VOC、烟雾进行热失控预警
CN111948564A	烟台创为	2020年9月17日	基于气体或烟雾进行热失控预警
CN212459986U	烟台创为	2020年9月17日	基于温度、CO、光电、氢气、VOC和压力的一种进行热失控预警
CN112043995A	烟台创为	2020年9月17日	基于温度、CO、光电、氢气、VOC和压力的一种进行热失控预警
CN112129893A	烟台创为	2020年9月23日	基于温度、CO、光电、氢气、VOC和压力的一种进行热失控预警

表9-7-2 热失控/热扩散测试技术申请量排名第一申请人专利汇总

公开号	申请人	申请日期	发明内容
CN103837834A	清华大学	2014年2月18日	通过加热触发热失控
CN106682288A	清华大学	2016年12月13日	通过加热触发热失控
CN106970111A	清华大学、中国汽车技术研究中心	2017年4月10日	通过加热触发热失控
CN108134126A	清华大学	2017年11月29日	通过加热触发热失控
CN108445039A	清华大学	2018年2月7日	仿真模拟
CN108446434A	清华大学	2018年2月7日	仿真模拟
CN108828457A	清华大学	2018年7月27日	局部加热、均匀加热，实验箱体内压力模拟
CN108872877A	清华大学	2018年7月27日	通过加热触发热失控、试验箱内模拟实际热失控场景
CN109164393A	清华大学	2018年7月27日	在加热装置外，加入了压力变化模拟
CN209086412U	清华大学	2018年7月27日	通过加热触发热失控
CN208872855U	清华大学	2018年7月27日	通过加热触发热失控、试验箱内压力模拟

续表

公开号	申请人	申请日期	发明内容
CN208872856U	清华大学	2018年7月27日	通过全面均加热触发热失控
CN109613056A	清华大学、长安汽车	2018年11月22日	通过加热触发热失控
CN109449519A	清华大学、长安汽车	2018年11月30日	通过加热触发热失控
CN109411841A	清华大学、长安汽车	2018年11月30日	通过加热触发热失控
CN109655748A	清华大学、长安汽车	2018年12月29日	通过加热触发热失控
CN109765264A	清华大学、重庆长安能源汽车有限公司	2018年12月29日	仿真模拟
CN109991268A	清华大学	2019年4月1日	通过过充、短路、热滥用、针刺方式触发热失控
CN110095722A	清华大学	2019年4月2日	通过加热触发热失控
CN110109020A	清华大学	2019年4月2日	仿真模拟
CN110045287A	清华大学	2019年4月2日	绝热热失控测试
CN112526360A	清华大学、中汽中心	2019年9月18日	通过加热触发热失控
CN111044930A	清华大学	2019年12月6日	通过加热触发热失控
CN111239632A	清华大学	2020年2月10日	通过加热触发热失控
CN212391582A	清华大学	2020年2月17日	通过加热触发热失控
CN111239616A	清华大学	2020年2月17日	通过加热触发热失控
CN111394451A	清华大学	2020年2月19日	通过加热触发热失控
CN112485674A	清华大学	2020年11月20日	仿真模拟
CN113009350A	清华大学	2021年2月24日	通过外加热、过充、过放、内短路触发热失控

9.8 本章小结

本章对动力电池寿命测试、SOC估算、SOH估算、SOP评估、热失控预警和热失控/热扩散测试方面的国内外标准进行了对比分析，并将专利技术发展与我国现行标准体系进行了互动分析，提供了可参考的文献或建议。

第一，动力电池测试标准体系是从电性能、安全性到退役电池回收利用逐渐发展和健全起来的，相对于国际标准，国内标准在电性能（包括寿命）方面处于跟随，在安全性和回收利用方面处于领先。

第二，我国动力电池寿命测试的相关标准制定时间晚于国际标准，其中缺少日历寿命测试规范，工况寿命测试步骤需进一步完善。SOC、SOH、SOP 估算方面，国际标准中无相关规定，国内标准中有 SOC 估算精度和 SOP 估算误差要求。不一致性检测国际标准无相关规定，国内标准中将不一致性偏差列为电池故障诊断项目。安全测试标准中国内标准最先引入热失控测试，正积极将该测试项目推向国际标准，目前 ISO 最新安全标准修订中正拟增加该项目。

第三，从标准制定与专利技术的互动分析中发现，在动力电池检测领域中目前尚无标准必要专利，但在标准实施后会促进相关技术专利申请量，可进一步参考专利技术促进标准的修订和完善。

第四，针对寿命测试标准中存在的问题“无日历寿命测试，测试周期长，工况寿命测试不能完全模拟充放电工况”，对寿命测试方法和排名前几位申请人的专利文献从技术功效角度进行分析，总结出专利文献中日历寿命、工况寿命和缩短测试周期常用的技术手段，以此为基础，为标准完善提供可参考专利。

第五，安全测试标准中也存在热失控触发方式单一、未考虑老化因素、没有气体收集和分析相关规范的问题，从技术手段和技术功效的分布对专利文献中的技术手段进行了分类和总结。

第六，SOC、SOH、SOP 估算方法相关标准也采用类似方法，分别针对其存在的问题，从技术功效和技术手段的分布出发对专利文献进行分析，基于分析结果给出建议。

第 10 章　结论和建议

本课题通过对动力电池寿命评估、SOC 估算、SOH 估算、SOP 评估、不一致性评估、热失控预警和热失控/热散测试技术进行深入分析，梳理这些技术分支的专利申请态势、专利布局情况、技术力量分布、技术发展趋势等，厘清动力电池检测技术领域国内外标准制定情况，以此总结我国在动力电池检测技术发展中取得的积极进展，发现我国相比其他国家在技术发展中存在的问题和亟待改进的方面，并通过对技术发展与标准制定之间的互动关系分析，为我国动力电池测试标准的修订和完善提供可参考性建议。

10.1　结　　论

（1）美日起步较早，引领发展；中国奋起直追，快步赶上

在动力电池检测技术发展上，美国和日本发展得最早，于 20 世纪 90 年代即已开始，并在早期起到引领作用。韩国、德国和中国随后开始崭露头角。中国在该技术领域的发展大概晚于全球水平 10 年，但一经开始，便一直保持强有力发展势头，专利年申请量迅速飙升，成为全球申请量的主导力量，特别是在不一致性评估、热失控预警和热失控/热扩散预测技术方面，几乎独揽天下。同时，由于电池不一致性和安全问题需在动力电池大量使用后才显现出来，所以，这两个技术分支的专利申请呈现稍滞后的现象。目前，全球及中国的动力电池相关检测技术的整体专利申请量均呈现增长趋势，表明该技术仍处于快速发展期，这显然跟强有力的政策刺激以及由此引起的大幅增加的电动汽车保有量相关，但同时也因应于全球新能源汽车发展的大势。

（2）日韩实力强劲，美德稍显单薄；中国百家争鸣，研发热情较高

在动力电池的状态评估技术方面，日本显示着超强的实力，在全球主要专利申请人中，日本公司多家上榜，包括：丰田公司、日产公司、本田公司、松下集团、三菱、日立公司、汤浅公司等；韩国也表现不俗，LG、三星集团、现代公司均排位靠前。其中，日本丰田公司和韩国 LG 掌握着状态估算方面的多项基础专利，其保护范围大，技术控制力强。中国技术虽然发展较晚，但势头迅猛，显示着不容小觑的后发力量。美国申请人主要包括通用汽车和福特汽车；德国则只有博世一家独撑门面。由此可见，在动力电池的寿命检测和状态估计技术方面，日本、韩国、中国显示着三分天下的态势，美国和德国稍显单薄，欧洲的申请量较少。

在不一致性评估和热失控预警和热失控/热扩散预测技术方面，中国几乎是一家独大。在不一致性评估技术申请方面，前 12 位专利申请人中除 LG 之外全为中国申请人；

热失控预警和热失控/热扩散预测技术申请方面，前18位全球申请人中只有特斯拉一家外国申请人入列。原因有二：一是中国新能源汽车行业发展迅速，导致出现问题的量激增，从而需要特别关注这两方面检测技术的发展；二是国外的汽车和电池企业更关注于其电池本身的材料、结构和工艺的改进。

在中国申请人中，排名靠前的既有科研院所，又有汽车或电池企业；既有传统国企，又有企业新晋；既有零部件企业，又有整车企业，还有第三方科技公司，同时也显示出高校申请人集中的现象，整体呈现出百家齐放的发展态势。其中，国家电网发展全面，各个技术分支均有着广泛研究和良好的专利布局，且排名靠前，与其重视技术与产业的融合以及广泛开展与科研机构的合作研发相关。高校申请人占比较高，包括北京理工大学、哈尔滨工业大学、清华大学等高校，显示出较高的在动力电池检测技术领域的理论研究热情。其中，哈尔滨工业大学在国内能源技术研发上具有优势。

（3）目标市场齐聚中美，日韩市场却难进入；日韩全球推广布局，中国海外拓展力度不够

在动力电池检测技术的各个分支领域，中国都是最大的目标市场，美国、日本、韩国和德国也是全球申请人重视的主目标市场，同时，这5个国家也是全球最主要的申请来源国，显示出在动力电池检测技术领域，全球的市场和研发地域相对集中。然而，其他国家在日本和韩国的专利布局普遍偏弱，显然与这两个国家强有力的地缘保护以扶植本土品牌的政策密切相关。相反，在海外布局力度上，日本和韩国都表现出超强的全局布局意识，并且非常重视美国市场，还特别重视通过提交PCT申请和欧洲申请的方式进入多国市场。与之相比，作为专利申请量最多的国家，中国却大多局限在本土申请，海外市场拓展力严重不足。

（4）实时估算是热点，智能融合是趋势，精度提高是目标，测试因素更全面

动力电池的寿命和状态评估中，寿命和SOP的评估包括出厂前或退役后的静态测试和使用中的状态估算，SOC和SOH的评估则只涉及估算，通过对这些技术分支的技术构成进行分析和对其发展趋势与发展脉络的梳理，发现BMS所执行的状态估算方法是当前各申请人关注的热点，申请量远远高于其他技术分支，表明申请人更关注电池使用中的状态评估，关注BMS的评估性能。但在状态估算技术方面，中国与国外的差异主要在于：国内的申请多见于实验室的理论研究阶段，多为前沿技术，只有少量能够应用于生产，而国外的申请多见于企业发展的新产业需要，借助公司长期的技术积累和雄厚的资金背景进行商业化推广。

技术手段方面，寿命评估、SOC估算、SOH估算、SOP评估主要包括直接计算法、基于电池模型法、基于数据驱动法和融合评估法，其中，直接计算法和基于电池模型法申请量相对较高，原因可能在于直接计算法普遍具有简单、方便的特点，且还能保证足够精度；基于电池模型法不需要太多的预先测量数据就能实现实时状态估算，实际可行性较高；而基于数据驱动法和融合评估法的申请量不高，原因可能在于其对硬件的要求太高，但是，随着计算机技术和人工智能技术的发展，它们应该是未来的发展方向。

对于动力电池的不一致性评估技术，从检测阶段、表现形式、检测参数、评价方法4个维度的分析看出：对于检测阶段，成组前申请量最大，技术成熟，随着电池退役潮的到来，针对退役后的检测是未来的发展方向；对于表现形式，电压因为可以直接检测而最受青睐，涉及电压的申请占比最大；对于检测参数，静态参数使用最多，但为了提高检测可靠性，越来越多采用动态参数以反映电池动态特性，最常用的是充放电曲线；对于评价方法，基本统计指标难以评价动态曲线和多参数组合，因而提出改进统计指标和将聚类分析方法引入动力电池不一致性评价领域，成为研发的热点。

热失控检测技术包括使用中的热失控预警技术和研究分析热失控/热扩散发展过程的测试技术。从专利申请来看，不管是国内申请还是国外申请，热失控预警的相关申请都要高于热失控/热扩散测试的相关申请，说明申请人更关注电池使用过程中的BMS的安全预警功能，以更好地保护驾乘人员。国内外申请中这两者的申请量差距都比较大，国外更甚。热失控预警的专利技术从早期的仅基于温度和内阻的这两个参数判定热失控开始，到采用基于内部压力、气体或烟雾、电压、电流或其他的参数，再到多种参数耦合判定，逐渐提高了热失控预警的速度、准确性、可靠性和电池使用的安全性。而对于热失控/热扩散测试技术来说，其一直在为热失控预警技术的发展提供可靠的支撑，研究人员通过热失控/热扩散测试技术来深入研究分析热失控的发展过程，给热失控预警不断提供新的方法和技术支持。

对于各项测试技术，则趋向于向考虑因素或参数更全面的方向发展，以期更全面和真实地反映电池在各种状态下的性能。

不管是测试技术还是估算技术，申请人追求的首先是准确性或精度，其次是速度，另外，也在追求降低成本。但归根结底，都是为了更加准确、及时、可靠地对电池的性能和状态进行评估，以保证电池安全，延长电池寿命，这也是广大消费者最为关心的功效。

（5）国家标准对国际标准从跟随到局部超越，逐渐系统和完善，但某些项目国际和国家标准均处空白

针对动力电池的寿命评估、SOC估算、SOH估算、SOP评估、不一致性评估、热失控预警和热失控/热扩散测试的程序、方法和要求在相关国际标准和国家标准中进行了一定程度的规定，为适应目前市场的需要，国家标准的制定也正在逐渐完善，在制定时，对国际标准进行了参考。

对于动力电池寿命的测试规范，IEC 62660 - 1：2018规定了日历寿命、循环寿命和工况寿命的测试步骤，ISO 12405 - 4：2018规定了大功率应用和高能量应用下的循环寿命和工况寿命的测试步骤；《FreedomCAR功率辅助型混合电动车电池测试手册》给出了具体的日历寿命测试；GB/T 31484 - 2015明确规定了标准循环寿命测试方法和5种用途（混合动力乘用车、混合动力商用车、纯电动乘用车、纯电动商用车、插电式和增程式电动汽车）的动力电池的工况循环测试方法，但国家标准中未规定针对日历寿命的测试。

针对SOC的估算，国际标准中并无参考，只有IEC 62660 - 1：2018和ISO 12405 -

4：2018 对电池容量的测试进行规定。国内标准中 QC/T 897 – 2011 作了初步规定，GB/T 38661 – 2020 对 SOC 的估算精度提出了更高的要求，更适应技术现状和行业发展需求，但精度还有提高空间。

对于 SOH 的估算，目前无论国际标准和国家标准都处于空白状态。

对于 SOP 的评估，国际标准也无参考，只有 IEC 62660 – 1：2018 和 ISO 12405 – 4：2018 对电池功率的测试进行规定。国家标准中，GB/T 38661 – 2020 给出了推荐性要求，并第一次对 SOP 估算误差试验作出了详细规定。

动力电池标准中涉及不一致性较少。早期汽车行业标准 QC/T 743 – 2006 仅以附录非必要测试项提及采用标准差系数来评价单体蓄电池和蓄电池模块的不一致性，2020 年新发布的国标 GB/T 38661 – 2020 中将单体（电芯组）一致性偏差大于设定条件列为电池系统故障诊断基本项目，但是没有在标准中规范电池一致性的概念。近年新发布了一批关于车用动力电池梯次利用的国家标准，但其中没有关于不一致性的内容。

对于热失控预警和热失控/热扩散的测试，国际标准中未有明确规定。国内标准中，2019 年安徽省颁布了地方标准 DB34/T 3377 – 2019；2020 年 9 月 1 日颁布了由广州广电计量检测股份有限公司等共同起草的行业标准 T/GDCKCJH 019 – 2020；2020 年 5 月 12 日颁布了国家强制性标准 GB 38031 – 2020，在附录 C 中对热扩散乘员保护分析与验证报告做了相应的规范要求。

综上可知，我国电动汽车用电池标准体系相对于国际标准从跟随到在某些领域的超越，正在逐渐系统化和完善中，仍有一些重要项目的测试和要求，国际标准和国家标准中均处于空白状态。

10.2 存在的问题

（1）产学研合作深度不足，产业化比例较低

我国对动力电池检测技术的专利申请有相当比例集中在高校和科研院所，专利申请很多是基于课题的理论研究而提出，并没有与产业结合或应用到产业，一方面可能造成研究成果的浪费，另一方面也使得理论研究脱离生产实践，只能停留于纸上谈兵。

（2）海外布局力度不够，申请质量亟待提高

虽然我国的动力电池检测技术飞速发展，申请量已经占据全球主力，但是我国海外布局的力度太弱，申请质量还有待提高，即便像比亚迪这样的龙头企业，通过向国外布局来提升自身技术控制力的策略也还不成熟。近年来，后起之秀宁德时代已开始意识到这一点，并开始实施全球布局战略，但宁德时代的申请存在由于权利要求保护范围太小而导致专利保护力不强的问题，亟待提升专利申请质量在电动汽车国际市场竞争日益激烈的今天，这种情况既会让我国自主品牌电动汽车的发展趋于被动，也不利于打开国际市场。

（3）目前的发展主要源于政府推动，缺少技术创新主动性

我国电动汽车产业的飞速发展主要是在国家政策的强刺激和推动下实现的。在这

种情况下，难免会出现国内企业和科研机构为追求补贴而开展一些短、平、快的项目，难以在技术上深度挖掘和开发，无法真正产生和掌握核心技术，而日本、韩国的很多公司掌握着这方面大量的基础专利，目前我国的动力电池检测技术的核心算法、传感器技术和关键芯片技术还受制于国外。随着政府对新能源汽车所采取的补贴退坡政策的不断推进，该产业的发展终究被推向市场。当政府的身影退去时，不掌握核心技术的企业将难以占领市场，也难以具备足够的竞争力。

（4）国家标准与技术发展和市场需求不相匹配

目前，我国在关于动力电池检测技术方面的国家标准方面，有些项目上还有待改进，有些项目还是空白，亟待填补。具体情况是：寿命相关标准中，缺少日历寿命测试规范，测试周期长，工况循环寿命测试不能完全模拟整车行驶中的充放电工况；热失控相关测试标准中，触发因素单一，未考虑老化因素，在气体收集、成分检测和分析等方面缺少统一规范；不一致性相关测试标准中，中国还没有统一的标准。在国家政策保障和扶植下，我国的电动汽车产业发展迅速，相应的动力电池检测技术也得到相应的发展，用户对电动汽车的性能和安全要求在日益提高，而标准是保障电动汽车性能和安全的基本保证，国内标准应随着技术的发展和行业的需求而不断补充和完善。

（5）必要专利未进入国家标准，话语权减弱

我国动力电池标准的制定主体检测机构和各生产企业基于实践制定标准会有着较好的实操性。并且，我国的标准化制定机构也已经参与到国际标准的制定中。但是，脱离专利技术的发展和专利布局状况的参考，可能会导致在国际标准制定时缺少必要专利的支撑而降低国际标准的强度，从而减弱了话语权。

10.3 建　　议

10.3.1 面向政府

（1）加强政策引领，促进产学研互动融合，解决产业卡脖子关键技术

在我国新能源汽车产业政策方面，之前国家更多的是从生产和消费的角度通过政府补贴的方式刺激产业发展，对基础研发能力的引领和导向不足。通过对各技术分支的重点专利进行梳理发现，在电池的状态估计技术领域，由于我国发展较晚，大部分基础性专利和重要专利掌握在日本、韩国的一些申请人手中。另外，由于我国还未掌握动力电池检测技术核心算法和关键芯片技术，导致在智能算法检测技术上的专利申请量较少。因此，需要从政策层面引导企业、高校和科研机构重视动力电池检测技术的技术创新，攻克关键核心技术，建立我国的技术优势。

在对重点申请人的分析中发现，我国的理论研究能力较强，中国申请人多集中在高校和科研机构，例如哈尔滨工业大学、北京理工大学、北京航空航天大学等。但是，它们的研究成果大多停留在理论阶段，而且缺少产业需求的引导。虽然，国家电网与科研机构联合研发，在动力电池检测技术的各个领域都有专利布设；宁德时代也通过

与清华大学、中汽中心和北京航空航天大学合作，提高研发能力；北京理工大学也与北京理工新源信息科技有限公司、北京首科能源技术有限公司、北方工业大学等合作，但是，通过分析发现，大部分合作力度不够，仅停留于单向，没有双向互动与融合。再加上目前政策层面的驱动主导，创新主体的主动性不强。

建议政府层面通过建立联合研发平台的方式，引导企业基于市场和应用提需求，寻求合适的科研单位合作研发，而高校和科研机构加强理论输出，从而促进产学研的深度融合，借力政策支持，寻求技术成果落地，实现产业化实施。

（2）关注创新主体技术优势和海外布局情况，对创新主体的海外布局提供政策支持和必要的援助

通过对专利布局分析发现，我国的相关技术在某些方面已经具备一定优势，但我国专利海外布局力度非常薄弱，全球市场竞争力严重不足。一方面可能源于专利申请本身质量不够高，申请人缺乏底气；另一方面可能源于海外专利申请和维护费用较高；当然也存在海外布局意识不足的问题。因而需要从政府层面鼓励和支持申请人通过PCT申请或提交欧洲申请的方式提交海外申请，进行全球布局。

（3）深入开展标准的专利分析工作，参考专利技术发展，推动国家相关标准的制度和完善深入开展标准的专利分析工作，加强知识产权保护工作和技术标准工作的沟通，参考专利技术发展，推动国家相关标准的制定和完善

近年来，随着我国新能源汽车产业的迅猛发展，为适应产业需求，政府已经在积极推进动力电池检测技术方面的标准制定工作。而且，我国在这方面的标准从无到有，逐渐系统化。但是，要适应产业和技术的飞速发展，我国标准还亟待改进与完善。建议开展标准的专利分析工作，加强知识产权保护工作和技术标准工作的沟通。参考专利技术发展，推动国家相关标准的制定和完善。

10.3.2 面向企业和科研院所

（1）提升海外布局意识，立足本国市场，积极推进全球专利布局，为未来发展创造空间

由于我国动力电池检测技术发展较晚，导致一些基础专利和重要专利掌握在国外申请人手中，但近几年的发展，我国在一些领域具有了一些技术优势，例如基于数据驱动法或融合评估法估算动力电池寿命评估、SOC估算、SOH估算、SOP评估、不一致性评估以及热失控预警和热失控/热扩散测试技术。在这种情况下，国内申请人可考虑在这些方面尽早进行海外布局，并注意加强对国外基础专利和重要专利以及国外企业专利布局策略的研究，在立足本国市场的基础上，绕开国外企业基础性专利，尽早战略性开展海外布局，抢占美国和欧洲市场，挖掘像印度这样的潜在市场，为以后发展留有空间，掌握市场主动性。

（2）提升主动创新意识，建立技术发展体系，预研技术发展需求，突破国外限制，掌握市场主动性

目前我国的动力电池产业发展主要靠国家的政策驱动和引领，这也导致一些企业

和科研机构过度追求短、平、快的项目，追求短期效益，不利于产业的长期可持续发展。随着国家补贴政策的逐渐退坡，市场将成为主导。要想掌握市场主动权，企业必须具备主动创新意识，基于产业发展需要，进行技术积累，形成系统的技术发展体系，才能紧跟市场发展，不被淘汰。

企业可以预先研究市场发展需求，尽早进行研发和专利布局，掌握主动权。例如，对于不一致性检测来说，未来的发展方向是评价方法，主要解决多参数组合的综合评价。为了更全面反映动态曲线包含的动态特性，聚类分析法是一个热点，既可以分析不同量纲的参数，还可以基于空间距离分析动态曲线，但其准确度还有待提高；另外，动力电池退役潮即将来临，梯次回收技术亟需发展。其中退役后检测必将成为一大需求，其发展方向包括研发更加准确的评价方法和根据不同应用场景设计电池评价标准，从而实现梯次利用，提高电池利用率，目前这方面专利申请较少；此外，退役后电池参数分布规律已不符合正态分布和 Weibull 分布，目前还没有找到一种符合退役后电池参数的分布概率模型，也还没有相关专利。

对此，企业可以进行研发布局，并注意专利布局的递进性，掌握技术和市场主动权。除了技术研发，提高专利申请质量也是拓展市场、提高在市场所在地区技术控制力的必要专利申请策略。另外，像丰田公司、LG 化学、博世的一些较为重要的基础专利目前已处于失效状态，我国相关企业、高校和科研机构也可对这部分专利进行关注，并加以利用。

此外，我国所占据的一些技术优势，例如基于数据驱动法或融合评估法，对硬件的要求很高，在一定程度上既限制了研发，也限制了应用。而汽车用高精度和处理速度的 BMS 芯片仍多依赖于进口，国产芯片还存在精度低、处理速度慢的问题，目前国内将复杂算法运用于 BMS 芯片，在线准确获得电池状态数据还存在一定的局限性。因此，创新主体应该加强对芯片技术的研发，提高车用芯片自研率，实现我国动力电池检测技术的独立高速发展。

（3）积极参与国际标准化工作，提升国际话语权，重视标准必要专利的挖掘，扩大我国企业相关技术的影响力，实现利益最大化

通过产业联盟推动和制定动力电池测试规范和标准，这在国外已早有先例，例如 USABS，在其与美国能源部的组织下，与相关实验室能源企业联合开发并制定了测试规范。中国新能源汽车产业，应在市场的热度下，集结行业中的技术力量和专家，完善标准与行业规范，在全球引领新能源汽车行业的发展。

国际标准化活动是促进技术进步和发展贸易的重要措施，努力学习和掌握运用国际贸易通用规则，积极参与国际标准化活动，充分利用国内国际两个市场、两种资源，拓展发展空间，增强参与国际市场竞争的能力，已成为我国新能源汽车行业适应经济新常态、实现高质量发展的客观需要。积极参与国际标准化工作，能够了解到国际产业技术发展的动向和国际领先企业的技术关注点与诉求，通过对标国际一流，及时追赶和引领技术的发展；有利于企业将技术创新成果纳入国际标准，发挥我国企业技术在全球技术法规以及国际标准中的重要作用，逐步提高我国企业相关技术在国际市场

的竞争能力。

近年来，标准化组织在制定技术标准时，越来越多地引用专利，以加快标准化进程。虽然目前动力电池测试标准体系中未涉及标准必要专利，但随着国内动力电池制造业和新能源汽车行业市场化程度的加深，在未来也有出现标准必要专利的可能性，国内企业应在动力电池寿命评估技术领域中积累可以保障评估时间和精度的高质量专利，使其专利具有足够的技术优势和垄断地位，推动依据专利技术制定相关的标准。通过制定标准，将专利技术整合到标准中，拥有标准必要专利，就可以在市场竞争中占领先机，最大化保证市场优势。

10.3.3 面向标准的具体建议

针对本课题所分析的 6 个方面，现提出如下具体建议。

（1）对动力电池寿命测试相关标准进行修订和完善

2015 年，北京市经济和信息化局（原北京市经济和信息化委员会）发布《北京市示范应用新能源小客车生产企业及产品备案管理细则（2015 年修订）》中规定，对车辆提供不低于 3 年或 12 万公里的质保服务，对动力电池、电机、整车控制器等关键零部件提供不低于 8 年或 12 万公里的质保服务，该质保规定一直执行至今。日历寿命与质保承诺要求的时间密切相关，但是标准体系中缺失对日历寿命的测试步骤和程序，建议加快对 GB/T 31484－2015 中日历寿命测试规范的修订以保证车辆质保的承诺。

目前我国动力电池梯次利用的标准 GB/T 34015. 3－2021 中对循环寿命提出了相应要求，但缺少具体的评估方式和步骤，建议对此进一步完善。

在标准的制定过程，建议充分参考动力电池寿命测试技术领域的专利技术信息，例如，为缩短寿命测试周期，使用梯度充电；为提高寿命预测精度，建立容量衰减模型时，考虑温度、充放电倍率、充放电深度、电解液保有率以及正负极材料的老化等因素；模拟整车工况时，考虑低温、四季气候等条件以及在日历寿命中包括不同试验项目。

（2）对国家标准 GB/T 38661－2020 进行修订和完善

尽管在 GB/T 38661－2020 中规定了 SOC 估算方法，但随着极寒天气的出现，我国东北地区的最低温度已经不止－20℃，目前国家标准中 SOC 累积误差测试中温度点的选取无法适用，因此，建议在 SOC 累积误差测试方法中扩大温度点的选择范围，特别是低温下限。在测试电池可用容量时，只规定了室温下测试，建议在国家标准中增加温度点，以便更真实反映电池在不同温度下的容量状态。为了适应全生命周期的 SOC 估算，建议增加针对不同老化阶段的动力电池进行检测的规定。同时，随着人们对电动汽车的安全性和续航里程的要求日益增高，以及国际市场的需求，SOC 估算精度的要求需要进一步提高。另外，可考虑尝试对其他技术估算 SOC 的方法进行规定，多方探索精度更高的估算方法。

无论是国际标准，还是国内标准，目前都没有规定有关电池 SOP 估算技术的精度和测试方法的内容。因此，建议在该标准中，基于产业发展实际，结合专利技术分析，先针对目前专利申请技术中简单、实用的直接计算法，增补对 SOH 估算技术的相关规定。并在制定之初，先作为推荐性标准规定。

GB/T 38661－2020第一次对SOP估算误差试验作出了详细规定，但仍存在拟合精度不高和适用范围不广的问题。当前标准的测试温度范围是－20～65℃，这基本上涵盖了动力电池的大部分工况温度。但是随着极端天气的出现，我国东北地区最低温度不断出现新低，为了适应气候的变化，以及保证北部地区寒冷条件下的性能，建议在温度点的选取上，低温部分的温度点的选取范围再适当调低。为了适应全生命周期的SOP估算，针对不同老化阶段的动力电池进行检测，考虑老化因素对SOP估算的影响。另外，评价一种算法的好坏，除了精度，还有鲁棒性。而目前国家标准的主要目的是追求估算精度的要求，尚未考虑估算方法的鲁棒性，即估算方法的纠错能力。所以，建议在以后的完善过程中，逐渐加入对鲁棒性的要求。

（3）对动力电池不一致性评估相关标准进行修订和完善

目前，成组前单体电池的一致性检测仅存在于行业标准的附录中，作为一种参考，其发挥的作用十分有限；成组后的一致性作为电池故障诊断的基本项目存在于国家标准，即对使用过程中的电池一致性要求高，对初始一致性要求低，而初始不一致必然导致使用过程中不一致。因此，建议将成组前的电池一致性测试与成组后的相适应，也写入国家标准，扩大其作用。对于检测参数和评价方法，建议采用静态参数和基本统计指标法，简单易实现。

退役的车用动力电池性能衰退，电池一致性偏差大容易引发安全问题。已发布的梯次利用的国家标准GB/T 34015第1～4部分没有关于不一致性的内容，建议在已立项的第5部分可梯次利用设计指南中纳入一致性评价标准，并且在不同的梯次利用场景设置不同的评价标准。

（4）对热失控预警和热失控/热扩散测试标准进行修订和完善

虽然国家强制性标准GB 38031－2020中对于热扩散项目的试验和判定给出了相应的标准，但是，通过前面的专利分析结果，结合现实中发生的电动汽车或动力电池燃烧爆炸案例可以看出，动力电池实际使用中发生热失控的原因可能很复杂，无法简单的归结到某一种原因，很多情况下，是多种因素综合起来才引起热失控，并且随着电池的使用，电池的老化等问题也会影响电池的安全性。但是，综合评价电池的安全性是未来的发展需求，对电池的安全性进行全面分析十分必要，同时，也要考虑电池的老化问题，在试验条件中加入电池的老化因素分析其对热失控发生的影响，或者模拟实际使用场景下电池热失控的发生情况，都将有助于提高热失控预警技术速度、准确性和可靠性。因此，对于GB 38031－2020中关于热扩散项目的标准，可以加入对于复杂情况下触发电池热失控的试验的标准，将针刺、加热、过充、过放、挤压、外短路和内短路等常见的热失控触发方式中的几种组合起来，模拟真实电池使用场景下的热扩散试验，提高电池使用的安全性。

此外，当前标准中针对的都是新电池的检测，而实际上发生热失控事故的大都是使用中的电池。因此，建议在后续的标准修订和完善中，考虑服役中电池的热失控预警和热失控/热扩散测试项目。

附录　主要申请人名称约定

约定名称	对应申请人名称及注释	申请人类型
三星集团	三星 SDI 株式会社	国外公司
	三星环新（西安）动力电池有限公司	
	三星电子株式会社	
	SB 锂摩托有限公司	
	Samsung SDI Co. , Ltd.	
日产公司	日产自动车株式会社	国外公司
	日产汽车公司	
丰田公司	丰田自动车株式会社	国外公司
	株式会社丰田中央研究所	
	株式会社丰田自动织机	
	松下电动汽车能源公司	
	大发工业株式会社	
	TOYOTA MOTOR CO. , LTD.	
LG	LG 化学公司	国外公司
	株式会社 LG 化学	
	乐金电子（中国）研究开发中心有限公司	
	乐金电子（昆山）电脑有限公司	
	LG 伊诺特有限公司	
松下集团	松下电动车辆能源股份有限公司	国外公司
	松下电动汽车能源公司	
	松下电器产业株式会社	
	松下知识产权经营株式会社	
	Panasonic Ev Energy Co. , Ltd.	

续表

约定名称	对应申请人名称及注释	申请人类型
通用汽车	通用汽车环球科技运作有限责任公司	国外公司
	泛亚汽车技术中心有限公司	
	通用汽车公司	
	GM GLOBAL TECH OPERATIONSINC	
北汽集团	北汽福田汽车股份有限公司	国内公司
	北汽云南瑞丽汽车有限公司昆明分公司	
	北京宝沃汽车有限公司	
	北京新能源汽车股份有限公司	
哈尔滨工业大学	哈尔滨工业大学	国内高校
	哈尔滨工业大学（威海）	
国家电网	国网信息通信产业集团有限公司	国内公司
	国网天津市电力公司	
	国网上海市电力公司	
	国网陕西省电力公司信息通信公司	
	国网陕西省电力公司汉中供电公司	
	国网陕西省电力公司	
	国网辽宁省电力有限公司沈阳供电公司	
	国网河北省电力有限公司信息通信分公司	
	国网河北省电力有限公司	
	国网河北能源技术服务有限公司	
	国网福建省电力有限公司	
	国网北京市电力公司	
	国家电网有限公司	
	国网安徽省电力有限公司信息通信分公司	
	国网湖南省电力有限公司	
比亚迪	比亚迪股份有限公司	国内公司
三菱公司	三菱重工业株式会社	国外公司
	三菱电机株式会社	
	三菱自动车工业株式会社	
	三菱重工工程株式会社	
	日本电池株式会社	

续表

约定名称	对应申请人名称及注释	申请人类型
三菱公司	MITSUBISHI ELECTRIC CORP	国外公司
	MITSUBISHI ELECTRIC RESEARCH LABORATORIES INC	
汤浅公司	株式会社杰士汤浅国际	国外公司
日立公司	日立车辆能源株式会社	国外公司
	日立汽车系统株式会社	
	日本汽车能源株式会社	
	株式会社日立制作所	
	日立化成株式会社	
	日立湘南电子株式会社	
	HITACHI LTD	
现代公司	现代摩比斯株式会社	国外公司
	现代自动车株式会社	
	现代汽车公司	
现代起亚	现代起亚汽车集团	国外公司
东芝公司	株式会社东芝	国外公司
	东芝能源系统解决方案公司	
	东芝泰格有限公司	
宁德时代	宁德时代新能源科技股份有限公司	国内公司
古河电工	古河电气工业株式会社	国外公司
	古河 AS 株式会社	
	古河电池株式会社	
华为公司	华为技术有限公司	国内公司
	华为终端有限公司	
宇通客车	郑州宇通客车股份有限公司	国内公司
	郑州宇通重工有限公司	
德赛电池	广东德赛集团有限公司	国内公司
	惠州市德赛电池有限公司	
	惠州市蓝微电子有限公司	

续表

约定名称	对应申请人名称及注释	申请人类型
长安汽车	重庆长安新能源汽车科技有限公司	国内公司
	重庆长安汽车股份有限公司	
	合肥长安汽车有限公司	
欣旺达	欣旺达电子股份有限公司	国内公司
SKI	SK innovation Co., Ltd.	国外公司
中创新航	中创新航科技股份有限公司	国内公司
	中航锂电科技有限公司	
国轩高科	国轩高科股份有限公司	国内公司
远景动力	远景动力技术（江苏）有限公司	国内公司
合肥国轩	合肥国轩高科动力能源有限公司	国内公司
亿纬锂能	惠州亿纬锂能股份有限公司	国内公司
TÜV 南德	南德认证检测中国有限公司	国外公司
	南德意志集团	
UL	美国 UL 有限责任公司	国外公司
吉利集团	浙江吉利控股集团汽车销售有限公司	国内公司
特斯拉	特斯拉（上海）有限公司	国外公司
	特斯拉汽车公司	
德国大陆	德国大陆集团	国外公司
德尔福	美国德尔福公司	国外公司
FEV	德国 FEV 发动机技术有限公司	国外公司
奇瑞	奇瑞汽车股份有限公司	国内公司
博世	罗伯特·博世有限公司	国外公司
	ROBERT BOSCH GMBH	
福特汽车	福特汽车公司	国外公司
	福特全球技术公司	
索尼公司	日本索尼株式会社	国外公司
	SONY CORPORATION	
三洋	三洋电机株式会社 SANYO ELECTRIC CO	国外公司
长城华冠	北京长城华冠汽车科技股份有限公司	国内公司
珠海冠宇	珠海冠宇电池股份有限公司	国内公司

续表

约定名称	对应申请人名称及注释	申请人类型
上汽集团	上海汽车集团股份有限公司	国内公司
标致公司	标致汽车公司 PEUGEOT CITROEN AUTOMOBILES SA	国外公司
日本电气	日本电气股份有限公司	国外公司
中国一汽	中国第一汽车集团有限公司	国内公司
本田公司	本田技研工业株式会社 本田汽车公司	国外公司
湖南银杏数据	湖南银杏数据科技有限公司	国内公司
上海电气	上海电气集团股份有限公司	国内公司
蔚来	上海蔚来汽车有限公司的	国内公司
小鹏	广州小鹏汽车科技有限公司	国内公司
中兴公司	中兴通讯股份有限公司	国内公司
智行鸿远	北京智行鸿远汽车有限公司	国内公司
江汽集团	安徽江淮汽车集团股份有限公司	国内公司
湖北锂诺	湖北锂诺新能源科技有限公司	国内公司
蜂巢能源	蜂巢能源科技股份有限公司	国内公司
天检中心	中汽研汽车检验中心（天津）有限公司	国内公司
飞利浦公司	荷兰皇家飞利浦公司 KONINKL PHILIPS ELECTRONICS NV	国外公司
德州仪器	德州仪器公司 Texas Instruments Inc	国外公司
伊顿公司	EATON POWER QUALITY LTD	国外公司
电装公司	日本电装公司	国外公司
住友公司	日本住友集团	国外公司
AKUSON	AKUSON DATA MACHINE KK	国外公司
富士重工	富士重工业株式会社	国外公司
惠州亿能	惠州市亿能电子有限公司	国内公司
桑顿新能源	桑顿新能源科技（长沙）有限公司	国内公司
矢崎公司	日本矢崎总业株式会社 YAZAKI CORP	国外公司
长城汽车	长城汽车股份有限公司	国内公司

续表

约定名称	对应申请人名称及注释	申请人类型
马自达	马自达株式会社 Mazda Motor Corporation	国外公司
广汽集团	广州汽车集团股份有限公司	国内公司
积水公司	日本积水化学工业株式会社	国外公司
铃木汽车	铃木株式会社 Suzuki Motor Corporation	国外公司
卡鲁自动化	上海卡鲁自动化科技有限公司	国内公司
BEA	BATTELLE ENERGY ALLIANCE LLC	国外公司
EXIDE	Exide Industries Limited	国外公司
东风汽车	东风汽车集团有限公司	国内公司
南方电网	中国南方电网有限责任公司	国内公司
天津力神	天津力神电池股份有限公司	国内公司
经纬恒润	北京经纬恒润科技股份有限公司	国内公司
哈尔滨智木科技	哈尔滨智木科技有限公司	国内公司
国联研究院	国联汽车动力电池研究院有限责任公司	国内公司
烟台创为	烟台创为新能源科技股份有限公司	国内公司
中国电力科学研究院	中国电力科学研究院有限公司	国内公司
阿尔特公司	阿尔特（上海）汽车科技有限公司	国内公司
华晨汽车	华晨汽车集团控股有限公司	国内公司
OPPO	广东欧珀移动通信有限公司	国内公司
宝马公司	巴伐利亚发动机制造厂股份有限公司	国外公司
华晨宝马	华晨宝马汽车有限公司	国内公司
大众	大众汽车集团 Volkswagen Group	国外公司
保时捷	保时捷股份公司	国外公司
华人运通	华人运通控股有限公司	国内公司
普瑞均胜	宁波普瑞均胜汽车电子有限公司	国内公司
华霆动力	华霆（合肥）动力技术有限公司	国内公司
法国原子	原子能与替代能源委员会 COMMISSARIAT ENERGIE ATOMIQUE	国外公司

图 索 引

表索引

书　号	书　名	产 业 领 域	定价	条　码
9787513006910	产业专利分析报告（第 1 册）	薄膜太阳能电池 等离子体刻蚀机 生物芯片	50	9 787513 006910 >
9787513007306	产业专利分析报告（第 2 册）	基因工程多肽药物 环保农业	36	9 787513 007306 >
9787513010795	产业专利分析报告（第 3 册）	切削加工刀具 煤矿机械 燃煤锅炉燃烧设备	88	9 787513 010795 >
9787513010788	产业专利分析报告（第 4 册）	有机发光二极管 光通信网络 通信用光器件	82	9 787513 010788 >
9787513010771	产业专利分析报告（第 5 册）	智能手机 立体影像	42	9 787513 010771 >
9787513010764	产业专利分析报告（第 6 册）	乳制品生物医用 天然多糖	42	9 787513 010764 >
9787513017855	产业专利分析报告（第 7 册）	农业机械	66	9 787513 017855 >
9787513017862	产业专利分析报告（第 8 册）	液体灌装机械	46	9 787513 017862 >
9787513017879	产业专利分析报告（第 9 册）	汽车碰撞安全	46	9 787513 017879 >
9787513017886	产业专利分析报告（第 10 册）	功率半导体器件	46	9 787513 017886 >
9787513017893	产业专利分析报告（第 11 册）	短距离无线通信	54	9 787513 017893 >
9787513017909	产业专利分析报告（第 12 册）	液晶显示	64	9 787513 017909 >
9787513017916	产业专利分析报告（第 13 册）	智能电视	56	9 787513 017916 >
9787513017923	产业专利分析报告（第 14 册）	高性能纤维	60	9 787513 017923 >
9787513017930	产业专利分析报告（第 15 册）	高性能橡胶	46	9 787513 017930 >
9787513017947	产业专利分析报告（第 16 册）	食用油脂	54	9 787513 017947 >
9787513026314	产业专利分析报告（第 17 册）	燃气轮机	80	9 787513 026314 >
9787513026321	产业专利分析报告（第 18 册）	增材制造	54	9 787513 026321 >
9787513026338	产业专利分析报告（第 19 册）	工业机器人	98	9 787513 026338 >
9787513026345	产业专利分析报告（第 20 册）	卫星导航终端	110	9 787513 026345 >
9787513026352	产业专利分析报告（第 21 册）	LED 照明	88	9 787513 026352 >

书号	书名	产业领域	定价	条码
9787513026369	产业专利分析报告（第 22 册）	浏览器	64	9 787513 026369
9787513026376	产业专利分析报告（第 23 册）	电池	60	9 787513 026376
9787513026383	产业专利分析报告（第 24 册）	物联网	70	9 787513 026383
9787513026390	产业专利分析报告（第 25 册）	特种光学与电学玻璃	64	9 787513 026390
9787513026406	产业专利分析报告（第 26 册）	氟化工	84	9 787513 026406
9787513026413	产业专利分析报告（第 27 册）	通用名化学药	70	9 787513 026413
9787513026420	产业专利分析报告（第 28 册）	抗体药物	66	9 787513 026420
9787513033411	产业专利分析报告（第 29 册）	绿色建筑材料	120	9 787513 033411
9787513033428	产业专利分析报告（第 30 册）	清洁油品	110	9 787513 033428
9787513033435	产业专利分析报告（第 31 册）	移动互联网	176	9 787513 033435
9787513033442	产业专利分析报告（第 32 册）	新型显示	140	9 787513 033442
9787513033459	产业专利分析报告（第 33 册）	智能识别	186	9 787513 033459
9787513033466	产业专利分析报告（第 34 册）	高端存储	110	9 787513 033466
9787513033473	产业专利分析报告（第 35 册）	关键基础零部件	168	9 787513 033473
9787513033480	产业专利分析报告（第 36 册）	抗肿瘤药物	170	9 787513 033480
9787513033497	产业专利分析报告（第 37 册）	高性能膜材料	98	9 787513 033497
9787513033503	产业专利分析报告（第 38 册）	新能源汽车	158	9 787513 033503
9787513043083	产业专利分析报告（第 39 册）	风力发电机组	70	9 787513 043083
9787513043069	产业专利分析报告（第 40 册）	高端通用芯片	68	9 787513 043069
9787513042383	产业专利分析报告（第 41 册）	糖尿病药物	70	9 787513 042383
9787513042871	产业专利分析报告（第 42 册）	高性能子午线轮胎	66	9 787513 042871
9787513043038	产业专利分析报告（第 43 册）	碳纤维复合材料	60	9 787513 043038
9787513042390	产业专利分析报告（第 44 册）	石墨烯电池	58	9 787513 042390

书号	书名	产业领域	定价	条码
9787513042277	产业专利分析报告（第 45 册）	高性能汽车涂料	70	9 787513 042277 >
9787513042949	产业专利分析报告（第 46 册）	新型传感器	78	9 787513 042949 >
9787513043045	产业专利分析报告（第 47 册）	基因测序技术	60	9 787513 043045 >
9787513042864	产业专利分析报告（第 48 册）	高速动车组和 高铁安全监控技术	68	9 787513 042864 >
9787513049382	产业专利分析报告（第 49 册）	无人机	58	9 787513 049382 >
9787513049535	产业专利分析报告（第 50 册）	芯片先进制造工艺	68	9 787513 049535 >
9787513049108	产业专利分析报告（第 51 册）	虚拟现实与增强现实	68	9 787513 049108 >
9787513049023	产业专利分析报告（第 52 册）	肿瘤免疫疗法	48	9 787513 049023 >
9787513049443	产业专利分析报告（第 53 册）	现代煤化工	58	9 787513 049443 >
9787513049405	产业专利分析报告（第 54 册）	海水淡化	56	9 787513 049405 >
9787513049429	产业专利分析报告（第 55 册）	智能可穿戴设备	62	9 787513 049429 >
9787513049153	产业专利分析报告（第 56 册）	高端医疗影像设备	60	9 787513 049153 >
9787513049436	产业专利分析报告（第 57 册）	特种工程塑料	56	9 787513 049436 >
9787513049467	产业专利分析报告（第 58 册）	自动驾驶	52	9 787513 049467 >
9787513054775	产业专利分析报告（第 59 册）	食品安全检测	40	9 787513 054775 >
9787513056977	产业专利分析报告（第 60 册）	关节机器人	60	9 787513 056977 >
9787513054768	产业专利分析报告（第 61 册）	先进储能材料	60	9 787513 054768 >
9787513056632	产业专利分析报告（第 62 册）	全息技术	75	9 787513 056632 >
9787513056694	产业专利分析报告（第 63 册）	智能制造	60	9 787513 056694 >
9787513058261	产业专利分析报告（第 64 册）	波浪发电	80	9 787513 058261 >
9787513063463	产业专利分析报告（第 65 册）	新一代人工智能	110	9 787513 063463 >
9787513063272	产业专利分析报告（第 66 册）	区块链	80	9 787513 063272 >
9787513063302	产业专利分析报告（第 67 册）	第三代半导体	60	9 787513 063302 >

书　号	书　名	产业领域	定价	条　码
9787513063470	产业专利分析报告（第 68 册）	人工智能关键技术	110	9 787513 063470 >
9787513063425	产业专利分析报告（第 69 册）	高技术船舶	110	9 787513 063425 >
9787513062381	产业专利分析报告（第 70 册）	空间机器人	80	9 787513 062381 >
9787513069816	产业专利分析报告（第 71 册）	混合增强智能	138	9 787513 069816 >
9787513069427	产业专利分析报告（第 72 册）	自主式水下滑翔机技术	88	9 787513 069427 >
9787513069182	产业专利分析报告（第 73 册）	新型抗丙肝药物	98	9 787513 069182 >
9787513069335	产业专利分析报告（第 74 册）	中药制药装备	60	9 787513 069335 >
9787513069748	产业专利分析报告（第 75 册）	高性能碳化物先进陶瓷材料	88	9 787513 069748 >
9787513069502	产业专利分析报告（第 76 册）	体外诊断技术	68	9 787513 069502 >
9787513069229	产业专利分析报告（第 77 册）	智能网联汽车关键技术	78	9 787513 069229 >
9787513069298	产业专利分析报告（第 78 册）	低轨卫星通信技术	70	9 787513 069298 >
9787513076210	产业专利分析报告（第 79 册）	群体智能技术	99	9 787513 076210 >
9787513076074	产业专利分析报告（第 80 册）	生活垃圾、医疗垃圾处理与利用	80	9 787513 076074 >
9787513075992	产业专利分析报告（第 81 册）	应用于即时检测关键技术	80	9 787513 075992 >
9787513075961	产业专利分析报告（第 82 册）	基因治疗药物	70	9 787513 075961 >
9787513075817	产业专利分析报告（第 83 册）	高性能吸附分离树脂及应用	90	9 787513 075817 >
9787513081955	产业专利分析报告（第 84 册）	高端光刻机	70	9 787513 081955 >
9787513082198	产业专利分析报告（第 85 册）	动力电池检测技术	120	9 787513 082198 >
9787513082433	产业专利分析报告（第 86 册）	热交换介质	128	9 787513 082433 >
9787513081962	产业专利分析报告（第 87 册）	商业航天装备制造	110	9 787513 081962 >
9787513081924	产业专利分析报告（第 88 册）	电动汽车续航技术	120	9 787513 081924 >

书　号	书　名	定价	条　码
9787513041539	专利分析可视化	68	9 787513 041539
9787513016384	企业专利工作实务手册	68	9 787513 016384
9787513057240	化学领域专利分析方法与应用	50	9 787513 057240
9787513057493	专利分析数据处理实务手册	60	9 787513 057493
9787513048712	专利申请人分析实务手册	68	9 787513 048712
9787513072670	专利分析实务手册（第2版）	90	9 787513 072670